彩图1　太平洋红豆杉（Taxus brevifolia）

彩图2　欧洲红豆杉 (Taxus baccata)

彩图3　加拿大红豆杉 (Taxus canadensis)

彩图4　中国云南红豆杉 (Taxus yunnanensis)

彩图5　东北红豆杉 (Taxus cuspidata)

彩图6　南方红豆杉 (Taxus mairei)

彩图7　曼地亚红豆杉(Taxus×madia)

彩图8　西藏红豆杉 (Taxus wallichiana Zuccarini)

注：以上图片由胡光万博士、安成海博士、梁敬玉教授、顾玉诚教授等提供

红豆杉属植物的化学研究
——紫杉烷类化合物的研究

史清文　林 强　王于方　葛喜珍　编著

HONGDOUSHAN SHU ZHIWU DE HUAXUE YANJIU
ZISHANWANLEI HUAHEWU DE YANJIU

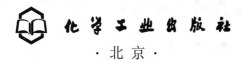

化学工业出版社
·北京·

红豆杉属植物中的紫杉烷类化合物具有重要的药物研究价值。其中，紫杉醇已成为40年来发现的最优秀的天然抗癌药物之一，其不仅在临床上广泛应用于治疗乳腺癌和卵巢癌的治疗，还被广泛用于生命科学的基础研究，并极大地促进了有机合成化学、药物化学和分子生物学的发展。本书详尽阐述了红豆杉属植物化学成分研究进展、紫杉醇研究进展、紫杉烷类化合物研究进展和紫杉烷类化合物的核磁共振氢谱特征，并附有常见紫杉烷类化合物的核磁共振波谱图（100张）和不同类型紫杉烷类化合物（56个）的氢谱和碳谱数据，可为紫杉烷类化合物和紫杉醇的研究提供较为权威和翔实的资料。

本书可供从事天然药物化学和肿瘤药物学的研究人员参考。

图书在版编目（CIP）数据

红豆杉属植物的化学研究：紫杉烷类化合物的研究/史清文，
林强，王于方，葛喜珍编著 . —北京：化学工业出版社，2012.7
ISBN 978-7-122-14631-1

Ⅰ.①红…　Ⅱ.①史…②林…③王…④葛…　Ⅲ.①红豆杉属-
植物生物化学-研究　Ⅳ.①Q949.660.6

中国版本图书馆 CIP 数据核字（2012）第 139772 号

责任编辑：李植峰　　　　　　　　　　　　　　文字编辑：张春娥
责任校对：宋　玮　　　　　　　　　　　　　　装帧设计：王晓宇

出版发行：化学工业出版社（北京市东城区青年湖南街 13 号　邮政编码 100011）
印　　装：三河市延风印装厂
787mm×1092mm　1/16　印张 16¾　彩插 2　字数 437 千字　2013 年 1 月北京第 1 版第 1 次印刷

购书咨询：010-64518888（传真：010-64519686）　售后服务：010-64518899
网　　址：http：//www.cip.com.cn
凡购买本书，如有缺损质量问题，本社销售中心负责调换。

定　　价：58.00 元　　　　　　　　　　　　　　　　版权所有　违者必究

前言

| POREWORD |

植物在其漫长的生物进化过程中合成了许许多多结构各异的次级代谢产物（secondary metabolites），这些次级代谢产物结构的多样性使它们不仅具有各种各样的生物活性，还常常发现它们具有全新的作用机制，因此使之成为人们探索生命科学和药物药理学不可或缺的工具药和分子探针。紫杉醇（Taxol®）就是从植物中发现的优秀的天然抗癌药物的一个杰出代表——具有全新的结构和全新的作用机制，目前它不仅在临床上广泛应用于乳腺癌和卵巢癌的治疗，还被广泛用于生命科学的基础研究，并极大地促进了有机合成化学、药物化学和分子生物学的发展。目前，紫杉醇已成为 40 年来发现的最优秀的天然抗癌药物之一。2011 年是发现紫杉醇结构 40 周年，我们对紫杉醇发现的曲折历史过程和相关研究进行了一下总结，希望能为对该领域研究感兴趣的读者提供尽可能完整的参考资料和文献，以纪念这一伟大发现。并谨以此书纪念著名抗癌药物紫杉醇和抗癌药物先导化合物喜树碱的发现者 Dr. Wall 和 Dr. Wani。

在编写过程中，承蒙化学工业出版社编辑们的热情支持和帮助，提出了很多宝贵意见和建议，在此表示衷心的感谢。

尽管我们做了认真的编写工作，但由于学术水平和编写能力有限，加之时间仓促，不当和遗漏之处在所难免，敬请广大读者予以指正。最后向所有被引用文献的作者表示衷心的感谢，如引用文献有遗漏，则向作者表示由衷的歉意。

紫杉醇的发现者 Dr. Wall 和 Dr. Wani

编著者
2012 年 3 月

目录 | CONTENTS |

Page 075

第三章　紫杉烷类化合物研究进展

Page 139

第四章　紫杉烷类化合物的核磁共振氢谱特征

Page 178

附录1　常见紫杉烷类化合物的核磁共振波谱图

第 一 章
CHAPTER 1

红豆杉属植物研究概述

第一节
红豆杉属植物概述

1. 红豆杉属植物

红豆杉（俗称紫杉，又称赤柏松，yew）在植物分类学上归属于裸子植物亚门（Gymnospermae），松杉纲（Coniferopsida），红豆杉目（Taxales），红豆杉科（Taxaceae），红豆杉族（Taxeae）下的红豆杉属（*Taxus*）。*Taxus* 可能起源于希腊文字"毒"（toxicon）。红豆杉是远古第四纪冰川后遗留下来的 56 种濒危物种植物中最为珍稀的药用植物，在地球上已有 250 万年的历史，被称为植物王国的"活化石"，素有"植物黄金"之称。1999 年 8 月 4 日，我国将红豆杉列入国家一级珍稀濒危植物保护范围。在几百万年的历史长河中，红豆杉物种是经历高强度阳光照射、空气稀薄、高温干旱、严寒冰冷的地球气候骤变的考验，演化遗留下来的物种。其树体的抗性、免疫能力、存活技能所产生的各种生物碱、黄酮、木脂素、甾醇、糖苷、酚类化合物，既是其本身生存的需要，也是当今被人类认识利用、研究开发的珍稀贵重药物。

红豆杉科植物全球共有 5 属（穗花杉属 *Amentotaxus* Pilger，澳洲红豆杉属 *Austrotaxus* Compton，白豆杉属 *Pseudotaxus* Cheng，红豆杉属 *Taxus* Linnaeus，榧树属 *Torreya* Arn）22 种，除 *Austrotaxus spicata* Compton 1 属 1 种产于南半球外，其他属种均分布于北半球。红豆杉属植物为常绿乔木或灌木，生长缓慢，木材质地坚硬。树皮裂成狭长片状或鳞片脱落；大枝斜展，小枝不规则互生。叶螺旋状排列，条形。雌雄异株，种子卵形或倒卵形，坚果状，种皮坚硬。红豆杉生长着与红豆一样的果实，着生于红色肉质假种皮中，鲜艳诱人，故得名红豆杉，小孩或牲畜误食后会引起中毒。

红豆杉属植物全球约 11 种，它们是太平洋红豆杉又称短叶红豆杉（*Taxus brevifolia* Nutt.）、欧洲红豆杉（又称浆果红豆杉、英国红豆杉，*T. baccata* L.）、墨西哥红豆杉（*T. globosa* Schlechtd）、佛罗里达红豆杉（*T. floridana* Nutt）、加拿大红豆杉（*T. canadensis* Marsh.）、喜马拉雅红豆杉（又称西藏红豆杉，*T. wallichiana* Zucc）、云南红豆杉（又称西南红豆杉，*T. yunnanensis* Cheng et L. K. Fu)、中国红豆杉（*T. chinensis* Rehd)、南方红豆杉（又称美丽红豆杉，*T. chinensis* var. *mairei*）、东北红豆杉（又称日本红豆杉，*T. cuspidata* Sieb. et Zucc.)，另外还有一种欧洲红豆杉与东北红豆杉的杂交品种曼地亚红豆杉（*T. madia* Rehd)。其中喜马拉雅红豆杉、云南红豆杉、中国红豆杉、南方红豆杉和东北红豆杉在我国有分布；云南红豆杉、中国红豆杉、南方红豆杉是我国的特有品种。该属植物木材纹理均匀，结构致密，韧性强，坚硬，弹性大，具光泽，防腐性强，相对密度约0.51~0.76，是著名的上等工业用材；四季常青的鲜艳绿色，又是不可多得的绿化树种，成为一种常见的园林和庭院观赏植物，在日本和北美地区庭院和公共场所都十分普遍。此种植物很少有病虫害[1]。

在古埃及，红豆杉用作房屋建筑和武器；在古罗马，红豆杉用于制作长矛、弓和船只。我国医学精典《本草纲目》对红豆杉也有记载，用于治疗霍乱、伤寒和排毒。《本草推陈》中也记载了"紫杉"可入药，"用皮易引起呕吐，用木部及叶则不吐。且利尿、通经，治肾脏病、糖尿病"。《中药大辞典》、《东北药植志》、《吉林中草药》等医药书中有了进一步的记载。传统中医药中以红豆杉属植物的枝叶入药，中药处方名为紫杉、赤柏松、紫柏松，叶、枝入药都有通经、利尿、抑制糖尿病及治疗肾脏病之效用。民间用红豆杉属植物的果实和枝叶煎汤用以驱虫、消积、润燥、利尿消肿、通经，治疗肾脏病、糖尿病、肾炎浮肿、小便不利、淋病，治疗月经不调、产后瘀血、痛经等并且可以治疗多种肠道寄生虫病。

关于红豆杉属植物化学成分的研究主要集中在欧洲红豆杉、东北红豆杉、加拿大红豆杉、云南红豆杉和南方红豆杉等几种植物上，对太平洋红豆杉、中国红豆杉和喜马拉雅红豆杉研究相对较少，对墨西哥红豆杉和佛罗里达红豆杉的研究还未见报道[2~24]。但文献中有对另外一种红豆杉化学成分的研究：产于印度尼西亚苏马托岛[25]和产于我国台湾的 *Taxus sumatrana* Miouel[26,27]，到目前为止，大多期刊论著对全球红豆杉种类的表述均为前文所述的 11 种，少有文献对我国台湾所产的红豆杉的种属进行详尽归属。

2. 红豆杉的分布

红豆杉分布比较分散，除澳洲红豆杉（*Austrotaxus spicata*）产于南半球外，其余分别分布在北半球的温带至亚热带地区，广泛分布于亚洲、欧洲及北美洲，为世界性分布的温带植物。在欧洲，从英国到伊朗北部；在亚洲，包括俄罗斯、朝鲜、韩国、日本、中国、印度、阿富汗、巴基斯坦、缅甸、越南、菲律宾；在美洲，从阿拉斯加州东南到加利福尼亚州、从加拿大东南到美国东北、佛罗里达，直到墨西哥、危地马拉、萨尔瓦多等均有分布。红豆杉的种类几乎都是在某一地区单独生长，并且大部分分布在北半球的中间纬度线附近，偶尔有一些种类生长在热带高地上。最北面的生长地区为挪威，最南面的生长地区为赤道南部的西里伯斯岛的南部。如太平洋红豆杉（Pacific yew 或 Western yew）主要分布于美国西部华盛顿州和俄勒冈州，在加拿大和美国阿拉斯加也有零星分布。墨西哥红豆杉仅分布于墨西哥，佛罗里达红豆杉仅分布于佛罗里达州。红豆杉多生长在林下叶层或中等潮湿的热带森林中的树冠下。可以从海平面的高度到热带森林的 3000m 和喜马拉雅山脉 3400m 的高度。从全球范围看，虽然红豆杉在美国、加拿大、法国、意大利、英国、印度、尼泊尔、缅甸、阿富汗及中国、日本、朝鲜、俄罗斯等都有分布，但亚洲的红豆杉储量最多。全球的 11 个品种中中国就有 5 种。中国的红豆杉储量约是全球储量的一半以上，以云南红豆杉和南方红豆杉蕴藏量最为丰富。表 1-1 列出了国外紫杉属植物资源分布及其栽培历史。

表 1-1　国外紫杉属植物资源分布及其栽培历史

名　称	学名及异名	分　布	栽培历史
太平洋红豆杉 （短叶红豆杉） （Pacific yew）	*T. brevifolia* Nutt. Syn. *T. baccata* var. *brevifolia* (Nutt.)Koehne	阿拉斯加东部沿海岸至蒙特利海湾、加利福尼亚、落基山脉区域（从加拿大不列颠哥伦比亚省南部至美国蒙大拿、爱达华、华盛顿至俄勒冈州等）	1854 年
欧洲红豆杉 （英国红豆杉） （English yew）	*T. baccata* L.	欧洲至非洲的阿尔及利亚、伊朗北部和喜马拉雅	长期栽培
加拿大红豆杉 （Canada yew） （American yew） （ground hemlock）	*T. canadensis* Marsh. Syn. *T. minor*(Michx.)Britt 　*T. baccata* var. *canadensis*(Marsh.)Gray 　*T. baccata* var. *minor* Michx. 　*T. baccata* var. *procumbens* Loud.	从加拿大纽芬兰省至曼尼托巴省、新斯科舍省南部，从美国新英格兰山地至弗吉尼亚州西部和肯塔基州东北部、印第安纳州中西部、伊利诺斯州北部和艾奥瓦州的东北部	1800 年
日本红豆杉 （东北红豆杉） （Japanese yew）	*T. cuspidata* Sieb. et Zucc. Syn. *T. baccata* var. *cuspidata* Cary.	日本、朝鲜半岛至中国东北部，在美国蒙大拿州生长于 1828.8m 高的山区	1855 年

注：引自陈毓亨，程克棣 . 近年来国外紫杉醇资源研究进展 . 国外医学药学分册，**1994**，21：36-39。

3. 我国红豆杉的野生资源及现状

我国红豆杉有 4 种 1 变种，资源相对较丰富，华中、华南、华北、西北、华东和东北等地均有分布，主要分布在东北长白山系、西南和东南部山区。其特点是分布广，不均匀分布，生长分散，无纯木林，多为林中散生木。生长在我国的红豆杉，占全世界的一半以上；在我国以云南省分布为最多，占我国的一半以上，中国林业部 1996 年公布为 350 多万株，主要分布在滇西北的林区中。

（1）东北红豆杉

仅在东北地区存在。多生于红松、鱼鳞云杉、白桦、紫椴和山杨等为主的针阔混交林内，分布海拔 600～1200m，主产于吉林省长白山区，即吉林安图县、汪清县、和龙县、抚松县、白山市浑江区、长白朝鲜族自治县及通化市地区。向南延伸至辽宁省东部山区的宽甸满族自治县、桓仁县、凤城市和岫岩县等地。向北延伸至黑龙江省张广才岭东南部、老爷岭山区、小兴安岭南部的宁安市、东宁县、鸡西市、绥棱县等地[28]。自然分布地域很窄，零星，年净生长量很低。资源储量很有限，估计该区总蕴藏量（鲜重）不足 300t。其枝叶、树皮采量很少，采收量稍多即可造成植株第二年死亡。因此，除可进行少量枝叶采收外，年允收量几乎为零[28]。

（2）南方红豆杉

又称美丽红豆杉，为红豆杉属植物在中国分布最广泛的一种。在中国主要分布于长江流域、南岭山脉山区及河南、陕西（秦岭）、甘肃、台湾等地的山地或溪谷。是亚热带常绿阔叶林、常绿阔叶与落叶阔叶混交林的特征种，常与其他阔叶树、竹类以及针叶树混生。分布海拔 800～1600m，在广东阳山县、乳源瑶族自治县、连州海拔 400～500m 的山地也出产，在江西井冈山一带分布着大量高大的南方红豆杉。资源储量相对其他各种较大。由于其材质坚硬，水湿不腐，是水利工程等的优良用材，长期以来都是砍伐对象。加之 20 世纪 60 年代以来原始森林的过度砍伐和利用，该资源锐减。20 世纪 80 年代末 90 年代初以来，盲目性发掘使南方红豆杉现存资源已很少，处于濒危状态，中国林业部 1992 年将其列为一级珍贵保护树种[29]。

（3）中国红豆杉

分布也较为广泛，主要分布于华中地区 1000m 或 1200m 以上的山地上部未干扰环境中以及华东、华南、西南地区 1500～3000m 的山地落叶阔叶林中。相对集中分布于地形较为复杂的横断山区和四川盆地周边山地约 40 余县，现存资源蕴藏量较大，保存相对较好[30]。

（4）云南红豆杉

集中分布于云南西北部的五地州 16 个县、西藏东南部和四川西南部的 7 余个县市（木里藏族自治县、盐源县、九龙县、冕宁县、西昌市、德昌县、普格县）等地。在滇东、滇东南、滇西南也有间断分布。常生于海拔 2000～3500m 的针阔叶混交林、沟边阔叶林内。资源蕴藏量大，据调查估计，云南尚有散生在其他林木中的云南红豆杉约 360 万株，仅滇西横断山区的五地州 16 个县约 $9 \times 10^4 km^2$，就约有 1.35×10^6 株；小枝叶蕴藏量约为 $4050 \times 10^4 kg$[31]。丽江的数量最多，约有 124 万株。但近两年，云南省已有数以万计的云南红豆杉被剥皮，砍掉枝叶，仅志奔山一地就损失 9.2 万株，使这一地区的资源濒临枯竭[31,32]。

（5）西藏红豆杉

主要分布于西藏南部和西南部吉隆县叶隆村和鲁嘎村一带以及邻近的云南西北部分地区。生于海拔 2500～3400m 的云南铁杉、乔松、高山栎类林中。西藏红豆杉是中国分布区最小，也是资源蕴藏量最小的种类，但基本未遭破坏[33,34]。阿富汗、巴基斯坦、印度和尼泊尔都有分布，以印度分布较多。

4. 我国引种的曼地亚红豆杉

我国从 20 世纪 90 年代中期开始对红豆杉的人工栽培进行研究，针对国产红豆杉品种生长缓慢、紫杉醇含量低，由此造成人工栽培数量过大、周期过长、推广困难等问题，从国外引种了生长迅速、紫杉醇含量较高的天然杂交品种曼地亚红豆杉（*Taxus madia*）。曼地亚红豆杉原产北美洲，是一个天然杂交种，其母本为东北红豆杉，父本为欧洲红豆杉，在加拿大已有 80 年的生长历史。曼地亚红豆杉为灌木，四季常青树，主根不明显，侧根发达，枝叶茂盛，萌发力强，耐寒，能耐 −25℃ 的低温。具有容易繁殖、生长快、抗病虫能力强的特点。该品种已经美国食品及药物管理局（Food and Drug Administration，FDA）认证可专门用于提取紫杉醇。大量引种试验表明，曼地亚红豆杉在我国表现出了优异的生物学特性，适应性强，可在我国南北大部分地区良好生长，特别是在温带和暖温带季风型气候区表现优异。曼地亚红豆杉品种生长旺盛，侧枝萌发力强，3～5 年树龄的曼地亚红豆杉当年新生枝条年生长量最高可达 80～100cm；紫杉醇含量较高，三年生的曼地亚红豆杉嫩枝叶中紫杉醇的含量已接近甚至高于几十年树龄的国产红豆杉树皮中的紫杉醇含量。在曼地亚红豆杉引种驯化过程中，国内科研人员还成功地选育出了一个品质更为卓越的曼地亚红豆杉新品种，命名为"紫科 1 号"。"紫科 1 号"已经获得国家授予的植物新品种权。曼地亚红豆杉枝、叶、根、茎、皮中均含有紫杉醇，根部、枝叶（干品）一般在 0.04%～0.06%，有记录的最高值含量达 0.096%，新鲜枝叶中紫杉醇的含量也普遍超过 0.01%，具备了很高的利用价值；其他品种红豆杉含量最高的树皮中也仅为 0.01%～0.02%，枝叶含量一般为树皮含量的十分之一。曼地亚红豆杉在国内的引种成功，较好地解决了红豆杉人工种植过程中最为关键的经济规模和投资周期问题，具有极为广阔的发展前景。

第二节
红豆杉属植物化学研究概述

1. 紫杉烷类化合物研究历史

早在 1856 年，Lucas[35]就从欧洲红豆杉的针叶中提取出碱性粉末状化学成分并称之为"Taxine"，但并没有确定结构，后来证实 Taxine 是多种（至少 11 种）碱性成分的混合物[36]，可能因为这类化合物在酸或光的作用下容易分解[36]，只有其中部分成分的结构得到了鉴定[37]。Taxine 是红豆杉的主要毒性成分[38~53]。在随后的一百多年间，关于红豆杉化学成分的研究进展非常缓慢，此间比较重要的工作是 1923 年 Winterstein 及其合作者确定了一种 Taxine 的经验式，并发现当用酸处理 Taxine 时产生一种结晶性产物，后来被称之为Winterstein 酸[54]。一百年后（1956 年），Graf 从 Taxine 中分离出三种纯的含氮化合物，分别命名为 Taxine A、Taxine B 和 Taxine C。但它们的化学结构直到 1982 年和 1991 年才鉴定下来[55]。

20 世纪 60 年代随着核磁共振波谱技术的快速发展，红豆杉化学成分的研究有了新的突破，Lythgoe 等综述概括了这段时间的研究情况[56,57]。60 年代至 70 年代，日本学者中西香尔（K. Nakanishi）和英国学者 Halsall 分别从东北红豆杉和欧洲红豆杉中分离鉴定了二十多种紫杉烷类化合物，主要是紫杉宁（Taxinine）和巴卡亭（Baccatin）衍生物[2,55]。由于紫杉宁非常容易结晶，加之在植物中的含量较大，成为第一个被确定结构的紫杉烷类化合物[55]。红豆杉化学成分研究的转折点起因于 20 世纪 50 年代美国开展的从植物中大规模筛选抗癌药物的工程。

20 世纪 50 年代，在美国从事抗癌药物研究与开发工作的主要是 Sloan-Kettering 研究所，然而提供的样品远远不能满足研究需求。1955 年，美国国会指定美国国家癌症研究所（National Cancer Institute，NCI）对抗癌药物进行筛选研究。1963 年，NCI 在对 35000 多种植物提取物的广泛筛选中发现太平洋红豆杉的树皮提取物对 KB 细胞（人口腔表皮样癌细胞）表现出活性，并把此项工作移交给北卡里罗研究所（Research Triangle Institute）的Wall 博士，1964 年 Wall 博士进一步证实太平洋红豆杉的树皮提取物了对 KB 细胞表现出较强的细胞毒性。1966 年，Wall 博士从 30lb（1lb＝0.45359237kg）树皮提取物中得到了对KB 细胞显示显著毒活性的化学物质——紫杉醇（paclitaxel，其商品名为 Taxol®，在我国被称为泰素、紫素、特素），产率为 0.014％。1969 年，NCI 对太平洋红豆杉的各个部位进行了活性检查。1971 年，通过 X 射线衍射和核磁共振的联合应用将紫杉醇确定为一个带有特殊环氧丙烷和酯侧链的复杂二萜类化合物[58]。1960~1981 年对由 35000 种植物中得到的114000 种提取物进行的体内抗癌活性实验中，主要实验模型为 L_{1210} 和 P_{388} 白血病小鼠（L_{1210}，小鼠淋巴白血病细胞；P_{388}，小鼠白血病细胞），紫杉醇显示一定活性；在随后的小鼠 B16 黑色瘤模型中紫杉醇表现的活性显著。1977 年，NCI 将紫杉醇的抗癌活性进行了全面的临床前研究，同年 NCI 资助 Horwitz 博士研究紫杉醇对癌细胞的作用机理。1979 年，Horwitz 博士[59~63]报道了紫杉醇的作用机制在于促进微管蛋白的不可逆聚合从而阻断有丝分裂。这一独特机制的发现成为紫杉醇研究的一个转折点，极大地激起了人们对于它的研究兴趣，随即，紫杉醇进入临床试验。1992 年 12 月 29 日，美国 FDA 批准紫杉醇应用于对卵巢癌的晚期治疗，商品名为 Taxol®（图 1-1）。1994 年 FDA 又批准紫杉醇应用于对乳腺癌的治疗。

关于紫杉烷的化学研究，法国的 Potier 小组在 20 世纪 80 年代一直处于领先地位，1982年他们首次从欧洲红豆杉树叶中分离得到了一个 C-12,17 含氧桥的紫杉宁衍生物（Taxa-

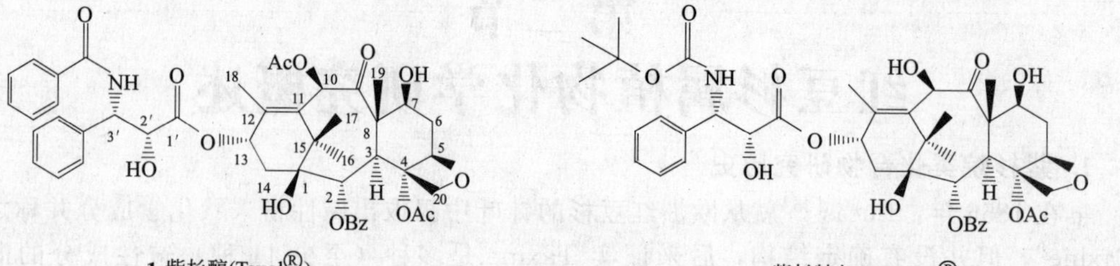

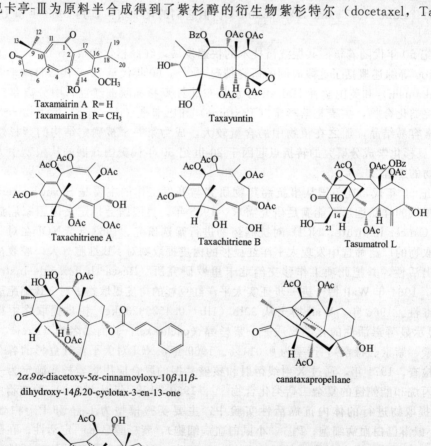

1 紫杉醇(Taxol®)　　　　　　　　　　　　　**2** 紫杉特尔(Taxotere®)

图 1-1　紫杉醇（Taxol®）和紫杉特尔（Taxotere®）的结构

gifine)[64]，1984 年又从欧洲红豆杉树皮中首次分离出几个 7-位含有木糖的紫杉醇衍生物[65]。1988 年，法国首次由红豆杉枝叶中含量丰富的 10-去乙酰基巴卡亭-Ⅲ（10-deacetyl-baccatin Ⅲ，10-DAB，约 0.1%）半合成了紫杉醇。随后由浆果红豆杉中含量丰富的 10-去乙酰基巴卡亭-Ⅲ为原料半合成得到了紫杉醇的衍生物紫杉特尔（docetaxel，Taxotere®，

Taxamairin A　R= H
Taxamairin B　R= CH₃

Taxayuntin

Taxachitriene A

Taxachitriene B

Tasumatrol L

2α,9α-diacetoxy-5α-cinnamoyloxy-10β,11β-
dihydroxy-14β,20-cyclotax-3-en-13-one

canataxapropellane

2α,10β-diacetoxy-5α,9α,20α-trihydroxy-
3α,11α;4α,12α;14α,20-tricyclotaxan-13-one

taxusecone

图 1-2　我国化学家从中国产红豆杉中发现的新骨架

图 1-1)，并经 FDA 批准也于 1996 年用于治疗乳腺癌。

紫杉醇从开始应用至今，其临床应用范围已扩展到肺癌、头颈癌、前列腺癌、宫颈癌及艾滋病引发的卡波济氏恶性肿瘤（Kaposi's sarcoma）等[66]。美国 NCI 统计的临床实验结果表明，紫杉醇对多种癌症有显著疗效，总有效率达 75% 以上，被认为是晚期癌症患者的最后一道防线，红豆杉也被美国《生活杂志》称为征服癌症的"希望之树"。

紫杉醇研发历程虽然很短，但迅速催生了对其提纯技术、全合成、半合成、生物合成、药理活性、结构修饰、制剂剂型、微生物转化等方面的深入研究，是 40 多年来唯一一个在全世界范围引起多学科关注的抗癌药物[67,68]。但一些自身因素也严重限制了对其的研究和应用，如水溶性差、对肿瘤多药耐药细胞活性低、资源极其有限等。由此，在化学领域对于紫杉烷类化合物的研究已逐渐由天然产物的全合成转变为寻找活性更佳、耐受性更好、吸收更容易的新一代类似物及衍生物，对同属的不同种红豆杉进行了大量的研究，以期发现新的紫杉醇类似物，了解紫杉醇的生物合成机理，进一步开发紫杉醇药源。在过去四十多年的研究中，从红豆杉属植物中分离鉴定了 560 多种紫杉烷类化合物。

我国对紫杉醇的化学研究起步较晚，20 世纪 80 年代中期中国药科大学闵知大教授的课题组首先开始了对南方红豆杉的化学研究[69~71]。接着在 80 年代末 90 年代初，兰州大学贾忠建教授开始研究中国红豆杉[72~75]；中国医学科学院药物研究所方起程教授和陈未名教授也开始了对云南红豆杉、中国红豆杉、东北红豆杉和西藏红豆杉的系统研究[76~87]。随后，中国科学院昆明植物所孙汉董院士等对云南红豆杉和中国红豆杉展开了深入的化学研究[88~97]。还有我国的一些天然药物化学工作者在国外攻读博士学位或从事博士后研究时对我国的红豆杉进行了研究[98~113]。我国台湾学者沈雅敬博士长期以来对台湾产的南方红豆

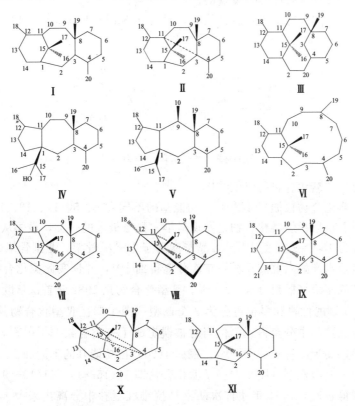

图 1-3 紫杉烷类二萜化合物的 11 大骨架类型

杉进行了深入系统的化学研究[114~130]。因此，虽然我国对紫杉醇的化学研究起步较晚，但取得了较大成绩，发现了 9 个新骨架（图 1-2）：一个是闵知大教授和梁敬钰教授发现的含䓬酮的三环二萜（Taxamairin A 和 Taxamairin B）[69,70]；另一个重排的紫杉烷新骨架（Taxa-yuntin）被刘锡葵和吴大刚研究员首次鉴定出来[88]（尽管此前已有人分离出该类化合物，但都被误定为 6/8/6 环紫杉烷[131,132]）；1995 年方唯硕博士和方起程教授首次从中国红豆杉中发现了具有 C-3,8 位键断开的二环骨架的两个紫杉烷（Taxachitriene A 和 Taxachitriene B）[81]；2005 年沈雅敬博士从中国台湾产的另一种红豆杉中分离出一个含有 21 个碳的新的紫杉烷类化合物，并命名为 Tasumatrol L[26]。史清文研究小组先后报道了 4 种紫杉烷新骨架。

除上述几家研究单位以外，云南大学、沈阳药科大学、第二军医大学、河北医科大学等多家单位也曾开展了对我国产红豆杉的化学研究[133~137]。

2. 紫杉烷类化合物的结构类型

（1）紫杉烷类二萜化合物的基本骨架

紫杉烷类二萜化合物按其基本骨架可分为如下 11 大类型，即 6/8/6、6/5/5/6、6/10/6、5/7/6、5/6/6、6/12、6/8/6/6、6/5/5/5/6、6/8/6、5/5/4/6/6/6、8/6 这 11 种不同的稠和方式，包括五元环、六元环、七元环、八元环、十元环和十二元环等。这 11 种基本骨架按其被发现的时间顺序排列如下（图 1-3），即 I 型 C-4-C-20 位有环外双键的紫杉烷；II 型 C-3,11 环化的紫杉烷；III 型 2(3→20) 重排的紫杉烷；IV 型 11(15→1) 重排的紫杉烷；V 型 11(15→1)，9(10→11) 双重排紫杉烷；VI 型 C-3,8 开环二环紫杉烷；VII 型 C-14,20 环化四环紫杉烷；VIII 型 C-3,11-C-20,12 双环化五环紫杉烷；IX 型 C-4-C-20 位有环外双键的 C-21 紫杉烷；X 型 C-3,11-C-4,12-C-14,20 三环化紫杉烷；XI 型 C-11,12 开环紫杉烷，其中最后五种骨架是近几年才从自然界中发现的。

文献中一般多采用上述的基本骨架模式，只有在 Miller-Kingston（**1**）的论文中和美国化学文摘（**2**）中出现如图 1-4 所示的书写方式。

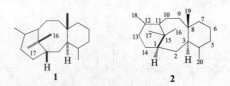

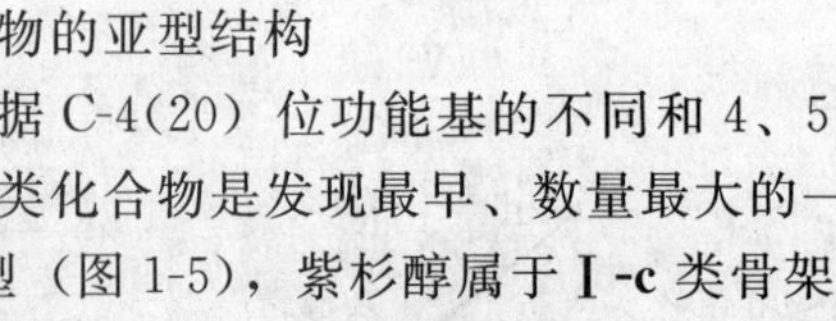

图 1-4　紫杉烷两种书写方式

（2）紫杉烷类二萜化合物的亚型结构

紫杉烷类二萜化合物根据 C-4(20) 位功能基的不同和 4、5、11、12、15 位的变化可分为不同的亚型。I 型紫杉烷类化合物是发现最早、数量最大的一类，最早从欧洲红豆杉中被分离得到，可分为 15 个亚型（图 1-5），紫杉醇属于 I-c 类骨架。II 型骨架最早发现于 1967 年，中西香尔从日本产的东北红豆杉中首次分离得到[138]，并证实此类化合物可以从相对应的 I 型化合物经低压汞灯照射合成[138~140]。III 型化合物是 1982 年首次从欧洲红豆杉中分离得到[141]，根据双键的位置和多少可分为 3 个亚型（图 1-6）。IV 型化合物是 1991 年从中国红豆杉和太平洋红豆杉中分离得到，但当时被误定成 I-c 类骨架[73~75,142]，1992 年经 X 单晶衍射分析才确定其为新骨架[88,143,144]，根据 4(20) 位功能基的不同和 15、20 位羟基成环位置的变化可分为 9 个亚型（图 1-7）。V 型化合物即 11(15→1)，11(10→9) 双重排的紫杉烷类化合物发现得较晚，1994 年才首次从喜马拉雅红豆杉中分离出来[145]，到目前为止也只有几个，根据 20 位羟基是否成环和 10 位羰基成酯环位置的不同可分为 3 个亚型

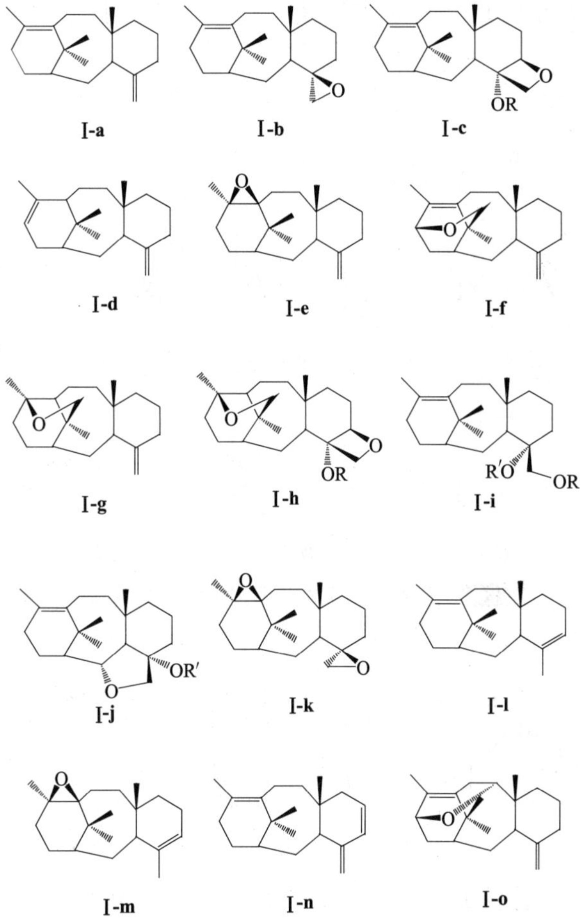

图 1-5 Ⅰ型紫杉烷类二萜化合物的 15 类亚型

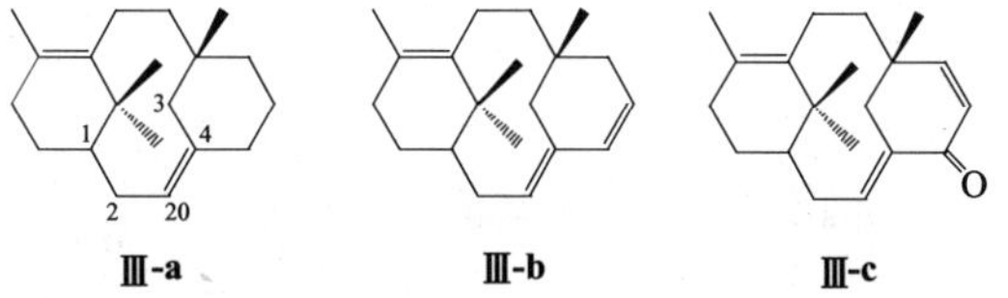

图 1-6 Ⅲ型紫杉烷类二萜化合物的 3 类亚型

（图 1-8）。Ⅵ型化合物即二环紫杉烷类化合物一直到 1995 年才首次被我国学者和加拿大学者同时分别从中国红豆杉和加拿大红豆杉中分离出来[81,146]，到目前为止仅 30 个左右[17~24]，根据双键位置的不同可分为 5 个亚型（图 1-9）。Ⅶ型化合物仅一个，是从加拿大产的红豆杉 *T. canadensis* 中分离得到[147]。Ⅷ型化合物仅四个，也是从加拿大红豆杉中分离得到[148,149]。Ⅸ、Ⅹ、Ⅺ型化合物各一个，分别从中国台湾产红豆杉[129]、加拿大红豆杉、东北红豆杉中分离得到。

3. 重要的或有代表性的紫杉烷类化合物的结构

图 1-10 列出了紫杉属植物中代表性化合物的结构式。

4. 常见的几类主要紫杉烷类化合物的立体构型

化合物的立体构型常与其生物活性密切相关，下面是紫杉醇的三维立体视图（图 1-11）

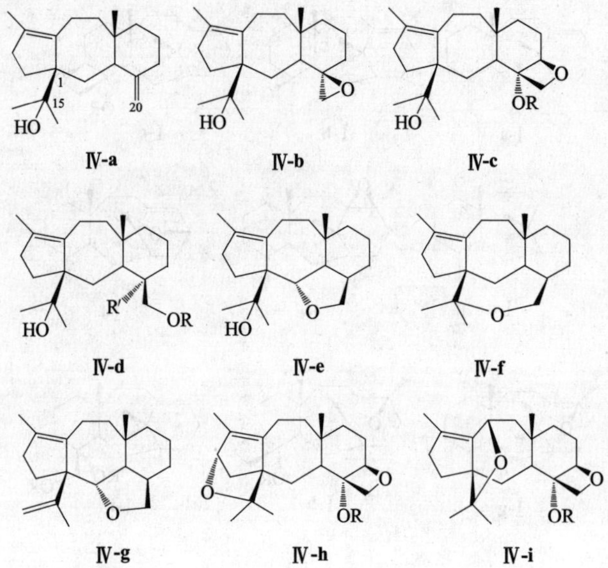

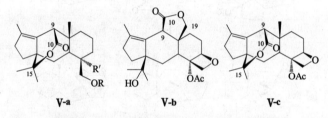

图 1-7　Ⅳ型紫杉烷类二萜化合物的 9 类亚型

图 1-8　Ⅴ型紫杉烷类二萜化合物的 3 类亚型

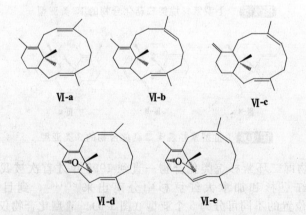

图 1-9　Ⅵ型紫杉烷类二萜化合物的 5 类亚型

和常见的几类主要紫杉烷类化合物的立体构型[150~159]（图 1-12）。

5. 结束语

　　尽管近年来提取分离到了大量的紫杉醇类似物，但迄今为止仍没有紫杉醇的第二代药物上市，对新紫杉烷类药物的研究主要是寻找具有较低毒副作用、较高抗肿瘤选择性及对多种肿瘤细胞尤其是对有抗药性的人体肿瘤细胞有较高生物活性的紫杉烷类化合物。在过去的一

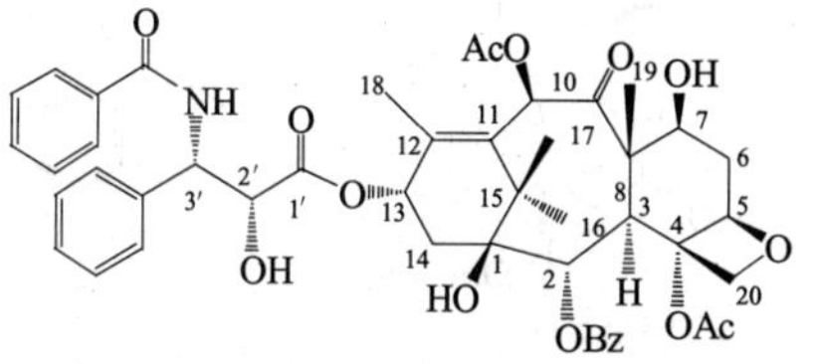

紫杉醇Taxol(Paclitaxel，Taxol A)

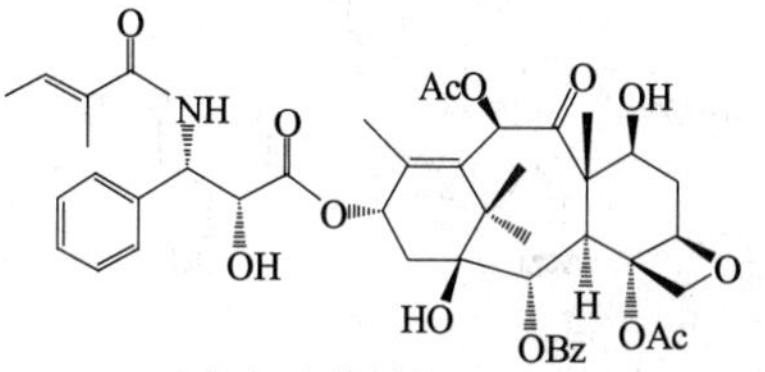

三尖杉宁碱(紫杉醇B，Cephalomannine)

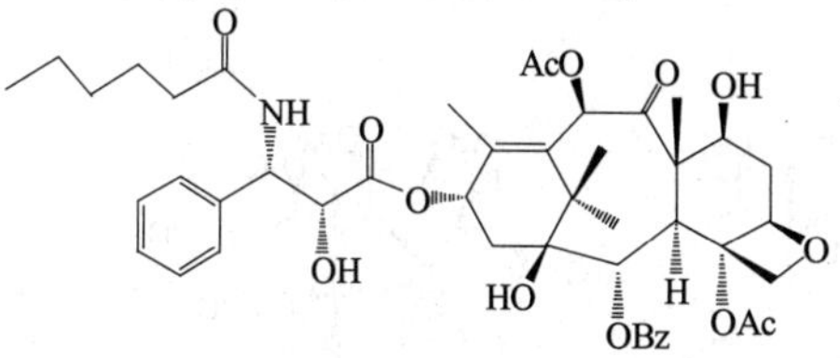

紫杉醇C(Taxol C)

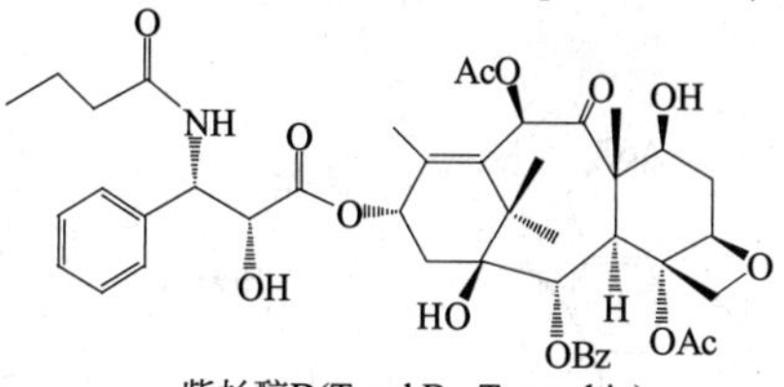

紫杉醇D(Taxol D，Taxacultin)

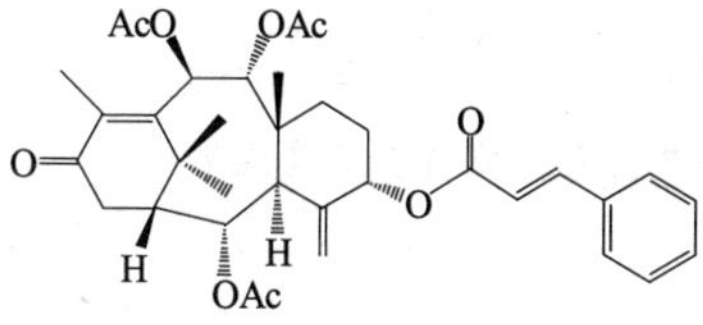

紫杉宁(Taxinine)

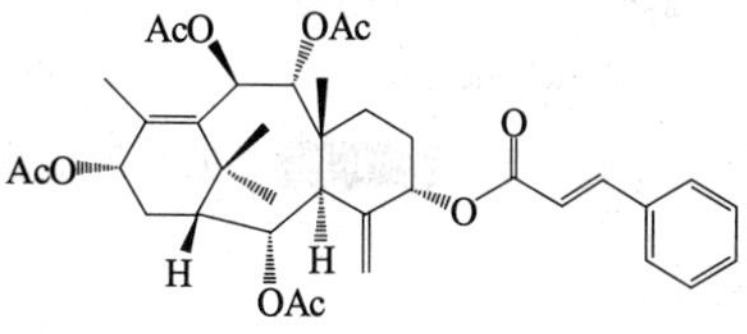

紫杉宁E(Taxinine E)

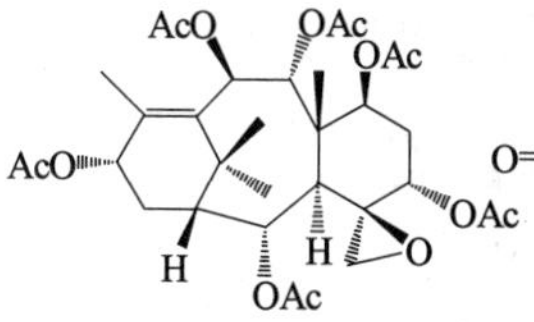

巴卡亭Ⅰ(BaccatinⅠ)

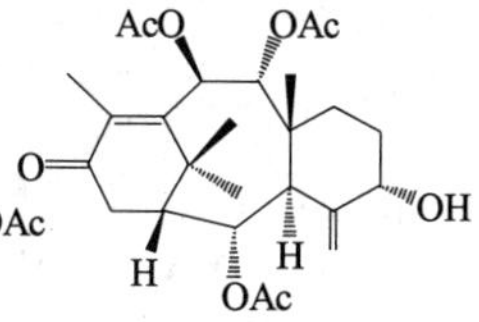

紫杉宁A(Taxinine A)

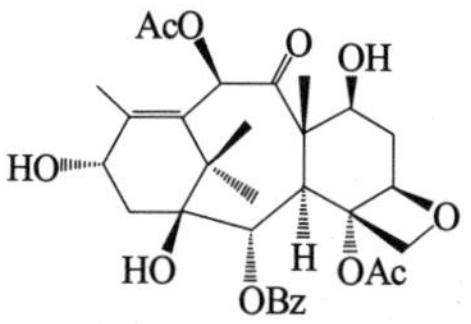

巴卡亭Ⅲ(Baccatin Ⅲ)

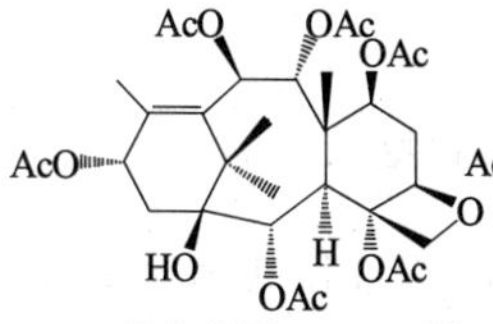

巴卡亭Ⅳ(BaccatinⅣ)

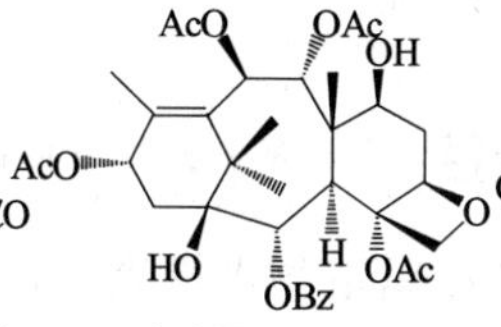

巴卡亭Ⅵ(Baccatin Ⅵ)

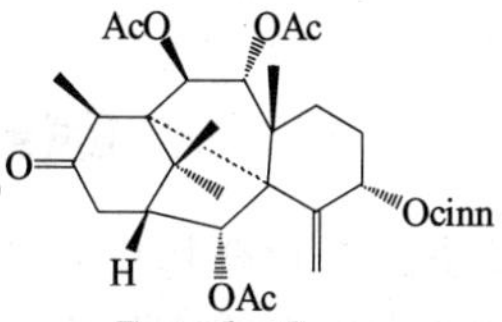

Taxuspine C

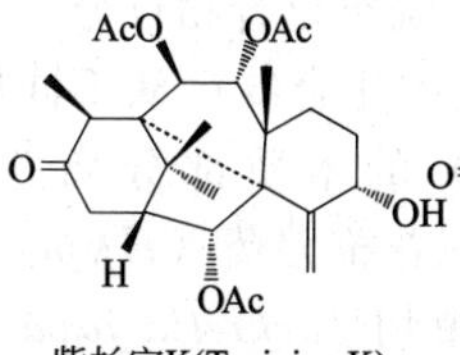

紫杉宁K(Taxinine K)

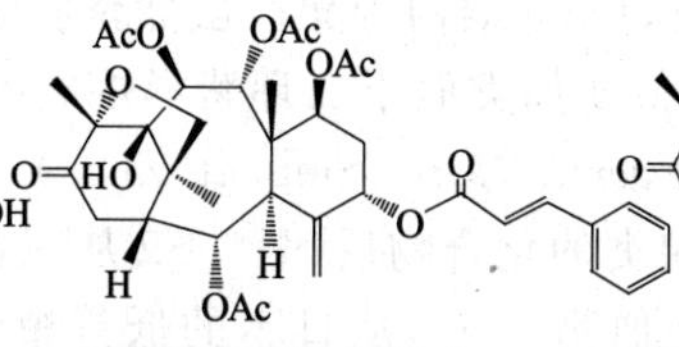

欧紫杉吉昐(Taxagifine)

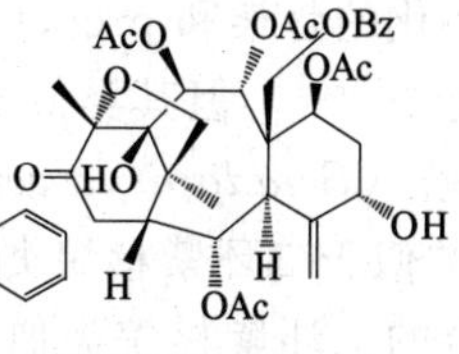

紫杉宁M(Taxinine M)

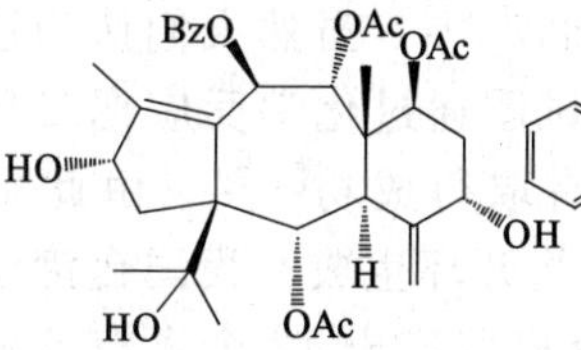

Taxchinin A

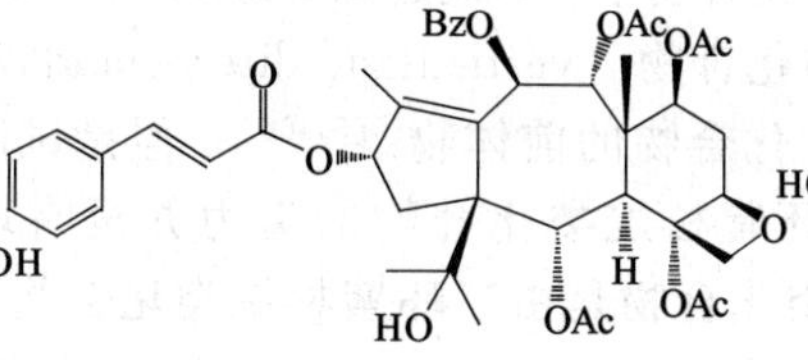

Taxchinin B

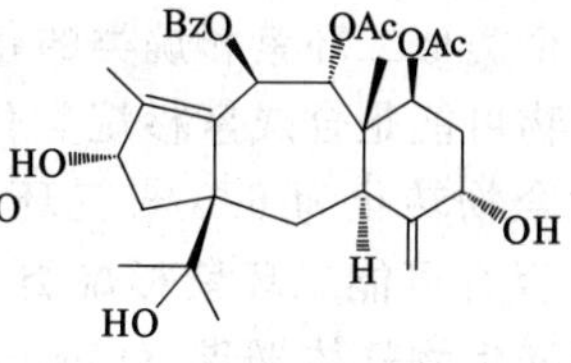

Brevifoliol

图 1-10

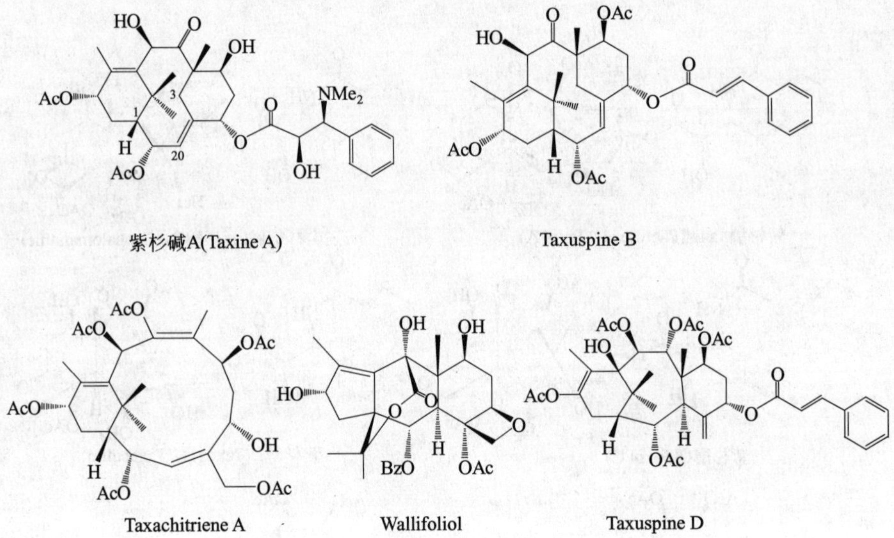

紫杉碱A(Taxine A)

Taxuspine B

Taxachitriene A

Wallifoliol

Taxuspine D

图 1-10 紫杉属植物中代表性化合物结构式

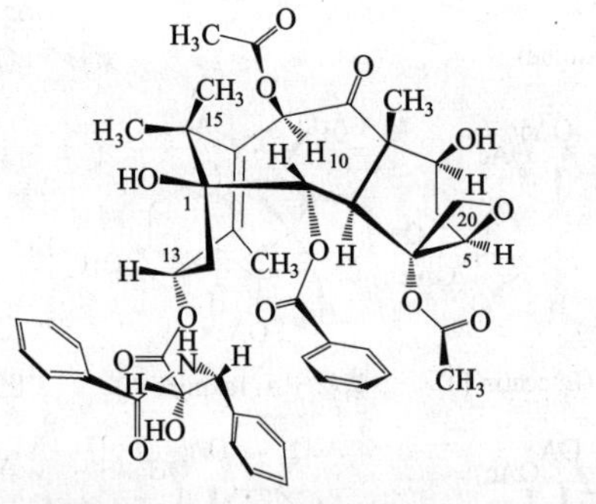

图 1-11 紫杉醇的三维立体视图

百年里，紫杉烷类二萜化合物仅从紫杉属植物中得到过，并且仅有六个基本骨架。只是在最近的研究中，才从中国台湾产红豆杉中发现了 1 个含 21 个碳的新骨架、从加拿大红豆杉中发现 3 个高度环化的骨架和 propellane 结构骨架。虽然紫杉烷类化合物仅分布于紫杉属和澳洲紫杉属的植物中[160]，但其类似物如类似于二环紫杉烷类的化合物已从不同的植物中分离得到。继从金松（*Sciadopitys verticillata* Sieb. et Zucc）的木质部分离并鉴定出 4 个（图 1-13 **1-4**）类似于二环紫杉烷类的化合物后[161]，又从三花枪刀药（*Hypoestes rosea*）中分离出一个聚合的二环紫杉烷类似物[162]。从日本的低等植物 *Jackiella javanica* 中也得到了 5 个类似于二环紫杉烷类的化合物[163]。最近从 *Bursera suntui* 和 *Bursera kerberi* 茎中分离出 9 个类似二环紫杉烷类的化合物（verticillane diterpenoids）[164]。虽然人们认为这些二环化合物可能是合成紫杉烷类化合物的前体物[165,166]，但是试图通过化学反应把二环紫杉烷类化合物转化为 6/8/6 三环紫杉烷类化合物的努力并没有取得成功[167]。由此可以推测：是否有可能二环紫杉烷类化合物是由三环紫杉烷类化合物开环生成？我国台湾学者首次从海洋生物软体珊瑚（*Cespitularia hypotentaculata*）中分离鉴定出 12 个含有 6*β*-羟基、10*α*-羟基二萜、10-羰基二萜和一个二萜内酯的紫杉烷类二环碳骨架化合物（**5-16**）（图 1-14）[168,169]，此类化合物表现出显著的细胞毒性。这是从海洋生物中发现的第一个具有紫杉

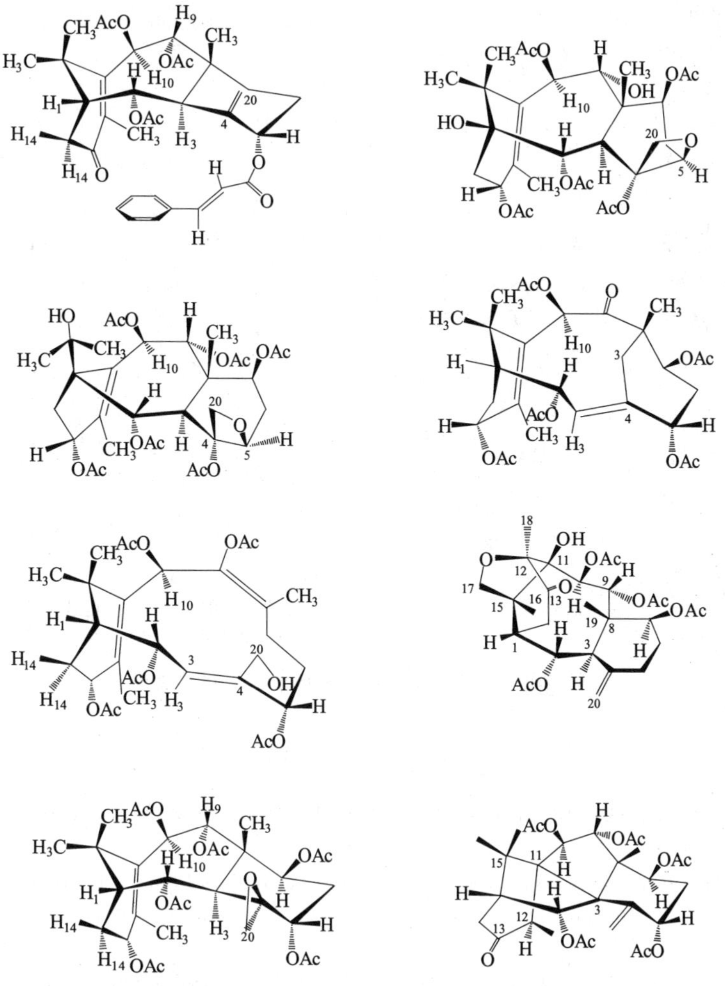

图 1-12 常见的紫杉烷类化合物的立体结构

烷类碳骨架的化合物。这一发现可能为研究紫杉烷类碳骨架的生物合成提供帮助并开辟一条发现紫杉烷类衍生物的新途径。另据报道，在非洲松叶蕨（*Podocarpus gracilior*）（干的茎叶中含量仅为 0.54mg/kg）[170]中发现含有紫杉醇，然而证据并不充分，仅从高效液相分析中发现了与紫杉醇具有相同保留时间的吸收峰和在质谱中有相同的分子量。罗士德等[171,172]发现与红豆杉科植物相近缘的三尖杉科植物西双版纳粗榧（*Cephalotaxus manii*）中也含有少量紫杉醇，在高山三尖杉（*C. fortunei*）、海南粗榧（*C. hainannensis*）和罗汉松科植物大理罗汉松（*Podocarpus forrestii*）茎叶中发现了紫杉醇的类似物巴卡亭Ⅲ（Baccatin Ⅲ）。陈冲等报道，从松科的马尾松（*Pinus massoniana* Lanb）的针叶和三尖杉科中国粗榧（*Cephalotaxus sinensis* Rehd et. Wils）的叶中提取出了 10-去乙酰基巴卡亭Ⅲ[173]。周荣汉等[174]发现我国特有植物白豆杉属（*Pseudotaxus* Cheng）白豆杉（*P. chienii* Cheng）中含有紫杉醇及短叶醇（brevifoliol）。张君增与马忠武等并未从白豆杉中分离出紫杉醇[175~177]。

据预测，近年对紫杉醇及其前体物 10-去乙酰巴卡亭Ⅲ的需求量不断攀升，寻找新的生物资源，保护生态环境已迫在眉睫。相信随着对紫杉类化合物生物合成的更多了解、合成方法的不断改进以及新的生物技术的应用，会有高效低毒的新型紫杉烷类药物上市并进入临床，造福人类。

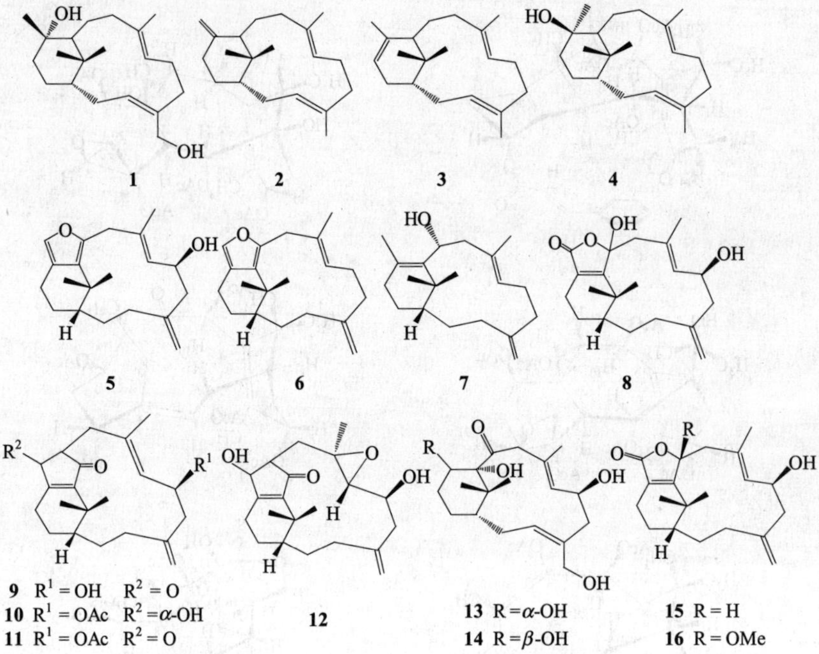

1 　 2 　 3 　 4

5 　 6 　 7 　 8

9　$R^1 = OH$　$R^2 = O$
10　$R^1 = OAc$　$R^2 = \alpha\text{-}OH$
11　$R^1 = OAc$　$R^2 = O$

12

13　$R = \alpha\text{-}OH$
14　$R = \beta\text{-}OH$

15　$R = H$
16　$R = OMe$

图 1-13 从不同植物中得到的双环紫杉烷类似物

参 考 文 献

[1] Daniewski W M, Gumulka M, Anczewski W, Masnyk M. Why the yew tree *Taxus baccata* is not attacked by insect. Phytochemistry, 1998, 38: 1279-1282.

[2] Miller R J. A brief survey of *Taxus* alkaloids and other taxane derivatives. J Nat Prod, 1980, 43: 425-437.

[3] Gueritte-Voegelein F, Guenard D, Potier P. Taxol and derivatives: a biologic hypothesis. J Nat Prod, 1987, 50: 8-18.

[4] Blecher S, Guenard D. "The Alkaloids". eds. by Brossi A. New York: Academic Press, 1990, 39: 195-238.

[5] 陈未名. 红豆杉属（*Taxus*）植物的化学成分和生理活性. 药学学报, 1990, 25: 227-240.

[6] Kingston D G I. The chemistry of Taxol. Pharm Ther, 1991, 52: 1-34.

[7] Kingston D G I, Molinero A A, Rimoldi J M. "Progress in the Chemistry of Organic Natural Products". eds. by Herz W, Kirby G W, Moore R E, Steglich W, Tamm C H. New York: Springer-Verlag, 1993, 61: 1-206.

[8] Zhang J Z. The chemistry and distribution of taxane diterpenoids and alkaloids from genus *Taxus*. Acta Pharm Sin, 1995, 30: 862-880.

[9] Farina V. "The Chemistry and Pharmacology of Taxol and Its Derivatives". New York: Elsevier, 1995, 22: 1-335.

[10] Georg G I, Chen T T, Ojima I, Vyas D M Taxane Anticancer Agents: Basic Science and Current Status. USA: Oxford university press, 1995, 583: 1-339.

[11] Appendino G. The phytochemistry of the yew tree. Nat Prod Rep, 1995, 12: 349-360.

[12] Appendino G. In "Alkaloids: Chemical and Biological Perspectives". eds. by Pelletier S W. London: Wiley, 1996: 237-268.

[13] 吴楠, 吕杨. 紫杉类化合物研究进展. 天然产物研究与开发, 1996, 8: 56-68.

[14] Kapoor V K, Mahindroo N. Recent advances in structure modification of Taxol (Paclitaxel). Indian J Chem, 1997, 36B: 639-652.

[15] Parmar V S, Jha A. Chemiscal constituents of Taxus species. In "Studies in Natural Products Chemistry". eds by Rahman A U. Amsterdam: Elsevier Science B, 1998, 20: 79-133.

[16] Kobayashi J, Shigemori H. Bioactive taxoids from Japanese yew *Taxus cuspidata* and taxol biosynthesis. Heterocycles, 1999, 52: 1111-1133.

[17] Baloglu E，Kingston，D G I. The taxane diterpenoids. J Nat Prod，1999，62：1448-1472.

[18] Parmer V S，Jha A，Bish K S，Taneja P，Sight S K，Kumar A，Poonam J R，Olsen C E Constituents of yew trees. Phytochemistry，1999，50：1267-1304.

[19] Das B，Kashinatham A，Anjani G. Advances in contemporary research：natural taxols. Indian J Chem，1999，38B：1018-1024.

[20] Shi Q W，Kiyota H，Oritani T. New taxoids isolated from the yew trees in the recent years. Nat Prod R&D，1999，11：62-78.

[21] Kobayashi J，Shigemori H. Bioactive taxoids from the Japanese yew *Taxus cuspidata*. Med Res Rev，2002，22：305-328.

[22] Kingston D G I，Jagtap P G，Yuan H，Samala L. In "Progress in the Chemistry of Organic Natural Products". Ed. Herz W，Falk H，Kirby G W. Spring：Wien，2002，84：53-225.

[23] Shigemori H，Kobayashi J. Biological activity and chemistry of taxoids from the Japanese yew，*Taxus cuspidata*. J Nat Prod，2004，67：245-256.

[24] Shi Q W，Kiyota K. New natural taxane diterpenoids from *Taxus* species since 1999. Chem Biodiv，2005，2：1597-1623.

[25] Kitakawa I，Mahmud T，Kobayashi M，Roemanyo，Shibuya H. Taxol and its related taxoids from the needles of *Taxus sumatrana*. Chem Pharm Bull，1995，43：365-367.

[26] Shen Y C，Lin Y S，Cheng Y B，Cheng K C，Khalil A T，Kuo Y H，Chien C T，Lin Y C. Novel taxane diterpenes from *Taxus sumatrana* with the first C-21 taxane ester. Tetrahedron，2005，61：1345-1352.

[27] Shen Y C，Cheng K C，Lin Y C，Cheng Y B，Khalil A T，Guh J H，Chien C T，Teng C M，Chang Y T. Three new taxane diterpenoids from *Taxus sumatrana*. J Nat Prod，2005，68：90-93.

[28] 张晓伟，王喜军主编. 抗癌植物红豆杉. 哈尔滨：黑龙江科学技术出版社，1995.

[29] 廖文波，张志权，苏志尧. 抗癌植物南方红豆杉保护生物学价值的评价. 生态科学，1996，15（2）：17-20.

[30] 钱能斌. 四川红豆杉属植物资源及其保护与利用. 资源开发与市场，1996，12（1）：3-6.

[31] 尹嘉庆，王达明，李莲芳. 云南红豆杉资源及发展策略. 云南林业，1995，2：9-10.

[32] 赵奇治，邵力平. 红豆杉你好命苦. 云南林业，1995，4：10-13.

[33] 中国科学院植物研究所编辑委员会. 中国植物志第七卷. 北京：科学出版社，1978：438-450.

[34] 中国科学院青藏高原综合考察队. 西藏植物志第一卷. 北京：科学出版社，1983：396-397.

[35] Lucas H. Ueber ein in den Blatter von *Taxus baccata* L. enhaltenes Alkaloid（das Taxin）. Archiv der Pharmaz，1856，135：145-149.

[36] Appendino G，Cravotto G. The chemistry and occurrence of taxane derivatives X：The photochemistry of taxine B. Gazzetta Chimca Italiana，1994，124：1-4.

[37] Appendino G，Ozen H C，Fenoglio I，Gariboldi P，Gabetta B，Bombardelli E. Pseudoalkaloid taxanes from *Taxus baccata*. Phytochemistry，1993，33：1521-1523.

[38] Bryan-Brown T. The pharmacological actions of taxine. Quaterly. Journal of Pharmacy and Pharmacology，1932，5：205-219.

[39] Matthew N，Elsner G，Purdy C，Zipes D P. Wide QRS rhythm due to taxine toxicity. J Cardiovascular Electrophys，1993，3：59-61.

[40] Ogden L. Taxus (yews)-a highly toxic plant. Veterinary Human Toxicology，1988，30（6）：563-564.

[41] Osweiler G D. "Toxicology". Williams & Wilkins，Philadelphia，PA，1996：393.

[42] Panter K E，Molyneux R J，Smart R A，Mitchell L，Hansen S. English yew poisoning in 43 cattle. J Am Vet Med Assoc，1993，202（9）：1476-1477.

[43] Blyth A W. Taxine. In："Poisons：Their Effects and Detection". Charles Grin，London，1884：383-384.

[44] Bryan-Brown T. The pharmacological actions of taxines Q. J Pharm and Pharmacol，1932，5：205-219.

[45] Casteel S W，Cook W O. Japanese yew poisoning in ruminants. Mod Vet Practice，1985，66：875-876.

[46] Clarke E G C，Clarke M L. Poisonous plants，Taxaceae. In："Veterinary Toxicology". 3rd ed. Bailliere，Tindall & Cassell，London，1988：276-277.

[47] Czerwek H，Fischer W. Todlicher vergiftungsfall mit *Taxus baccata*. Archiv Toxikol，1960，18：88-92.

[48] Dukes M，Eyre D H，Harrison J W，Scrowston R M，Lythgoe B. Taxine. Part V：The structure of taxicin-Ⅱ. J Chem Soc (C)，1967：448-452.

[49] Ettouati B, Ahond A, Poupat C, Potier P. Revision structurale de la taxine B, alcaloide majoritaire des feuilles de L'if D'Europe, *Taxus baccata*. J Nat Prod, 1991, 54 (5): 1455-1458.

[50] Evans K L, Cook J R. Japanese yew poisoning in a dog. J Am Animal Hosp Assoc, 1991, 27: 300-302.

[51] Evers R A, Link R P. Yews, Taxus species. In: "Poisonous Plants of the Midwest and their Effects on Livestock", College of Agriculture, University of Illinois at Urbana-Champaign, IL, 1972: 81-82.

[52] Frohne D, Pfander J. Taxaceae, *Taxus baccata* L., yew. In: "A Colour Atlas of Poisonous Plants". 2nd ed. Wolfe Publishing, London, 1984: 223-225.

[53] Frohne D, Pribilla O. Todliche vergiftung mit *Taxus baccata*. Archives of toxicology, 1965, 21: 150-162.

[54] Winsterstein Guyer A. Hoppe-Seyler's Z. Physiol Chem, 1923, 117: 240.

[55] Appendino G. Naturally occurring taxoids. In "The Chemistry and Pharmacology of taxol and its Derivatives". Eds by Farina V. Elsevier Science Publishers, 1995.

[56] Lythgae R. "The Alkaloids". Vol X. London: Academic Press, 1967: 597-626.

[57] Harrison J W, Lythgoe B. Taxine. Part Ⅲ: A revised structure for the neutral fragment from *O*-cinnamoyltaxicin-Ⅰ. Journal of the Chemical Society C, 1966: 1932-1933.

[58] Wani M C, Taylor H L, Wall M E, Coggon P, McPhail A T. Plant antitumor agents. Ⅵ. The isolation and structure of taxol, a novel antileukemic and antitumor agent from *Taxus brevifolia*. J Am Chem Soc, 1971, 93: 2325-2327.

[59] Schiff P B, Fan J, Horwitz S B. Promotion of microtubule assembly in vitro by taxol. Nature, 1979, 277: 665-667.

[60] Parness J, Horwitz S B. Taxol binds to polymerized tubulin in vitro. J Cell Biol, 1981, 91: 479-487.

[61] Manfredi J J, Parness J, Horwitz S B. Taxol binds to cellular microtubules. The journal of cell biology, 1982, 94: 688-696.

[62] Schiff P B, Horwitz S B. Taxol stabilizes microtubules in mouse fibroblast cells. Proceeding of the national academy of sciences of the United States of America, 1980, 77: 1561-1565.

[63] Choy H. Taxanes in combined modality therapy for solid tumors. Critical Reviews in Oncology/Hematology, 2001, 37: 237-247.

[64] Chauviere G, Guenard D, Pascard C, Picot F, Potier P, Prange T. Taxagifine: new taxane derivative from *Taxus baccata* L. (Taxaceae). J Chem Soc, Chem Commu, 1982: 495-496.

[65] Blechert V S, Guenard D, Poiter P, Varenne P. Mise en evidence de nouveaux analogues du taxol extraits de *Taxus baccata*. J Nat Prod, 1984, 47: 131-137.

[66] Cragg G M. Paclitaxel (Taxol®): Asuccess story with valuable lessons for natural product drug discovery and development. CRAGG, 1998: 315-331.

[67] Mukherjee A K, Basu S, Sarkar N, et al. Advances in cancer therapy with plant based natural products. Curr Med Chem, 2001, 8: 1467-1486.

[68] Several books have been devoted to the chemistry and medicinal chemistry of taxol: "Taxol: Science and Application," Ed. Suffnes, CRC, Boca Raton, FL, 1995; "Taxane Anticancer Agents: Basic Science and Current Status," Eds. Georg G I, Chen T T, Ojima Ⅰ, Vyas D M, American Chemical Society, Washington, DC, 1995; "The Chemistry and Pharmacology of taxol and its Derivatives," Ed. Farina, V; Elsevier Science: Amsterdam, 1995. Goodman, Jordan and Vivien Walsh, "The Story of Taxol: Nature and Politics in the Pursuit of an Anti-Cancer Drug," Cambridge: Cambridge University Press, 2001. Hartzel J. "The yew tree. A thousand whispers." Oregon, USA: Hulugosi, Eugene, 1991. Itokawa H, Lee K H. "Taxus: The Genus Taxus. Medicinal and Aromatic Plant Industrial Profiles." Taylor & Francis, London and New York. 2003, Vol. 32.

[69] 梁敬钰, 闵知大, 水野端夫等. 美丽红豆杉二萜的研究Ⅰ: 美丽红豆杉素 A, B 和 C 的结构测定. 化学学报, 1987, 46: 21-25.

[70] Liang J Y, Min Z D, Iinuma M, Tanaka T, Mizuno M. Two new antineoplastic diterpenes from *Taxus mairei*. Chem Pharm Bull, 1987, 35: 2613-2614.

[71] Min Z D, Jiang H, Liang J Y. Studies on the taxane diterpenes of the heartwood from *Taxus mairei*. Acta Pharmaceutica Sinica (Yao Xue Xue Bao), 1989, 24: 673-677.

[72] Zhang Z P, Jia Z J. Taxanes from *Taxus yunnanensis*. Phytochemistry, 1990, 29: 3673-3675.

[73] 张宗平, 贾忠建. 红豆杉植物中紫杉烷二萜研究. 科学通报, 1989, 8: 593-594.

[74] 张宗平, 贾忠建. 紫杉烷二萜研究Ⅳ. 化学学报, 1991, 49: 1023-1027.

［75］ 张宗平，贾忠建，朱子清，崔育新，程金龙，王奇光．红豆杉植物中紫杉烷二萜研究．科学通报，1989，23：1630-1632.

［76］ 陈未名，张佩玲，吴斌，郑启泰．云南红豆杉抗肿瘤活性成分研究．药学学报，1991，26：747-454.

［77］ Zhang S, Chen W M, Chen Y H. Isolation and identification of two new taxane diterpenes from Taxus chinensis. Acta Pharmaceutica Sinica (Yao Xue Xue Bao), 1992, 27：268-272.

［78］ Chen W M, Zhou J Y, Zhang P L, Fang Q C. Chin Chem. Lett, 1993, 4 (8)：699-702.

［79］ 陈未名，张佩玲，周金云．云南红豆杉中四个新紫杉烷类二萜化合物的分离和结构鉴定．药学学报，1994，29：207-214.

［80］ Zhang J Z, Fang Q C, Liang X T, He C H, Kong M, He W Y, Jin X L. Taxoids from the barks of *Taxus wallichiana*. Phytochemistry, 1995, 40：881-884.

［81］ Fang W S, Fang Q C, Liang X T, Lu Y, Zheng Q T. Taxachintrienes A and B, two new bicyclic taxane diterpenoids from *Taxus chinensis*. Tetrahedron, 1995, 51：8483-8491.

［82］ Tong X J, Fang W S, Zhou J Y, He C H, Chen W M, Fang Q C. Three new taxane diterpenoids from needles and stems of *Taxus cuspidata*. J Nat Prod, 1995, 58：233-238.

［83］ Chen W M, Zhang P L, Zhou J Y, Fang Q C. Isolation and identification of four new tetracyclic-atxanes from *Taxus yunnanensis*. Acta Pharmaceutica Sinica, 1997, 32 (5)：363-367.

［84］ Zhou J Y, Zhang P L, Chen W M, Fang Q C. Taxayuntin H and J from *Taxus yunnanensis*. Phytochemistrv, 1998, 48：1387-1389.

［85］ Xue Q, Fang Q C, Liang X T, He C H. Taxyunin E and F：two taxanes from leaves and stems of *Taxus yunnanensis*. Phytochemistry, 1995, 39：871-873.

［86］ Xue Q, Fang Q C, Liang X T. A taxane-11, 12-oxide from *Taxus yunnanensis*. Phytochemistry, 1996, 43：639-642.

［87］ Yue Q, Fang Q C, Liang X T, He C H, Jing X L. Rearranged taxoids from *Taxus yunnanensis*. Planta Med, 1995, 61 (4)：375-377.

［88］ 刘锡葵，吴大刚，王宗玉．红豆杉中一类新二萜成分．科学通报，1992，38：593-594.

［89］ Zhang H J, Sun H D, Takeda Y. Four new taxanes from the roots of *Taxus yunnanensis*. Chin Chem Lett, 1995, 6：483-486.

［90］ Zhang H J, Mu Q, Xiang W, Yao P, Sun H D, Takeda Y. Intermolecular transesterified taxanes from *Taxus yunnanensis*. Phytochemistry, 1997, 44：911-915.

［91］ Li S H, Zhang H J, Yao P, Sun H D. Two new taxoids from *Taxus yunnanensis*. Chin Chem Lett, 1998, 9：1017-1020.

［92］ Li S H, Zhang H J, Yao P, Sun H, Fong H H. Taxane diterpenoids from the bark of *Taxus yunnanensis*. Phytochemistry, 2001, 58 (2)：369-374.

［93］ Li S H, Zhang H J, Yao P, Niu X M, Xiang W, Sun H. D. Two new lignans from *Taxus yunnanensis*. Chin J Chem, 2003, 21：926-930.

［94］ Li S H, Zhang H J, Yao P, Niu X M, Sun H D, Fong H H S. Novel taxoids from the Chinese yew *Taxus yunnanensis*. Tetrahedron, 2003, 59：37-45.

［95］ Li S H, Zhan H J, Yao P, Niu X M, Xiang W, Sun H D. Non-taxane compounds from the bark of *Taxus yunnanensis*. J Asian Nat Prod Res, 2002, 4 (2)：147-154.

［96］ Li S H, Zhang H J, Niu X M, Yao P, Sun H D, Fong H H. Taxuyunnanines S-V, new taxoids from *Taxus yunnanensis*. Planta Med, 2002, 68 (3)：253-257.

［97］ Li S H, Zhang H J, Yao P, Sun H D, Fong H H. Rearranged taxanes from the bark of *Taxus yunnanensis*. J Nat Prod, 2000, 63 (11)：1488-1491.

［98］ Liang J, Kingston D G I. Two new taxane diterpenoids from *Taxus mairei*. J Nat Prod, 1993, 56 (4)：594-599.

［99］ Zhang Z P, Wiednfeld H, Roder E. Taxanes from *Taxus chinensis*. Phytochemistry, 1995, 38：667-570.

［100］ Li B, Tanaka K, Fuji K, Sun H, Taga T. Three new diterpenoids from *Taxus chinensis*. Chem Pharm Bull, 1993, 41：1672-1673.

［101］ Zhang H J, Takeda Y, Minami Y, Yoshida K, Matsumoto T, Xiang W, Mu Q, Sun H D. Three new taxanes from roots of *Taxus yunnanensis*. Chemistry Letters, 1994：957-970.

［102］ Zhang H J, Takeda Y, Matsumoto T, Minami Y, Yoshida K, Xiang W, Mu Q, Sun H D. Taxol related diterpenes from roots of *Taxus yunnanensis*. Heterocycles，1994，38：975-980.

[103] Zhang H J，Takeda Y，Sun H D. Taxanes from *Taxus yunnanensis*. Phytochemistry 1995，39：1147-1151.

[104] Shi Q W，Oritani T，Sugiyama T. Three new rearranged taxane diterpenoids from the bark of *Taxus chinensis* var. *mairei* and the needles of *Taxus cuspidata*. Heterocycles，1999，51：841-850.

[105] Shi Q W，Oritani T，Sugiyama T. Two bicyclic taxane diterpenoids from the needles of *Taxus mairei*. Phytochemistry，1999，50：633-636.

[106] Shi Q W，Oritani T，Sugiyama T，Yamada T. Two novel bicyclic 3,8-secotaxoids from the neddles of *Taxus mairei*. Nat Prod Lett，1999，13：171-178.

[107] Shi Q W，Oritani T，Horicucg T，Sugiyama T，Yamada T. Isolation and structural determination of a novel bicyclic taxane diterpene from the needles of the Chinese yew，*Taxus mairei*. Biosci Biotechnol Biochem，1999，63：756-759.

[108] Shi Q W，Oritani T，Sugiyama T，Murakami R，Horiguchi T. Three new bicyclic taxane diterpenoids from the needles of Japanese yew，*Taxus cuspidata* Sieb. et Zucc. J Asia Nat. Prod Res，1999，2：63-70.

[109] Shi Q W，Oritani T，Sugiyama T. Bicyclic taxane with a verticillene skeleton from the needles of Chinese yew. *Taxus mairei*. Nat Prod Lett，1999，13：81-88.

[110] Shi Q W，Oritani T，Sugiyama T. Three novel bicyclic taxane diterpenoids with verticillene skeleton from the needles of Chinese yew，*Taxus chinensis* var. *mairei*. Planta Med，1999，65：356-359.

[111] Shi Q W，Oritani T，Sugiyama T，Horiguchi T，Murakami R，Zhao D，Oritani T. Three new taxane diterpenoids from the seeds of *Taxus yunnanensis* cheng et LK Fu and *T. cuspidata* Sieb et zucc. Tetrahedron，1999，55：8365-8376.

[112] Shi Q W，Oritani T，Horiguchi T，Sugiyama T. A newly rearranged 2（3 → 20）abeotaxane yew，*Taxus mairei*. Biosci Biotechnol Biochem，1998，62：2263-2266.

[113] Shinozaki Y，Fukumiya N，Fukushima M，Okano M，Nehira T，Tagahara K，Zhang S X，Zhang D C，Lee K H. Dantausins A and B，two new taxoids from *Taxus yunnanensis*. J. Nat Prod，2001，64：1073-1076.

[114] Shen Y C，Tai H R，Chen C Y. New taxane diterpenoids from the roots of *Taxus mairei*. J Nat Prod，1996，59：173-176.

[115] Yeh M K，Wang J S，Liu L P，Chen C Y. A new taxane derivative from heartwood of *Taxus mairei*. Phytochemistry，1988，27：1534-1536.

[116] Shen Y C，Tai H R，Hsieh P W，Chen C Y. Bioactive taxanes from the roots of *Taxus mairei*. Chin Pharm J，1996，48（3）：207-217.

[117] Shen Y C，Chen C Y. Taxane diterpenes from *Taxus mairei*. Planta Med，1997，63：569-570.

[118] Shen Y C，Chen C Y. New taxanes from the Roots of *Taxus mairei*. Phytochemistry，1997，44：1527-1533.

[119] Shen Y C，Chen C Y，Lin Y M，Kuo Y H. A lignan from the roots of *Taxus mairei*. Phytochemistry，1997，46（6）：1111-1113.

[120] Shen Y C，Chen C Y，Chen Y J，Kuo Y H，Chien C T，Lin Y M. Bioactive lignans and taxoids from the roots of Formosan *Taxus mairei*. Chin Pharm J，1997，49：285-296.

[121] Shen Y C，Chen C Y，Kuo Y H. A new taxane diterpenoid from *Taxus mairei*. J Nat Prod，1998，60：93-97.

[122] Shen Y C，Chen C Y，Kuo Y H. A new taxane diterpenoid from *Taxus mairei*. J Nat Prod，1998，61（6）：838-840.

[123] Shen Y C，Chen C Y，Chen Y J. Taxumairol M：a new bicyclic taxoid from seeds of *Taxus mairei*. Planta Med，1999，65：582-584.

[124] Shen Y C，Lo K L，Chen C Y，Kuo Y H，Hung M C. New taxanes with an opened oxetane ring from the roots of *Taxus mairei*. J. Nat. Prod，2000，63：720-722.

[125] Shen Y C，Chen C Y，Hung M C. Taxane diterpenoids from seeds of *Taxus mairei*. Chem Pharm Bull，2000，48：1344-1346.

[126] Shen Y C，Prakash C V，Chen Y J，Hwang J F，Kuo Y H，Chen C Y. Taxane diterpenoids from the stem bark of *Taxus mairei*. J Nat Prod，2001，64：950-952.

[127] Shen Y C，Chang Y T，Lin Y C，Lin C L，Kuo Y H，Chen C. Y. New taxane diterpenoids from the roots of Taiwanese *Taxus mairei*. Chem Pharm Bull，2002，50：781-787.

[128] Shen Y C，Chang Y T，Wang S S，Lin Y C，Chen C Y. Taxumairols X-Z.，new taxoids from Taiwanese *Taxus*

mairei. Chemical and Pharmaceutical Bulletin, 2002, 50: 1561-1565.

[129] Shen Y C, Lin Y S, Cheng Y B, Cheng K C, Khalil A T, Kuo Y H, Chien C T, Lin Y C. Novel taxane diterpenes from *Taxus sumatrana* with the first C-21 taxane ester. Tetrahedron, 2005, 61: 1345-1352.

[130] Shen Y C, Prakash C V S, Hung M C. Taxane diterpenoids from the root bark of Taiwanese yew *Taxus mairei*. J Chin Chem Soc, 2000, 47: 1125-1130.

[131] Appendino G, Barboni L, Gariboldi P, Bombardelli E, Gabetta B, Viterbo D. Revised structures of brevifoliol and some baccatin VI derivatives. Journal of chemical society, chemical communications, 1993: 1587-1589.

[132] Barboni L, Gariboldi P, Torregiani E, Appendino G, Cravotto G, Bombardelli E, Gabetta B, Viterbo D. Chemistry and occurence of taxane derivatives. Part 16. Rearranged taxoids from *Taxus × medis* Rehd. cv *Hicksii*. X-ray molecular structure of 9-*O*-benzoyl-9,10-dide-*O*-acetyl-11(15→1) abeo-baccatin Ⅵ. Journal of the chemical society, perkin transactions 1, 1993: 3233-3238.

[133] 罗迎春, 潘炉台, 杨立勇. 云南红豆杉木心化学成分的研究. 贵州教育学院学报, 2003, 14: 59-60.

[134] 周兴挺, 余峰, 曾奇. 云南红豆杉心木的化学成分研究. 中药新药与临床药理, 2002, 13: 317-319.

[135] 张沿军, 李铣, 吴立军. 东北紫杉茎皮化学成分的研究. 中草药, 1996, 27: 634-635.

[136] 毛士龙, 陈万生, 廖时萱. 东北红豆杉茎皮化学成分研究. 中药材, 1999, 22: 346-347.

[137] 张宏桂, 吴广宣, 张宏, 阎吉昌, 于开君, 姜德福, 薛丽娟, 张永茂. 东北红豆杉叶中化学成分的研究. 人参研究, 1995, 4: 8-10.

[138] Chiang H C, Woods M C, Nakanishi K. The structure of four new taxinine congeners, and a photochemical transannular reaction. J Chem Soc Chem Commun, 1967, 11: 1201-1202.

[139] Appendino G, Lusso P, Garibold P. A 3, 11-cyclotaxane from *Taxus baccata*. Phytochemistry, 1992, 31: 4259-4262.

[140] Kobayashi J, Shigemori H. Bioactive taxoids from the Japanese yew *Taxus cuspidata*. Medicinal Research Reviews, 2002, 3: 5-328.

[141] Graf E, Kirfel A, Wolff G J, Breitmaier E. The elucidation of taxine A from *Taxus baccata*. L Liebigs Annalen der Chemie, 1982: 376-381.

[142] Balza F, Tachibanas S, Barrios H, et al. Brevifoliol, a taxane from *Taxus brevifolia*. Phytochemistry, 1991, 30: 1613-1614.

[143] Fuji K, Tanaka K, Li B. Taxchinin A, A diterpenoid from *Taxus chinensis*. Tetrahedron Lett, 1992, 33: 7915-7916.

[144] 黄开胜, 梁敬钰, Gunatilaka A A L. 天然紫杉烷类化合物的氢谱及若干结构的修改意见. 中国药科大学学报, 1998, 29: 259-266.

[145] Vander Velde D G, Georg G I, Gollapudi S R, Jampani H B, Liang X Z, Mitscher L A, Ye Q M. Wallifoliol, a taxol congener with a novel carbon skeleton, from Himalayan yew *Taxus wallichiana*. J Nat Prod, 1994, 57: 862-867.

[146] Zamir L O, Zhou Z H, Caron G, Nedea M E, Sauriol F, Mamer O. Isolation of a putative biogenetic taxane precursor from *Taxus canadensis* needles. Journal of the chemical society, Chemical communications, 1995: 529-530.

[147] Shi Q W, Sauriol F, Mamer O, Zamir L. A novel minor metabolite (taxane?) from the *Taxus canadensis* needles. Tetrahedron Letters, 2002, 43: 6869-6873.

[148] Shi Q W, Sauriol F, Mamer O, Zamir L O. First example of a taxane-derived propellane in *Taxus canadensis* needles. Journal of the chemical society, Chemical communications, 2003: 68-69.

[149] Shi Q W, Sauriol F, Lesimple A, Zamir L O. First three example of taxane-derived dipropellane in *Taxus canadensis* needles. J Chem Soc Chem Commun, 2004: 544-545.

[150] Mastropaolo D, Camerman A, Luo Y, Brayer G D, Camerman N. Crystal and molecular structure of paclitaxel (taxol). Proceeding of the National Academy of Sciences of the United States of America, 1995, 92: 6920-6924.

[151] Gao Q, Parker W L. The "hydrophobic collapse" conformations of paclitaxel (Taxol) has been observed in a nonaqueous environment: crystal structure of 10-deacetyl-7-epitaxol. Tetrahedron, 1996, 52: 2291-2300.

[152] Snyder J P, Nevins N, Cicero D O, Jansen J. The conformation of taxol in chloroform. J Am Chem Soc, 2000, 122: 724-725.

[153] Williams H, Moyna G, Scott A I. NMR and molecular modeling study of the conformations of taxol 2-acetate in chloroform and aqueous dimethyl sulfoxide solutions. J Med Chem, 1996, 39: 1555-1559.

[154] Falzone C J, Benesi A J, Lecomte J T. Characterization of Taxol in methylene chloride by NMR spectroscopy. Tetrahedron Lett, 1992, 33: 1169-1172.

[155] William H J, Scott A I, Dieden R A. NMR and molecular modeling study of the conformations of taxol and of its side chain methylester in aqueous and nonaqueous solution. Tetrahedron, 1993, 49: 6545-6560.

[156] Zhu Q, Guo Z, Huang N, Wang M, Chu F. Comparative molecular field analysis of a series of paclitaxel analogues. J Med Chem, 1997, 40: 4319-4328.

[157] Gueritte-Voegelein F, Guenard D, Lavelle F, Le Goff M T, Mangatal L, Potier P. Relationships between the structure of Taxol analogues and their antimitotic activity. J Med Chem, 1991, 34: 992-998.

[158] Braga S F, Galvao D S. A structure-activity study of taxol, taxotere, and derivatives using the electronic indices methodology (EIM). J Chem Inf Comput Sci, 2003, 43: 699-706.

[159] 吴楠, 吕扬, 郑启泰, 方唯硕, 高永莉, 方起程, 周同惠. 紫杉烷二萜类化合物精细立体结构研究. 药学学报, 1998, 33: 759-763.

[160] Rozendaala E L M, Kurstjensb S J L, Beeka T A, Bergb R G. Chemotaxonomy of *Taxus*. Phytochemistry, 1999, 52: 427-433.

[161] Karlsson B, Pilotti A M, Soderholm A C. The structure and absolute configuration of verticillol, a macrocyclic diterpene alcohol from the wood of *Sciadopitys verticillata* Sieb. et Zucc. (Taxodiaceae). Tetrahedron, 1978, 34: 2349-2354.

[162] Adesomoju A A, Okogun J I. Roseatoxid and dihypoestoxide: additional new diterpenoids from *Hypoestes rosea*. J Nat Prod, 1984, 47: 308-311.

[163] Nagashima F, Tamada A, Fuji N, Asakawa Y. Terpenoids from the Japanese liverwort *Jackiella javanica* and *Jungemannia infusca*. Phytochemistry, 1997, 46: 1203-1208.

[164] Hernández-Hernández J D, Román-Marín L U, Cerda-García-Rojas C M, Joseph-Nathan P. Verticillane Derivatives from *Bursera suntui* and *Bursera kerberi*. J Nat Prod, 2005, 68: 1598-1602.

[165] Jackon C B, Pattenden G. Total synthesis of verticillene, the putative biogenetic precursor of the taxane alkaloids. Tetrahedron Lett, 1985, 28: 3393-3396.

[166] Begley M J, Jackson C G, Pattenden G. Total synthesis of verticillene. A biomimetric approach to the taxane family of alkaloids. Tetrahedron, 1990, 46: 4907-4912.

[167] Begley M J, Jackon C B, Pattenden G. Investigation of transannular cyclisations of verticillanes to the taxane ring system. Tetrahedron Lett, 1985, 28: 3397-3400.

[168] Duh C Y, El-Gamal A A H, Wang S K, Dai C F. Novel terpenoids from the formosan soft coral *Cespitularia hypotentaculata*. J Nat Prod, 2002, 65: 1429-1433.

[169] Duh C Y, Li C H, Wang S K, Dai C F. Diterpenoids, norditerpenoids, and secosteroids from the formosan soft coral *Cespitularia hypotentaculata*. J Nat Prod, 2006, 69: 1188-1192.

[170] Stahlhut R, Park G, Petersen R, Ma W W, Hylands P. The occurrence of the anti-cancer diterpene taxol in *Podocarpus gracilior* Pilger (Podocarpaceae). Biochemical Systematics and Ecology, 1999, 27: 613-622.

[171] 罗士德, 宁冰梅, 阮德春. 红豆杉及其近缘植物中紫杉醇与同系物的高效液相色谱分析. 植物资源与环境, 1994, 3: 31-33.

[172] 张虹, 陈振德, 柳正良. TLC-HPLC法分析榧属植物中的紫杉醇. 第二军医大学学报, 2003, 24: 106-107.

[173] 陈冲, 罗思齐. 10-脱乙酰浆果杉亭-Ⅲ的新药源研究. 中国医药杂志, 1997, 28: 37-40.

[174] 周荣汉, 朱丹妮, 高山林, 蔡朝晖. 紫杉醇及短叶醇在白豆杉中的存在. 中国药科大学学报, 1994, 25: 259-261.

[175] 张君增, 方启程, 梁晓天. 中国特有植物白豆杉化学成分的研究. 植物学报, 1996, 38: 399-404.

[176] 马忠武, 何关福, 印万芬. 中国特有种子植物白豆杉主要化学成分的研究. 植物学报, 1982, 24: 554-557.

[177] Galli B, Gasparrini F, Lanzotti V, Misiti D, Riccio R, Villani C, He G F, Ma Z W, Yin W F. Grandione, a new heptacyclic dimeric diterpene from *Torreya grandis* Fort. Tetrahedron, 1999, 55: 11385-11394.

第 二 章
CHAPTER 2

紫杉醇研究进展

第一节
紫杉醇研究概述

1. 紫杉醇的研究历史和应用

癌症已逐渐取代心脑血管疾病成为全球头号杀手。世界卫生组织（World Health Organization，WHO）报道全球每年死于癌症的病人在 900 万人以上。2002 年我国癌症新发病例接近 220 万人，160 万人死于恶性肿瘤，预计 2020 年中国将有 550 万新发癌症病例，对人类的生命和健康构成了严重的威胁。随着新药和新疗法不断涌现，肿瘤的药物治疗已与手术治疗、放射治疗并列成为治疗肿瘤的三种重要手段之一。这其中最成功的植物药就是紫杉醇，长期以来一直高居抗癌药物市场榜首。

20 世纪 60 年代，美国 NCI 为找到治疗肿瘤的有效药物，对世界上 35000 种植物的提取物进行活性评价。1962 年 8 月，Dr. Arthur Barclay，一个在美国农业部工作的哈佛大学毕业的植物学家，在华盛顿的一个国家森林公园（Gifford Pinchot National Forest）中海拔 1500ft（1ft＝0.3048m）处发现了太平洋红豆杉（*Taxus brevifolia*），并标记为 B-1645（Barclay 采集的第 1645 种植物），Dr. Barclay 和他的三个研究生把采集的果实标记为 PR-4959，把采集的树皮标记为 PR-4960。Dr. Barclay 把采集的样品送到威斯康辛某研究所进行提取和活性筛选，发现编号为 PR-4960 的样品提取物（提取物标号 NSC670549）对 KB 细胞有毒性，进一步的重复实验证实 PR-4960 的提取物有抗癌活性。这一实验结果鼓励 Dr. Barclay 于 1964 年 9 月又重新回到原处采集了 30lb（1lb＝0.45kg）太平洋红豆杉树皮。因太平洋红豆杉树皮提取物对正常细胞毒性太大，其他研究所认为不可能由其得到候选药物，拒绝进一步实验。此时 Dr. Barclay 把 30lb（1lb＝0.45kg）的树皮移交给 Dr. Monroe Wall（Research Triangle Institute，RTI，三角研究所）。Dr. Wall 曾从中国喜树中分离出喜树碱，对抗癌活性成分的分离有很多经验，因而对此项工作有极大兴趣。Dr. Wall 和其合作者 Dr. Wani 开始用活性追踪实验对 30lb（1lb＝0.45kg）的太平洋红豆杉树皮进行提取和分离，1966 年 9 月从太平洋红豆杉树皮中分离出有抗肿瘤作用的活性成分（标号为 K172）。因当时仅知其含有醇羟基，又是从红豆杉中获得，Dr. Wall 把其命名为紫杉醇（Taxol），至 1971 年 Dr. Wall 和 Dr. Wani 用核磁共振技术和单晶 X 射线衍射确定了紫杉醇的化学结构[1]。由于紫杉醇在树皮中含量极低，每棵树仅能提供 2kg 左右的树皮，在当时需要 12kg 的干树皮才能得到 0.5g 紫杉醇，接下来的几年中紫杉醇的研究被束之高阁。

后来，Dr. Suffness 加入到 NCI，鼓励用新引进的黑色素瘤重新对紫杉醇进行筛选，1975 年发现紫杉醇对黑色素瘤细胞 B16 有很好的活性，同时对新引进的其他肿瘤也进行了活性筛选。1977 年在 Dr. Suffness 的建议下 NCI 把紫杉醇列入抗癌候选药物。1978 年 11 月发现紫杉醇能够非常明显地使异种移植的乳房瘤变小。1979 年分子药理学家 Dr. Horwitz（Albert Einstein College of Medicine at New York's Yeshiva University，美国纽约叶史瓦大学艾伯特·爱因斯坦医学院）阐明了紫杉醇的独特作用机制：紫杉醇能与微管蛋白结合，并促进其聚合，抑制癌细胞的有丝分裂，有效阻止癌细胞的增殖。1980 年开始毒理学实验并于 1982 年完成，同年 NCI 批准紫杉醇申请新药研究（Investigational New Drug Application，INDA）。1983 年 NCI 向美国 FDA 申请临床实验，1984 年紫杉醇作为新药被批准用来为卵巢癌作 I 期临床实验。紧接着 1985 年开始了紫杉醇的 II 期临床实验。1987 年 NCI 采集了 60000lb（1lb＝0.45kg）干太平洋红豆杉树皮用于提取紫杉醇。1989 年 8 月，美国国立卫生研究所（National Institutes of Health，NIH）通过公开书的形式向社会寻找紫杉醇开发公司。美国百时美·施贵宝公司（Bristol-Myers Squibb Co.，BMS）被选中。施贵宝（BMS）公司以 17kg 紫杉醇的竞争力获得了紫杉醇药品研究与开发专有权。1989 年因应用范围的扩大，又采集了 60000lb（1lb＝0.45kg）干太平洋红豆杉树皮用于提取紫杉醇。1989 年完成了 I、II 期临床试验，1990 年进行 III 期临床试验。到 1992 年 8 月又紧急采集了 100000lb（1lb＝0.45kg）新鲜太平洋红豆杉树皮用于提取紫杉醇。1992 年，施贵宝公司把开发的紫杉醇针剂向 FDA 递交了新药申请（New Drug Application，NDA），6 个月后即 1992 年 12 月 FDA 批准紫杉醇上市，主要用于晚期卵巢癌二期治疗。

1993 年施贵宝公司注册商品名：Taxol®。1994 年之后紫杉醇的临床应用又陆续扩大至转移性乳腺癌、晚期卵巢癌和非小细胞肺癌的一期治疗，经证明紫杉醇对多种癌症有疗效，尤其是对卵巢癌、乳腺癌的治疗获得成功，治愈率达 33％，有效率 75％，用美国国立肿瘤研究所所长 Broder 博士的话说：紫杉醇是继阿霉素、顺铂之后十五年来，人类与各种癌症抗争中，疗效最好、副作用最小的药物。其被称为"晚期癌症的最后一道防线"。随着施贵宝紫杉醇药品专利保护权的丧失，其他一些大型制药商例如 Ivax、NaPro 等开始在化学名称下推出自己研制的紫杉醇药品，这些紫杉醇药品在抑制癌细胞分裂方面得到了改善，并且治疗适应证也得到了扩大，其中包括与抗艾滋病药物合用治疗卡波济氏肉瘤，以及用于直肠癌、膀胱癌、子宫癌、食道癌及颈部癌等一系列的棘手肿瘤疾病。近几年来，国外医学界发现紫杉醇除用于治疗癌症外，还可用来治疗若干种慢性炎症性疾病，如风湿性关节炎、牛皮癣、特应性湿疹等，这将大大增加紫杉醇的应用领域及销售量。紫杉醇已成为世界上公认的广谱、高效的抗癌药物[2]。

由于紫杉醇在抑制癌细胞分裂方面具有独特的疗效，上市短短几年内创下单一抗癌药销量之最，2000 年达到销售最高峰 15.92 亿元，原料市场约在 2 亿美元左右。据 WTO 统计，目前全世界有近 4000 万人患有恶性肿瘤，其中卵巢癌、乳腺癌、子宫癌、非小细胞肺癌和头颈癌患者数量最多。全世界每年可利用紫杉醇治疗的癌症患者共有约 1500 万人，由于紫杉醇有限的供应量，仅有 5％的患者正在接受紫杉醇产品治疗。并且，全球每年新增癌症患者正在以惊人的速度递增，仅美国、日本与欧洲，每年就新增癌症患者 400 万人。面对巨大的抗肿瘤市场，紫杉醇的有效需求量正以每年 100％的速度增长，吸引了越来越多的投资者。图 2-1 列出紫杉醇在全球销量的变化。

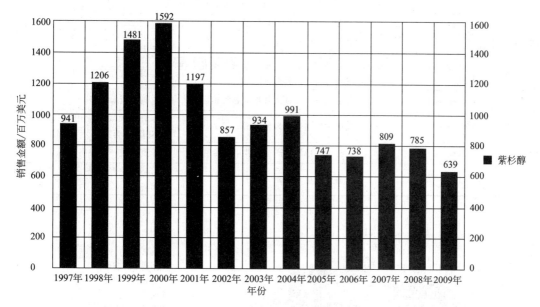

图 2-1　紫杉醇全球销量变化（横坐标为 1997 年至 2009 年，纵坐标为百万美元）

　　当前，人类获得紫杉醇的方法有：①天然提取；②半人工合成；③人工全合成；④生物发酵；⑤组织培养。后三种方法大都停留在实验室阶段，由于收率较低、工艺尚存在一些困难，还不具备商业应用价值，所以国际市场上至今仍沿用 10 年前确立的紫杉醇原料药两大制备方法。一是从欧洲红豆杉、太平洋红豆杉、印度产红豆杉、云南红豆杉和东北红豆杉等树皮中直接提取。由于树皮中紫杉醇的含量在 0.01％以下，因此成本较高，这是导致原料药价格昂贵的主要原因。二是从红豆杉属植物的枝、叶等可再生资源中提取出紫杉醇前体 10-去乙酰巴卡亭Ⅲ（10-DAB，又称 10-浆果赤霉碱），再经半合成连接 C-13 位侧链得到。紫杉醇的半合成最初由法国的 Dr. Potier 小组发明，在此基础上美国佛罗里达州立大学的 Holton 教授开发了可商业化的半合成方法。现在紫杉醇的生产需要种植和化学两方面技术的有机结合，生产 1kg 最终产品，平均需要处理 3t 以上红豆杉枝叶，整个过程包括采集、粉碎、目标化合物的提取、分离、化学转化、纯化。尽管过程非常复杂，众多的紫杉醇原料生产商依然遍布美国、欧洲和亚洲。目前尚未见有第 3 种方法形成大规模工业化生产的报道[3~5]。此外，20 世纪 90 年代，意大利一家专门从事植化产品开发的公司 Indena 曾与施贵宝合作，拟在实验室中批量培养红豆杉树皮细胞并从细胞培养液中直接提取紫杉醇原料。遗憾的是，这一方法虽然可行，但实际产量微不足道，相对国际市场对紫杉醇原料药的巨大需求可称作是杯水车薪。表 2-1 列出近年紫杉醇主要生产厂商及技术优势。

　　紫杉醇在美国批准上市后，我国医药界对紫杉醇的研制、开发跟随很紧。20 世纪 90 年代中期，国产紫杉醇研制成功。国内市场行业集中度较高，南京思科占据首位（图 2-2）。2009 年，SFDA 批准进口的紫杉醇原料药有意大利 Indena 公司、韩国 Samyang Genex 公司等的品种。批准进口的紫杉醇注射剂包括美国布迈施贵宝公司、美国 American BioScience 公司、澳大利亚 Hospira Australia 公司、奥地利依比成药品公司的品种。

表 2-1 近年紫杉醇主要生产厂商及技术优势

时间	公司及合作	技术进步或优势	结　果
2000 年前	BMS 与 Hauser 合作	野生太平洋红豆杉中提取	因环境保护组织抗议而放弃
2000 年前	BMS 与 Indena 合作	人工种植观赏性紫杉中提取中间体 10-DAB,专利化学方法提纯	提高了紫杉醇产量
2000 年	Mayne（澳大利亚）收购两家相关技术公司	拥有全产业链供应商	快速占据市场,销量仅次于 BMS
2002 年	NPI 收购 Hauser 癌症业务部	人工种植红豆杉中提取紫杉烷类化合物,化学修饰合成紫杉醇	每吨红豆杉产量提高一倍
2003 年	Bioxel（加拿大）	拥有加拿大北部大片红豆杉种植区	拥有资源优势
2003 年后	BMS	发酵细胞培养提取紫杉醇	并未大规模应用,依旧以提取 10-DAB 为主
2003 年后	Mayne	改进 10-DAB 生产工艺并申请专利	产率进一步提高
2003 年后	NPI	上海建设生产基地	降低生产成本,便于进入中国市场

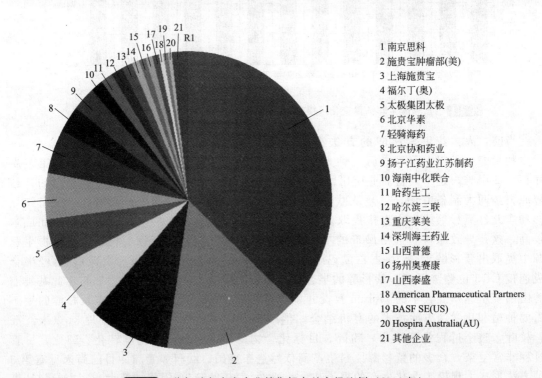

1 南京思科
2 施贵宝肿瘤部(美)
3 上海施贵宝
4 福尔丁(奥)
5 太极集团太极
6 北京华素
7 轻骑海药
8 北京协和药业
9 扬子江药业江苏制药
10 海南中化联合
11 哈药生工
12 哈尔滨三联
13 重庆莱美
14 深圳海王药业
15 山西普德
16 扬州奥赛康
17 山西泰盛
18 American Pharmaceutical Partners
19 BASF SE(US)
20 Hospira Australia(AU)
21 其他企业

图 2-2 紫杉醇各生产企业销售额占总市场比例（2009 年）

　　紫杉醇 1992 年上市,是施贵宝的独家产品,2000 年专利到期,众多企业进入紫杉醇市场,打破了原研药一统天下的局面;同时出现另外一种紫杉醇衍生物——多烯紫杉醇（多烯他赛）,紫杉醇受到一定冲击。

　　多烯他赛属于半合成紫杉醇衍生物,由法国罗纳普朗克-乐安公司研制生产上市。1996 年 5 月获得 FDA 批准,商品名为 Taxotere（泰索帝）,用于乳腺癌和非小细胞肺癌。早在 21 世纪初已在美国、日本等 80 多个国家及地区相继上市,现在已是赛诺菲-安万特公司旗下的骨干品种。1996 年引入我国市场。2009 年全球销售额 21.77 亿欧元。

　　中国医学科学院药物研究所与江苏恒瑞医药公司合作,多烯他赛原料药及粉针剂作为四类新药于 2002 年 9 月获准生产，商品名为艾素。2003 年齐鲁制药的原料药及注射剂获得生产注册，商品名为多帕菲。到 2009 年 9 月，中国 SFDA 已批准 13 家企业生产多烯他赛原料药，12 家企业生产注射液制剂。

2. 紫杉醇的结构和波谱

紫杉醇（Taxol®）具有复杂的化学结构，母核是由 A、B、C 三个环构成的二萜基本骨架，13 位连有一个苯异丝氨酸侧链，分子中有 11 个手性中心和多个取代基（图 2-3），其化学名称是 $5\beta,20$-epoxy-$1\beta,2\alpha,4\alpha,7\beta,10\beta,13\alpha$-hexahydroxytax-11-en-9-one-$4\alpha,10\beta$-diacetate-2α-benzoate-13α-ester 与 $(2R,3S)$-N-benzoyl-3-phenylisoserine（分子式 $C_{47}H_{51}NO_{14}$；相对分子质量 853.92）。核磁共振氢谱和碳谱见图 2-4。

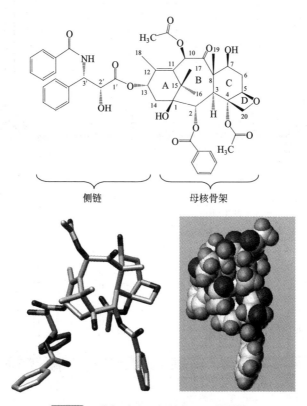

图 2-3 紫杉醇的平面结构和立体结构

3. 紫杉醇的抗癌机制[6~13]

目前实验认为紫杉醇可能的作用机制主要为：第一，微管动力学稳定机制。通常认为，有丝分裂过程中需要细胞质微管解聚以形成纺锤体微管，而染色体在纺锤丝的作用下向两极移动。紫杉醇能与细胞内的微管网直接结合，作用位点为 β 亚基 N 端第 31 个氨基酸。这样抑制了细胞质微管的解聚，从而抑制肿瘤细胞纺锤体的形成，使肿瘤细胞停止在 G2 期（分裂间期）和 M 期（分裂中期），直至死亡。第二，免疫机制。紫杉醇和脂多糖（lipopolysaccharide，LPS）均可以为激活巨噬细胞杀灭肿瘤细胞提供信号。Kalechman 等还发现，免疫调节因子 As101 和紫杉醇合用，可以促进巨噬细胞杀死肥大细胞。因此，紫杉醇还具有激活巨噬细胞来杀灭肿瘤的作用。此外，它与 γ-干扰素合用时，对激活巨噬细胞溶解肿瘤有增强作用。第三，诱导肿瘤坏死因子（tumor necrosis factor，TNF）TNF-α 的产生。TNF-α 主要由革兰阴性细菌的活性成分脂多糖激活单核吞噬细胞而产生，其他细胞则产生

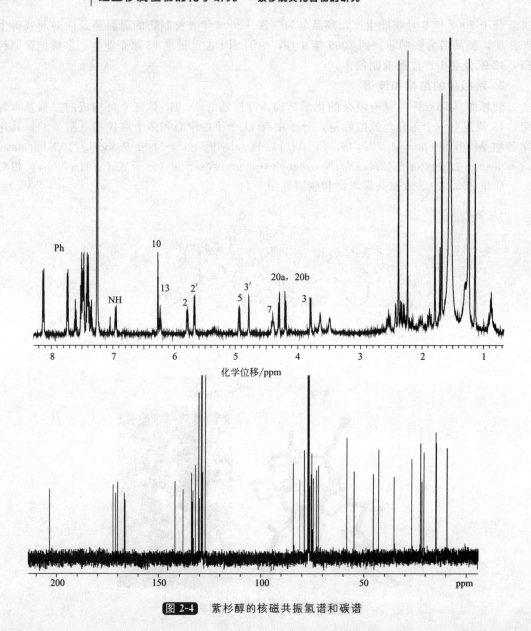

化学位移/ppm

图 2-4　紫杉醇的核磁共振氢谱和碳谱

TNF-γ。TNF-α 具有抗肿瘤效应，而 TNF-γ 可以增强 TNF-α 的生物效应。对紫杉醇的研究结果表明，它可以增强 TNF-γ 诱导 NO 的合成与分泌并且诱导 TNF-α 基因表达。第四，紫杉醇还抑制肿瘤细胞迁移。用紫杉醇处理过的鼠成纤维细胞只能产生扁平足状突起和丝状假足，不能移动。

　　事实上与细胞有丝分裂密切相关的微管蛋白几乎普遍存在于所有真核细胞中。微管蛋白分子本身是多种多样的，在哺乳动物中，至少存在 6 种 α-微管蛋白和相应数量的 β-微管蛋白，每种微管蛋白都由不同的基因编码。这些不同类型的微管蛋白非常相似，并且它们能可逆性聚合成微管，染色体的分离需要借助这些微管。有丝分裂后，这些微管又重新解聚成微管蛋白。纺锤状微管短暂的瓦解能优先杀灭异常分裂的细胞，一些重要的抗癌药物，如秋水仙碱、长春碱、长春新碱等就是通过阻止微管蛋白重聚合而起作用的。与这些抗有丝分裂的药物相反，紫杉醇是已知的第一种能和微管蛋白聚合体相互作用的药物，它能与微管紧密地结合并使它们稳定，并且紫杉醇可促使微管蛋白在缺乏 GTP（在一般情况下都需要 GTP 的存在才能使微管蛋白聚合成微管）的情况下聚合。在有利于微管蛋白解聚的条件下，比如低温、钙离子、透析等，紫杉醇促使形成的微管蛋白聚合体仍然稳定。相对于 α,β-微管蛋白二聚体而言，由化学计算可知紫杉醇仅与 α,β-微管蛋白中的一个可逆地、特殊地结合，但是研究表明，当浓度为纳摩尔级时，紫杉醇显示了与同样浓度的秋水仙碱、长春花类生物碱等相似的效果，即通过阻止微管蛋白聚合成微管而发挥作用（图 2-5）。最近一些新的具有与紫杉醇相同作用机制的天然产物不断被发现[14]。

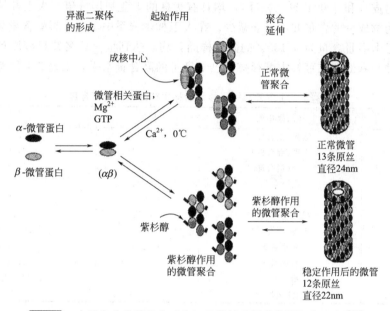

图 2-5　自然条件微管聚合（上）及紫杉醇促进微管聚合（下）[13]

4. 紫杉醇在植物中的分布

　　紫杉醇在植物中的不同部位含量分布差异很大，通常种子和树皮中含量较高，根、叶、茎次之，心材最少（表 2-2，表 2-3）。例如，赵春芳研究了紫杉醇在同一棵树中的分布，发现紫杉醇的含量在同一棵树中的分布依主干皮、根皮、侧枝树皮、种子、须根、嫩枝、叶的次序递减，而 10-去乙酰基巴卡亭Ⅲ（10-DAB）和巴卡亭Ⅲ在叶中含量最高，须根中含量最低，叶子中 10-DAB 的含量达 0.02%～0.03%，高于巴卡亭Ⅲ的含量[15]。不同种植物中含量差异较大，甚至同一种植物生长在不同的地理位置和环境，紫杉醇的含量差异也十分明显。施肥、收获季节、储存等因素对紫杉醇的含量也有影响[16]。

表 2-2　500 年生中国红豆杉不同部位中紫杉烷类物质的含量　　　　单位：μg/g

植物部位	紫杉醇	10-DAB	巴卡亭Ⅲ
当年生叶	10.60±1.03	362.0±20.6	108.0±6.8
多年生叶	25.30±1.4	236.0±16.3	286.0±18.9
细枝	24.30±2.8	130.5±8.6	47.5±5.4
树干树皮	418.00±28.5	198.0±14.6	7.0±1.8
侧枝树皮	206.00±20.4	168.0±10.4	26.4±2.0
根皮	281.80±24.3	140.6±8.8	20.5±2.4
须根	46.76±5.6	5.6±1.2	10.3±0.8
种子	165.00±24.5	50.6±8.6	30.6±2.8

表 2-3	红豆杉树龄对紫杉醇和巴卡亭Ⅲ含量的影响			单位：µg/g	
成分	500 年生	100 年生	30 年生	10 年生	2～3 年生①
紫杉醇	25.3±1.4	30.4±4.5	35.8±20.6	13.6±12.3	—
巴卡亭 Ⅲ	286.0±18.9	245.4±20.3	75.4±45.6	168.4±56	—

① 表中"—"表示含量太低（<0.5 µg/g 植物干重），未检测出。

在云南红豆杉天然林木中，树皮的紫杉醇含量为 0.02% 左右，最高为 0.0304%，小枝叶中紫杉醇的平均含量为 0.0102%，最高为 0.0217%，巴卡亭Ⅲ的合计含量可达到0.0808%（树皮）和 0.0845%（枝叶），均具有优良的工业利用价值。人工种植的云南红豆杉林木，其药物成分的含量并不显著减少。在人工林木根系中出现紫杉醇含量为0.0421%～0.0460% 和巴卡亭Ⅲ含量为 0.103% 的高含样品，均已达到世界著名紫杉醇原料树种曼地亚红豆杉（杂种）和欧洲红豆杉中紫杉醇和巴卡亭Ⅲ的高含量水平，见表 2-4 和表 2-5[17]。

表 2-4	11 个云南红豆杉天然林木样品的紫杉醇含量[17]		单位：%
序号	样品采集地	树皮	小枝叶
1	漾濞（混合样）	0.0190	0.0009
2	大理（混合样）	0.0190	0.0110（叶）
3	大理（混合样）		0.0036（根）
4	漾濞金盏	0.0028	
5	泸水片乌	0.0047	
6	香格里拉虎跳峡	0.0018	
7	大理（混合样）		0.0062（叶）
8	西藏易贡	0.0304	0.0119
9	西藏通麦		0.0108
10	丽江河源		0.0110（天然苗）
11	丽江大坪坝		0.0138

表 2-5	8 种红豆杉天然林木的紫杉醇含量比较[17]		单位：%
树种	紫杉醇含量		
	树皮	枝叶	
云南红豆杉	平均 0.0130	平均 0.0102	
	云南最高 0.0190	云南最高 0.0217	
	西藏最高 0.0304	西藏最高 0.0119	
喜马拉雅红豆杉	最高 0.0225	最高 0.0083	
东北红豆杉	0.004,0.0171,0.0460	0.006,叶 0.0074,枝 0.0149	
中国红豆杉	老皮 0.0089,茎皮 0.0024	叶 0.0137,枝 0.0017	
南方红豆杉		0.0030,叶 0.000 085,枝 0.000 065	
欧洲红豆杉	0.0038,0.0490,0.0010		
短叶红豆杉	0.0240,0.0690,0.0100		
曼地亚（杂种）红豆杉	0.0460		
	0.0140（3 年生）		

高山林等应用高效液相色谱分析了东亚产四种红豆杉和北美产三种红豆杉的紫杉醇和短叶醇含量。结果表明，短叶红豆杉树皮中紫杉醇含量最高，其次为中间红豆杉树皮；东亚产四种红豆杉枝叶中，云南红豆杉枝叶中紫杉醇含量较高，东北红豆杉和美丽红豆杉次之；短叶醇含量则以短叶红豆杉针叶最高，东北红豆杉及云南红豆杉次之[18]。郑德勇也比较了三种国产红豆杉不同部位（树干和根）树皮和心材中紫杉醇的含量，见表 2-6[19]。苏应娟等比

较了南方红豆杉不同部位的紫杉醇含量，见表 2-7 和表 2-8[20,21]。王书凯等对东北红豆杉中紫杉醇含量的变化进行了研究[22]。

表 2-6　红豆杉树木各部位紫杉醇含量（按绝干样品计算）

红豆杉品种	树木各部位紫杉醇含量（质量分数）/（$\times 10^{-5}$）					
	根		树干		树叶	枝叶
	木材	茎皮	木材	茎皮		
南方红豆杉	2.53	28.6	2.87	30.5	4.68	5.98
东北红豆杉	3.99	23.4	3.22	24.5	3.87	5.65
云南红豆杉	2.42	36.1	3.43	38.2	4.36	5.14

表 2-7　南方红豆杉不同部位紫杉醇含量

分析部位	保留时间/min	峰高	峰面积	紫杉醇含量/%	平均值/%
紫杉醇表样	10.380	273361.375	6774636.500		
紫杉醇表样	13.645	212649.031	6283899.000		
一年生枝条	13.645	90169.781	3071968.750	0.01905	
两年生枝条	10.508	65256.164	1454737.500	0.00902	0.01280
三年生枝条	13.697	46304.629	1620404.125	0.01033	
嫩皮	13.630	89591.570	2987548.000	0.01930	
30～40 年生老皮	10.495	116178.703	2988912.750	0.01640	0.01777
60 年生老皮	13.592	88668.813	3021822.000	0.01762	
叶	10.513	68326.094	1882407.125	0.00946	0.00946
根	10.490	147860.516	4285932.000	0.02351	0.02351
种子(12 月采集)	13.623	69447.297	2287466.000	0.01501	
种子(7 月采集)	13.602	58167.133	1920990.875	0.01311	0.01406
嫩果肉	13.598	81906.672	2706417.500	0.01669	
成熟果肉	10.457	75717.664	1846083.625	0.01149	0.01409

表 2-8 [22]　**美丽红豆杉不同部位紫杉醇及相关化合物含量**

样品	紫杉醇	三尖杉宁碱	10-去乙酰紫杉醇
1. 针叶	0.0090 ± 0.0009	0.0058 ± 0.0007	0.023 ± 0.002
2. 小枝	0.016 ± 0.002	0.043 ± 0.004	0.17 ± 0.001
3. 茎皮	0.065 ± 0.006	0.065 ± 0.007	0.19 ± 0.012
4. 心材	0.036 ± 0.004	0.082 ± 0.008	0.11 ± 0.009
5. 根	0.19 ± 0.012	0.097 ± 0.008	0.68 ± 0.045
6. 茎皮	0.020 ± 0.0025	0.014 ± 0.0016	（—）
7. 针叶	0.0086 ± 0.00092	0.011 ± 0.0010	0.027 ± 0.003
样品	**10-去乙酰三尖杉宁碱**	**10-去乙酰巴卡亭Ⅲ**	**巴卡亭Ⅲ**
1. 针叶	0.0040 ± 0.0005	（—）①	（—）
2. 小枝	0.088 ± 0.0085	0.092 ± 0.0073	0.090 ± 0.0065
3. 茎皮	0.14 ± 0.001	0.025 ± 0.0026	0.065 ± 0.0067
4. 心材	（＋）②	（—）	（—）
5. 根	0.027 ± 0.0029	0.094 ± 0.010	0.17 ± 0.014
6. 茎皮	（±）③	0.011 ± 0.0013	0.012 ± 0.0017
7. 针叶	0.00061 ± 0.00007	0.011 ± 0.0010	0.018 ± 0.0020

注：1. 样品 1～5 取材自云南省打雀山，6、7 取材自云南省祝甸（Zhudian）村。
2. 按绝干样品计算，均值±SD（$n=3$）。
3. 参见参考文献：王书凯，陈凡. 东北红豆杉中紫杉醇含量的研究. 农业科技通讯，1999，7：19-20.
① （—），在该化合物的保留时间处未检测到峰。
② （＋），化合物峰检测到，但因溶解度太差不能计算进样量。
③ 溶解度太差不能给出准确结论。

不少国外学者也对不同部位、不同产地、不同株龄、不同采集期甚至不同生长环境和储藏条件以及不同性别的红豆杉进行了研究[23~43]，紫杉醇及其类似物含量表现出一定差异性（表 2-9、图 2-6、图 2-7）。

表 2-9　浆果红豆杉①树皮中紫杉醇含量（按绝干样品计算）

树龄②分组	雄 性 植 株		雌 性 植 株	
	树龄/年	紫杉醇含量/%	树龄/年	紫杉醇含量/%
幼树	40	0.0376	44	0.0324
	52	0.0516	56	0.0335
	57	0.0655	59	0.0345
均数		0.0512		0.0333
成年期	96	0.0400	84	0.0156
	97	0.0414	99	0.0200
	108	0.0429	100	0.0129
均数		0.0417		0.0161
高树龄	126	0.1151	125	0.0807
	140	0.1167	133	0.0714
	161	0.1136	153	0.0810
均数		0.1155		0.0778
最小显著差法 LSD(5%)		0.0001		0.0001

① 1998 年 9 月树皮采集于生长的红豆杉树。

② 年龄按照树干半径计算。

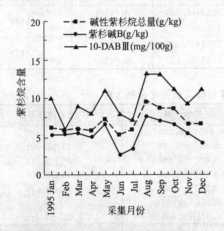

图 2-6　不同季节时紫杉烷类化合物在法国产欧洲红豆杉针叶中的含量

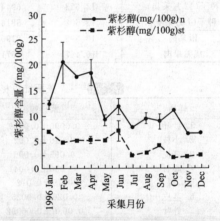

图 2-7　不同季节时紫杉醇在爱尔兰产欧洲红豆杉针叶和茎中的含量

5. 紫杉醇的化学半合成[47,48]

所谓的半合成是指从红豆杉属植物的针叶或小枝中提取分离合成紫杉醇的前体物——紫杉醇的母核部分，通过选择性地保护部分羟基，然后在 C-13 羟基上连接上合成的侧链，再去掉保护基团得到紫杉醇（图 2-8）。1988 年法国 Universite Joseph Fourier 的 Denis 首次从欧洲红豆杉植物的针叶中分离得到 10-去乙酰巴卡亭Ⅲ，以此为原料半合成了紫杉醇以及同系物紫杉特尔[49,50]（图 2-9）。随后法国的 Rhone-Poulene Rorer 化学公司与法国国家科学研究中心的 Potier 博士合作，1988 年实现了紫杉醇的半合成，并申请专利。美国的 Ojima 小组也以巴卡亭Ⅲ为原料半合成了紫杉醇及紫杉特尔[51]。10-去乙酰巴卡亭Ⅲ和巴卡亭Ⅲ

（紫杉醇的基本母核）虽然活性低于紫杉醇，但可以从红豆杉可再生的针叶中提取[52]，在欧洲红豆杉的干叶中收率可达 2g/kg[53]。该物质经过四步化学过程可合成紫杉醇。美国的 Kingston 小组也以巴卡亭Ⅲ为原料半合成了紫杉醇[54,55]，为解决紫杉醇的新来源途径取得重大进展。后来 Holton 博士和 BMS 公司改进了 Denis 和 Potier[56] 合成侧链的方法[57~59]（图 2-10），把 C-13 位侧链连接到巴卡亭Ⅲ衍生物，可使紫杉醇的收率达到 98% 以上[60~63]。BMS 公司生产紫杉醇沿用的就是这种方法。近年仍有新的合成 C-13 位侧链的方法被报道[64]。

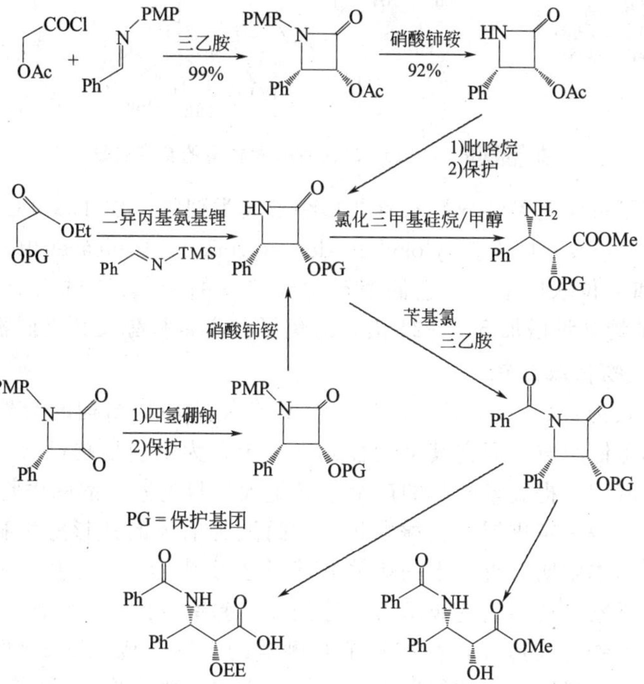

图 2-8 紫杉醇 C-13 侧链的化学合成方法

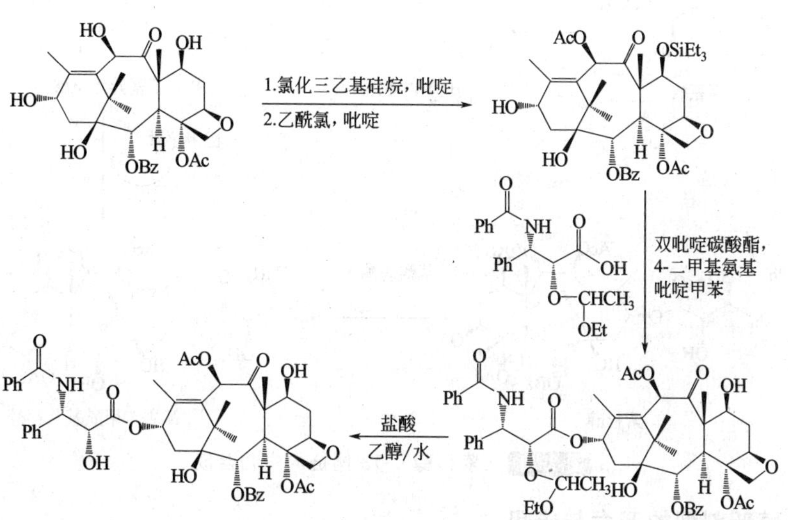

图 2-9 Denis 半合成紫杉醇途径

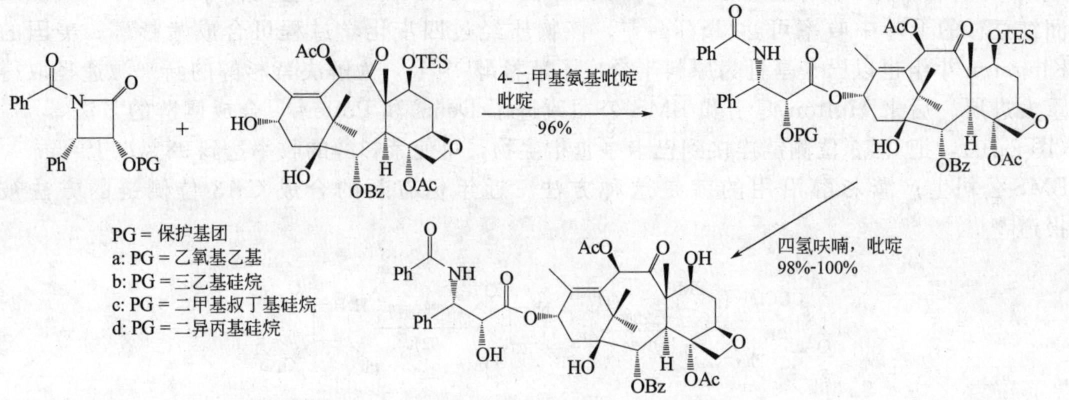
4-二甲基氨基吡啶
吡啶
96%
四氢呋喃，吡啶
98%-100%
PG = 保护基团
a: PG = 乙氧基乙基
b: PG = 三乙基硅烷
c: PG = 二甲基叔丁基硅烷
d: PG = 二异丙基硅烷

图 2-10 Holton 改进后的紫杉醇的合成方法

美国学者发现了三种酶可特异性水解紫杉醇及其类似物（如 Taxol C、Taxol D、cephalomannine、7-β-xylosyltaxol、7-β-xylosyl-10-deacetyltaxol、10-deacetyltaxol 等）的 13-位侧链、10-位取代基和 7-位取代基，使它们都转化成单一的 10-去乙酰巴卡亭Ⅲ，使植物中的 10-去乙酰巴卡亭Ⅲ的含量增加 5.5～24 倍，避免了分离紫杉醇及其类似物的麻烦[65～68]。

6. 紫杉醇的生物合成途径

紫杉醇的分子式为：$C_{47}H_{51}NO_{14}$，是一个具有复杂环状结构的天然萜类次生代谢物，主要由紫杉烷环和侧链组成。研究其生物合成，对于人为定向地提高合成效率及克隆组合，探究形成关键酶的基因，提高紫杉醇的产量意义重大。目前紫杉醇的生物合成机制和代谢基因工程研究方面已取得一定进展，以牻牛儿基二磷酸为前体的紫杉醇生物合成约有 20 步酶促反应，反应过程基本阐明，近一半的相关酶基因已得到克隆与表达。克隆红豆杉基因能否完全突破还有待于观察，目前这些技术大多还处在实验室阶段[44～46]。

关于紫杉醇的生物合成途径，目前除了对侧链的生物合成（图 2-11，图 2-12）比较了解外，其母核的生物合成路径了解得还不多，但已提出了假设途径[69～78]（图 2-13）。

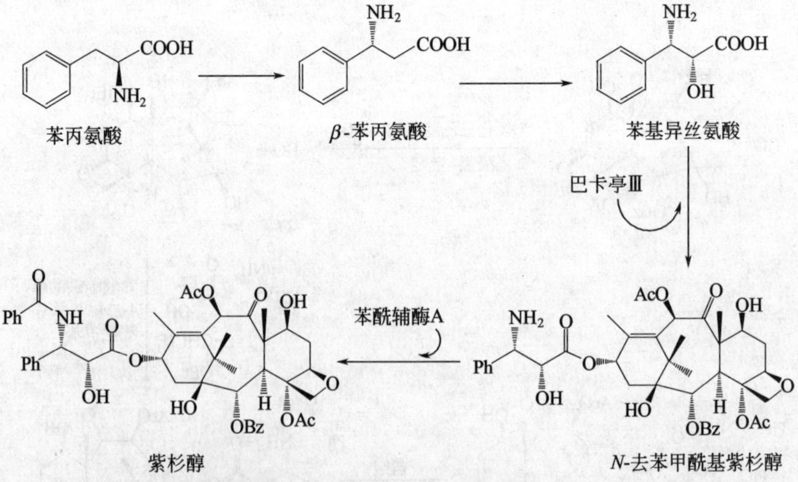
苯丙氨酸
β-苯丙氨酸
苯基异丝氨酸
巴卡亭Ⅲ
苯酰辅酶A
紫杉醇
N-去苯甲酰基紫杉醇

图 2-11 紫杉醇 C-13 侧链的生物合成

7. 紫杉醇新剂型的开发与应用

紫杉醇具有高度的亲脂性，不溶于水（水中的溶解度小于 0.004mg/mL），血浆蛋白结

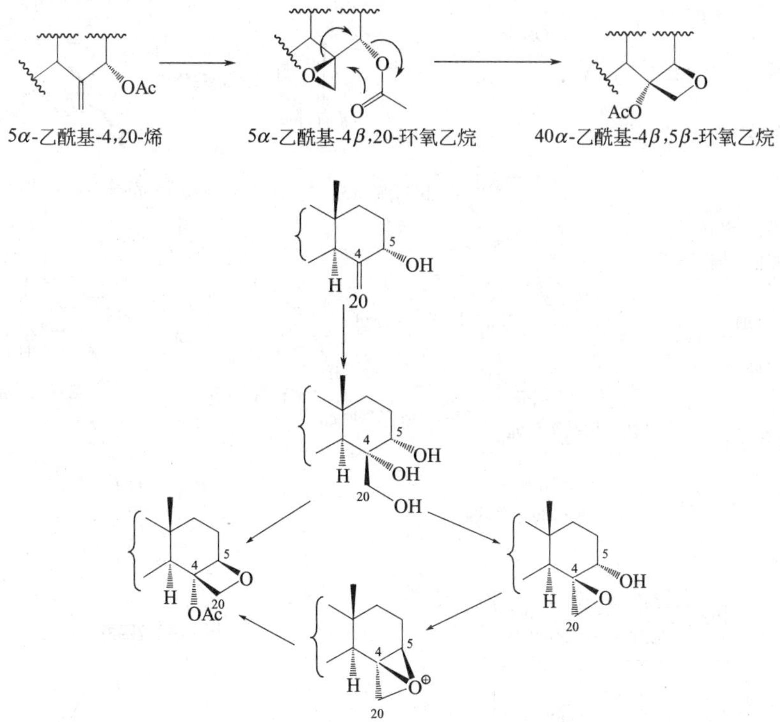

5α-乙酰基-4,20-烯　　　5α-乙酰基-4β,20-环氧乙烷　　　40α-乙酰基-4β,5β-环氧乙烷

图 2-12　紫杉烷类化合物中 4,5,20-环氧丙烷可能的生物合成途径

合率为 89%～98%，主要由肝脏代谢，肾脏清除率低。早期紫杉醇制剂需用 Cremophor 助溶，Cremophor 是巴斯夫化学公司通过环氧乙烷和蓖麻油反应而得的助溶剂。Cremophor 在体内降解时释放组胺，会导致不同程度的变态反应及神经系统毒性。传统紫杉醇制剂的这些不良反应严重限制了其临床应用的安全性和有效性。

　　近年来开发了一些改良的新剂型，较好地解决了紫杉醇水溶性差和辅助溶剂聚氧乙烯蓖麻油的毒性问题，临床使用均不需抗过敏预处理，并在药代、药效及毒性反应方面显示了不同的优势，具有良好的临床应用前景。近几年来出现的紫杉醇的新剂型，如乳剂、包合物、脂质体、纳米粒、植入剂和药物释放支架等，其中应用较多的是乳剂和脂质体，两者均可减少紫杉醇的不良反应，而空间稳定型微型乳剂、空间稳定脂质体、隐形脂质体、前体药物脂质体则能有效避免网状内皮系统的捕获，提高紫杉醇血浆药物浓度，延长药物滞留时间，从而提高其抗肿瘤作用。

　　研究高效低毒性药物新剂型是近年来紫杉醇新药研究的热点。目前已上市应用于临床的新剂型有白蛋白溶剂型纳米紫杉醇（ABI-007，Abraxane，Capxol），2005 年由美国 FDA 批准上市用于治疗转移性乳腺癌。由 American Pharmaceutical Partners（APP）公司开发，不含聚氧乙烯蓖麻油，用药前不需要防变态反应的预处理治疗；紫杉醇脂质体（力扑素）由江苏省药物研究所、南京思科药业有限公司、江苏省脂质体药物工程技术研究中心联合研发，2004 年上市。该产品是我国食品药品监督管理局批准的第一个脂质体药物，也是国际首次上市的注射用紫杉醇脂质体药物。此外还有一些尝试，如紫杉醇与可生物降解的聚谷氨酰胺多聚体相连接（Xyotax），由 Cell Therapeutics 研发，临床试验并不理想。运用维生素 E 与表面活性剂传送紫杉醇（Tocosol），由 Sonus Pharmaceuticals 研发，2005 年 10 月开始Ⅲ期临床试验，2007 年 9 月宣布Ⅲ期临床试验失败[79]。

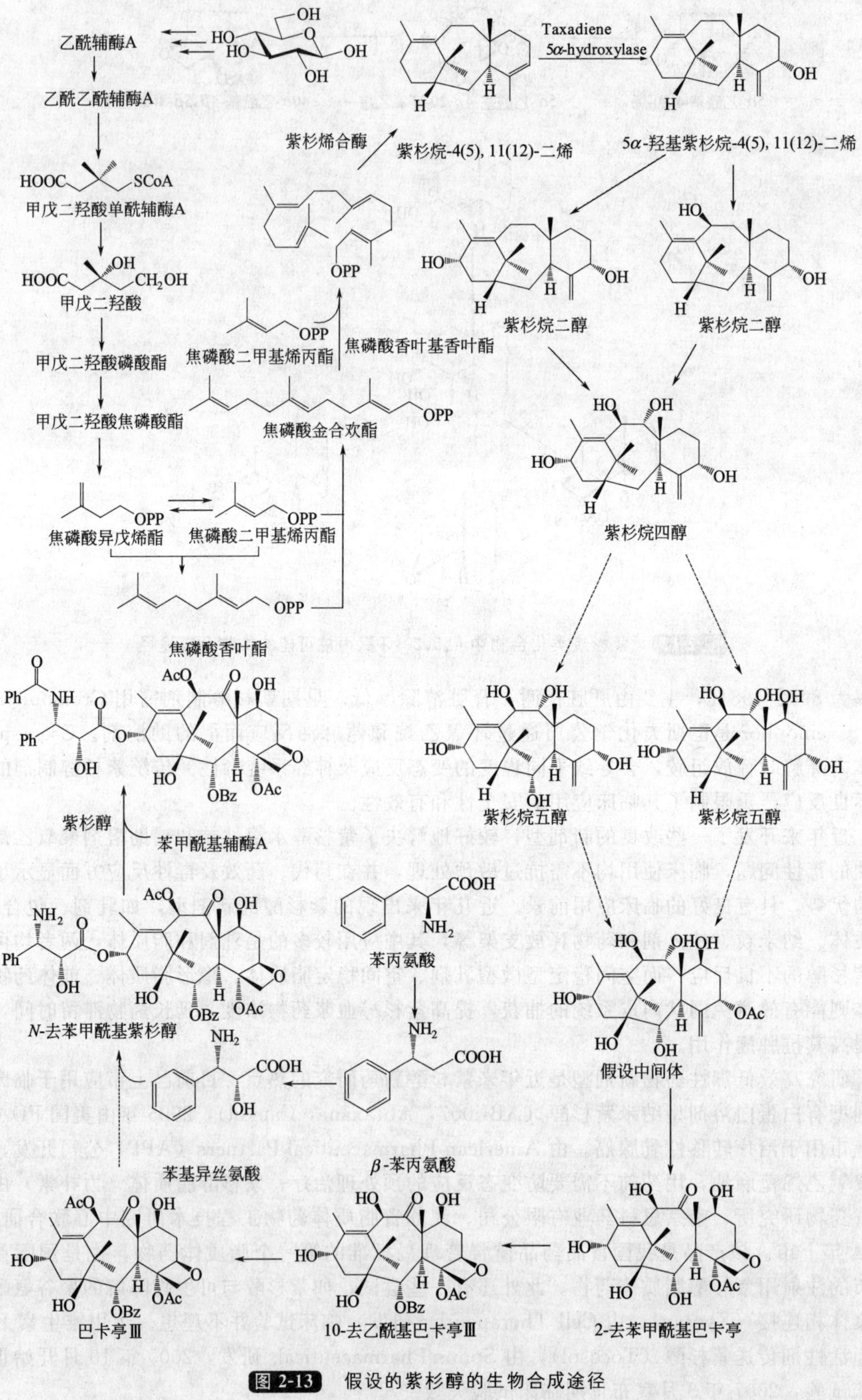

乙酰辅酶A

乙酰乙酰辅酶A

HOOC —— SCoA
甲戊二羟酸单酰辅酶A

HOOC —— CH₂OH
甲戊二羟酸

甲戊二羟酸磷酸酯

甲戊二羟酸焦磷酸酯

焦磷酸异戊烯酯   焦磷酸二甲基烯丙酯

焦磷酸二甲基烯丙酯   焦磷酸香叶基香叶酯

焦磷酸金合欢酯

焦磷酸香叶酯

紫杉烯合酶   紫杉烷-4(5),11(12)-二烯

Taxadiene 5α-hydroxylase

5α-羟基紫杉烷-4(5),11(12)-二烯

紫杉烷二醇   紫杉烷二醇

紫杉烷四醇

紫杉烷五醇   紫杉烷五醇

苯丙氨酸

β-苯丙氨酸

苯基异丝氨酸

假设中间体

紫杉醇   苯甲酰基辅酶A

N-去苯甲酰基紫杉醇

巴卡亭Ⅲ   10-去乙酰基巴卡亭Ⅲ   2-去苯甲酰基巴卡亭

图 2-13 假设的紫杉醇的生物合成途径

第二节
紫杉醇提取、分离、纯化工艺的研究进展

自1992年12月美国FDA批准紫杉醇用于治疗晚期卵巢癌以来，其在临床上的应用范围迅速扩展，主要来源还是从原植物中提取。紫杉醇在红豆杉植物中含量极低，分离过程中受酸、碱、温度等影响易降解或异构，植物体中还共存多种结构性质与紫杉醇相似的紫杉烷类物质，这些因素都使得紫杉醇的分离纯化有许多困难，生产周期长，分离效率低。经典的分离纯化方法主要是液液萃取（liquid-liquid extraction，LLE）、柱色谱（column chromatography，CC）及薄层色谱（thin-layer chromatography，TLC），应用比较广泛；现代提取分离技术是以现代先进仪器为基础或新发展起来的方法，主要有固相萃取（solid-phase extraction，SPE）技术、超临界流体萃取（supercritical fluid extraction，SFE）、微波辅助萃取（microwave assisted extraction，MAE）、高速逆流色谱（high speed countercurrent chromatography，HSCCC）、膜分离技术（membrane separation）等，可大大缩短有效成分提取时间，提高提取效率。本篇将简要阐述紫杉醇提取、分离、纯化工艺的研究进展。

1. 紫杉醇的分离工艺概述

紫杉醇的分离纯化工作始于1966年，将太平洋红豆杉的树皮用乙醇浸泡，然后在三氯甲烷-水萃取系统中分相，再将三氯甲烷部分经过400根试管的Craig逆流分配色谱，得到纯度较高的紫杉醇0.5g，共历时两年。这种工艺十分烦琐，收率极低。随着相关学科技术的不断发展，分离工艺也获得了很大改进，收率大为提高，分离时间大大缩短。一般来说，紫杉醇的分离工艺可以分为粗提和纯化两个阶段，此过程如图2-14所示。

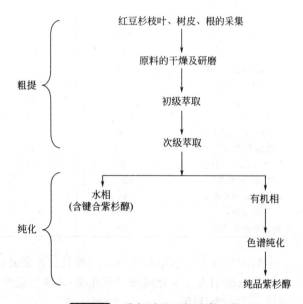

图 2-14 紫杉醇的一般分离工艺

从植物体或组织培养物中提取分离紫杉醇基本上还是采用传统的液相色谱方法，即常压和低压柱色谱、干柱色谱、制备性薄层色谱等法以及一些较先进的分离手段如高效液相色谱（HPLC）、高速逆流色谱等也用于紫杉醇的分离。有关工作见表2-10和表2-11。

表 2-10　紫杉醇的提取分离

原　料	提取方法	分离方法
西藏红豆杉的根、干皮、叶子	95% 乙醇提取 5～7 次，氯仿-水萃取	硅胶柱色谱梯度洗脱，逆流分配及制备高效液相
云南红豆杉干皮	95%乙醇冷提 5 次，水-二氯甲烷萃取	干柱色谱，低压柱色谱梯度洗脱，制备薄层色谱
短叶红豆杉干皮工业生产紫杉醇后剩下的"后紫杉醇部分"	生产时用甲醇提取，氯仿-水萃取	硅胶柱色谱梯度洗脱，制备薄层色谱
浆果红豆杉干皮	乙醇提取，水-二氯甲烷萃取	硅胶氧化铝柱色谱，中压柱色谱，制备高效液相
曼地亚红豆杉枝叶	甲醇-二氯甲烷(1:1)提取，水-二氯甲烷萃取	硅胶柱色谱，制备高相液相
短叶红豆杉干皮	甲醇-二氯甲烷提取，水-二氯甲烷萃取	硅胶及纤维素柱色谱，高速逆流色谱，高效液相

表 2-11　紫杉醇提取纯化工艺中各个步骤所得纯度和回收率

方　法		纯度/%	回收率/%	参考文献
提取	甲醇	0.0058		[81]
	乙酸乙酯-丙酮	0.0065		[81]
	固相提取法		115.8±5.3	[82]
萃取	二氯甲烷	0.27～0.31		[83]
	己烷脱脂	1.0～1.28		[83]
	二氯甲烷-水(1:1)	1.23	99.3	[84]
	C_{18}硅胶固相萃取	8.3	99.1	[84]
	硅胶固相萃取	6.44	98.2	[84]
	三氧化二铝固相萃取	9.6	101	[85]
色谱法	中压硅胶柱色谱	40.6		[83]
	常压硅胶柱色谱	14.63	98.9	[84]
	苯基硅胶介质色谱	77.4	92.0	[86]
	氧化铝柱色谱	26.3	140.5	[84]
	优化氧化铝柱色谱	>27	>170	[87]
	大孔吸附树脂	2.15	99.6	[88]
	大孔交换树脂	62.6		[89]
	制备型薄层色谱	13.91	99.7	[84]
精制	C_{18}制备反相高效液相	98		[83]
	C_{18}常压反相柱色谱	95.1	96	[85]
	SW-Taxane 正相柱	9	78	[90]
	Murry 改良法	97.5		[91]
	Kingston 氧化法	95		[92]
	溴加成	99.21		[93]
	硅胶吸附柱色谱	80		[94]

　　原有方法多用乙醇、甲醇或甲醇和二氯甲烷混合溶剂提取。近来又有报道用超临界液相色谱提取短叶红豆杉干皮，提取溶剂为二氧化碳或二氧化碳/乙醇，温度45℃，压力18.0～25.8MPa，提取效果较传统的溶剂为优[80]。

　　2. 紫杉醇的粗提工艺

　　目前提取紫杉醇的最常用初级萃取剂是乙醇（甲醇）和水，Xu 等[95]采用的是 95:5 的甲醇和二氯甲烷的混合物，萃取时间为 35～60min；而 Hoke[96] 和 Powell[97] 都选择的是纯甲醇，所需萃取时间则为 16～48h。多数情况下还需对甲醇初级萃取物进行次级萃取[98]，一般是在初级萃取物中加入二氯甲烷和水的混合物，即液液萃取，该方法可以有效去除萃取液中 50%（质量比）的紫杉烷类物质。Cardellina[99]曾采用一个较为复杂的分离系统，他发现所有的紫杉醇都在氯仿相中，这为后来的研究者所证实，并使氯仿成为从植株或细胞中提取紫杉烷类物质的提取液。

次级萃取除了可采用各种有机溶剂进行液液萃取外，还可采用固相浸取法和超临界流体萃取法。这两种方法的共同特点是有机溶剂用量少，减少了环境污染。

（1）液液萃取

液液萃取法是最常用的紫杉醇粗提方法。Witherup 等人[100]曾系统研究了六类红豆杉属植物。将植物体在真空下干燥，用 Wiley 磨研碎，再在玻璃过滤器中用甲醇抽提 16h，浓缩后用二氯甲烷和水（1∶1）分相进一步提取和浓缩。Rao 采用甲醇进行初级萃取，随后在氯仿和水中分相。该法提高了萃取液质量，使得随后的色谱法更易于进行操作，紫杉醇的总产率为 0.02%～0.04%。Ferman 等人[101]提出了一种分离紫杉醇及其前体的方法，包括真空干燥甲醇萃取物，用环己烷和二氯甲烷进行溶液萃取以得到粗紫杉醇，接着进行硅胶柱高效液相分离等步骤。Enakasha 等人[102]在分离红豆杉愈伤组织培养物时采用的次级萃取剂是氯仿。首先将愈伤组织用甲醇萃取，匀浆化。过滤后将滤液调整甲醇含量为 65%，加入氯仿（3∶1，体积比）进行分相，最终紫杉醇回收率为 87%。

Cardellina[99]提出了一个大规模提取分离纯化紫杉醇的方法。原料是太平洋红豆杉树皮的甲醇粗提物。将这种粗提物溶于甲醇-水（9∶1，体积比）溶液后，先用正己烷萃取，然后再分别用氯仿和四氯化碳萃取 3 次。在低压下除去甲醇后，再用乙酸乙酯萃取 3 次，最后利用正相高效液相色谱把紫杉醇和其他类似物分开。

用于初级萃取的溶剂除了甲醇和乙醇外，还有报道应用中等极性的溶剂如丙酮或乙酸乙酯分离东北红豆杉的树根。而用于次级萃取的溶剂除了二氯甲烷或氯仿外，也可以用乙酸乙酯。锅田助等[81]对用于紫杉醇提取的溶剂种类进行了详细的研究。结果表明，在乙酸乙酯、乙醚、乙腈、丙酮、甲醇、己烷、异丙醇、乙酸乙酯-甲醇、乙酸乙酯-二氯甲烷、乙酸乙酯-丙酮、乙酸乙酯-乙醚等溶剂中，乙酸乙酯-丙酮（1∶1）混合溶液溶剂提取效果最好，所得浸膏仅为植物干重的 7.70%，紫杉醇的含量高达干浸膏的 0.084%。而用甲醇提取所得浸膏为植物干重的 20.98%，紫杉醇的含量为干浸膏的 0.027%，尚需多次抽提才能得到紫杉醇含量高的浸膏。利用乙酸乙酯-丙酮（1∶1）1 次便可使紫杉醇提出量高于以往常用溶剂所能得到的量，这为提取后的分离及纯化工作带来了很大方便，且乙酸乙酯-丙酮（1∶1）的价格与甲醇的价格相当，可回收再利用，因此，这一提取方法可试用于生产。李春斌等[103]也对比了几种溶剂的提取效果，见表 2-12。

表 2-12　　不同溶剂的提取效果比较

溶剂	叶质量/g	浸膏质量/g	浸膏得率/%
氯仿	30	3.75	12.5
甲醇	30	5.40	18.0
乙醇	30	5.21	17.4
乙酸乙酯-丙酮	30	6.18	20.6
甲醇-乙醇	30	4.63	15.4
氯仿-丙酮	30	4.22	14.0

注：混合溶剂的体积比均为 1∶1。

陈海涛等[104]提出了红豆杉细胞两液相培养的有机溶剂（油酸或油酸与邻苯二甲酸二丁酯的混合溶液）中分离紫杉醇的多元萃取方法。即将甲醇加入含有紫杉醇的有机溶剂中，然后加入水而成两相（水相：紫杉醇-水-甲醇；有机相：紫杉醇-有机溶剂-甲醇）。紫杉醇在培养液（无甲醇存在的水相）和油酸（有机相）体系中的分配系数为 0.00649，有甲醇存在（水相中甲醇的摩尔分数为 0.453）时，紫杉醇在水相和油酸体系中的分配系数可达 0.2～0.55，所以采用多元萃取法可大大提高紫杉醇的分离效果，在甲醇存在下其分配系数可以提高两个数量级。

为了减少纯化紫杉烷类物质时所使用的色谱柱数量，Zamir[105] 提出了一个大规模分离这类物质的新方法。他将红豆杉的针叶用甲醇和二氯甲烷的混合物（9∶1）萃取，再用水清洗萃取液多次。得到的有机相并不马上蒸干，而是先通过活性炭和硅藻土的混合物过滤以除去其中的色素，然后再蒸干。最后将残余物重新溶于甲苯中并滴加石油醚以使其中的蜡质沉降出来。

以上研究均是对原料采取了一种粗提方法，而有的研究者在分离 Taxine B、Isotaxine B 和 10-去乙酰巴卡亭Ⅲ时，对碱性和中性紫杉烷类物质分别采用了两种不同的提取方法。对于碱性紫杉烷类物质，先是将研碎的红豆杉针叶用 25% 的氨水浸润，再用二氯甲烷在室温下萃取 7 天，将萃取液浓缩后用 2% 的盐酸溶液萃取。水相用 25% 的氨水调整至 pH=9 后再用二氯甲烷萃取。将两次得到的二氯甲烷溶液合并后用水清洗并用无水硫酸钠干燥。对于中性紫杉烷类物质，则采用 95% 的甲烷作为初级萃取剂，然后再在二氯甲烷和水溶液中进行分相，取有机相。

初级萃取和次级萃取也可合并对原料进行一次性萃取。如果在萃取剂中加入少量的水（低于 10%），能更好地将植物体中的紫杉烷类物质萃取出来，但同时也萃取出了许多非极性杂质等。而如果加入水的量太多，紫杉烷类物质的萃取效果较差。实验中乙醇和水的比例为 4∶1（体积比）时萃取的效果最好。这时如果再在萃取剂中加入 1% 的乙酸，还可以减少萃取出的叶绿素的量。

由于红豆杉的枝叶中特别是叶片中含有许多色素和蜡质，大大增加了紫杉醇提取分离的难度。目前多采用 95% 乙醇浸提干燥的材料，然后再用低极性溶剂如己烷等就可去除红豆杉枝叶中多达 72% 的脂类杂质，但这种方法得到的浸膏杂质多，生产成本也高。Nair 等[106]研究发现，利用含有 20%～50% 水分的乙醇溶液浸提未经干燥的新鲜枝叶，再用活性炭处理浸提液（加入活性炭的量占浸提液体积的 3%～5%），萃取液过滤浓缩除去大部分有机溶剂；水溶性组分离心与含紫杉醇的固体沉淀分离；固体用正相硅胶柱进行粗分；再进行一次正相色谱分离，得到纯度更高一些的粗品；最后进行反相色谱纯化可以得到纯度为 100% 的紫杉醇。采用这种方法可以免去干燥枝叶这一步骤，另一方面可以使很多的蜡质、叶绿素和亲脂性化合物留在材料中不被浸提出来，所得到的浸提液再经活性炭处理就可以有效地脱除其中的色素，这就有利于柱色谱分离紫杉醇的工作。但该工艺色谱纯化过程太过烦琐。

（2）固相浸取

尽管研究者在对红豆杉属植物或细胞培养物进行粗提时大量使用了液液萃取法，而且技术也相当成熟，但固相浸取法和其相比仍具有独特的优点，如节省时间、降低有机溶剂的用量、选择性和回收率较高等。

固相浸取法使用的主要设备是滤筒。滤筒的使用始于 1978 年，目前已有部分学者将其用于紫杉烷类物质的分离纯化中[107]。通常的做法是将含有紫杉烷类物质的原料加入滤筒，然后进行梯度洗脱。这种方法在完成液液萃取所能达到的效果的同时还能在一定程度上达到初次色谱分离的效果。

Mattina 等人[82]在研究中比较了三种不同的固相浸取方法。第一种方法是使用高效 C$_{18}$ 萃取柱作为滤筒；第二种方法是将 C$_{18}$ 吸附剂装入聚丙烯过滤柱制成滤筒；第三种方法中使

用的设备是 C_{18} Empore 滤板和 Millipore 玻璃过滤仪器。无论使用何种装置进行萃取，洗脱液的顺序如下：去离子水，20%的甲醇溶液，45%或50%的甲醇溶液，80%的甲醇溶液。大多数紫杉烷类物质都选择性地被80%的甲醇溶液洗脱下来。比较结果显示，C_{18} Empore 滤板能极大地提高粗提物的处理量，同时还能较好地回收极性较低的紫杉烷类物质。Wu[108] 报道用 Sep-Pak C_{18} 滤筒对红豆杉细胞培养物进行次级萃取，亦得到类似效果。

同时 Mattina 等[82] 还比较了不同的吸附剂对萃取效果的影响，初始原料为红豆杉细胞培养物。试验结果表明，由 Supelco 生产的 C_{18} 和 C_8 滤筒对于紫杉醇和 10-DAB 的回收效果最好，同时除杂质能力也较强。但如果采用的滤筒相同，则各种不同的吸附剂（C_{18}，C_8）对于萃取效果影响的差异并不明显。这说明固定相的选择并不是萃取过程的主要因素，回收效果的不同主要是由于滤筒的处理能力不同造成的。

（3）超临界流体萃取

在紫杉醇的提取中，不管浸膏得率、目标物选择性还是目标物收率，超临界萃取技术较经典的提取技术（回流法、渗漉法等）均表现了很强的优势[109~111]。为减少蜡脂及非极性物质，叶子可先用正己烷处理。1992 年，Jennings[112] 和 Heaton[113] 等人用 CO_2 和加入乙醇改性剂的 CO_2 作超临界流体溶剂，318K 和 18.07~25.79MPa 条件下提取紫杉醇，提取率高达 0.08%（常规方法仅为 0.01%），而且对紫杉醇的选择性要比传统的单纯乙醇提取效果好。

超临界流体应用较多的为二氧化碳流体，有实验对比了不同调节剂对提取效率的影响。调节剂的作用是增强超临界流体的选择能力，例如可以穿透植物的细胞壁、增进超临界流体和紫杉烷类物质的接触。Nair 等[114] 研究发现，在用超临界流体萃取的前 4h 中，萃取剂对于紫杉醇和巴卡亭Ⅲ的选择能力随着压力、温度、萃取时间的变化而变化。加入某些调节剂如二氯甲烷或乙烯能极大地提高对于紫杉醇和巴卡亭Ⅲ的萃取能力。Moon-Kyoon Chun 等[115] 对比了多种调节剂（乙酸乙酯、甲醇、二氯甲烷、乙醚）对萃取效率的作用。结果显示，4 个小时中紫杉醇和巴卡亭Ⅲ最大选择质量分数分别为 0.262 与 0.644，不管是否加调节剂，萃取效率均高于常规溶剂萃取。在 300bar（1bar＝$1×10^5$ Pa）、313K 条件下，二氯甲烷作为调节剂可以显著提高紫杉醇提取率而乙醚可以显著提高巴卡亭Ⅲ的提取率。Chun M. K.[116] 也报道了类似结果。

Castor[117] 等选用一氧化二氮、二氧化碳、丙烷、氟利昂-22（$CHClF_2$，Freon-22）等作超临界流体，也取得了良好的效果。以红豆杉枝叶和嫩芽作原料，用超临界技术提取紫杉醇，先以纯 CO_2 作溶剂，以除去原料中的脂类，然后加入乙醇以调节溶剂的极性，使紫杉醇的产率达到了 0.04%。Vishnu Vandana[118] 对比了在 320~331 K、10.3~38.10MPa 条件下，使用超临界一氧化二氮、一氧化二氮-乙醇混合物从太平洋红豆杉根中提取紫杉醇。结果显示，混合溶剂提取效率高于单用一氧化二氮。选择一氧化二氮的原因有二：较适中的临界温度 35.5℃，在较低温度下提取，紫杉醇不会发生热分解；二氧化碳为非极性物质，而一氧化二氮为极性，所以可提取到不同的极性部分。且采用一氧化二氮-乙醇较常规提取用的乙醇对中等极性紫杉醇选择性更强，乙醇作为调节剂可以起到助溶作用。

Jagota[119] 报道了应用超临界流体色谱（supercritical fluid chromatography，SFC）分析紫杉醇的含量，经过与 HPLC 比较发现，超临界流体色谱可将时间缩短一半，定量分析结果可比性强，可大量节省溶剂，但对仪器设备的要求较高限制了它的应用。此外还有报道 Jennings[120] 在进行超临界流体萃取法提取紫杉醇的研究时采用了柱切换技术（column switching techniques），利用切换阀改变不同的色谱系统，可达到在线样品的净化、组分富集等目的。

（4）其他萃取技术

Xu 等人在初级萃取过程中采用了超声技术，将原料中国红豆杉溶于甲醇-二氯甲烷（95∶5）的混合溶剂中，进行超声振荡，萃取过程所需的时间大为缩短，只需 5min。Auriola 等人[121]也将超声技术引入初级萃取，研究发现，采用超声技术，可以在低温下进行操作，可以防止紫杉醇在温度高时可能发生的异构化。

陈冲等[122]对经粉碎、自然阴干得到的中国红豆杉粉末（棕黄色丝状，干燥度 80%）用三种不同的方法进行提取：①乙醇提取　取原料粗粉 100kg 于回流提取罐中，加 95% 乙醇回流提取 3 次，每次 1.5h。提取液于 60℃ 减压浓缩成浸膏，加水沉降 3 次，滤取清液，以二氯甲烷萃取 6 次。萃取液加无水硫酸钠干燥脱水，于 40℃ 浓缩成膏，真空抽干。②1% 醋酸渗漉　取原料粗粉 100kg 于渗漉筒中，加 1% 醋酸水溶液浸泡 24h 后渗漉，流速 500mL/min。收取渗漉液 8 倍量（按原料重量计），以二氯甲烷萃取，以下同①。③1% 柠檬酸渗漉　渗漉液为 1% 柠檬酸，其余操作同②。实验结果表明，采用乙醇回流提取有损失，采用 1% 柠檬酸渗漉工艺比较稳妥。

Carver[123]等描述了一个采用半透膜和反渗透装置分离紫杉醇的方法，膜组件形式为平板式、中空纤维式和管式，可使紫杉烷类物质的浓度提高 5 倍左右，相当于对浸膏又进行了一次预处理，这样可以减少色谱分离时的压力。但是该法表现出一系列问题，半透膜和反渗透装置价格昂贵，需要复杂的操作技术。Ketchum 等人[124]用 0.2μm 的尼龙膜和 PVDF 膜处理紫杉醇的组织培养液时，发现尼龙膜截留了几乎所有的 10-deacetyltaxol 和紫杉醇以及绝大部分的三尖杉宁碱，对其他的紫杉烷类几乎没有截留作用，而 PVDF 膜则截留了所有的紫杉烷类，说明尼龙膜可选择性地吸附紫杉烷类。研究还发现，被尼龙膜截留的紫杉醇，大部分可用 20%～40% 乙醇溶液洗脱下来，该法可省去用溶剂分步提取或液液分配这一步骤，节省大量溶剂，减少环境污染。

1999 年 Kawamura 等[125]报道了从日本红豆杉树皮中快速萃取紫杉醇和相关化合物（紫杉醇，巴卡亭Ⅲ，10-去乙酰基巴卡亭Ⅲ）的过程。通过加压保持受热萃取剂呈液态，在甲醇-水（90∶10）、150℃、10.13MPa 条件下可得到紫杉醇最大收率 0.128%（质量分数，粉末）。该法不需含氯试剂，其强大溶解力可节省试剂用量，可以缩短提取时间、增加目标产物的回收率。

微波辅助萃取可大量减少提取时间，减少溶剂用量，加上少量无机酸用微波溶解萃取基质以做深入的成分分析已是惯例[126]。5g 紫杉的新鲜针叶含湿量为 55%～65%，在 5mL 水中浸泡，然后用 10mL 95% 乙醇于 85℃ 微波辅助液液萃取 9～10min，可得到 90% 紫杉烷。若原料重与乙醇用量比率维持不变（小于 0.25），冻干原料含湿量低于 10%，萃取收率可达 100%[127]。

Durand 等[128]应用了离心分配色谱，使用一个色谱柱就可以从粗原料中得到纯度较高的紫杉醇，而且一次处理量很大。

另外需注意的是紫杉醇键合物，即在紫杉醇的基本骨架上又以化学键的形式结合了其他大分子的一类物质。常见的一般为水溶性的糖基紫杉醇，如 7-木糖基紫杉醇和 7-木糖基-10-去乙酰基紫杉醇等[129]。由于紫杉醇不溶于水，因此人们推测，紫杉醇键合物可能是紫杉醇在植物体内运输的一种特殊形式[130]。用甲醇或以 95% 乙醇浸提红豆杉的树皮和树叶，经去脂后，用氯仿-水或二氯甲烷-水萃取，再通过柱色谱分离、纯化，此方法往往使糖基化紫杉醇进入水相而有所损失。如 Carver D. R. 等[131]利用木聚糖酶、纤维素酶、果胶酶酶解短叶红豆杉培养细胞和树皮的甲醇浸膏，发现经木聚糖酶酶解后紫杉烷类化合物的含量比未经酶解处理的分别提高了 3 倍和 0.2 倍。

　　以上各种方法得到的是低纯度的紫杉醇，往往是紫杉烷类化合物伴随其他萜类化合物、类脂、叶绿素和酚类出现，要得到纯品紫杉醇，还需进一步纯化和精制。

3. 紫杉醇的纯化工艺

　　将红豆杉植物或细胞培养物的粗提物进一步纯化是获得纯品紫杉醇的关键步骤，目前占主导地位的工艺是色谱方法。为使后续工作易于进行，色谱过程之前还需要进行一些相关技术处理以降低分离纯化的难度。

　　（1）色谱纯化法

　　最早用于分离纯化紫杉醇的方法是色谱法，柱色谱被用作紫杉醇的预分离与最终分离工作，而薄层色谱被用作紫杉醇的检验和纯化。目前，随着分离工艺的不断完善，色谱法也有了较大改进。各种用于紫杉醇分离纯化的色谱方法有高效液相色谱、薄层色谱、超临界流体色谱、电泳色谱、免疫亲和色谱（immuno affinity chromatography，IAC）、高速逆流色谱等。在用液相色谱纯化紫杉醇时，操作大都在室温下进行，所用填料多是惰性介质，流动相的性质也较温和，有利于保持紫杉醇原有的构象和生理活性。各种类型的高效液相和薄层色谱的共同缺点是：负载量小，不适于日常大量样品的处理，仅能达到半制备规模的水平。

　　① 硅胶柱色谱　一般红豆杉的粗品浸膏多含有一些低极性或非极性类杂质如焦油、胶质类，一方面会黏附在固定相，使硅胶失去吸附能力；另一方面使流出液流速缓慢。对于这类杂质，可采用一些低极性的醚类和烷类有机溶剂进行固液萃取除去，如李春斌等[103]采用了原始浸膏5倍体积的石油醚（60～90℃）。或者对柱子改造，加大流速也可得到高纯度紫杉醇[132]。此外，粗提物中还共存大量鞣质酸等酸性杂质，可与碱液发生类似皂化的反应，用水洗涤除去。但需要注意的是紫杉醇在碱性环境中很不稳定，易裂解成巴卡亭Ⅲ和其他一些物质。有实验表明乙酸乙酯作溶剂，1mol/L氢氧化钠并不能使紫杉醇裂解[133]，使浸膏碱洗成为可行的一步。如果多次洗涤出现乳化现象，可改用浓度为0.5mol/L盐水（NaCl）洗涤，洗涤后有机相用无水硫酸钠进行脱水。紫杉醇在正己烷中沉淀较好，因此如果想进一步降低纯化难度可将待分离液用正己烷沉淀[103]。

　　一般情况下，紫杉醇在硅胶柱上保留较强，用氯仿淋洗时不会被洗脱，氯仿和甲醇的混合溶液可分离出两个峰[84]。如果在色谱流动相中添加0.05%水时，分离出的紫杉醇纯度有所提高，分离速度加快，经常压硅胶柱色谱可获得纯度大于14%、回收率高于98%的紫杉醇。在中压快速硅胶柱色谱的条件下[83]，用二氯甲烷、甲醇梯度洗脱，可使紫杉醇的纯度达到40%～60%。李春斌等[103]提取东北红豆杉时，先将粗提物中低极性及酸性杂质除去，采用硅胶柱色谱分离，应用正己烷/丙酮体系常压梯度洗脱，得到纯度高于90%的紫杉醇。还有报道硅胶柱色谱分离时应用的洗脱系统为二氯甲烷-三氯甲烷-甲醇（53：44：3）[134]。

　　② 氧化铝色谱　张志强[84]对比了液液萃取、固相萃取、硅胶柱色谱、氧化铝柱色谱、制备薄层色谱五种方法初步分离紫杉醇（表2-13）。其中氧化铝柱色谱得到的紫杉醇纯度最高，且回收率大于100%。此种现象先前有过报道，Carver等[92]利用甲醇浸提短叶红豆杉树皮或叶片，浸提液经过氧化铝柱处理，高效液相色谱分析紫杉醇的含量是未经氧化铝柱处理的4.1倍。他们推测是浸提液与氧化铝接触产生放热反应，所放出的热量使糖基化紫杉醇的糖基脱离。

　　氧化铝是一种常用的固体酸碱催化剂，可以作催化剂的载体，其本身也有很强的催化效应，如催化异构化、裂解、烷基化、脱水、水解等众多反应。植物体内紫杉醇除了以游离态存在外，还以结合态大量存在，如与糖基结合的紫杉醇。同时还存在许多紫杉醇类似物如7-表紫杉醇、N-去苯甲酰-N-苯乙酰紫杉醇等。目前不能确证氧化铝如何使紫杉醇含量增加，但可能与上述因素相关[135]。

表 2-13　五种方法分离紫杉醇

方　法	简　要　操　作
液液萃取	树皮浸膏加二氯甲烷溶解，分次加入等量水，萃取三次，分液取有机相
固相萃取	Sigma 固相萃取柱活化后加样，80%甲醇乙酸铵溶液洗脱（乙酸铵缓冲液，0.01mol/L pH=5.0）
硅胶柱色谱	氯仿上柱，甲醇-氯仿（3∶97）洗脱
氧化铝柱色谱	依次用氯仿、1%甲醇-氯仿、5%甲醇洗脱
薄层色谱	GF_{254}硅胶，氯仿-甲醇（95∶5）展开，254nm 下记紫杉醇 R_f 值

　　浸提物经氧化铝柱色谱处理后，极性比紫杉醇弱的物质被除去，而极性稍强的杂质用正相柱很难除去，需再采用反相柱色谱去除。张志强等采用的是正相氧化铝柱色谱和反相 C_{18} 柱色谱相结合的方法：溶剂和氧化铝经脱水处理后，氯仿为平衡液，上样量 200～500mg，用 1%（体积比）的甲醇/氯仿为淋洗液，4%的甲醇/氯仿（体积比）流速控制在 2～3mL/min，可洗脱出紫杉醇。经氧化铝柱色谱初步纯化的紫杉醇固体样品，重新溶解于 40%乙腈水溶液后上柱 C_{18} 烷基-硅胶，并用不同浓度的乙腈水溶液进行洗脱。流动相有机溶剂含量低，紫杉醇的溶解度下降，将使柱进出口压差增大，同时使样品在反相柱上的保留偏长，甚至洗脱不下来。而若有机溶剂含量偏高，则影响到样品的分离度。实验中 50%（体积比）的乙腈/水洗脱效果最好，紫杉醇的纯度可达 95.3%[135]。

　　③ 薄层色谱法　由 Stasko 等人[136]开发的多维薄层色谱法（MTLC）使薄层色谱法获得了极大的发展。该项研究采用了三种薄层板：氰基板、二苯基板和氨基板，分别进行正相和反相两维洗脱。结果发现氰基板和二苯基板能有效分离紫杉醇和三尖杉宁碱，而氨基板效果较差。虽然此项研究提供了从太平洋紫杉原料浸膏中精确分离紫杉烷类物质的方法，但还是无法对紫杉醇和其他紫杉烷类物质进行定量化。即使如此，薄层色谱法也是一种快速、经济和方便的方法，被广泛应用于各种研究领域。Matysik 等人[137]发展了一种高效薄层色谱法，以铝粉修饰薄层板，并以光密度仪进行定量检测。样品展开距离为 7cm，采用两段线性梯度洗脱。在展开距离为 3.5cm 的范围之内时，洗脱液为含有 60%B（B：5%甲醇＋95%氯仿）的庚烷，此后，洗脱液为 70%B 的庚烷。研究发现这种洗脱体系能够有效地分离紫杉醇及其类似物。

　　④ 高效液相色谱法　早期使用的方法还有高效液相色谱法，紫杉醇的 HPLC 分析始于 20 世纪 80 年代末，随后得到广泛应用。高效液相色谱用于紫杉醇分离具有快速、高效、操作方便等优点。然而往往柱填充材料昂贵，所以目前高效液相色谱法多被用于紫杉醇及其类似物的分析和检测。

　　Witherup 等[138]比较了 C_{18}、氰基和苯基柱分别对紫杉醇和 5 个紫杉烷类化合物的分离情况后指出，结构上非常相似的紫杉醇和三尖杉宁碱在 C_{18} 柱上很难分离，氰基柱和苯基柱虽对二者有较好的分离度，但却不能有效分离 7-表-10-去乙酰基紫杉醇（7-*epi*-10-deacetyl-taxol）。Harvey[139]指出了氰基和苯基柱的许多不足之处。例如许多成分在紫杉醇之后出峰，因此为了保证保留时间较长的成分不对下次进样测定带来干扰，则需持续地梯度洗脱；另外在紫杉醇和三尖杉宁碱出峰的一段时间内整个基线有明显的抬高，Harvey 认为可能是由一些未完全分离的基质化合物（matrix compounds）引起的。

　　Cardellina[99]的研究证明氰基键合硅胶柱可成功地用于紫杉醇和三尖杉宁碱的分离。洗脱方式为等速梯度洗脱，洗脱液为正己烷和异丙醇。该法分离效率高，分离所需时间短，但是柱体积较小，只能算作半制备色谱。随后 Harvey 等[139]研究开发了反相高效液相色谱，采用 C_{18} 硅胶作为填充物，甲醇-丙酮和水（30∶30∶40）为洗脱液恒速洗脱。该法同样具有分离效率高的优势，不足之处仍在于柱体积小，不宜进行工业化操作。Nair 等人[106]在分离加拿大红豆杉的根和树皮时，使用了重结晶技术和反相色谱技术相结合的方法。他们首先利用重结晶技术从粗提物中分离出了 10-去乙酰基巴卡亭Ⅲ和 9-去羟基-13-乙酰基-巴卡亭Ⅲ，再用反相高效液相色谱分离其他紫杉烷类物质，从而避免了在分离纯化阶段多次使用色谱柱。红豆杉枝叶的乙酸乙酯-丙酮萃取物用氯仿-甲醇进行梯度洗脱，所得混合物结晶再经高效液相反相柱色谱分离，用甲醇-水（55∶45）洗脱，可以分离紫杉醇和三尖杉宁碱[140]。此外有文章报道使用 SW-Taxane [60Å（1Å=0.1nm），10μm，专用键合相硅胶] 柱纯化紫杉醇的方法。对比烷基苯基柱、五氟苯基柱正相系统分离 5 种紫杉烷，SW-Taxane 柱优于其他两种色谱柱对 5 种物质实现基线分离。分离三尖杉宁碱和紫杉醇时，正相条件下优于 SiO_2 柱，反相条件下优于 C_8 柱[90]。

　　HPLC 广泛应用的普通填料有 ODS（C_{18}）氰基柱和苯基柱（表 2-14）。用这些填料的 HPLC 柱，虽然可以实现紫杉醇和三尖杉宁碱的分离，但却不能有效地分离出 7-表-10-去乙酰基紫杉醇。为解决这一难题，已开发出包括 diphenyl、pentafluorophenyl（PFP）在内的十多种新型填料。这些专门用于紫杉烷类化合物分离分析的 HPLC 柱，在测定紫杉醇含量时，排除了杂质干扰，使测定结果更准确可信，具有很好的分离效果。但却有一个共同的缺点，即处理量小，难以用于制备。

表 2-14　HPLC 应用不同填料

样品	固定相	流动相	参考文献
树皮,针叶	多孔石墨炭柱	二氧环己烷-水(46∶54)	[141]
树皮,针叶	Cyano(CN)	乙腈-甲醇-0.1mol/L 醋酸铵(pH 5.5)(26.5∶26.5∶47)	[121]
树皮,针叶	Metachem Taxsil	乙腈-水-30％甲醇(梯度)	[82]

　　Richheimer[37]首次报道了用两种新填料色谱柱：diphenyl 和 pentafluorophenyl（PFP）柱，对紫杉醇和三尖杉宁碱以及两者之间的 7-表-10-去乙酰基紫杉醇进行了基线分离。Ketchum 等[35]用到了一些特殊填料的 HPLC 柱，包括 Pheomenex 4 Lm Taxsol TMF 柱和 Metachem 5 Lm Taxsil TM 柱，这些柱不用梯度就能使紫杉醇、三尖杉宁碱和 7-表-10-去乙酰基紫杉醇达到基线分离，且紫杉醇在 13.5min 左右就出峰，最晚出峰的 7-表紫杉醇也在 20min 左右出完。吴锦霞等[142]用梯度洗脱方式，在 C_{18} 柱上也完成了三者的分离。

　　随着紫杉醇市场需求的不断扩大，工业化规模的分离工艺日益受到重视，分离工艺的经济性显得十分重要，所以研究者又开发了常压和中压正相和反相制备色谱技术，进一步完善了分离工艺。Rao[143]发明了一种制备型反相色谱技术，将这种技术和重结晶技术相结合，能简化紫杉醇的分离纯化过程，使得只使用一次色谱分离就能得到良好的分离效果。该项研究中建议使用的色谱柱是交联有 C_8 或 C_{18} 烷基链的硅胶柱，流动相为乙腈-水或甲醇-水溶液。Nair 等研究者[106]采用正相制备色谱分离细胞发酵液，最终可获得纯度很高的紫杉醇。

　　⑤ 大孔吸附树脂　紫杉醇具有多环结构，容易被带苯环的吸附剂特异性吸附。在静态吸附的条件下[88]，通过对树脂类型、树脂吸附的最佳 pH 值进行选择，发现用 201×4 型树脂、pH 为 6.4 时效果最好。在动态吸附的条件下对洗脱条件进行比较，结果表明，用 50％甲醇水溶液为初始溶剂（调 pH 为 6.4）溶解供试品及淋洗，紫杉醇被完全吸附于 201×4 型树脂上。以 80％的甲醇溶液洗脱，经一步树脂吸附色谱，除去了紫杉醇浸膏中的脂、蜡等杂质，供试品颜色由棕黑色转成浅黄色，紫杉醇含量从 0.65％提高到 2.15％，紫杉醇的回

收率为 99.6％。在对东北红豆杉的研究[144]中，用乙醇提取液在高分子树脂（MN）上用乙醇和水进行梯度洗脱，可实现紫杉烷与大部分非紫杉烷的分离，分离出紫杉烷类化合物后，再应用 Zorbax2 SW 柱、乙醇-水（45：55）可把紫杉醇与另外两种紫杉烷基本达到分离，得到高纯度的紫杉醇。

赵凌云[145]针对紫杉醇的键合物研究了离子交换树脂对键合物的催化解离过程。结果表明，树脂对于键合物的催化解离是一个连串反应过程，质量比 1：1 的大孔型树脂解离含键合紫杉醇的物料 20～40min 是较好的方案，阴离子交换树脂是键合紫杉醇催化裂解的主要动力；阳离子交换树脂是防止紫杉醇发生深度反应的抑制剂；外扩散对离子交换树脂解离键合紫杉醇为游离紫杉醇的过程有较大影响。树脂对紫杉醇的吸附过程较为复杂：阳离子树脂对紫杉醇的吸附呈现二次平衡，最后达到结晶-溶解-吸附平衡；阴离子树脂在甲醇-水（1：1）溶剂中会使紫杉醇发生异构或降解反应，最后达到吸附-反应-脱附平衡；混合树脂对紫杉醇的吸附特性和单一阴离子树脂相似。大孔型阴离子树脂对紫杉醇的吸附受表面反应控制或表面吸附控制。

⑥ 高速逆流色谱法　这是 20 世纪 80 年代发展起来的一项新技术，是一种不用固态支持体的液液分配色谱技术，能实现连续、有效分配功能的实用分离技术。它利用了单向流体动力平衡现象。在这种平衡体系中，两种互不混溶的溶剂相在转动的聚四氟乙烯（PTFE）蛇形管中单向分布。利用阿基米德螺线力促使固定相移向蛇形管的入端，使得固定相得以保留，以达到分离目的。因为高效逆流色谱为不需载体的连续液液分配过程，所以可减少经典色谱中因载体的不可逆吸附而造成的样品损失，具有较高的样品负载量，溶剂用量少，分离周期短，操作简便，所以广泛用于分离各种天然产物[146～148]。不足之处在于紫杉醇和三尖杉宁碱不能完全分开，约有一半左右的二者混合物需经制备高效液相或薄层色谱再次分离，才可得到紫杉醇纯品。另外，溶剂系统的选择对于分离效果影响较大，宜选用两相分层时间短、样品在两相溶剂各个组分中的分配系数差别较大的溶剂系统。

目前用于紫杉醇分离的溶剂系统有正己烷-乙酸乙酯-乙醇-水（6：3：2：5）、正己烷-乙酸乙酯-甲醇-水（1：1：1：1）、石油醚（40～65℃）-乙酸乙酯-甲醇-水（50：70：80：65）[149～151]。曹学力等[152]利用高速逆流色谱法对中国红豆杉叶的 500mg/5mL 粗提物进行了分离纯化，先用正己烷-乙酸乙酯-乙醇-水（体积比为 2：5：2：5）系统分离，较纯的部分由另一系统正己烷-氯仿-甲醇-水（体积比为 5：25：34：20）纯化。高效液相分析 10-deacetylbaccatin（20mg）纯度大于 98％。

常规高速逆流色谱纯化紫杉醇时，由于紫杉醇与前面的三尖杉宁碱及后面的杂质峰都不能达到基线分离，只能得到少量高质量分数的紫杉醇，回收率低；多维逆流色谱采用两台以上的逆流色谱仪，可以将目的产物泵入另一台主机进行分离，能使紫杉醇与三尖杉宁碱及杂质峰得到很好的分离，提高了回收率及质量分数。

Chiou 等人[153]使用循环的高速逆流色谱，以正己烷-乙酸乙酯-甲醇-乙醇-水（5：7：5：1：6.5）为溶剂系统，分离紫杉醇和三尖杉宁碱的混合物，循环两次后，两种物质谱峰的分离度由 0.7 上升至 1.27。还有实验方法是先进行一次常规高速逆流色谱制备，得到三尖杉宁碱和紫杉醇的混合物。然后将其用流动相溶解，采用同样溶剂系统进行循环高速逆流色谱分离纯化，经循环高速逆流色谱循环一次后，三尖杉宁碱与紫杉醇即达到基线分离。紫杉醇质量分数达 98.2％以上，回收率 83.0％[154]。

⑦ 胶束电动毛细管色谱（micellar electrokinetic capillary chromatography，MECC）[155]　可在 11.5min 内分别将紫杉醇和 14 种紫杉烷与注射剂量的 Cremophor EL 基质分离。色谱基质选用含十八烷基硫酸钠（SDS）的水溶性缓冲液。因为紫杉烷的强疏水性，在束胶相中溶解

多，单用水溶性基质很难分开，需在其中加入乙腈，以加大其在缓冲液中的溶解度，虽然高浓度乙腈对束胶大小、形状影响还不清楚，但不加入有机溶剂达不到分离。保留因子 k 在大于临界胶束浓度后随 SDS 浓度增大呈线性增加，随乙腈浓度增加侧链缺失的紫杉烷的 k 值下降，极性小的紫杉烷的 k 值是先增后降，甲醇也得到类似结果，把样品直接溶于甲醇进样，则溶解度极差；溶于含十八烷基硫酸钠基质中则色谱行为良好。

⑧ 胶囊电泳色谱 近年来，一种新型的色谱方法——胶囊电泳色谱也在紫杉醇的分离纯化方面得到了应用。这种方法和高速液相色谱法相比较，更迅速更经济，而且使用的溶剂量要远远低于高速液相色谱法。有研究者发现，使用此种方法能在 15min 内将紫杉醇等 7 种紫杉烷类物质成功地分离开。

用于紫杉烷类物质的分离纯化的新型色谱方法还有免疫亲和色谱法和超临界流体色谱法。免疫亲和色谱是免疫技术和色谱技术相结合的产物，它将一种抗紫杉烷抗体的物质结合在色谱上，使其与紫杉烷类物质发生特异性吸附，然后选用适当的溶剂系统进行洗脱，最后可获得多种紫杉烷类化合物，并可以发现新的紫杉烷类化合物。超临界流体色谱是使用超临界流体（主要是超临界二氧化碳流体）作为色谱的流动相分离紫杉烷类物质，减少了有机溶剂的用量，分离速度也大为提高。这两种方法目前也用于紫杉醇的分析和检测。

（2）紫杉醇和三尖杉宁碱的反应分离法

由于紫杉醇和三尖杉宁碱的结构非常相似，两种物质的色谱行为差别很小，色谱方法分离二者主要是应用反相色谱、键合相柱色谱，但都不能实现大量分离[138,142,156,157]。用高效液相色谱和高效逆流色谱进行分离则处理量小，成本较高。为了解决这一问题，一些学者尝试用氧化剂处理三尖杉宁碱的 C-13 侧链末端的双键，使之化学结构发生变化，从而易于和紫杉醇分离。

早期从事这方面工作的是 Kingston 等人[92]。他们在用四氧化锇处理紫杉醇和三尖杉宁碱的混合物时发现四氧化锇能选择性地氧化三尖杉宁碱的 C-13 侧链末端的双键，形成三尖杉宁碱二醇，而紫杉醇却不受影响。之后用己烷-乙酸乙酯为溶剂进行柱色谱就可以将紫杉醇和三尖杉宁碱二醇分开。这种方法由于对底物的纯度要求高，反应条件要求严格，因而不适于氧化那些没有经过纯化的紫杉烷类化合物中的三尖杉宁碱。另外，此法采用的四氧化锇毒性大，价格昂贵。

受以上方法的启示，Murray 等人[158]发现利用含有 1%～10% 臭氧的空气可以有效地氧化三尖杉宁碱紫杉烷中的某些烯键，而对紫杉醇中的另一种烯键却不起反应，通过硅胶柱色谱可以有效地分离纯化其中的紫杉醇。Murray 的方法克服了 Kingston 的四氧化锇法毒性大、对底物要求严格的缺点，在生产中具有一定的可行性。然而，这一方法仍需采用硅胶柱把紫杉醇和其他被氧化的紫杉烷类化合物分离开，其成本还是相当高的。为此，Murray 对上述方法进行了改进。具体做法是在通入臭氧氧化后，再加入吉拉德酰肼-乙酸混合物，使 OZO-三尖杉宁碱（三尖杉宁碱被臭氧氧化后的产物）转变成 OZO-三尖杉宁碱-吉拉德腙这一复合物，最后通过选择性沉淀或乙酸乙酯-水萃取就可以把紫杉醇分离出来。用甲醇-水（3:1，体积比）溶剂选择性沉淀、乙酸乙酯-水-甲醇（10:2:1，体积比）以及乙酸乙酯-水萃取得到的紫杉醇的纯度分别可以达到 97.5%、90% 和 95%。

Kingston[159]也对自己的方法进行了改进，他用溴（也可用全溴代吡啶或三溴化四丁基铵）代替四氧化锇，在与紫杉醇及三尖杉宁碱的混合物发生反应时发现，如果控制好反应条件，使反应在 5min 内停止（时间大于 5min 可能有开环的副产物），可使混合物中的三尖杉宁碱彻底转化为 2,3-二溴三尖杉宁碱，而紫杉醇不发生变化。此后利用柱色谱即可把这两种物质分开，总产率达 95％。再将 2,3-二溴三尖杉宁碱与锌和乙酸反应又可以重新生成三尖杉宁碱，产率为 92％。在 Kingston 的研究基础上，Pandey[160] 进一步推广了这种方法的应用。他发现这种方法不仅可以应用于纯品紫杉醇和三尖杉宁碱混合物，还可以用于红豆杉植物的粗提物和植物细胞培养物的粗提物。而且在针对这些粗提物进行反应时，卤化可以被安排在分离纯化的任何一个阶段，反应的最佳温度是 0℃、黑暗环境。总的来说，此法简便经济，有望成为紫杉醇大规模分离纯化的一种理想方法。

4. 分离纯化紫杉醇的工艺过程

Young[161] 描述了一个半制备的生产工艺，包括对树皮干粉进行甲醇萃取，浓缩后用水稀释，然后和氯仿混合分相；氯仿相脱水，减压蒸干；负载在一个半制备的硅胶柱上，二氯甲烷-丙酮梯度洗脱；含紫杉醇的馏分再经过一个半制备的正相色谱过程，洗脱液改为正己烷-异丙醇-甲醇进行恒速洗脱；最后可获得少量紫杉醇纯品。该工艺只是作为一项研究进行了探讨，过程规模较小。

Senilh 等[129] 从欧洲红豆杉中提取紫杉醇使用了如下步骤：用乙醇萃取树皮，浓缩萃取液；萃取液在水和二氯甲烷中分配；"过滤"色谱分离（相当于减压色谱）；正相硅胶柱色谱分离；氧化铝柱色谱分离；中压硅胶柱色谱分离；制备高效液相分离。Senilh 的工艺过程非常烦琐，共使用了 5 次各种色谱过程。在紫杉醇的许多替代资源已经发现，尤其是合成和半合成成功导致紫杉醇价格下降的情况下，该工艺已经失去了商业价值。

Polyscience 公司[143] 在美国专利中描述了一个工艺过程，即从太平洋红豆杉树皮中分离紫杉醇。过程包括：甲醇或乙醇萃取树皮，萃取液浓缩除去大部分有机醇；浓缩液用二氯甲烷萃取，萃取液浓缩干燥至粉末；粉末用丙酮和里格罗因（1∶1）溶解，不溶组分过滤除去；含有紫杉醇的滤液浓缩，溶于 30％ 的丙酮-里格罗因溶液，经 Florisil 柱滤过；从柱中流出的紫杉醇组分结晶纯化 2 次；结晶的紫杉醇组分进一步在硅胶柱中分离，该步骤中，最相近的类似物三尖杉宁碱从紫杉醇中分离出来；从柱中流出的紫杉醇结晶 2 次；未分离的混合物和其他溶质循环处理得到紫杉醇。该工艺不加任何处理，直接用硅胶柱分离紫杉醇和三尖杉宁碱，有分离效率低、溶剂消耗量大、分离周期过长的缺点。

Miller[162] 描述了一个从树根、树干和树叶中提取紫杉醇的工艺过程：用甲醇萃取西藏红豆杉的树根、树干和树叶，萃取液浓缩至固体；固体经水和己烷提取两次；用氯仿萃取，萃取液浓缩；进行两次硅胶柱正相色谱分离；再进行两次逆流分配色谱分离；粗品最终由制备高效液相分离纯化。该工艺只适合小规模操作。

卢大炎等[163] 开发了一种分离纯化紫杉醇和紫杉烷的方法。他们将红豆杉植物浸膏溶解在丙酮中，拌入硅藻土或氧化铝，通风干燥后装入一根不锈钢预柱，以石油醚和氯仿混合溶液洗脱；将洗脱液浓缩后拌入活性炭，干燥做成上柱的样品；以丙酮为溶剂将 80～100 目的活性炭湿法装柱，再用蒸馏水洗出丙酮；样品上柱后以丙酮-水进行梯度洗脱。

陈建民等人[164] 提出了一种清洁纯化紫杉醇的方法。他们以市售的含紫杉醇 10％～48％ 的粗品为原料，用常压色谱过程得到了纯度在 99.5％ 以上的紫杉醇，洗脱溶剂为毒性较小的正构烷烃（正戊烷～正辛烷）和乙酸酯（乙酸乙酯/乙酸甲酯/乙酸丙酯）类混合溶剂。紫杉醇和三尖杉宁碱的分离应用了臭氧化方法处理粗品原料中含有的三尖杉宁碱，处理后的原料可以用中压快速制备色谱柱分离得到纯度在 99.5％ 以上的紫杉醇。

土登[165] 描述了一个从西藏红豆杉中提取红豆杉的工艺方法，过程包括：原料粉碎、渗浸、减压浓缩和提取等。其中，经减压浓缩得到的深绿色浸膏经水稀释后，以石灰水调 pH 至 7.5～8.0，过滤沉淀，滤液以溶剂萃取，减压浓缩干燥得含紫杉醇的粗品。这是一种粗提工艺。

另有报道应用工业制备液相色谱的方法分离紫杉醇，使用聚合固定相（D956 树脂）系统[166]可分离千克级的粗提物，压力 11bar（1bar＝10^5Pa），流量 79～226mL/min，4.8kg 云南红豆杉粗提物将滤液与 D956 混合挥干溶剂上柱，由定量泵推进流动相进行洗脱，依次用 1 柱床体积丙酮-水（40：60）、2 柱床体积丙酮-水（50：50）、2 柱床体积丙酮-水（58：42）洗脱，紫杉醇逐渐富集稀释在水中冷却重结晶，共 155h 完成，得纯度达 99％、回收率高于 80％的紫杉醇。还测定出在样品超载情况下也可将紫杉醇分离。对比 C_{18} 硅胶相，D956 纯化效率高、收率好、稳定性好、经济。

J. H. Kim[167]在研究中国红豆杉细胞培养液中紫杉烷类物质的分离时，将甲醇粗提液加入己烷和丁酰基甲酯的等比溶液中搅拌，己烷和丁酰基甲酯将蜡质萃取而紫杉醇溶解在表面活性剂中形成胶束。随后用丁酰基甲酯将紫杉醇从表面活性剂中沉淀出来，过滤，将沉淀悬浮于二氯甲烷，紫杉醇溶解，儿茶酚类酚性物质不溶被过滤分离，再将紫杉醇粗品用己烷沉淀出来，再用高效液相作进一步分离。该法分离纯化紫杉醇先形成胶束，随后用两步沉淀，纯度和产率分别达 65.8％、80％，简单有效。

Cass 等[168]研究了快速高温热解过程（waterloo fast pyrolysis process，WFPP）是否适于从加拿大红豆杉茎、叶中提取紫杉烷类化合物。该法的原理是在高温及较短保留时间下，挥发的水蒸气及生物量挥发物可以从介质中赶出一些分子量较大的不具挥发性的物质（生物量是指在一定时间内，生态系统中某些特定组分在单位面积上所产生物质的总量），如热解的木质素、无水糖[169~172]。随温度升高提取量增加，如温度从 359℃升高到 480℃，叶提取量增加至 40％～60％。主要因为高温使木质素分解为酚类物质，纤维素、半纤维素分解为羰基类化合物[170]。但由于这些酚类物质的干扰使得仅用紫外检测器不能对紫杉烷类物质定量，液液萃取、硅胶柱、分子筛也不能较好地去除这些干扰物质，且高温条件下紫杉醇会有部分分解。因此该方法还有待于进一步研究。

综上所述，近年来，人们就紫杉醇的提取和分离研究出了许多不同的方法，从而提高了紫杉醇提取分离的效率、降低其生产成本。我们相信，随着人们对这一领域的进一步研究，紫杉醇的提取和分离方法将会变得更加完善。

第三节
紫杉醇的构效关系研究

紫杉烷二萜骨架种类很多，如化合物数量最多的 6/8/6 环、重排的紫杉烷、双环类、单环类等，其中许多天然紫杉烷都可以抑制微管解聚，显示细胞毒作用。以紫杉醇为代表的活性物质多为 6/8/6 环，但其结构复杂、合成步骤繁多、反应条件苛刻、药效部位不明、临床应用副作用较多，还可产生多药抗药性，因此大量工作集中在对此类紫杉烷的结构修饰上，以探明构效关系，确定与紫杉醇生物活性相关的有效基团，一方面有助于设计结构更简单、专一性更强、药效更高、毒副作用更小、易于合成的新一代抗癌药物；另一方面有助于寻找其稳定微管蛋白的结合位点，研究具体作用机理。目前已有众多学者研究了紫杉醇的构效关系，本篇将概述其中有代表性的研究工作。紫杉醇的基本骨架是三环[9,3,1,$0^{3,8}$] 十五烷，含有 11 个手性中心，四个相隔开的环，也有人将紫杉醇骨架分为 A、B、C、D 四环系（图 2-15）。

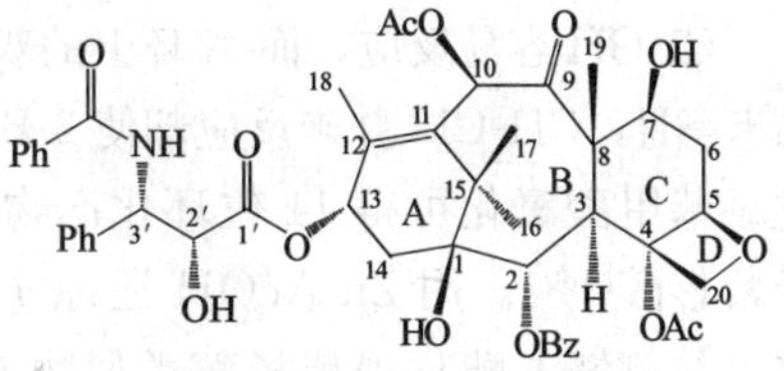

图 2-15 紫杉醇骨架分为 A、B、C、D 四环系

先前研究表明：C-13 位侧链、C-2 位苯甲酰氧基（OBz）、C-4 位乙酰基（Ac）直接作用于微管，对其活性影响较大[173]；C-7、C-10 取代基不直接作用，不影响活性[174]。C-13 位侧链为活性必需基团，其中 C-2′羟基重要，若将其酯化则可视为前药；C5-C20 四元氧环认为是与微管结合位点相接触部位[175]。

1. A 环

Kingston D. G. I.[176]由巴卡亭Ⅵ作为起始物合成系列 1-去羟基紫杉醇类似物，如 1-deoxy-9-dihydrodocetaxel（化合物 1），促进微管聚合活性及细胞毒作用为紫杉醇的 1/3，则结果提示 1-OH 非活性必需基团。Ojima 和 Appendino 对 14β-hydroxy-10-deacetylbaccatin Ⅲ 的 14 位做了系列修饰[177]。在此基础上 Bayer 得到 **2（IDN5109）**，该化合物对多药耐药肿瘤细胞抑制作用显著，口服生物利用度较高，有望开发成为口服有效的抗癌药物[178]（图 2-16）。

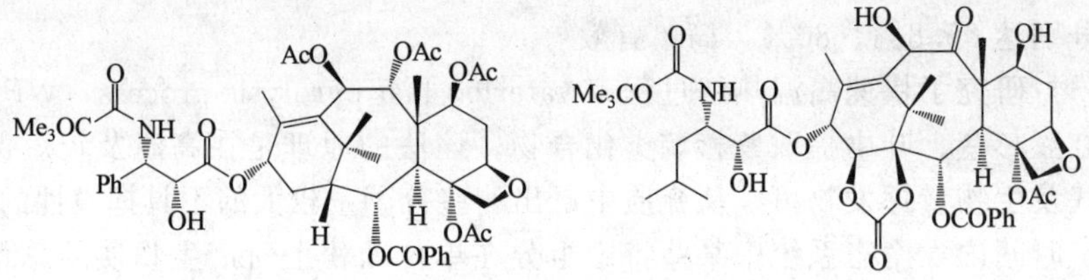

图 2-16 A 环修饰物：化合物 1 与化合物 2

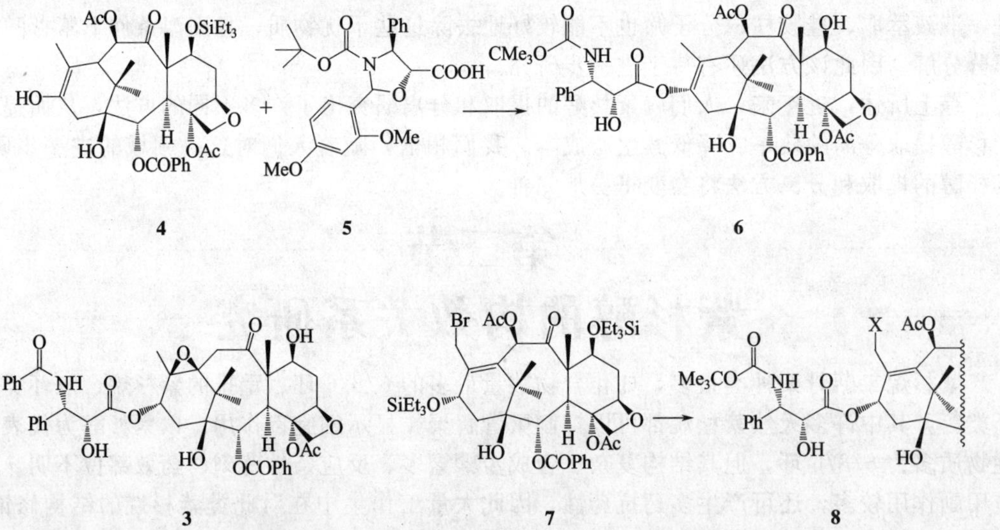

图 2-17 A 环系列修饰物：化合物 6 与化合物 8

C1-OH 容易反应，而 A 环上的双键 C11＝C12 并不活泼[92,159,179]。G. Samaranayake[179]氢化巴卡亭Ⅲ，C11-C12 并未反应却使 2-Bz 氢化为六元碳环。将紫杉醇 10 位去乙酰化后，由间氯过氧苯甲酸氧化可得 11 位环化产物 **3**，促微管聚合活性强于紫杉醇，对 B16 的细胞毒性弱于紫杉醇[180]。用 Zn-AcOH 还原 7-(triethylsilyl)-13-oxobaccatin Ⅲ 得到化合物 **4**，其较稳定，与侧链 **5** 酯化得紫杉醇类似物 **6**，细胞毒性略强于紫杉醇[181]。为验证 18 位取代基对紫杉醇活性的影响，Uoto K. 将 7,13-di(triethylsilyl)baccatin Ⅲ 溴化得到化合物 **7**，用多种亲核试剂处理可得一系列 18 位取代类似物，加上侧链脱保护得系列化合物（**8**，X＝Me，N₃，

OAc，CN），对 PC-6、PC-6/VCR、PC-12、P_{388} 细胞毒性均弱于紫杉醇[182]（图 2-17）。

　　Kingston 等[183]将 A 环改造成 5 元环，合成了缩环类似物 9，其保留部分稳定微管蛋白能力，但细胞毒性小于紫杉醇。Yuan H. Q. 等[184]在研究 A 环缩环类似物时，同时研究了 1 位不同取代基团时紫杉醇类似物的构效关系。他们分别得到了新化合物 10、11、12（图 2-18），现除化合物 11（B 环酮）外，化合物 10、12 促微管蛋白聚合能力明显小于紫杉醇，且未表现出细胞毒性（见表 2-15）。

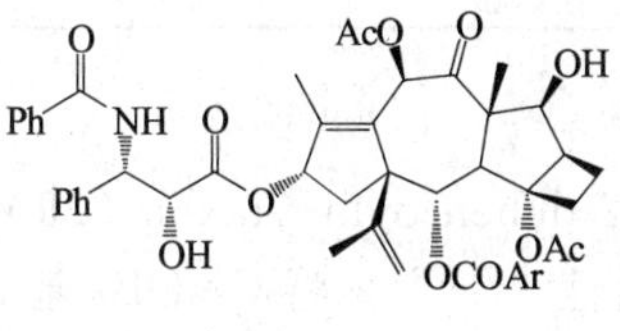

9 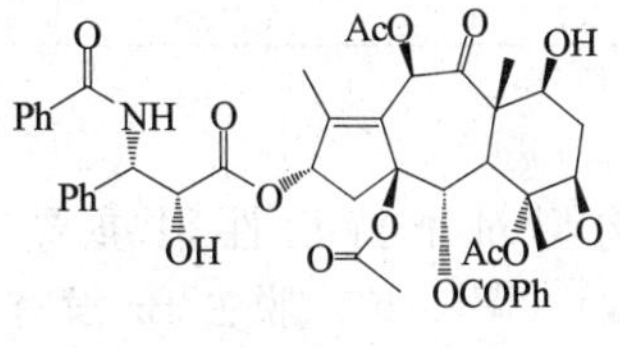　　　　10

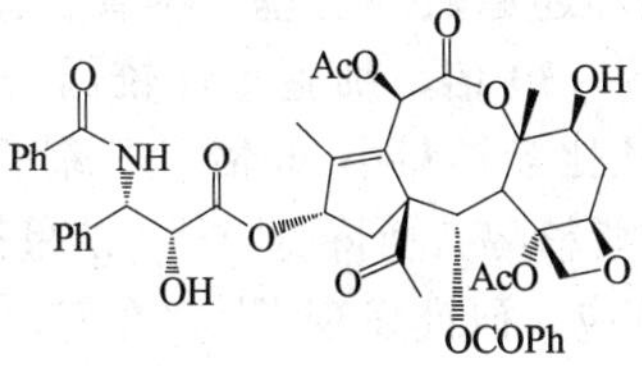

11 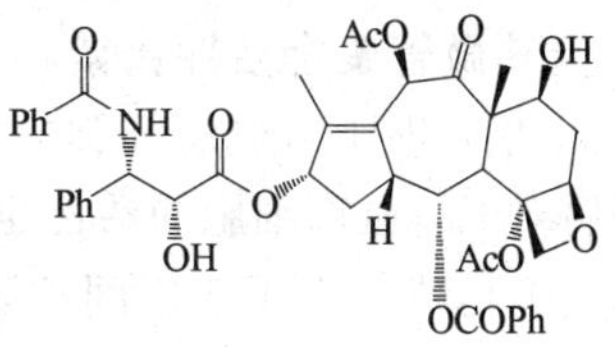　　　　12

图 2-18 A 环缩环修饰物 9~12

表 2-15 化合物 10~12 生物活性测定数据

化 合 物	促微管蛋白聚合能力 1%有效量/μmol	对人结肠癌 HCT 116 细胞株的细胞毒性 半数抑制量/nmol
紫杉醇	5.8±0.6	1.50
10	>1000	>117
11	5.3±0.8	>117
12	>1000	>125

　　Ojima[185,186]等则在去除 A 环简化紫杉醇结构方面做了大量研究，合成了一系列化合物 13~19（图 2-19），化合物 13、14、19 细胞毒性减小，但其抗癌活性与紫杉醇相当，化合物 15~18 却失去了应有的抗癌活性。体内细胞毒性测定见表 2-16。

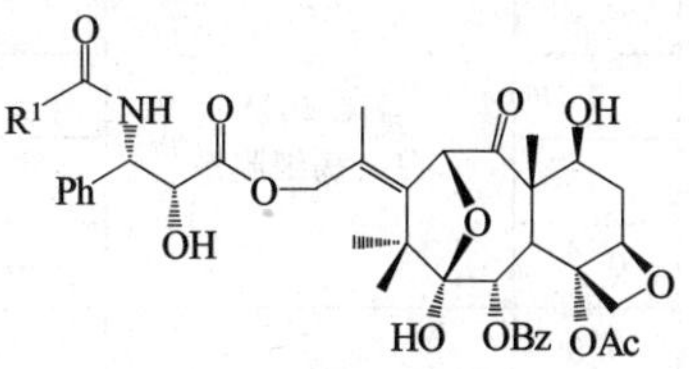

13 R^1=Ph
14 R^1=t-BuO

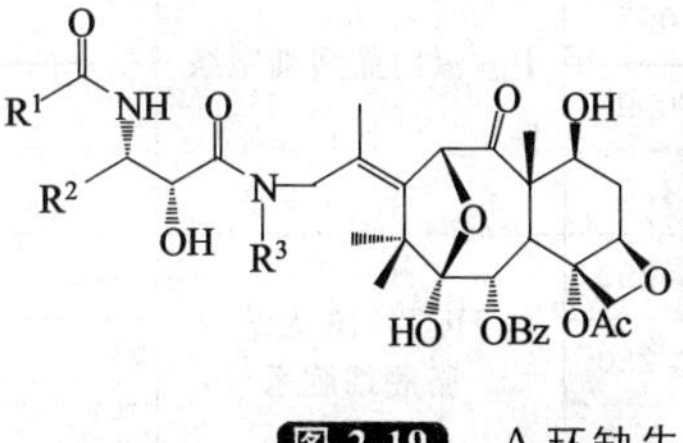

15 R^1=Ph, R^2=Ph, R^3=H
16 R^1=t-BuO, R^2=Ph, R^3=H
17 R^1=t-BuO, R^2=(CH$_3$)$_2$C=CH, R^3=H
18 R^1=t-BuO, R^2=(CH$_3$)$_2$CHCH$_2$, R^3=H
19 R^1=Ph, R^2=Ph, R^3=CH$_3$

图 2-19 A 环缺失系列修饰物 13~19

表 2-16　化合物 13～19 体内细胞毒性测定数据　　　　单位：μmol/L

化合物	人卵巢癌细胞株 A121	人肺癌细胞株 A549	人癌细胞克隆株 HT-29	人乳腺癌细胞株 MCF-7	人乳腺癌细胞株 MCR7-R
紫杉醇	0.0063	0.0036	0.0036	0.0017	0.300
13	0.117	0.133	0.134	0.079	0.471
14	0.131	0.169	0.171	0.101	0.360
15	>1.0	>1.0	>1.0	>1.0	>1.0
16	>1.0	>1.0	>1.0	>1.0	>1.0
17	>1.0	>1.0	>1.0	>1.0	>1.0
18	>1.0	>1.0	>1.0	>1.0	>1.0
19	0.535	0.708	0.200	0.200	>1.0

2. B 环

C2-OBz 及其构型对维持活性很重要。2-debenzoyloxytaxol（**20**）、1-benzoyl-2-de-benzoyloxytaxol（**21**）（图 2-20）脱去 Bz 没有活性[187,188]。将 C2-OBz 基立体构型翻转得到 2-表-紫杉醇[189]，HCT 116 细胞毒性和微管蛋白聚合试验测定显示：该修饰物既无细胞毒性，也无促微管蛋白聚合的活性。Boge 报道苯环还原成环己基，尽管在微观解聚实验中活性与紫杉醇相当，但其微管聚合活性比紫杉醇小 130 倍，细胞毒性较低。如对 HCT 116 细胞活性比紫杉醇小 91 倍，对 P388 血癌细胞的活性比紫杉醇小 56 倍。多烯紫杉醇的 C2-OBz 中苯环还原成环己基后对 P388 血癌细胞的活性也比紫杉醇有所降低[190]。结果提示，该位置基团与微管发生作用的关键是疏水作用或空间位阻效应。研究发现[191]，在 C2-OBz 中苯环对位引入取代基，显著降低微管聚合活性和细胞毒性，而在间位引入一些取代基，如甲氧基 **26**、氯 **27**、叠氮基 **29**，得到的类似物与紫杉醇相比，微管聚合活性和细胞毒性均明显增加。如化合物 **26** 对 P388 小鼠血癌细胞的活性是紫杉醇的 800 倍。化合物 **26** 和化合物 **29** 对 HL 60 人体血癌细胞的细胞毒性是紫杉醇的 3 倍，化合物 **28** 的细胞毒性则与紫杉醇相当（图 2-21，表 2-17）。

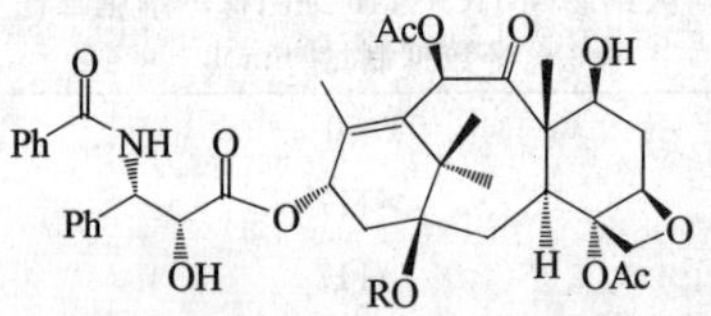

图 2-20　C2-去苯甲酰基修饰物 **20**，**21**

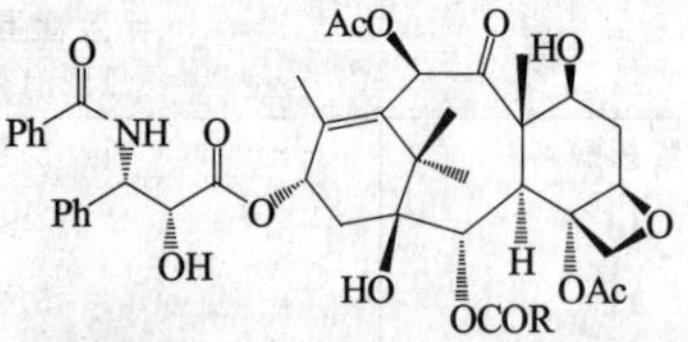

图 2-21　化合物 **22～32** 骨架结构

表 2-17　化合物 **22～32** 生物活性测定数据

化合物	取代基 R	微管聚合实验		细胞毒性实验	
		实验类型	结果	细胞系	半数抑制量/半数抑制量(紫杉醇)
22	p-ClPh		0.5		活性降低
23	p-CNPh		0	HL 60 人 白血病细胞系	活性降低
24	p-N₃Ph		0		活性降低
25	o-ClPh		0.7		活性降低
26	m-MeOPh	紫杉醇 40μmol/L	0.9		1.3×10^{-3}
27	m-ClPh		0.7		1.4×10^{-3}
28	m-CNPh		0.9	P388 鼠白血病细胞系	0.2
29	m-N₃Ph		1.0		6.6×10^{-3}
30	p-MeOPh	紫杉醇 5μmol/L	>250		>44
31	p-NO₂Ph		>250	HCT 116 人结 肠癌细胞系	>43
32	p-NO₂PhNH		16		>43

  Kingston[192]报道，C2-OBz 的 3 位以基团腈基、叠氮基、甲氧基、氯取代可提高其对细胞系 P_{388} 的活性。通过微管聚合实验和细胞毒性实验对 C2-OBz 进行结构修饰的 50 个类似物进行活性分析得出：2 位苯甲酰基中苯环引入叠氮基可大大提高活性，对位取代多使活性下降；间位的小基团可提高对微管蛋白的聚合能力和细胞毒性；烷基取代的类似物活性甲基＞乙基＞丙基；卤原子取代类似物活性溴＞氯＞氟＞碘[193]。在已有工作基础上，Kingston 又报道了苯环上邻、间、对位被大基团取代活性降低，邻位、间位用小基团取代活性增强，尤其间位叠氮基类似物活性较高，但因其细胞毒性强于紫杉醇活性未在体内得到证明[183]。

  基于两种不同的药效基团可以存在于同一药物分子中这一设计思路，同时脱去紫杉醇类似物 C7-OH 对活性影响不大，Cheng 等尝试在 C-7 脱羟基紫杉醇的 C-9 位连接 AZT 等杂环分子（AZT 最早用于临床治疗 AIDS），以期得到具有更新、更强生物活性的化合物。化合物 **33**、**34**、**35**、**36**（图 2-22）的微管蛋白聚合能力均明显降低，因此推断 9 位羰基可能是紫杉醇与微管结合位点。细胞毒性实验中四种类似物对 SK-OV3、WIDR、MCF-7 细胞系活性都比紫杉醇低，但化合物 **34**、化合物 **36** 对 BEL-7402、Eca-109 细胞系毒性却比紫杉醇更高。目前还未确定为什么这两类化合物在微管蛋白聚合能力与细胞毒性上存在如此大差别[194]。

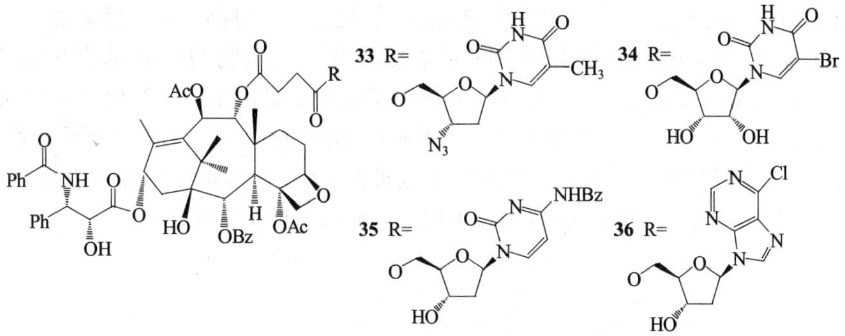

图 2-22 C-9 位修饰物 **33～36**

  Qian Cheng 等[195]合成 9-位被环腺苷酸（cAMP）取代的 7-deoxypaclitaxel（化合物 **37**）、10-*O*-benzoyl-7-deoxypaclitaxel（化合物 **38**）（图 2-23），化合物 **37** 比紫杉醇具有更大的细胞毒性，化合物 **38** 的生物活性与紫杉醇相当，表明 7-OH 与 10 位 OAc 的去除不会导致生物活性的丧失（表 2-18）。

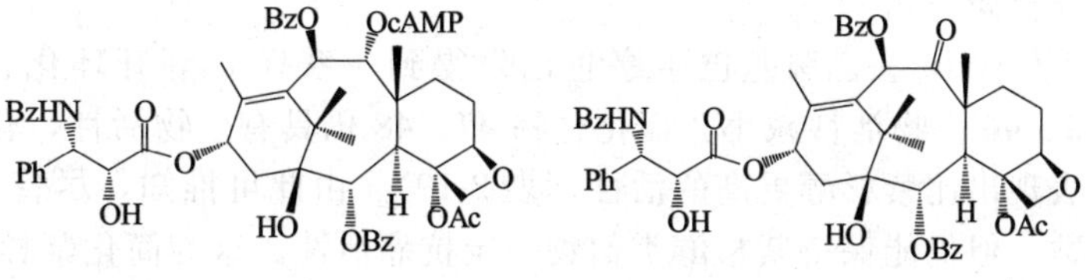

图 2-23 C-9 位修饰物 **37**，**38**

表 2-18 化合物 **37**、**38** 生物活性数据

化 合 物	人乳腺癌细胞株 MCF-7	人卵巢癌细胞株 SK-OV3	人癌细胞克隆株 WIDR
紫杉醇	1.00	1.00	1.00
37	0.41	0.53	0.30
38	0.93	0.95	0.89

如图 2-24 所示，紫杉醇用肼[196]、碳酸氢钠、过氧化氢[197]处理均可得 10 位去乙酰化产物 **39**，细胞毒性近似紫杉醇[198]，docetaxel 也是相同情况化合物（**40**）[199]。10 位修饰物 **41** 对正常及耐药细胞系 MCF-7 细胞毒性均高于紫杉醇[200]。

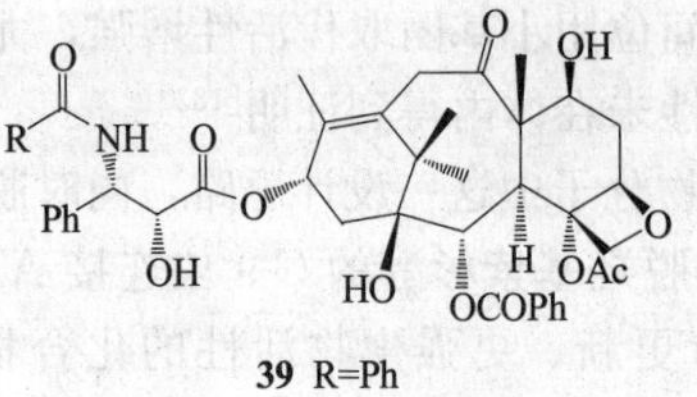

39 R=Ph
40 R=Bu^{t}O
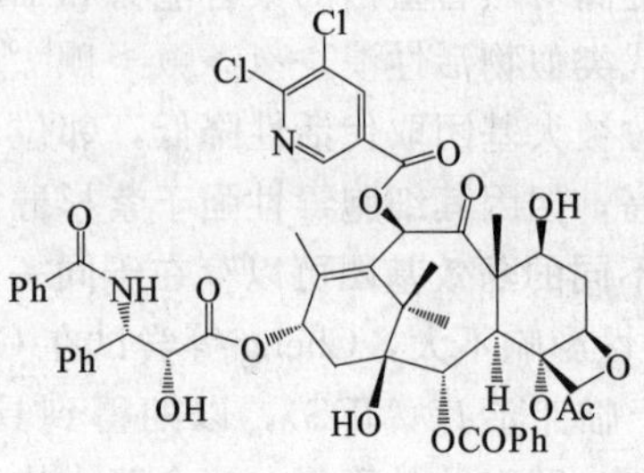

41

图 2-24　C-10 修饰物 **39～41**

3. C 环

为全面验证 7-OH 是否为维持紫杉醇活性的重要部分，将其选择性去掉，得到 C-7 去羟基紫杉醇 **42**（图 2-25），其活性实验表明对血癌细胞系毒性比紫杉醇更高，对人结肠癌 HCT 116 细胞系的细胞毒性与紫杉醇相当，说明 C7-OH 对紫杉醇及其类似物与微管结合影响不大。这与 Chaudhary 等的结论是一致的[201,202]，认为 7 位羟基为活性非必需基团。其他类似物如 10-去乙酰氧基-7-去羟基紫杉醇在 HCT 116 细胞系具有和紫杉醇相同活性；7-去羟基-7α-氟代紫杉醇聚合微管蛋白的能力也与紫杉醇相仿，亦具有较强的细胞毒性[203]。而修饰 7 位却可以提高活性，如化合物 **43**（图 2-25）作为二代紫杉醇类似物，正用于临床试验且作用较好[204]。

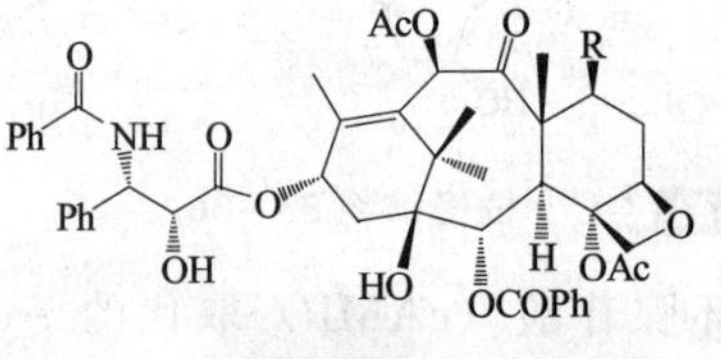

42 R=H
43 R=OCH_2SCH_3

图 2-25　C-7 修饰物 **42**，**43**

Liang 等[205]将 C 环改造为五元环 **44**（图 2-26），虽结构与紫杉醇极为相似，但细胞毒性显著低于紫杉醇。6 位修饰物不多见，值得注意的是 6 位羟基化产物 6α-hydroxytaxol 为紫杉醇在人体主要代谢产物[206]。

Giovanni 等[207]从 10-去乙酰基巴卡亭Ⅲ出发得到一系列 C 环开环化合物 **45～48**（图 2-26），化合物 **45**、**46** 生物活性减小，而化合物 **47**、**48** 仍具有生物活性，化合物 **48** 对抗阿霉素细胞株甚至表现出比紫杉醇更高的活性（表 2-19）。由此可推知，尽管 C 环开环减少了手性碳原子的个数，但仍能保持紫杉醇类似物一定抗癌活性。这为简化紫杉醇复杂结构展示了一定的前景。

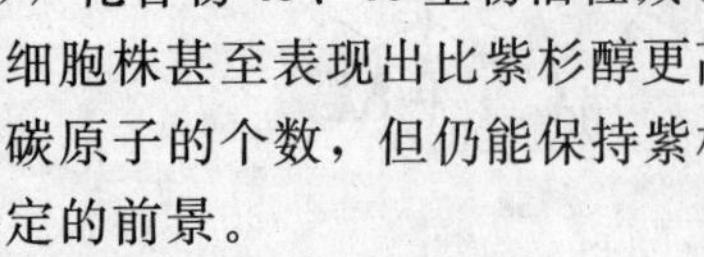

44

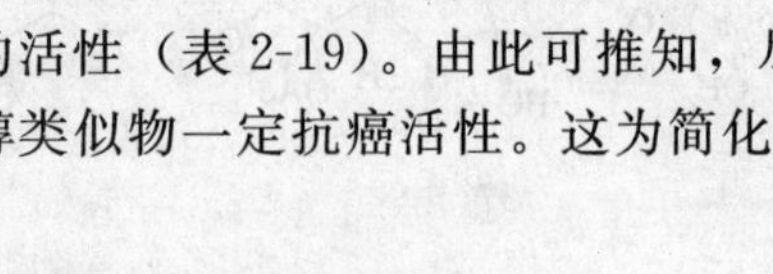

45 R^1=Ph, R^2=Bz
46 R^1=Ph, R^2=Boc
47 R^1=*i*-But, R^2=Boc
48 R^1=*i*-But, R^2=*n*-Hex

图 2-26　C 环修饰物 **44～48**

表 2-19 化合物 **45～48** 生物活性数据

化 合 物	对人乳腺癌细胞株的细胞毒性半数抑制量/nmol(MDA-MB321)	对人乳腺癌细胞株的细胞毒性半数抑制量/nmol(MCF-7ADRr)
紫杉醇	2.5	2600
多烯紫杉醇	0.8	700
去氢多烯紫杉醇	3.1	5000
45	280	>10000
46	25	>5000
47	5.0	6000
48	33	1000

4. 4 位乙酰基

文献报道 4 位乙酰基被羟基化，微管聚合活性和细胞毒性都低于紫杉醇；化合物 **49**[208] 对人结肠癌细胞 HCT116 细胞毒性比紫杉醇高，而化合物 **50**[208] 细胞毒性显著低于紫杉醇；改为异丁酯 **51**[209]，微管聚合能力及对 B16 黑色素瘤细胞的细胞毒性均低于紫杉醇（图 2-27）。4 位去乙酰基[210] 或乙酰氧基[211] 活性明显低于紫杉醇。但部分 C-4 修饰物活性较高，化合物 **52**（图 2-27）正在进行临床试验[212]。Synder 研究紫杉醇与微管结合模型认为 4 位乙酰基重要，提出氢键受体性质及 oxetane 环固定紫杉醇环系对稳定紫杉醇-微管复合物起重要作用[213]。去掉 4 位乙酰基二萜构象变化，促进微管聚合作用消失，由此看来 C4-OAc 对维持构象也起着重要作用[214]。

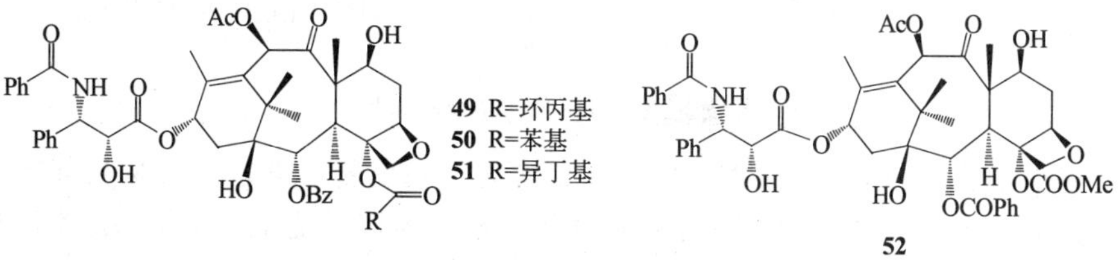

49 R=环丙基
50 R=苯基
51 R=异丁基

52

图 2-27 C-4-乙酰氧基修饰物 **49～52**

5. D 环

紫杉醇 7 位易氧化，产物不稳定经消除得化合物 **53**（图 2-28），细胞毒性消失。初步显示 D 环对活性的重要性[215]。另一尝试是紫杉醇的麦尔外因重排，因酰胺对重排有选择性，所以想预先去掉侧链，但结果却是 D 环开环得化合物 **54**（图 2-28），同化合物 **53** 亦无细胞毒性及促微管聚合活性[216,217]。为确定活性降低原因，合成衍生物 **55**（图 2-29），有趣的是化合物 **55** 既没有氧杂丁烷也没有 4-乙酰基，却对许多癌细胞系表现出细胞毒性。Marder-Karsenti 等[218] 将 10-去乙酰基巴卡亭Ⅲ经 D 环开环等一系列步骤合成 D 环修饰物 **56**、**57**（图 2-29），均未表现出细胞毒性，仅化合物 **57** 表现出很小的促微管蛋白聚合能力，但活性只有多西他赛的 1/16。

从空间作用角度看，D 环的存在可能提高了 C 环的稳定性，使 4 位乙酰氧基处于一种有

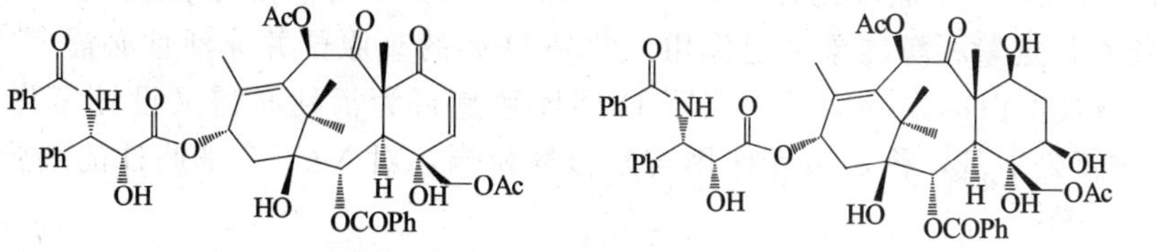

53

54

图 2-28 D 环开环修饰物 **53**、**54**

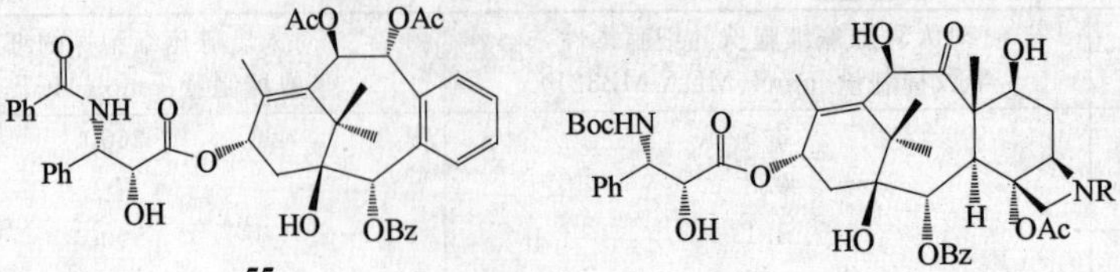

图 2-29　D 环修饰物 55～57

利于与微管蛋白结合的空间位置；从电子作用的角度看，D 环可能通过氧原子的氢键作用直接参与同微管蛋白的结合。因为紫杉醇可以与被标记的紫杉醇交换，所以可能并不是通过共价键与微管结合。为验证是否是杂原子大小或者电负性对活性的影响，Gunatilaka[219] 设计了类似物 58、59（图 2-30）。类似物 58 氧杂环上氧被硫取代，C-4 位也有取代，对微管蛋白聚合能力及对人癌细胞系（Burkitt 淋巴组织瘤和前列腺癌）的细胞毒性显著降低；类似物 59 仅 C-4 位有取代，微管聚合活性及细胞毒性均比紫杉醇有所提高。因此推断，类似物 58 活性降低是由氧环上氧被取代产生。

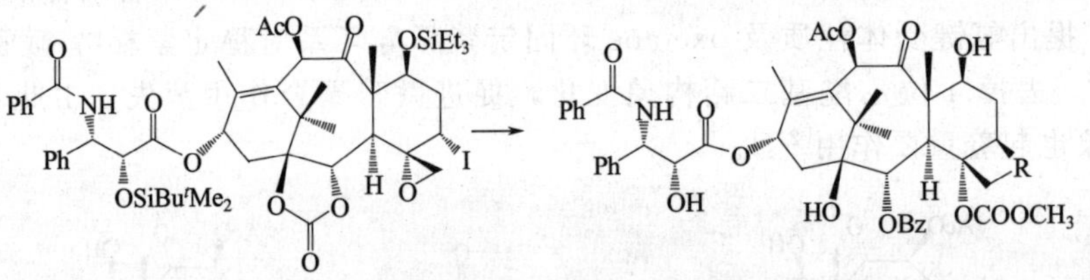

图 2-30　D 环修饰物 58、59

Braga 提出虽然 oxetane 环必需，但它究竟参与了与底物结合还是对构象起固定作用尚不清楚[220]。而在生理条件下 D 环化学性质并不活泼，所以可能是其维持一定空间构象来起作用[181]。

Barboni L.[214] 设计 D 环开环化合物 20 位为乙酰基化合物 60（图 2-31），不显示细胞毒作用及促微管聚合活性，Barboni L. 等将其无活性归因于底物蛋白与 20 位乙酰基空间构象不吻合。

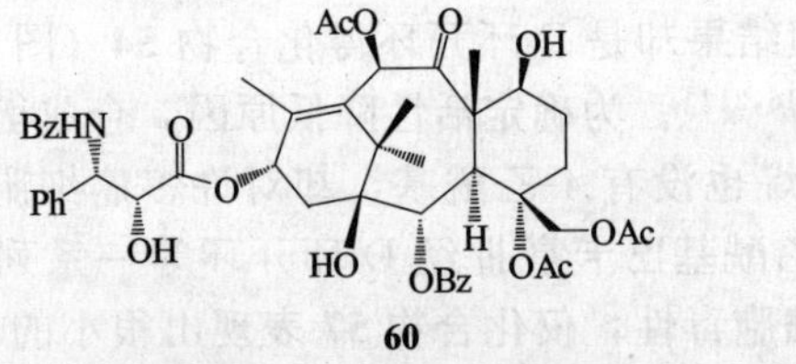

图 2-31　D 环修饰物 60

设计在 20 位仅一个碳环化合物 61（图 2-32），微管聚合活性与紫杉醇基本相当[221]，推测 D 环可能在稳定紫杉醇构象中起作用。此外 D 环的氧原子并非活性必需[222]，但杂原子可能影响与微管蛋白的亲和力。为探明 D 环环系是否为活性必需又设计了化合物 62（图 2-32），20 位仅是甲基，稳定微管作用与紫杉醇相当，对 MCF-7 细胞株的细胞毒作用为紫杉醇的 1/400[223]。

由此看来，只要空间维持合适构象，D 环缺失亦可。其他类似物设计 20 位甲基缺失，稳定微管作用显著下降，细胞毒作用很小[224]。这为设计合成结构简单的活性物质提供了一

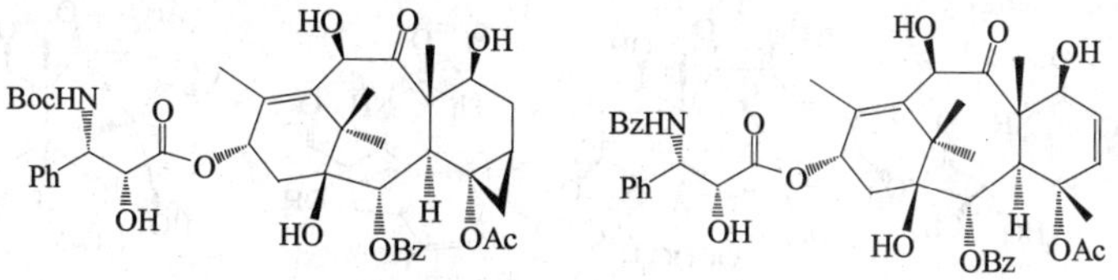

图 2-32 D 环修饰物 **61**、**62**

条新思路。

6. C-13 侧链

人们一直试图将 C-13 位侧链结构进行简化，但尚未得到活性较高的紫杉醇类似物。用乙酸、3-苯基丙酸、巴豆酸、R-或 S-乳酸、R-或 S-苯基乳酸、N-甲酰基-R-或-S-异丝氨酸等作为侧链得到类似物，细胞毒性和微管聚合活性均显著降低。比较 3-苯基丙酸类似物［半数抑制量/半数抑制量（紫杉醇）＝17］和苯基乳酸衍生物［半数抑制量/半数抑制量(紫杉醇)＝4.5］的微管聚合数据可以看出 $2'$-羟基对于维持生物活性是很关键的。2 位羟基较 7 位羟基更易乙酰化，且其乙酰化产物保留紫杉醇大部分活性[225]。Ojima 研究认为 $2',3'-N$ 的酚性酯对其抑制细胞分裂及细胞毒作用并非必需[226]。Qian[195] 合成了侧链 $2'$-位被环腺苷酸（cAMP）取代的 $2'$-cAMP-7-deoxypaclitaxel，细胞毒性很小；紫杉醇类似物脱去侧链苯基，细胞毒性明显降低。当 $3'$-苯基被去掉时，化合物 **63** 对促进微管形成活性很小，而对 J774.2（巨噬细胞）和 CHO 肿瘤细胞抑制活性也分别降低 200 倍和 100 多倍[227]，将紫杉醇类似物 **64**、**65** 及 **66**、**67**（图 2-33）相比较，也相似地间接说明 $3'$-苯基存在重要，因相应的甲基衍生物比苯基衍生物在抑制猪脑微管解聚活性方面分别低 20 倍及 4.6 倍[228]。而紫杉醇的 $3'$-苯环用异丁基替换，设计 10 位多种乙酰化产物，其中有的显示对耐药细胞系 MCF7-R 的细胞毒性强于紫杉醇[229]。

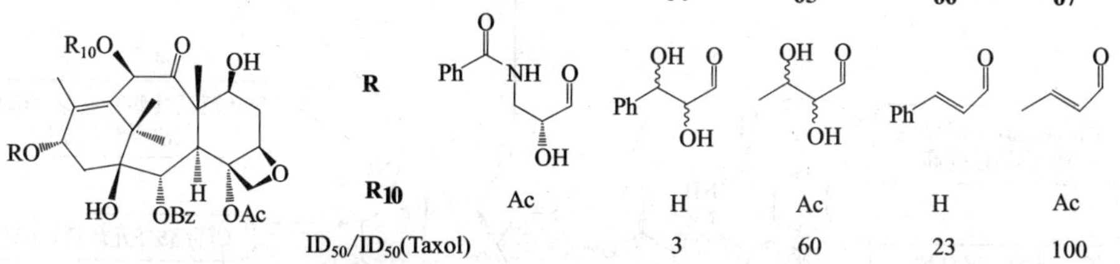

图 2-33 C-13 侧链及 C-10 修饰物 **63~67**

$2'$、$3'$ 的立体构型对紫杉醇及其类似物的活性有显著影响。紫杉醇和具有 $2'R$、$3'S$ 构型的侧链衍生物在微管解聚实验中比它们相应的 $2'S$、$3'R$ 异构体活性要高。侧链上芳香部分呈饱和状态的类似物及紫杉醇、多烯紫杉醇中苯甲酰氧基的饱和使得它们在生物实验中表现出较高活性。

化合物 **68**（图 2-34）对克隆癌细胞 HCT116 毒性以及对微管亲和力强于紫杉醇。可能因为降低了 C$2'$-C$3'$ 单键旋转自由度，或者甲基疏水性增强了与微管结合位点作用[230~232]。化合物 **69**（图 2-34）侧链刚性增强但对几株细胞系的毒性与紫杉醇相似。提示紫杉醇与底物蛋白结合，侧链可能是呈展开状态[233]，并非先前认为的疏水的折合态[234]。

C-13 位侧链若改为以杂原子 N 连接则活性消失[183]，Chen 也得到同样结论[235]。Chordia 等[236] 从 10-去乙酰基巴卡亭Ⅲ出发合成了在 C-13 位酰氧键被酰胺键取代的系列化合物

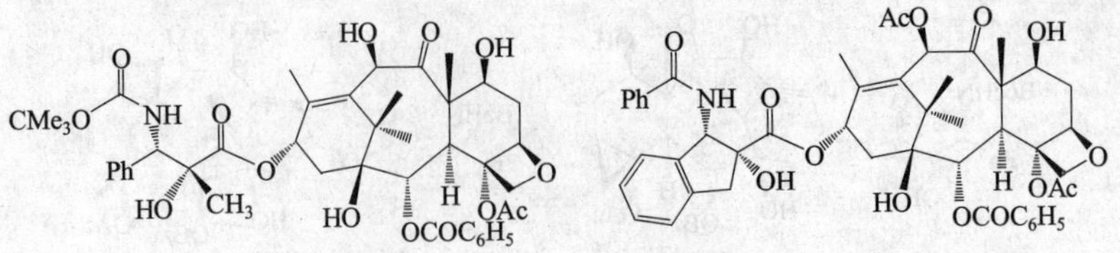

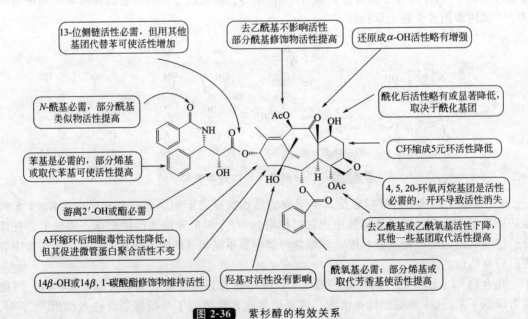

图 2-34   C-13 侧链修饰物 68、69

70～72（图 2-35），同样均未显示抗癌活性。然而有趣的是 C-2 间位叠氮基巴卡亭 13-位侧链缺失，但仍保持生物活性[237]。

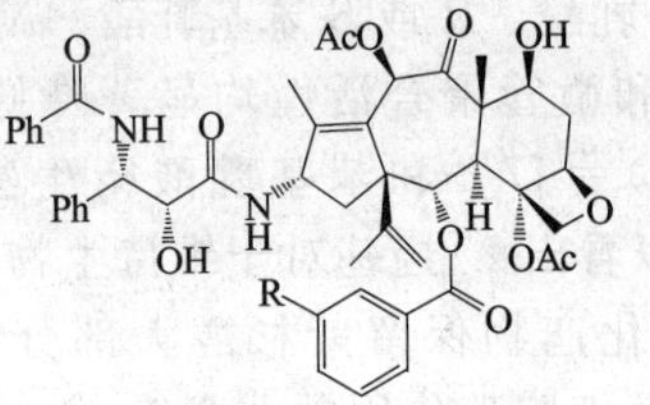

70 R=H
71 R=Cl
72 R=OCH₃

图 2-35   C-13 侧链修饰物 70～72

紫杉醇的生物活性与其在水溶液与非水溶液精细的立体构象密切相关。总结上述各点，紫杉醇构效关系大致归纳为如图 2-36 所示，对活性影响较大的基团主要有：$2'$-羟基、$3'$-N-酰基、$3'$-苯基、2-苯甲酰氧基、4-乙酰基、D 环环氧丙烷及 6/8/6 环系，其中部分基团修饰物可使活性显著提高。

图 2-36   紫杉醇的构效关系

7. 进入临床试验的紫杉醇类似物

在紫杉醇相关的结构修饰与构效关系研究中，人们得到了几个有活性的紫杉醇衍生物，并且已经进入临床试验或临床应用（图 2-37）。

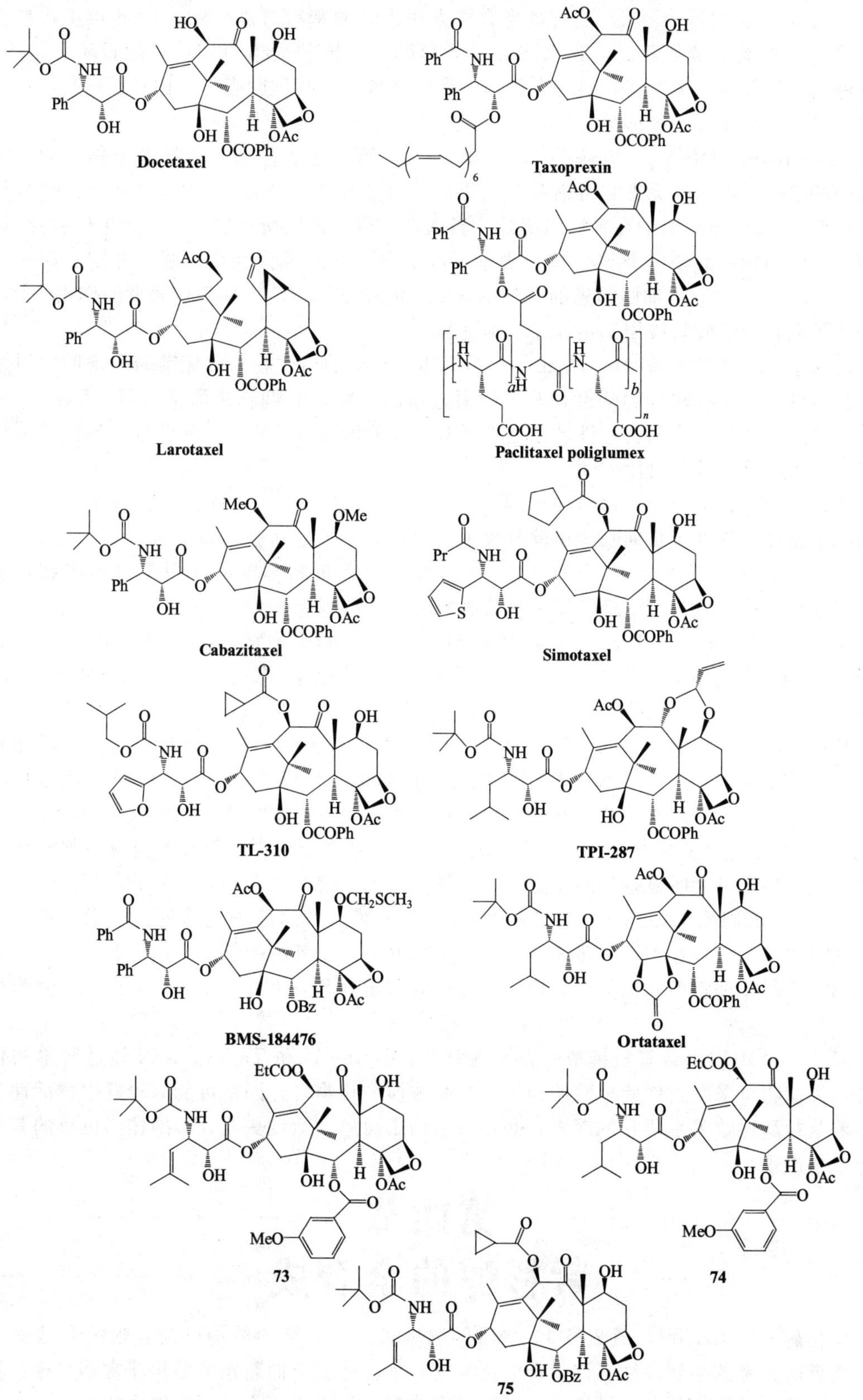

图 2-37 进入临床试验的紫杉醇类似物

多烯紫杉醇（Docetaxel）是通过半合成方法得到的紫杉醇类似物，1996 年正式被美国 FDA 批准为抗乳腺癌的新药，其水溶性比紫杉醇好，抗肿瘤谱更广，对除肾癌、结肠癌、直肠癌以外的其他实体瘤都有效。在相当的毒性剂量下，其抗肿瘤作用比紫杉醇高 1 倍，且同样情况下，活性优于紫杉醇[238]。

Taxoprexin（DHA-paclitaxel）为 $2'$-酰基紫杉醇，是半合成的紫杉烷类化合物，它是紫杉醇的前药，本身并无细胞毒活性，由于肿瘤细胞比正常细胞对 DHA 的吸收能力更强，这样会使 Taxoprexin 集中在肿瘤组织处，当酯键断裂后，以紫杉醇的形式产生抗肿瘤活性。肿瘤细胞中的紫杉醇浓度要比直接使用紫杉醇更高，细胞毒活性也更强。Ⅱ 期临床研究表明，Taxoprexin 对非小细胞肺癌的应答率很低，但具有部分应答和稳定病情的作用[239]，现正处于 Ⅲ 期临床试验阶段用于治疗非小细胞肺癌[240]。

Larotaxel（RPR-109881，Aventis）为多烯紫杉醇的衍生物，临床前研究证明它对紫杉醇耐药的肿瘤细胞有较好的活性，并可以通过血脑屏障。Ⅱ 期临床研究显示，Larotaxel 对之前接受过紫杉醇治疗的转移性乳腺癌患者有很好的治疗作用[241]。现已进入治疗乳腺癌和胰腺癌的 Ⅲ 期临床试验阶段[242]。

Paclitaxel poliglumex 为紫杉醇与聚谷氨酸的结合物，目的是提高紫杉醇水溶性和改善其药动学特征。现处于 Ⅲ 期临床试验阶段用于治疗非小细胞肺癌和卵巢癌。

Cabazitaxel（XRP-6258，TXD258，Aventis）是多烯紫杉醇的二甲氧基衍生物，现处于 Ⅲ 期临床试验阶段与泼尼松联用治疗抗激素转移性前列腺癌。

此外，Simotaxel、TL-310 等化合物处于 Ⅰ 期临床研究阶段，而 TPI-287、BMS-184476、Ortataxel（BAY-59-8862，IDN5109）[243] 等化合物也已处于 Ⅱ 期临床研究阶段[240,242]。

最近，Ojima 等[244] 在对紫杉烷类化合物构效关系研究的基础上，针对紫杉烷类化合物的 C-2、C-10 和 C-$3'$ 上的 N 位进行了系统的结构修饰，合成了结构新颖的第二代紫杉烷类化合物。第二代紫杉烷类化合物对多药耐药肿瘤细胞表现出了很强的细胞毒作用，其中化合物 **73**、**74** 等几个紫杉烷类化合物明显地表现出对药物敏感肿瘤细胞和多药耐药肿瘤细胞均有效，且作用效果无明显差异的特点，成为第 3 代紫杉烷类化合物，它们的耐药因子甚至小于 1。在针对乳腺癌 1A9PTX10 和 1A9PTX22 两个紫杉醇耐药细胞株的细胞毒实验中，化合物 **73** 和 **75** 的细胞毒作用明显强于紫杉醇，其 IC_{50} 值比紫杉醇低 2 个数量级。同时，化合物 **73** 和 **75** 对 4 种胰腺癌细胞也表现出明显的细胞毒作用，其中化合物 **75** 的 IC_{50} 值均小于 4nmol/L。

Michela 等[245] 经计算机模拟研究发现对 Taxuspine U 和 Taxuspine X 经过简单的化学修饰，类似物可采取类似紫杉醇的构象，与受体模型相吻合，因此可能有较好生物活性。相信随着紫杉醇构效关系研究的深入，必将有结构更简单、活性更高、毒副作用更小的紫杉烷醇类似物出现。

第四节
紫杉醇的全合成

紫杉醇[246]（Taxol，图 2-38 **1**）独特的抗癌机制、新颖的结构以及有限的自然资源引起全世界研究者的强烈关注。许多合成化学家对紫杉醇复杂而新颖的结构非常感兴趣，将合成紫杉醇看作是极富刺激的挑战，且出于对商业利益的考虑，全世界范围内约有四十多个一流的研究团队从事紫杉醇的全合成研究工作，实属罕见。目前已有美国和日本的 6 个研究团队公开报道了全合成路线：1994 年 R. A. Holton 和 K. C. Nicolaou 几乎同时宣告紫杉醇的全合成获得成功，1996 年 S. T. Danishefsky、1997 年 P. A. Wender、1998 年 I. Kuwajima 和 1999 年 T. Mukaiyama 也先后完成了紫杉醇的全合成工作。6 条全合成路线各具特点，把天然有机合成化学提高到一个崭新的水平。国外专家先后从不同的角度进行了综述[13,247~250]，国内也曾有不完全的综述报道[251,252]。本篇将简要总结分析已公开报道的 6 条全合成路线，为有关专业研究人员提供一定的借鉴和启发。

1. 全合成总体战略

如图 2-38 所示，紫杉醇（**1**）由含有四个环的母核（巴卡亭Ⅲ，**2**）以及一个带有酰胺等基团的苯丙酸酯侧链构成，母核中的四个环分别标记为 A、B、C、D，其中 A 环、C 环为六元碳环，B 环为八元碳环，D 环为含氧四元环；共含 **11** 个手性碳，是一个结构相当复杂的天然有机化合物。

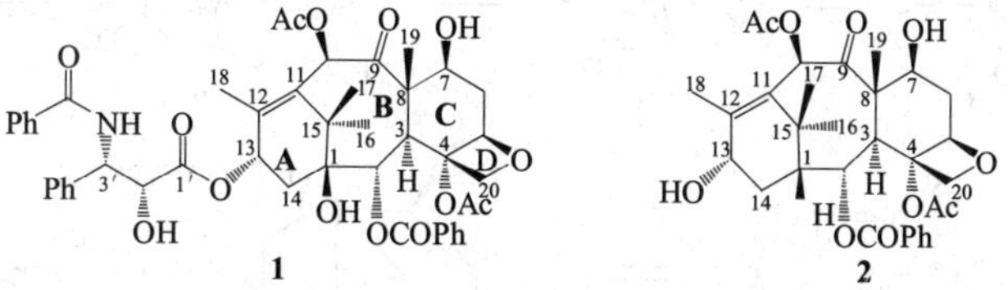

图 2-38 紫杉醇和巴卡亭Ⅲ的结构

紫杉醇母核结构的全合成战略主要有两种：①直线法，即由 A 环到 ABC 环或由 C 环到 ABC 环。②会聚法，即由 A 环和 C 环会聚合成 ABC 环（图 2-39）。

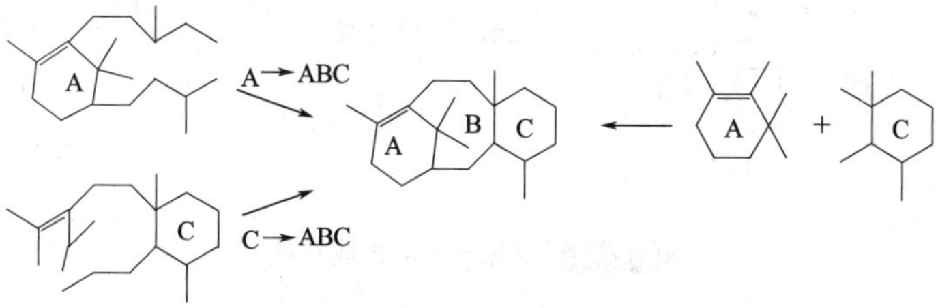

图 2-39 紫杉醇全合成方法

Holton 和 Wender 选择了直线法合成路线，Nicolaou、Danishefsky 和 Kuwajima 则选择了会聚法合成路线，而 Mukaiyama 采用了直线-会聚联合合成路线。如图 2-40 所示，在得到含有紫杉醇母核结构的巴卡亭Ⅲ（**2**）后，再通过酰化反应引入侧链从而完成了紫杉醇（**1**）的全合成。所有的合成路线都是通过若干步反应后得到含有紫杉醇的母核结构即巴卡亭Ⅲ，再与 Ojima 内酰胺（β-lactam，**3**）进行偶联反应[253]加上侧链，最终得到目标产物。

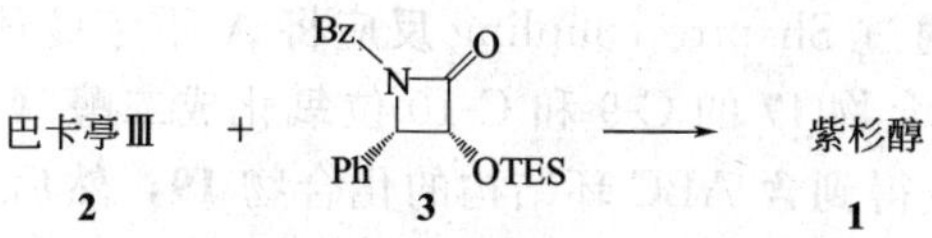

图 2-40 Ojima 偶联反应

2. 全合成路线分析

（1）Holton 全合成路线（1994）

美国佛罗里达国立大学的 Robert A. Holton 教授领导的研究小组从 1983 年开始进行紫杉醇全合成研究工作，历经 12 年，于 1994 年成功完成[63,254,255]。Holton 法采用了由 A 环开始到 AB 环、然后到 C 环、最后到 D 环的线性合成战略。

如图 2-41 所示，Holton 法以氧化绿叶烯（patchoulene oxide，4）作为其全合成的起始物，化合物 4 可通过简便的反应从绿叶烯（patchoulene）或藿香醇（patchoulol）或龙脑（borneol）得到，其含有构建紫杉醇母核骨架 20 个碳原子中的 15 个。化合物 4 在基团保护条件下经历重排、环氧化等反应得到醇的结构（化合物 5），进而构建成具有 AB 环系统的化合物 6，然后通过 Chan 重排和 Dieckmann 缩合反应将化合物 6 经过化合物 7 转化为具有 ABC 环系统的化合物 8，再通过一系列常规反应合成 D 环得到巴卡亭Ⅲ（2），将 2 与化合物 3 反应完成侧链的连接最终得到紫杉醇。如果不计引入侧链反应而从起始物计，此路线经历 37 步，产率约为 0.1%。在此全合成路线中，Chan 重排反应是最关键的反应。

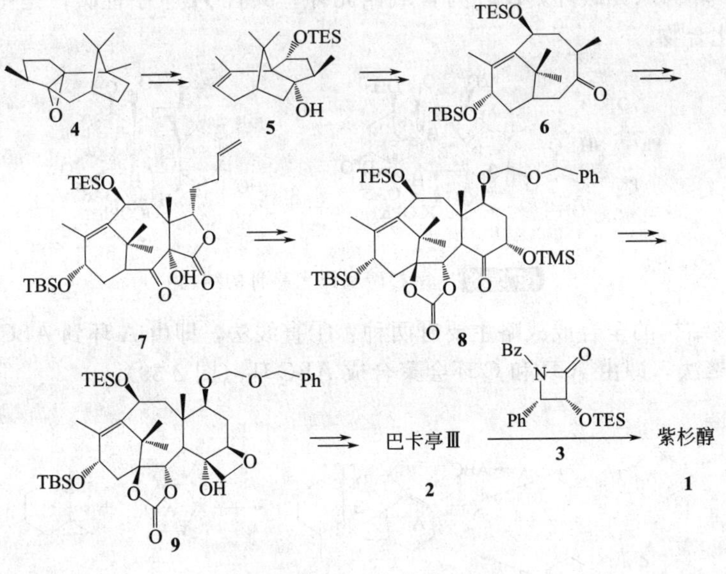

图 2-41　Holton 全合成路线

（2）Nicolaou 全合成路线（1994）

美国加利福尼亚大学圣迭戈分校 Kyriacos Costa Nicolaou 教授领导的研究小组 1994 年 10 月报道了一条紫杉醇全合成的路线[256~258]。Nicolaou 法采用非常简明的会聚式合成路线，先分别得到含 6 元环的 A 环化合物和 C 环化合物，然后通过反应将 A 环与 C 环连接起来形成 8 元的 B 环，这样就得到了含有 ABC 环的化合物，最后完成 D 环的构建并连接上侧链。

如图 2-42 所示，首先应用缩合反应、Diels-Alder 等反应分别得到了含 A 环和 C 环结构的化合物 13 和 16，然后通过 Shapiro coupling 反应将 A 环与 C 环连接在一起构建含 AC 环结构的化合物 17，再将化合物 17 的 C-9 和 C-10 位氧化成二醛（化合物 18），化合物 18 经过 McMurry coupling 反应得到含 ABC 环结构的化合物 19，然后再通过若干反应完成 D 环的构建得到化合物 20，从而得到了巴卡亭Ⅲ，最后再与 β-lactam 反应连接侧链得到最终产物紫杉醇。此合成法路线最初原料为半乳糖二酸，最终产率由此原料计算约为 0.01%。此合成路线最关键的步骤是形成 B 环时的 Shapiro coupling 反应（化合物 13 与 16 的连接反应），母核中 ABCD 环骨架为由此反应的产物（17）构建而成。

（3）Danishefsky 全合成路线（1996）

在 Holton 和 Nicolaou 取得紫杉醇全合成成就两年后，美国哥伦比亚大学化学系 Samuel

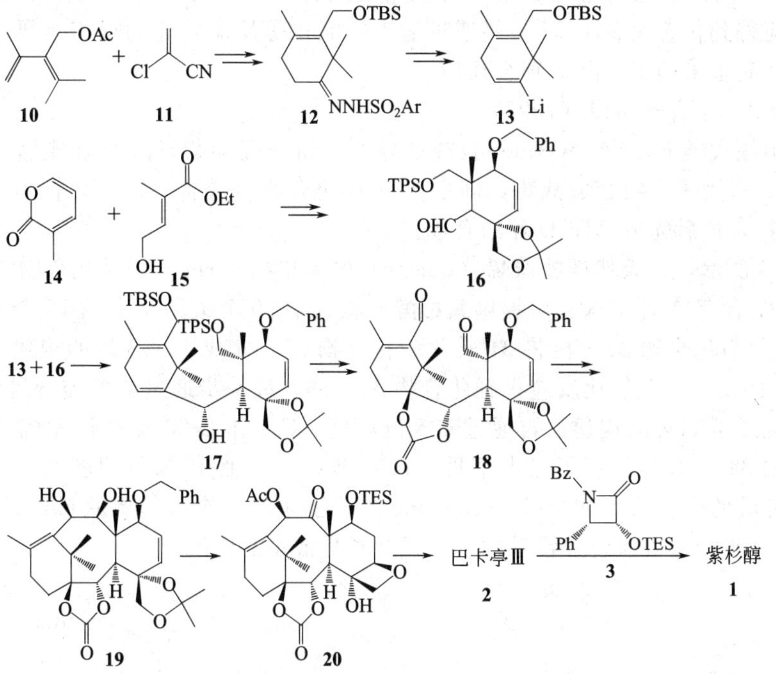

图 2-42　Nicolaou 全合成路线

J. Danishefsky 教授领导的研究小组也公开发表了一条紫杉醇全合成路线[259]。与 Nicolaou 法全合成路线有许多类似之处，如先分别得到含 A 环和 C 环的化合物，Danishefsky 法也归入"会聚式"全合成策略。Danishefsky 法最主要的不同点是在开始阶段就在 C 环上引入含氧 D 环，得到含 CD 环化合物，然后再连接上 A 环，最后再完成 8 元 B 环的构建从而得到 ABCD 环。Danishefsky 法路线的关键是对 C-4 位的羟基采用了苄基进行保护而非乙酰基，因此可避免邻位基团的干扰。

如图 2-43 所示，制备 CD 环体系（化合物 **22**）是通过 Wieland-Mischer 酮（化合物 **21**）为起始物完成的，化合物 **21** 作为较易得到的手性化合物决定了以后反应产物以及终产物紫杉醇的立体构型。化合物 **22** 与含 A 环的化合物 **23** 连接得到含 ACD 环的化合物 **24**。化合物

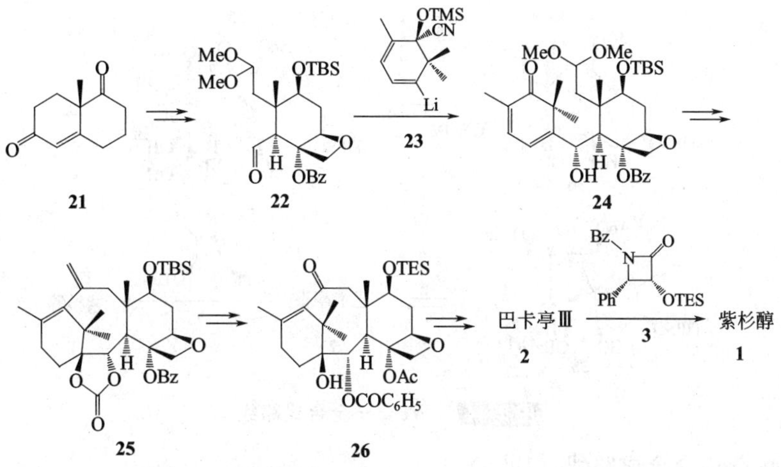

图 2-43　Danishefsky 全合成路线

24 再利用分子内的 Heck 反应环合成 B 环从而得到含 ABCD 环的化合物 **25**，再通过进一步的氧化等反应得到化合物 **26**，**26** 最终通过适当的氧化等反应转化为巴卡亭Ⅲ和紫杉醇。在最后引入侧链时也采用了 Ojima 环合反应。

（4）Wender 全合成路线（1997）

美国斯坦福大学 Paul A. Wender 教授领导的小组研究的紫杉醇全合成路线[260,261]类似 Holton 路线，采用了直线合成战略，即由含 A 环化合物合成含 AB 环化合物，然后构建含 ABC 环化合物，最后完成 ABCD 环的合成。

如图 2-44 所示，将天然产物蒎烯（pinene）的氧化物 verbenone（化合物 **27**）为起始原料，化合物 **27** 含有 A 环结构且可提供紫杉醇母核骨架 20 个碳原子中的 10 个。经过若干步反应将 **27** 转化为化合物 **31**，再将 **31** 转化为化合物 **32**，完成了 AB 环的构建。然后通过在 C-3 位上设计的反应以及氧化反应得到化合物 **34**、**35**，进一步通过醇醛缩合得到化合物 **36**、**37**，这样就完成了 C 环的构建。再通过 C-5 位溴代、C-4 和 C-20 臭氧化完成了含氧 D 环的构建（化合物 **38**），最后得到了巴卡亭Ⅲ，再完成 C-10 乙酰化及与侧链的加成反应等，最终完成了紫杉醇的全合成。如果按 verbenone（化合物 **27**）作为起始原料计，Wender 全合成路线只需 37 步，是目前公开报道的全合成紫杉醇最短的路线。

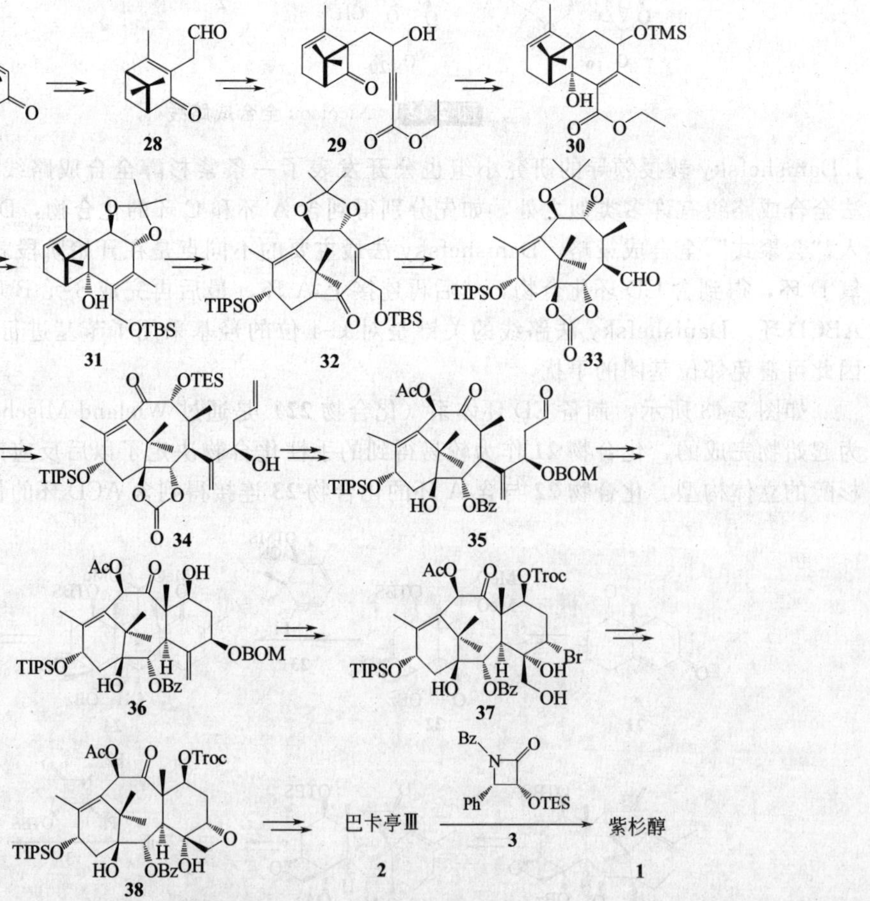

图 2-44　Wender 全合成路线

（5）Kuwajima 全合成路线（1998）

日本东京科技研究院 Isao Kuwajima 教授领导的紫杉醇全合成研究小组采用了 A＋C→

AC→ABC→ABCD 的会聚法合成路线[262,263]，其类似于 Nicolaou 法和 Danishefsky 法。如图 2-45 所示，由炔丙醇（propargyl alcohol）为起始物经过 16 步反应制备了含 A 环体系的化合物 **39**，再与含 C 环结构的化合物 **40** 偶合得到含 AC 环的化合物 **41**、**42**，化合物 **40** 是由 2-溴-2-环己烯酮经八步反应制得。化合物 **42** 通过一个新颖的环化反应完成 8 元 B 环的构建从而得到含 ABC 环骨架的化合物 **43**，进一步反应可得到化合物 **44**、**45**，通过环丙烷中间体在化合物 **45** 中引入 C-8 位甲基得到化合物 **46**，再通过一系列引入保护基团完成 C-10 位乙酰化得到化合物 **47**，再通过臭氧化等反应完成含氧 D 环的合成。最终制备出巴卡亭Ⅲ和紫杉醇。

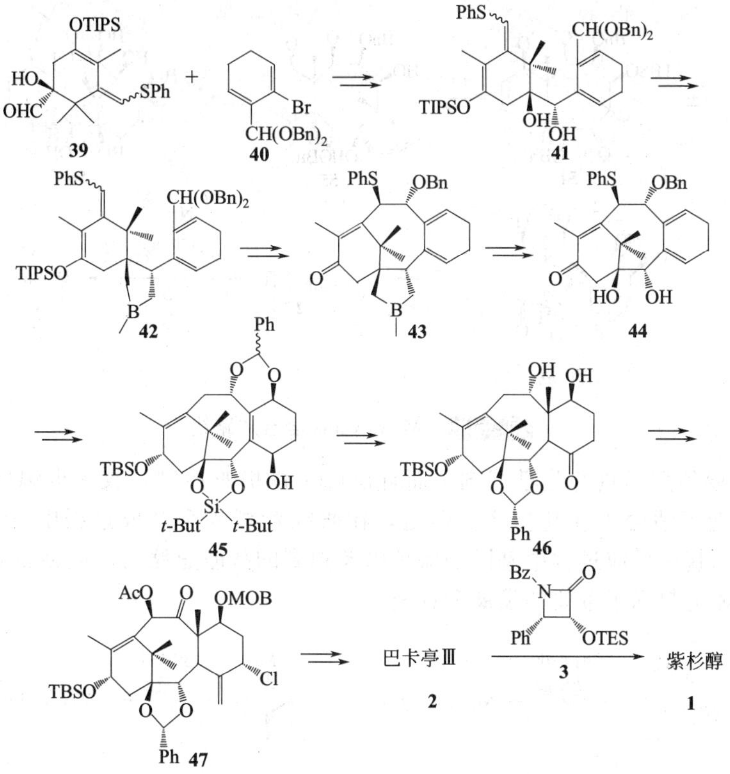

图 2-45　Kuwajima 全合成路线

（6）Mukaiyama 全合成路线（1998）

1998 年日本东京大学应用化学系 Teruaki Mukaiyama 教授领导的研究小组报道了一条采用直线-会聚联合法合成紫杉醇的独特路线[264,265]。Mukaiyama 全合成法是先建造 B 环，然后得到 BC 环骨架，再由 BC 环构建含 ABC 环骨架的化合物，进而继续反应得到含 ABCD 环的化合物，最终得到巴卡亭Ⅲ和目标产物紫杉醇。

如图 2-46 所示，以开链化合物 **48** 为起始反应物，通过加入适合的保护基团等反应可得到构象非常合适的线型化合物 **49**、**50**，再通过醇醛缩合进行环化得到立体结构明确的含有 B 环的化合物 **51**、**52**，然后通过 Michael 加成得到化合物 **53**，再通过分子内的醇醛缩合完成 C 环与 B 环的构建（化合物 **54**）。通过在化合物 **54** 的 C-1 位引入烯丙基和分子内 Pinacol 反应完成了 ABC 环的结构（化合物 **55**、**56**、**57**），再通过溴代、臭氧化等反应引入 D 环。最后再完成侧链的加入，从而最终得到目标产物紫杉醇。

3. 结语

从总体上看，天然药物紫杉醇的化学全合成方法路径太长、合成步骤太多[266]（图

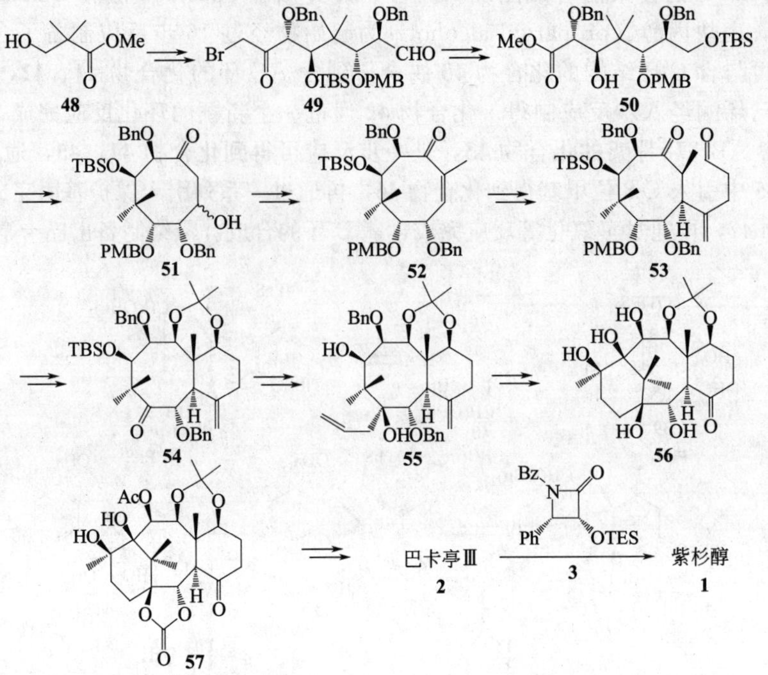

图 2-46　Mukaiyama 全合成路线

2-47），不仅需要使用昂贵的化学试剂，而且反应条件极难控制，收率也偏低（最高产率不超过 2%），因此不适合工业化生产。但是，在研究紫杉醇全合成过程中发现了许多新的、独特的反应，尤其在反应过程中基团的保护以及独到的战略思路与反应创新对有机合成化学以及有机反应理论起到了重要的发展和补充。

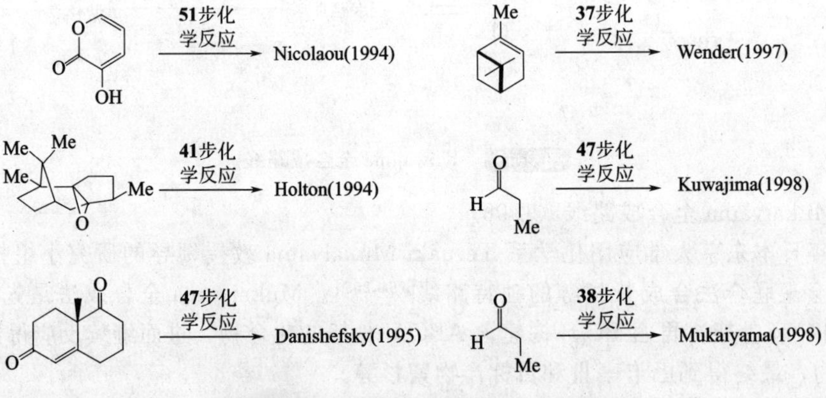

图 2-47　6 条紫杉醇全合成路线总结

　　无论如何，全合成紫杉醇的研究成果仍为有机化学合成历史上的一座丰碑，同时有机合成化学家仍在积极进行化学合成紫杉醇的研究工作，为使紫杉醇全合成走上工业化道路而不懈努力。

参 考 文 献

［1］ Wani M C，Taylor H L，Wall M E，Coggon P，McPhail A T. Plant antitumor agents. VI. The isolation and structure of taxol，a novel antileukemic and antitumor agent from *Taxus brevifolia*. J Am Chem Soc，1971，93：2325-2327.

［2］ Farina V. The Chemistry and Pharmacology of Taxol and Its Derivatives. New York：Elsevier，1995，22：1-335.

［3］ 刘颖，肖艳. 红豆杉及其紫杉醇研究开发进展. 中医药信息，2005，22：34-35.

［4］ Patel R N. Tour de Paclitaxel：biocatalysis for semisynthesis. Annu Rev Microbiol，1998，98：361-395.

［5］ Oberlies N H，Kroll D J. Camptothecin and Taxol：historic achievements in natural products Research. J Nat Prod，2004，67：129-135.

［6］ Schiff P B，Fan J，Horwitz S B. Promotion of microtubule assembly in vitro by taxol. Nature，1979，277：665-667.

［7］ Parness J，Horwitz S B. Taxol binds to polymerized tubulin in vitro. J Cell Biol，1981，91：479-487.

［8］ Manfredi J J，Parness J，Horwitz S B. Taxol binds to cellular microtubules. J Cell Biol，1982，94：688-696.

［9］ Schiff P B，Horwitz S B. Taxol stabilizes microtubules in mouse fibroblast cells. Proc Natl Acad Sci USA，1980，77：1561-1565.

［10］ Choy H. Taxanes in combined modality therapy for solid tumors. Critical Reviews in Oncology/Hematology，2001，37：237-247.

［11］ Appendino G. Taxol (Paclitaxel)：historical and ecological aspects. Fitoterapia，1993，64：5-25.

［12］ Nicolaou K C，Dai W M，Guy R K. Chemistry and biology of Taxol. Angew Chem Int Ed Engl，1994，33：15-44.

［13］ Kingston D G I. Taxol, a molecule for all seasons. Chem Commun，2001：867-880.

［14］ He L F，Orr G A，Horwitz B. Novel molecules that interact with microtubules and have functional activity similar to taxol. DDT，2001，6：1153-1164.

［15］ 赵春芳，余龙江，刘智，孙友平，李文兵. 中国红豆杉中主要紫杉烷类物质的分布研究. 林产化学与工业，2005，25：89-93.

［16］ 张鸿，杨明惠. 影响红豆杉树皮中紫杉醇含量的若干因素. 中草药，2002，33：39-41.

［17］ 王达明，周云，李莲芳. 云南红豆杉抗癌药用成分的含量. 西部林业科学，2004，33：12-17.

［18］ 高山林，朱丹妮，周荣汉. 东亚和北美产红豆杉属七种植物中紫杉醇及短叶醇的含量. 中国药科大学学报，1995，26：8-10.

［19］ 郑德勇. 我国 3 种红豆杉各部位紫杉醇含量的比较. 福建林学院学报，2003，23：160-163.

［20］ 苏应娟，王艇，李雪雁，范国宽，柯亚永，朱建明，廖文波. 南方红豆杉不同部位紫杉醇含量的分析. 天然产物研究与开发，2001，13：19-21.

［21］ Liu G M，Fang W S，Qian J F，Lan H. Distribution of paclitaxel and its congeners in *Taxus mairei*. Fitoterapia，2001，72：743-746.

［22］ 王书凯，陈凡. 东北红豆杉中紫杉醇含量的研究. 农业科技通讯，1999，7：19-20.

［23］ Witherup K M，Look S A，Stasko W M，Ghiorzi T J，Muschik G M. *Taxus* spp. needles contain amounts of taxol comparable to the bark of *Tuxus brevifolis*：analysis and isolation. J Nat Prod，1990，53：1249-1255.

［24］ ElSohly H N，Croom E D，Kopycki W J，Joshi A S，ElSohly M A，McChesney J D. Concentrations of taxol and related taxanes in the needles of different *Taxus* cultivars. Phytochem Anal，1995，6：149-156.

［25］ Fett-Neto A G，DiCosmo F. Distribution and amount of taxol in different shoot parts of *Taxus cuspidata*. Planta Med，1992，58：464-466.

［26］ Kelsey R G，Vance N C. Taxol and cephalomannine concentrations in the foliage and bark of shade grown and sun exposed *Taxus brevifolia* trees. J Nat Prod，1992，55：912-917.

［27］ Singh B，Gujral R K，Sood R P，Duddeck H. Constituents from *Taxus* species. Planta Med，1997，63：191-192.

［28］ 李乃伟，彭峰，冯煦，单宇，束晓春，夏冰. 不同施肥处理对曼地亚红豆杉 'Hicksii' 生长和紫杉醇含量的影响. 植物资源与环境学报，2008，17 (2)：28-33.

［29］ Stull D P，Jans N A. Current taxol production from yew bark and future production strategies. 2nd NCI Workshop on Taxol and Taxus，Arlington，VA，1992.

［30］ 苏建荣，张志钧，邓疆. 不同树龄、不同地理种源云南红豆杉紫杉醇含量变化的研究. 林业科学研究，2005：369-374.

［31］ Alvarado A B，Hoover A J. Effect of genetic, epigenetic and environmental factors on taxol content in *Taxus brevifolia* and related species. J Nat Prod，1992，55：432-437.

［32］ Hook I，Poupatb C，Ahondb A，Guenardb D，Gueritteb F，Adelineb M T，Wang X P，Dempseya D，Breuillet S，Potier P. Seasonal variation of neutral and basic taxoid contents in shoots of European yew (*Taxus baccata*). Phytochemistry，1999，52：1041-1045.

［33］ Bala S，Uniyal G C，Chattopadhyay S K，Tripathi V，Sashidhara K V，Kulshrestha M，Sharma R P，Jain S P，

Kukreja A K, Kumar S. Analysis of taxol and major taxoids in Himalayan yew, *Taxus wallichiana*. Journal of Chromatography A, 1999, 858: 239-244.

[34] Grffin J, Hook I. Taxol content of Irish yews. Planta Med, 1996, 62: 370-372.

[35] Ketchum R E B, Gibson D M. Rapid isocratic reversed phase HPLC of taxanes on new columns developed specifically for Taxol analysis. J of Liquid Chromatography, 1993, 16: 2519-2530.

[36] Mattina M J I, Paiva A A. Taxol concentration in *Taxus* cultivars. J Environ Hort, 1992, 10: 187-191.

[37] Richheimer S L, Tinnermeier D M, Timmons D W. High-performance liquid chromatographic assay of Taxol. Analytical Chemistry, 1992, 64: 2323-2326.

[38] Wheeler N C, Jech K, Masters S, Brobst S W, Alvarado A B, Hoover A J, Snader K M. Effects of genetic, epigenetic, and environmental factors on Taxol content in *Taxus brevifolia* and related species. J Nat Prod, 1992, 55: 432-440.

[39] Dong Q F, Liu J J, Yu R M. Taxol content comparison in different parts of Taxus madia and *Taxus chinensis* var. *mairei* by HPLC. zhongcaoyao, 2010, 33: 1048-1051.

[40] Nadeem M, Rikhari H C, Kumar A, Palni L M S, Nandi S K. Taxol content in the bark of Himalayan yew in relation to tree age and sex. Phytochemistry, 2002, 60: 627-631.

[41] Lauren D R, Jensen D J, Douglas J A. Analysis of taxol, 10-deacetylbaccatin Ⅲ and related compounds in *Taxus baccata*. Journal of Chromatography A, 1995, 712: 303-309.

[42] Ballero M, Loi M C, Rozendaal E L M, Beek T A, Haar C V, Poli F, Appendino G. Analysis of pharmaceutically relevant taxoids in wild yew trees from Sardinia. Fitoterapia, 2003, 74: 34-39.

[43] Vidensek N, Lim P, Campbell A, Carlson C. Taxol content in bark, wood, root, leaf, twig and seedling from several *Taxus* species. J Nat Prod, 1990, 53: 1609-1610.

[44] 孙清鹏，赵福宽，关雪莲．紫杉醇生物合成相关酶类的研究进展．北京农学院学报, 2005, 20: 67-72.

[45] Dahm P, Jennewein S. Introduction of the early pathway to taxol biosynthesis in yeast by means of biosynthetic gene cluster construction using SOE-PCR and homologous recombination. Methods Mol Biol, 2010, 643: 145-163.

[46] Walker K, Croteau R. Taxol Biosynthesis: a review of some determinant steps. Phytochemistry, 1999, 33: 31-50.

[47] Commercon A, Bourzat J D, Didier E, Lavelle F. Practical semisynthesis and antimitotic activity of docetaxel and side-chain analogs. ACS Symp Ser, 1995, 583: 233-246.

[48] Holton R A, Biediger R J, Boatman P D. Semisynthesis of taxol and taxotere. In: "Taxol: Science and Application". Ed. By Suffness M. New York: CRC Press, 1995: 97-121.

[49] Denis J N, Greene A E, Guenard D, Gueritte-Voegelein F, Mangatal L, Potier P. A highly efficient, practical approach to natural Taxol. J Am Chem Soc, 1988, 110: 5917-5919.

[50] Ringel J, Horwitz S B. Studies with RP 56976 (Taxotere), a semi-synthetic analogue of taxol. Journal of the National Cancer Institute, 1991, 83: 288-291.

[51] Ojima I. Recent advance in the lactam synthesis method. Accounts Chem Res, 1995, 28: 383-389.

[52] Holton R A. Method for preparation of taxol. EP, 400971. 1990, Appl.

[53] Ballero M, Loi M C, Rozendaal E L M, Beek T A, Haar C, Poli F, Appendino G. Analysis of pharmaceutically relevant taxoids in wild yew trees from Sardinia. Fitoterapia, 2003, 74: 34-39.

[54] Baloglu E, Kingston D G I. A new semisynthesis of paclitaxel from baccatinⅢ. J Nat Prod, 1999, 62: 1068-1071.

[55] Baloglu E. A New Synthesis of Taxol® from baccatinⅢ. Master thesis, Virginia Polytechnic Institute and State University, Blacksburg, Virginia, 1998, August.

[56] Gueritte-Voegelein F, Senilh V, David B, Guenard D, Potier P. Chemical studies of 10-deacetylbaccatinⅢ: Hemisynthesis of taxol derivatives. Tetrahedron, 1986, 42: 4451-4460.

[57] Holton R A. Method for preparation of taxol using an oxazinone. U. S. Patent No. 5015744. 1991.

[58] Holton R A. Method for preparation of taxol using beta-lactam. U. S. Patent No. 5175315. 1992.

[59] Holton R A. Semi-synthesis of taxane derivatives using metal alkoxides and oxazinones. U. S. Patent No. 5254703. 1993.

[60] Holton R A, Liu J H. A novel asymmtric synthesis of *cis*-3-hydroxy-4-aryl azetidin-2-ones. Bioorg Med Chem Lett, 1993, 3: 2475-2478.

[61] Holton R A. Metal alkoxides. U. S. Patents 5229526, 5274124. 1993, Dec. 28; Jul. 20.

[62] Holton R A, Biediger R J. Certain alkoxy substituted taxanes and pharmaceutical compositions containing them. U. S. Patent No. 5243045. 1993. Sep 7.

［63］ Holton R A, Somoza C, Kim H B, Liang F, Biediger R J. First total synthesis of taxol. 1. Functionalization of the B ring. Journal of the American chemical society (J Am Chem Soc), 1994, 116: 1597-1660.

［64］ Castagnolo D, Armaroli S, Corelli F, Botta M. Enantioselective synthesis of 1-aryl-2-propenylamines: a new approach to a stereoselective synthesis of the Taxol® side chain. Tetrahedron: Asymmetry, 2004, 15: 941-949.

［65］ Hanson R L, Wasylyk J M, Nanduri V B, Cazzulino D L, Patel R N. Sitespecific enzymatic hydrolysis of taxanes at C-10 and C-13. J Biol Chem, 1994, 35: 22145-22149.

［66］ Hanson R L, Patel R N, Szarka L J. Preparation of C-13 hydroxyl-bearing taxanes using nocardioides or a hydrolase isolated therefrom. U. S. Patent No. 5516676. 1996.

［67］ Hanson R L, Patel R N, Szarka L J. Enzymatic hydrolysis method for the preparation of C-10 hydroxyl-bearing taxanes and enzymatic esterification method for the preparation of C-10 acyloxy-bearing. U. S. Patent No. 5523219. 1996.

［68］ Patel R N. Stereoselective biotransformations in synthesis of some pharmaceutical intermediates. Adv Appl Microbiol, 1997, 43: 91-140.

［69］ Wheeler A L, Long R M, Ketchum R E B, Rithner C D, Williams R M, Croteau R. Taxol biosynthesis: differential transformations of taxadien-5α-ol and its acetate ester by cytochrome P$_{450}$ hydroxylases from *Taxus* suspension cell. Archives of Biochemistry and Biophysics, 2001, 390: 265-278.

［70］ Jennewein S, Croteau R. Taxol: biosynthesis, molecular genetics, and biotechnological applications. Appl Microbiol Biotechnol, 2001, 57: 13-19.

［71］ Floss H G, Mocek U. Biosynthesis of taxol. In: "Taxol science and applications". Eds Suffness M. CRC Press, Boca Raton, 1995: 191-208.

［72］ Hezari M, Croteau R. Taxol biosynthesis: an update. Planta Med, 1997, 63: 291-295.

［73］ Walker K, Croteau R. Molecules of Interest: Taxol biosynthetic genes. Phytochemistry, 2001, 58: 1-7.

［74］ Chow S Y, Williams H J, Huang Q, Nanda S, Ian Scott AI. Studies on taxadiene synthase: Interception of the cyclization cascade at the isocembrene stage with GGPP analogues. J. Org. Chem, 2005, 70: 9997-10003.

［75］ Zamir L O, Nedea M E, Garneau F X. Biosynthetic building blocks of *Taxus canadensis* taxanes. Tetrahedron Lett, 1992, 33: 5235-5236.

［76］ Rohr J. Biosynthesis of taxol. Angew Chem Int Ed Engl (Angewandte Chemie International Edition in English), 1997, 36: 2190-2195.

［77］ Fleming P E, Mocek U, Floss H G. Biosynthesis studies on taxol. J Am Chem Soc, 1993, 115: 805-807.

［78］ Lin X Y, Hezari M, Koepp A E, Floss H G, Croteau R. Mechanism of taxadiene synthase, a diterpene cyclase that catalyzes the first step of taxol biosynthesis in pacific yew. Biochemistry, 1996, 35: 2968-2977.

［79］ Cristiano F, Daniela G, Giovanni S, New taxanes in development. Expert Opin Investing Drugs, 2008, 17: 335-347.

［80］ 方唯硕. 紫杉醇的化学研究. 中国药学杂志, 1994, 29: 259-263.

［81］ 锅田怎助, 田崎弘之, 江部洋史等. 一类含有的效率的な抽出方法. Japan, 62157329, 1994206203.

［82］ Mattina M J I, MacEachern G J. Extraction, purification by solid-phase extraction and high-performance liquid chromatographic analysis of taxanes from ornamental Taxus needles, Journal of chromatography A. 1994, 679: 269-275.

［83］ 阎家麒, 范金城, 王九一. 紫杉醇提取纯化工艺. 中国医药工业杂志, 1996, 27: 531-534.

［84］ 张志强, 田桂莲, 冯小黎等. 从红豆杉树皮浸膏中提取紫杉醇初分离工艺的研究. 中国生化药物杂志, 1999, 20: 58-61.

［85］ 张志强, 王云山, 田桂莲等. 固相萃取及反相层析分离提纯紫杉醇. 药物生物技术, 2000, 7: 157-160.

［86］ 田桂莲, 张志强, 苏志国. 苯基-硅胶色谱介质的合成及其在紫杉醇提纯中的应用. 色谱, 2001, 19: 47-50.

［87］ 张志强, 苏志国. 氧化铝层析从云南红豆杉植物中转化提取紫杉醇. 天然产物研究与开发, 2000, 12: 1-6.

［88］ 张志强, 许建峰, 苏志国. 树脂色谱法脱色和浓缩紫杉醇. 高校化学工程学报, 1999, 13: 161-164.

［89］ 梅兴国, 余龙江, 鲁明波等. 世界公认的新型抗癌药物——紫杉醇的提取及分析. 中国商办工业, 1999, 11: 41242.

［90］ 许旭编译. 用正相和反相色谱法制备性分离紫杉醇. 药学进展, 1996, 20: 151-152.

［91］ Murray C K, Beckvermit J T, Ziebarth T D. Oxidation products of cephalomannine. US Patent: 5336684. 1994, Aug. 9.

［92］ Kingston D G I, Gunatilake A A L, Ivey C A. A method for the separation of Taxol and cephalomaanine. J Nat Prod, 1992, 55: 259-261.

［93］ 薛迎春, 陈冲, 周佳. 天然紫杉醇分离难点研究. 中草药, 1999, 30 (9): 648-650.

［94］ 洪鲲, 洪化鹏. 紫杉醇和 Cephalomannine 的简易分离法. 贵州师范大学学报 (自然科学版), 2001, 19 (3):

34-35.

[95] Xu L X, Liu A R. Determination of taxol in Taxus chinensis by HPLC method. Acta Pharm, 1991, 26 (7): 537-540.

[96] Hoke S H, Wood J M, Cooks R G, et al. Separation of taxol from related taxanef in *Taxus brevifolia* extracts by isoeratie elution reversed-phase mieroeolumn high-performance liquid chromatography. J Chromatogr, 1991, 587: 300.

[97] Powell R G, Miller R W, Smith C R, et al. Journal of the chemical society, chemical communications (J Chem Soc Commun), 1979: 102-104.

[98] 佟晓杰, 方唯硕, 周金云, 贺存恒, 陈末名, 方起程. 东北红豆杉枝叶化学成分的研究. 药学学报, 1994, 29 (1): 55-60.

[99] Cardellina J C, HPLC separation of taxol and cephalomannine. J Liq Chromatogr, 1991, 14: 659-665.

[100] Witherup K M, Look S A, Stasko W M, Ghiorzi T J, Muschik G M. *Taxus* spp. needles contain amounts of taxol comparable to the bark of *Tuxus brevifolis*: analysis and isolation. J Nat Prod, 1990, 53: 1249-1255.

[101] Ferman G R, Gore T P, EP 553780A. 1993.

[102] Wickremesinhe E R M, Arteca R N. Methodology for the identification and purification of taxol and cephalomannine [taxols A and B] from *Taxus callus* cultures. J Liq Chromatogr (Journal of liquid chromatography), 1993, 16: 3263-3274.

[103] 李春斌, 佟憬憬, 范圣第. 东北红豆杉紫杉醇的提取纯化与 HPLC 检测. 大连民族学院学报, 2005, 7: 22-25.

[104] 陈海涛, 未作君, 元英进. 红豆杉细胞两液相体系中紫杉醇的分离研究. 化学工业与工程, 2001, 18: 99-102.

[105] Zamir L O, Nedea M E, Belair S, et al. Taxanes isolated from *Taxus canadensis*. Tetrahedron Letters, 1992, 33: 5173-5176.

[106] Nair M G, Mich O, Process for the isolation and purification of taxol and taxanes from *Taxus* spp. US patent, 5279949. 1994, Jan. 18.

[107] Sparreboom A. Determination of paclitaxel and metabolites in mouse plasma, tissues, urine and faeces by semi-automated reversed-phase high-performance liquid chromatography. Journal of Chromatography B, 1995, 664: 383-391.

[108] Wu Y J. Liq Chromatogr & Relat Tech, 1997, 679: 269.

[109] 李青松, 李银保, 余磊, 彭湘君. 超临界二氧化碳流体萃取江西信丰金盆山红豆杉枝叶中紫杉醇的研究. 时珍国医国药, 2008, 19 (2): 407-408.

[110] 李华. 东北红豆杉枝叶中紫杉醇提取工艺研究. 中国药业, 2009, 18 (19): 44-45.

[111] 李雪莲, 朴惠善. 回流法与超临界 CO_2 流体萃取法提取东北红豆杉中紫杉醇的研究. 中药材, 2008, 31 (11): 1744-1746.

[112] Jennings D W, Deutsch H M, Zalkow L A, et al. 2nd Int. Conference on Supercritical Fluids, Arlingto, VA1991.

[113] Heaton D M, J High Resolu Chromatogr Commun, 1993, 16: 666.

[114] Jagota N K, Nair J B, Frazer R J. Supercritical fluid chromatography of paclitaxel. J Chromatogr A, 1996, 721: 315-322.

[115] Chun M K, Shin H W, Lee H. Supercritical Fluid Extraction of Paclitaxel and Baccatin Ill from Needles of *Taxus cuspidata*. The Journal of Supercritical Fluids, 1996, 9: 192-198.

[116] Chun M K, Shin H W, Lee H, Liu J R. Supercritical fluid extraction of taxol and Baccatin III from needles of *Taxus Cuspidata*. Biotechnology Techniques, 1994, 8: 547-550.

[117] Castor T P, WO 94/20486, 1994.

[118] Vandana V, Teja A S, Zalkow L H. Supercritical Extraction and HPLC Analysis of Taxol from *Taxus brevifolia* Using Nitrous Oxide and Nitrous Oxide+Ethanol Mixtures. Fluid Phase Equilibria, 1996, 116: 162-169.

[119] Jagota N K, Supercritical fluid chromatography of paclitaxel, Supercritical fluid chromatography of paclitaxel. J Chromatogr, 1996, 721: 315-322.

[120] Jennings D W, Supercritical extraction of taxol from the bark of *Taxus breviolia*. J Supercritic Flu, 1992, 5: 1-8.

[121] Auriola S O K, Lepisto A M, Naaranlahti T, et al, Determination of taxol by liquid chromatography-thermospray mass spectrometry. J Chromatogr A, 1992, 594: 153-158.

[122] 陈冲, 罗思齐. 紫杉醇生产新工艺研究. 中国医药工业杂志, 1997, 28: 344-347.

[123] Carver D R, Prout T R, Workman C T, Hughes C L, Reverse osmosis and ultrafiltration methods for solutions to

isolate desired solutes including taxanes. US Patent 5549830，1996. 27.

［124］　Ketchum R E B，Gibson D M. A novel method of isolating taxanes from cell suspension cultures of yew（*Taxus*）. J Liq Chromatogr 1995，18：1093-1111.

［125］　Fumio K，Yoshinari K，Tatsuro O，et al，Accelerated Solvent Extraction of Paclitaxel and Related Compounds from the Bark of *Taxus cuspidata*. J Nat Prod，1999，62：244-247.

［126］　Kingston H M，Jassie L B，Introduction to microwavesample preparation theory and practice. American Chemical Society，Washington，D. C，1988.

［127］　Incorvia Mattina M J，Iannucci Berger W A，Denson C L，Microwave-assisted extraction of taxanes from taxus biomass. J Agric Food Chem，1997，45：4691-4696.

［128］　Durand K P，Process for the purification of taxoids. US 5723635. 1998.

［129］　Senilh V，Blechert S，Colin M，Guenard D，Picot F，Potier P，Varenne P. Mise en evidence de nouveaux analogues du taxol extraits de *Taxus baccata*. J Nat Prod，1984，47：131-137.

［130］　Durzan D J，Ventimiglia F，CellDev B l. Free taxanes and the release of bound compounds having taxane antibody reactivity by xylanase in female，haploid-derived cell suspension cultures of *Taxus brevifolia*. In Vitro Cellular Developmental Biology，1994，30：219-227.

［131］　Carver D R，Drout T R，Workman C T，et al. Method of using ion exchange media to increase taxane yields. US 5281727. 1994.

［132］　谈增毅，魏屹，高蓉. 分离紫杉醇工艺技巧点滴. 基层中药杂志，1998，12（3）：21.

［133］　Zhang J Z，The chemistry and distribution of taxane diterpenoids and alkaloids from genus *Taxus*. Acta Pharmaceutica Sinica，1995，30：862.

［134］　乔亮杰，满瑞林，倪网东，梁永煌. 曼地亚红豆杉枝条中紫杉醇的提取纯化研究. 中国中药杂志，2009，34（8）：973-976.

［135］　张志强，苏志国. 正相和反相柱层析组合分离纯化紫杉醇. 生物工程学报，2000，16：69-73.

［136］　Stasko M W，Witherup K M，Ghiorzi T J，et al. Multimodal thin-layer chromatographic-separation of taxol and related-compounds from *Taxus brevifolia*. J Liq Chromatogr，1989，12：2133-2144.

［137］　Matysik G，Glowniak K，Jozefezyk A. Stepwise gradient thin layer chromatography and densitometric determination of taxol in Chromatographia. Chromatogr，1995，41：485.

［138］　Witherup K M，Look S A，Stasko M W，McCloud T G，Issaq H J，Muschik G M，High performance liquid chromatographic separation of taxol and related compounds from *Taxus brevifolia*. J Liq. Chromatogr，1989，12：2117-2132.

［139］　Harvey S D，Campbell J A，Kelsey R G，et al. Separation of taxol from related taxanes in *Taxus brevifolia* extracts by isocratic elution reversedphase microcolumn high-performance liquid chromatography. J Chromatogr，1991，587：300-305.

［140］　许学哲. 紫杉醇提取分离方法的研究. 延边大学学报，1998，24：42.

［141］　Forgacs E. Using porous graphitized carbon column for determing taxol in *Taxus baccata*. Chromatography，1994，39（10）：740.

［142］　吴锦霞，俞培忠. 高效液相色谱法对紫杉醇及其有关物质的测定. 药物分析杂志，1995，15（增刊）：437.

［143］　Rao K V，Gainesville F L. Method for the isolation and purification of taxol and its natural analogues. US 5475120. 1995.

［144］　肖国勇，林炳昌，马子都. 从东北红豆杉树叶中提取紫杉醇的过程分析. 鞍山钢铁学院学报，1999，22：1517-1519.

［145］　赵凌云. 离子交换树脂催化解离键合紫杉醇机理及工艺的研究［D］. 天津：天津大学化工学院，1998.

［146］　Ito Y. High-speed Countercurrent Chromatography. CRC Crit Rev Anal Chem，1986，17：65-143.

［147］　Zhang T Y，Ito Y，Conway W D. High-Speed Countercurrent Chromatography Chemical Analysis 132 Wiley-Interscience，1996，Ch. 8：223-225.

［148］　Maillard M，Marston A，Hostettmann K，Ito Y，Conway W D，High-Speed Countercurrent Chromatography Chemical Analysis，1997，Ch. 7：179.

［149］　晓杰，方唯硕，周金云. 东北红豆杉枝叶化学成分的研究. 药学学报，1994，29：55-60.

［150］　饶畅等. 高速逆流色谱在天然产物分离中的应用——紫杉烷类二萜及二萜生物碱的制备分离. 药学学报，1991，26：514-540.

［151］　Vanhaelen-Fastre R，Diallo B，Jaziri M，et al. High-speed countercurrent chromatography separation of taxol and related diterpenoids from *Taxus baccata*. J liq Chromatogr，1992，15：697-706.

[152] Cao X L，Tian Y，Zhang T Y，Ito Y. Separation and purification of 10-deacetylbaccatin Ⅲ by high-speed counter-current chromatography. Journal of Chromatography A，1998，813 (2)：397-401.

[153] Chiou F Y，Separation of taxol and cephalomannine by countercurrent chromatography. J Liq Chromatogr & Relat Tech，1997，20：57-61.

[154] 苏静，谈锋，谢峻，冯巍，陈斌. 循环高速逆流色谱从曼地亚红豆杉枝叶提取物中分离紫杉醇和三尖杉宁碱. 中草药，2009，40 (10)：1569-1572.

[155] Shao L K，Locke D C. Separation of paclitaxel and related taxanes by micellar electrokinetic capillary chromatography. Anal Chem，1998，70：897-906.

[156] Cardellina J H. HPLC separation of taxol and cephalomannine. J Liq Chromatogr，1991，14：659-665.

[157] Wickremesinhe E R M，Arteca R N. Methodology for the identification and purification of taxol and cephalomannine (Taxols A and B) from *Taxus callus* cultures. J Liq Chromatogr，1993，16：3263-3274.

[158] Murray C K，Beckvermit J T，Anziano D J. Process for separating cephalomannine from taxol using ozone and water-soluble hydrazines or hydrazides. US 5364947. 1994.

[159] Rimoldi J M，Molinero A A，Chordia M D，Gharpure M M，Kingston D G I. An Improved Method for the Separation of Paclitaxel and Cephalomannine. J Nat Prod，1996，59：167-168.

[160] Pandey R C，Yankov L K. WO 97/21696. 1997.

[161] Young K P，Sung T C，Kyung H R，J Liq Chromatogr & Relat Tech，1999，22：2755.

[162] Miller R W，Powell R G，Smith C R Jr，Arnold E，Clardy J. Antileukemic Alkaloids from *Taxus wallichiana* Zucc. J Org Chem，1981，46：1469-1474.

[163] 卢大炎，叶晚成，王爱芬等. CN 1207389A. 1999.

[164] 陈建民，薛军，张黎等. CN 1240789A. 2000.

[165] 土登 CN 1182740A. 1999.

[166] Yang X F，Liu K L，Xie M. Purification of taxol by industrial preparative liquid chromatography. Journal of Chromatography A，1998，813：201-204.

[167] Kim J H. Prepurification of paclitaxel by micelle and precipitation. Process Biochemistry，2004，39：1567-1571.

[168] Cass B J，Piskorz J，Scott D S，Legge R L，Challenges in the isolation of taxanes from *Taxus canadensis* by fast pyrolysis. Journal of Analytical and Applied Pyrolysis，2001，57：275-285.

[169] Piskorz J，Scott D S，Radlein D. Composition of oils obtained by fast pyrolysis of different woods. American Chemical Society，Washington，1988：167-178.

[170] Scott D S，Piskorz J. Bioenergy 84 Volume Ⅲ：Biomass Conversion. Egneus H，Ellegard A，Eds. Elsevier Applied Science，London，1984.

[171] Prosen E M，Radlein D，Piskorz J，Scott D S，Legge R L. Microbial utilization of levoglucosan in wood pyrolysate as a carbon and energy source. Biotechnol Bioeng，1993，42：538-541.

[172] Scott D S，Piskorz J，Radlein D，Majerski P. Process for the Production of Anhydrosugars fromLignin and Cellulose Containing Biomass by Pyrolysis. US Patent No. 5395455. March 7，1995.

[173] (a) Suffness M，Ed. CRC，1995. (b) Georg I G，Chen T T，Ojima I，Vyas D M，Eds. ACS Symposium Series No. 583；American Chemical Society 1995. (c) Farina V，Ed. Elsevier 1995.

[174] (a) Suffness M. Taxol：From Discovery to Thera-peutic Use. Annu Rep Med Chem，1993，28：305. (b) Guenard D，Gueritte-Voegelein F，Potier P. Taxol and Taxotere：Discovery，chemistry and structure-activity relationships. Acc Chem Res，1993，26：160-167.

[175] Kingston D G I，Magri N F，Jitrangsri C. Nat Prod Chem，1986，26：219-235.

[176] Kingston D G I，Chordia M D，Jagtap P，G. Synthesis and Biological Evaluation of 1-Deoxypaclitaxel Analogues. J Org Chem，1999，64：1814-1822.

[177] Ojima I，Park Y H，Sun C M，Fenoglio I，Appendino G，Peraand P，Bernacki R J. Structure-activity relationships of new taxoids derived from 14 beta-hydroxy-10-deacetylbaccatin Ⅲ. Journal of Medicinal Chemistry，1994，37：1408-1410.

[178] Nicoletti M I，Colombo T，Rossi C，Monardo C，Stura S，Zucchetti M，Riva A，Morazzoni P，Donati M B，Bombardelli E，Incalci M D，Giavazzi R. a taxane with oral bioavailability and potent antitumor activity. Cancer Res，2000，60：842-846.

[179] Samaranayake G，Neidigh K A，Kingston D G I，Modified Taxols，8. Deacylation and Reacylation of Baccatin Ⅲ. J Nat Prod，1993，56：884-898.

[180] Harriman G C B，Jalluri R K，Grunewald G L，Veldeand Vander D G，Georg G I. The chemistry of the taxane diterpene：stereoselective synthesis of 10-deacetoxy-11，12-epoxypaclitaxel. Tetrahedron Lett，1995，36：8909-8912.

[181] Kelly R C，Wicnienski N A，Gebhard I，Qualls S J，Han F，Dobrowolski P J，Nidy E G，Johnson R A. 12，13-Isobaccatin Ⅲ. Taxane enol esters (12，13-isotaxanes). J Am Chem Soc (Journal of the American Chemical Society)，1996，118：919-920.

[182] Uoto K，Mitsui I，Terasawa H，Soga T，First synthesis and cytotoxic activity of novel docetaxel analogs modified at the C_{18}-position. Bioorg Med Chem Lett (Bioorganic and Medicinal Chemistry)，1997，7：2991-2996.

[183] Kingston D G I. Studies on the chemistry of Taxol@. Pure & Appl Chem，1998，70：331-334.

[184] Yuan H Q，Kingston D G I，Long B H，et al. Synthesis and biological evaluation of C-1 and ring modified A-norpaclitaxels. Tetrahedron，1999，55：9089-9100.

[185] Ojima I，Kuduk S D，Chakravarty S et al. A novel approach to the study of solution structures and dynamic behavior of paclitaxel and docetaxel using fluorine-containing analogs as probes. J Am Chem Soc，1997，119：5519-5527.

[186] Ojima I，Lin S，Chakarvarty S，et al. Syntheses and structure activity relationship of novel nor-seco Taxoids. J Org Chem，1998，63：1637-1645.

[187] Chen S H，Wei J M，Farina V. Taxol structure-activity relationships：synthesis and biological evaluation of 2-deoxy-taxol. Tetrahedron Lett，1993，34：3205-3206.

[188] Chaudhary A G，Chordia M D，Kingston D G I. A novel benzoyl group migration：synthesis and biological evaluation of 1-benzoyl-2-des (benzoyloxy) paclitaxel. J Org Chem，1995，60：3260-3262.

[189] Chordia M D，Kingston D G I. Synthesis and biological evaluation of 2-epi-paclitaxel. J Org Chem，1996，61：799-801.

[190] Boge T C，Himes R H，Vander Velde D G，et al. The effect of the aromatic rings of taxol on biological activity and solution conformation：synthesis and evaluation of saturated taxol and taxotere analogues. J Med Chem，1994，37：3337-3343.

[191] Chaudahry A G，Gharpure M M，Rimoldi J M，et al. Unexpectedly facile hydrolysis of the 2-benzoate group of Taxol and syntheses of analogs with increased activities. J Am Chem Soc，1994，116：4097-4098.

[192] Kingston，D G I. In Taxane Anticancer Agents：Basic Science and Current Status. Georg G I，Chen T T，Ojima I，Vyas D M，Eds. ACS Symposium Series No. 583，American Chemical Society：Washington，DC，1995：203-216.

[193] Kingston D G I，Chaudahry A G，Chordia M D，et al. Synthesis and biological evaluation of 2-acyl analogues of paclitaxel (Taxol). J Med Chem (Journal of medicinal chemistry)，1998，41：3715-3726.

[194] Cheng Q，Oritani T，Horiguchi T，et al. Synthesis and biological evaluation of novel 9-functional heterocyclic coupled 7-deoxy-9-dihydropaclitaxel analogues. Bioorg Med Chem Lett，2000，10：517-521.

[195] Cheng Q，Oritani T，Horiguchi T，et al. The Synthesis and Biological Activity of 9-and 2'-cAMP 7-Deoxypaclitaxel Analogues from 5-Cinnamoyltriacetyltaxicin-I. Tetrahedron，2000，56：1667-1679.

[196] Johnson R A，Nidy E G，Dobrowolski P J，Gebhard I，Qualls S J，Wicnienski N A，Kelly R C，Taxol chemistry. 7-O-Triflates as precursors to olefins and cyclopropanes. Tetrahedron Lett，1994，35：7893-7896.

[197] Zheng Q Y，Darbie L G，Cheng X，Murray C K，Deacetylation of paclitaxel and other taxanes. Tetrahedron Lett，1995，36：2001-2004.

[198] Chaudhary A G，Kingston D G I. Synthesis of 10-Deacetoxytaxol and 10-Deoxytaxotere. Tetrahedron Lett，1993，34：4921-4924.

[199] Georg G I，Cheruvallath Z S. Samarium Diiodide-Mediated Deoxygenation of Taxol：A One-Step Synthesis of 10-Deacetoxytaxol. J Org Chem，1994，59：4015-4018.

[200] Georg G I，Liu Y，Ali S M，Boge T C，Zygmunt J，Himes R H. 219th ACS National Meeting，March 26-30，San Francisco，CA，2000，Abstr. MEDI 72.

[201] Chaudhary A G，Rimoldi J M，Kingston D G I. Modified taxols. 10. Preparation of 7-deoxytaxol，a highly bioactive taxol derivative，and interconversion of taxol and 7-epi-taxol. J Org Chem (The Journalof Organic Chemistry)，1993，58：3798-3799.

[202] Chen S H，Huang S，Kant J，Fairchild C，Wei J，Farina V. Synthesis of 7-deoxy-and 7，10-dideoxytaxol via radi-

cal intermediates. J Org Chem, 1993, 58: 5028-5029.

[203] Chen S H, Wei J M, Farina V. Structure-activity relationships of taxol: synthesis and biological evaluation of C_2 taxol analogs. Tetrahedron Lett, 1994, 35: 41-44.

[204] Kadow J F, Chen S H, Dextraze P, Fairchild C R, Golik J, Hansel S B, Johnston K A, Kramer R A, Lee F Y, Long B H, Ouellet C, Perrone R K, Rose W C, Schulze G E, Xue M, Wei J M, Wittman M D, Wong H, Wright J J K, Zoeckler M E, Vyas D M. 219th ACS National Meeting, San Francisco, CA, 2001, Abstr. MEDI 298.

[205] Liang X, Kingston D G I, Long B H, Fairchild C A, Johnston K A. Paclitaxel analogs modified in ring C: synthesis and biological evaluation. Tetrahedron, 1997, 53: 3441-3456.

[206] Yuan H, Kingston D G I, Synthesis of 6α-hydroxypaclitaxel, the major human metabolite of paclitaxel. Tetrahedron Lett, 1998, 39: 4967-4970.

[207] Appendino G, Danieli B, Jakupoviv J, et al. Synthesis and evaluation of c-seco paclitaxel analogues. Tetrahedron Letters, 1997, 38: 4273-4276.

[208] Chen S H, Kadow J F, Farina V, Fairchild C R, Johnston K A. First syntheses of novel paclitaxel (taxol) analogs modified at the C-4-position. J Org Chem, 1994, 59: 6156-6158.

[209] Georg G I, Ali S M, Boge T C, et al. Selective C-2 and C-4 deacylation and acylation of taxol: The first synthesis of a C-4 substituted taxol analogue. Tetrahedron Lett, 1994, 35: 8931-8934.

[210] Neidigh K A, Gharpure M M, Rimoldi J M, Kingston D G I, Jiang Y Q, Hamel E. Synthesis and Biological Evaluation of 4-Deacetylpaclitaxel. Tetrahedron Lett, 1994, 35: 6839-6842.

[211] Chordia M D, Chaudhary A G, Kingston D G I, Jiang Y Q, Hamel E. Synthesis and Biological Evaluation of 4-Deacetoxypaclitaxel. Tetrahedron Lett, 1994, 35: 6843-6846.

[212] Chen S H, Wei J M, Long B H, Fairchild C A, Carboni J, Mamber S W, Rose W C, Johnston K, Casazza A M, Kadow J F, Farina V, Vyas D, Doyle T W. Novel C-4 paclitaxel (Taxol®) analogs: potent antitumor agents. Bioorg Med Chem Lett, 1995, 5: 2741-2746.

[213] Wang M, Cornett B, Nettles J, Liotta D C, Snyder J P. The Oxetane Ring in Taxol. J Org Chem, 2000, 65: 1059-1068.

[214] Barboni L, Datta A, Dutta D, Georg G I, Vander Velde D G. Novel D-seco paclitaxel analogues: synthesis, biological evaluation, and model testing. J Org Chem, 2001, 66: 3321-3329.

[215] Magri N F, Kingston D G I. Modified taxols. Ⅱ: Oxidation products of taxol. J Org Chem, 1986, 51: 797-802.

[216] Chen F M F, Benoiton N L. N-Ethylamino acid synthesis and N-acylamino acid cleavage using Meerwein's reagent. Can J Chem, 1977, 55: 1433-1435.

[217] Samaranayake G, Magri N F, Jitrangsri C, Kingston D G I. Modified taxols. 5. Reaction of taxol with electrophilic reagents and preparation of a rearranged taxol derivative with tubulin assembly activity. J Org Chem, 1991, 56: 5114-5119.

[218] Marder R, Dubois J, Bricard L, et al. Synthesis and biological evaluation of d-ring-modified taxanes: 5(20)-azadocetaxel analogs. J Org Chem, 1997, 62: 6631-6637.

[219] Gunatilaka A A L, Ramdayal F D, Sarragiotto M H, Kingston D G I, Sackett D L, Hamel E. Synthesis and biological evaluation of novel paclitaxel (Taxol) d-ring modified analogues. J Org Chem, 1999, 64: 2694-2703.

[220] Braga S F, Galvão D S. A semiempirical study on the electronic structure of 10-deacetylbaccatin-Ⅲ. Journal of Molecular Graphics and Modelling, 2002, 21: 57-70.

[221] Dubois J, Thoret S, Gueritte F, Guenard D. Tetrahedron Lett, 2000, 41: 3331-3334.

[222] Dubois J, Gueritte F. Private communucation.

[223] Liu Y, Ali S Y, Boge T C, Georg G I, Victory S, Zygmunt J, Marquez R T, Himes R H. Combi Chem High Thr Scr, 2002, 5: 39-48.

[224] Deka V, Dubois J, Thoret S, Gueritte F, Guenard D. Deletion of the oxetane ring in docetaxel analogues: synthesis and biological evaluation. Org Lett, 2003, 25: 5031-5034.

[225] Mellado W, Magri N F, Kingston D G I, Garcia-Arenas R, Orr G A, Horwitz S B. Preparation and Biological Activity of Taxol Acetates. Biochem, Biophys Res Commun, 1984, 124: 329-336.

[226] Ojima I, Duclos O, Zucco M, Bissery M C, Combeau C, Vrignaud P, Riou J F, Lavelle F. Synthesis and structure-activity relationships of new antitumor taxoids. Effects of cyclohexyl substitution at the C-3′ and/or C-2 of taxo-

tere (docetaxel). (Journal of medicinal chemistry) J Med Chem, 1994, 37: 2602-2608.

[227] Swindell C S, Krauss N E. Biologically active Taxol analogues with deleted a-ring side chain substituents and vaiable C-2′configurations. J Med Chem (Journal of medicinal chemistry), 1991, 34: 1176-1184.

[228] Gueritte-Voegelein F, Guenard D, Lavelle F, et al. Relationships between the structure of taxol analogues and their antimitotic activity. J Med Chem, 1991, 34: 992-998.

[229] Ojima I, Slater J C, Michaud E, Kuduk S C, Bounaud P Y, Vrignaud P, Bissery M C, Veith J M, Pera P, Bernacki R J. Syntheses and structure-activity relationships of the second-generation antitumor taxoids: exceptional activity against drug-resistant cancer cells. J Med Chem, 1996, 39: 3889-3896.

[230] Denis J N, Fkyerat A, Gimbert Y, Coutterez C, Mantellier P, Jost S, Greene A E. Docetaxel (taxotere) derivatives: novel NbCl₃-based stereoselective approach to 2′-methyldocetaxel. J Chem Soc, Perkin Trans. 1 (Journal of the chemical society, perkin transactions I), 1995: 1811-1815.

[231] Kant J, Schwartz W S, Fairchild C, Gao Q, Huang S, Long B H, Kadow J F, Langley D R, Farina V, Vyas D. Diastereoselective addition of Grignard reagents to azetidine-2, 3-dione: Synthesis of novel Taxol® analogues. Tetrahedron Lett, 1996, 37: 6495-6498.

[232] Ojima I, Wang T, Delaloge F. Extremely stereoselective alkylation of 3-siloxy-β-lactams and its applications to the asymmetric syntheses of novel 2-alkylisoserines, their dipeptides, and taxoids. Tetrahedron Lett, 1998, 39: 3663-3666.

[233] Barboni L, Lambertucci C, Ballini R, Appendino G, Bombardelli E. Synthesis of a Conformationally Restricted Analogue of Paclitaxel. Tetrahedron Lett, 1998, 39: 7177-7180.

[234] Vander Velde D G, Georg G I, Grunewald G L, Gunn C W, Mitscher L A. "Hydrophobic collapse" of taxol and Taxotere solution conformations in mixtures of water and organic solvent. J Am Chem Soc (Journal of the American chemical society), 1993, 115: 11650-11651.

[235] Chen S H, Farina V, Vayas D M, Doyle T W, Long B H, Fairchild C. Synthesis and Biological Evaluation of C-13 Amide-Linked Paclitaxel (Taxol) Analogs. J Org Chem, 1996, 61: 2065-2070.

[236] Chordia M D, Kingston D G I. Synthesis and biological evaluation of amide-linked a-norpaclitaxels. Tetrahedron, 1997, 53: 5699-5710.

[237] He L, Jagtap P G, Kingston D G, Shen H J, Orr G A, Horwitz S B. A common pharmacophore for Taxol and the epothilones based on the biological activity of a taxane molecule lacking a C-13 side chain. Biochemistry, 2000, 39: 3972-3978.

[238] 尤启东. 药物化学. 北京: 化学工业出版社, 2007.

[239] Payne M, Ellis P, Dunlop D, et al. DHA-paclitaxel (Taxoprexin) as first-line treatment in patients with stage IIIB or IV non-small cell lung cancer: report of a phase II openlabel multicenter trial. J Thorac Oncol (Journal of Thoracic Oncology), 2006, 1: 984-990.

[240] Kingston D G I. Tubulin-interactive natural products as anticancer agents. J Nat Prod, 2009, 72: 507-515.

[241] Diéras V, Limentani S, Romieu G, et al. Phase II multicenter study of larotaxel (XRP9881), a novel taxoid, in patients with metastatic breast cancer who previously received taxane-based therapy. Annals Oncology, 2008, 19: 1255-1260.

[242] Butler M S. Natural products to drugs: natural productderived compounds in clinical trials. Nat Prod Rep (Natural Product Reports), 2008, 25: 475-516.

[243] Baumann K. New microtubule stabilizers. Pharm. Unserer Zeit (Pharmazie in unserer Zeit), 2005, 34: 110-114.

[244] Ojima I, Chen J, Sun L, et al. Design, synthesis, and biological evaluation of new-generation taxoids. J Med Chem, 2008, 51: 3203-3221.

[245] Renzulli M L, Rocheblave L, Avramova S I, Galletti E, Castagnolo D, Tafi A, Corellia F, Botta M. Studies towards the synthesis of the bicyclic 3, 8-secotaxane diterpenoid system using a ring closing metathesis strategy. Tetrahedron, 2007, 63: 497-509.

[246] Kingston D G I. 2005 In anticancer agents from natural products. Eds Cragg G, Kingston D G I, Newman D J. CRC Press Inc Boca Raton USA, 2005: 89-122.

[247] Ganem B, Franke R R. Paclitaxel from primary taxanes: a perspective on creative invention in organozirconium chemistry. J Org Chem (The Journal of Organic Chemistry), 2007, 72: 3981-3987.

[248] Horwitz S B. Personal recollections on the early development of taxol. J Nat Prod, 2004, 67: 136-138.

［249］ Kingston D G I. Recent advance in the chemistry of taxol. J Nat Prod, 2000, 63: 726-734.

［250］ Masters J J, Link J T, Snyder L B. A total synthesis of Taxol, Angewandte Chemie International Edition in English, 1995, 34: 1723-1726.

［251］ 沈征武，吴莲芬. 紫杉醇研究进展. 化学进展（Chin J Prog Chem），1997, 9: 1-13.

［252］ 黄化民，李叶芝. 紫杉醇全合成. 合成化学（Syn Chem），1998, 6: 238-247.

［253］ Ojima I, Habus I, Zhao M, et al. New and efficient approaches to the semisynthesis of taxol and its C-13 side chain analogs by means of lactam synthon method. Tetrahedron, 1992, 48: 6985-7012.

［254］ Holton R A, Kim H B, Somoza C, et al. First total synthesis of taxol. 2: Completion of the C and D rings. J Am Chem Soc（Journal of the American society），1994, 116: 1599-1600.

［255］ 陈巧鸿，王锋鹏. 抗癌药物紫杉醇的全合成-Holton 合成紫杉醇路线的剖析. 天然产物研究与开发（Nat Prod Res Dev），2001, 13（3）: 88-95.

［256］ Nicolaou K C, Yang Z, Liu J J, et al. Total synthesis of taxol. Nature, 1994, 367: 630-634.

［257］ Nicolaou K C, Nantermet P G, Ueno H, et al. Total synthesis of Taxol. J Am Chem Soc, 1995, 117: 624-659.

［258］ 徐亮，王锋鹏. 抗癌药物紫杉醇的全合成-Nicolaou 法全合成紫杉醇的剖析. 有机化学（Chin J Org Chem），2001, 21: 493-504.

［259］ Danishefsky S J, Masters J J, Young W B, et al. Total synthesis of baccatin III and taxol. J Am Chem Soc, 1996, 118: 2843-2859.

［260］ Wender P A, Badhan N F, Conway S P, et al. The pinene path to taxanes. 5. stereocontrolled synthesis of a versatile taxane precursor. J Am Chem Soc, 1997, 119: 2755-2756.

［261］ Wender P A, Badhan N F, Conway S P, et al. The pinene path to taxanes. 6. A concise stereocontrolled synthesis of taxol. J Am Chem Soc, 1997, 119: 2757-2758.

［262］ Morihira K, Hara R, Kawahara S, et al. Enantioselective total synthesis of taxol. J Am Chem Soc, 1998, 120: 12980-12981.

［263］ Kusama H, Hara R, Kawahara S, et al. Enantioselective total synthesis of（-）-taxol. J Am Chem Soc, 2000, 122: 3811-3820.

［264］ Shiina I, Iwadare H, Sakoh H, et al. A new method for the synthesis of baccatin III. Chemistry Letters, 1998, 8: 1-2.

［265］ Mukaiyama T, Shiina I, Iwadare H, et al. Asymmetric total synthesis of taxol. Chem Eur J, 1999, 5: 121-161.

［266］ Walji A M, MacMillan D W C. Strategies to bypass the taxol problem. Enantioselective cascade catalysis, a new approch for the efficient construction of molecular complexity. Synlett, 2007: 1477-1489.

第三章
CHAPTER 3

紫杉烷类化合物研究进展

第一节
紫杉烷类化合物

紫杉烷类化合物骨架大致分为 11 种，其结构类型及亚型前已述及（第一章第二节）。1980 年，Miller 综述了 1975 年之前的 30 个化合物及其命名情况；1990 年 Chen W. M. 总结了 55 个化合物，共有 3 种骨架类型；1993 年化合物数量增长到 101 个，其中 96 个属于 6/8/6 环系，骨架类型仍为 3 个；Appendino 归纳了 1992 年 3 月至 1994 年 9 月的 122 个化合物，骨架增加到 5 个；1995 年化合物增加到 170 个；Parmar 和 Kingston 在 1999 年综述了 6 种类型的 270 个紫杉烷；史清文等总结了 1999～2005 年分离到的 215 个紫杉烷，骨架增加到 9 个。至 2008 年，已从红豆杉属植物的各个部位（根 rt；茎 st；叶 lv；皮 bk；小枝 tw；种子 sd；心材 hw）分离得到 500 多个化合物。

1. 6/8/6 环紫杉烷 1（图 3-1）：**含 4(20),11(12) 双键的中性紫杉烷**（Taxinine A 类化合物，见表 3-1）

该类化合物 C-1 位多是氢或羟基，较少被乙酰基取代，如 taxa-4(20),11-diene-5-hyrdroxy-1,7,9,10-tetraacetate（化合物 **51**）。化合物 **49**、**50** 是从东北红豆杉叶及根中分离得到的两个较特殊的化合物，13 位肉桂酰基侧链不是常见的 E 构型而采取了 Z 构型。化合物 **34** 为第一个 5 位与糖成苷的紫杉烷。

2. 6/8/6 环紫杉烷 2（图 3-2）：**含 5-肉桂酰基侧链及 4(20),11(12) 双键的中性紫杉烷**（Taxanine 类化合物，见表 3-2）

Taxinine(**70**) 早在 1925 年就从日本红豆杉的叶子中分离得到[3]，也是第一个阐明结构的纯品[4,5]，广泛分布于紫杉属植物的各个种，在叶[6,7]、果实[8]、种子[9]中含量最高约 0.1%。它可以作为半制备紫杉醇的起始原料[10]，通过热解作用使一些紫杉烷（Taxine Ⅱ）的 C-5 二甲胺酯脱去得到。2-deacetoxytaxinine J(**83**) 对多种细胞株均显示有显著细胞毒性，值得注意的是其对亲代及 β-tublin 突变癌细胞系有同等强度的活性[11]。Taxinine NN-7(**61**) 对多药抗药癌细胞显示一定作用[12]。

1 $R^1=R^2=R^7=H$, $R^5=OAc$, $R^9=R^{10}=OH$
2 $R^1=H$, $R^2=R^{10}=OAc$, $R^5=R^7=R^9=H$
3 $R^1=R^7=H$, $R^2=R^9=R^{10}=OAc$, $R^5=OH$
4 $R^1=R^7=H$, $R^2=R^{10}=OAc$, $R^5=R^9=OH$
5 $R^1=R^7=H$, $R^2=R^{10}=OAc$, $R^5=R^9=OH$
6 $R^1=R^2=R^7=H$, $R^5=R^9=R^{10}=OAc$
7 $R^1=H$, $R^2=R^5=R^7=R^9=R^{10}=OAc$
8 $R^1=R^2=R^7=R^9=H$, $R^5=OAc$, $R^{10}=O$
9 $R^1=R^7=H$, $R^2=R^5=R^9=OH$, $R^{10}=OAc$
10 $R^1=R^2=R^7=H$, $R^5=OH$, $R^9=R^{10}=OAc$
11 $R^1=R^7=R^9=H$, $R^2=R^5=H$, $R^5=R^{10}=OAc$
12 $R^1=R^7=R^9=H$, $R^2=R^5=H$, $R^5=R^{10}=OAc$
13 $R^1=R^2=H$, $R^5=OH$, $R^7=R^9=R^{10}=OAc$
14 $R^1=R^2=H$, $R^2=R^5=R^9=R^{10}=OAc$
15 $R^1=R^2=H$, $R^5=R^7=R^9=R^{10}=OAc$
16 $R^1=H$, $R^2=R^7=R^9=R^{10}=OAc$, $R^5=OH$
17 $R^1=R^5=OH$, $R^2=R^7=R^9=R^{10}=OAc$
18 $R^1=R^5=OH$, $R^2=R^7=OBz$, $R^9=R^{10}=OAc$
19 $R^1=R^5=OH$, $R^2=OBz$, $R^7=H$, $R^9=R^{10}=OAc$
20 $R^1=R^5=OH$, $R^2=R^7=R^9=R^{10}=OAc$

21 $R^1=R^7=H$, $R^2=R^9=OAc$, $R^5=R^{10}=OH$
22 $R^1=R^7=H$, $R^2=R^9=OAc$, $R^5=R^{10}=OH$
23 $R^1=H$, $R^2=R^5=R^7=R^9=OH$, $R^{10}=OAc$
24 $R^1=R^7=H$, $R^2=R^9=R^{10}=OAc$, $R^5=OGlc$
25 $R^1=R^7=H$, $R^2=R^5=R^{10}=OH$, $R^9=OAc$
26 $R^1=R^7=H$, $R^2=R^5=R^9=OH$, $R^{10}=OAc$
27 $R^1=R^7=H$, $R^2=R^5=OH$, $R^9=R^{10}=OAc$
28 $R^1=R^5=R^9=OH$, $R^2=R^{10}=OAc$, $R^7=H$
29 $R^1=R^7=H$, $R^2=R^5=OH$, $R^7=R^9=R^{10}=OAc$
30 $R^1=R^7=H$, $R^2=R^5=OH$, $R^9=R^{10}=OAc$, $R^5=OH$
31 $R^1=R^5=OH$, $R^2=R^9=R^{10}=OAc$, $R^7=H$
32 $R^1=R^7=H$, $R^2=R^5=R^9=R^{10}=OAc$
33 $R^1=H$, $R^2=R^7=R^9=R^{10}=OAc$, $R^5=OH$

34 $R^1=R^2=R^7=H$, $R^5=OGlc$, $R^9=R^{10}=OAc$
35 $R^1=R^7=H$, $R^2=R^9=R^{10}=OAc$, $R^5=OH$
36 $R^1=R^2=R^7=H$, $R^5=OH$, $R^9=R^{10}=OAc$
37 $R^1=R^2=R^7=H$, $R^5=R^9=R^{10}=OH$,
38 $R^1=R^2=H$, $R^5=R^9=R^{10}=OH$, $R^7=H$
① 39 $R^1=R^5=R^{10}=OH$, $R^2=R^7=H$, $R^9=OAc$
40 $R^1=R^5=R^{10}=OH$, $R^2=R^9=OAc$, $R^7=H$
41 $R^1=H$, $R^2=R^7=R^9=R^{10}=OAc$, $R^5=OH$
42 $R^1=R^5=OH$, $R^2=OBz$, $R^7=H$, $R^9=R^{10}=OAc$
① 43 $R^1=R^5=OH$, $R^2=H$, $R^7=R^9=OAc$, $R^{10}=OBz$
① 44 $R^1=R^5=OH$, $R^2=R^9=R^{10}=OAc$, $R^7=OBz$
45 $R^1=H$, $R^2=R^5=R^7=R^9=OH$, $R^{10}=OAc$

① 46 $R^5=R^7=OAc$, $R^9=H$
① 47 $R^5=OH$, $R^7=R^9=OAc$
① 48 $R^5=R^7=R^9=OAc$

49 $R^2=OAc$
50 $R^2=H$

51

图 3-1 含 4(20)，11(12) 双键的中性紫杉烷

① 39、43、44 结构修订为相应 5/7/6 重排紫杉烷 341、346、366；46、47、48 结构修订为相应 14 位取代的紫杉烷[1,2]

3. 6/8/6-环紫杉烷 3（图 3-3）：含 4(20)，11(12) 双键的碱性紫杉烷，见表 3-3

此类化合物的特点是 C-4(20) 双键和 C-5 位的氨基苯丙酸酯[13]。目前尚未在 Taxine B(**99**) 及 Taxicin 衍生物中发现有苯甲酰基取代。具有很强心肌毒性的 Taxine 在 1856 年[14]得到，它是由几种二萜生物碱组成的混合物，但并没有受到足够重视。随着色谱技术的发展，证实该混合物至少有 11 种化合物，Taxines A～C 的纯品也在 1956 年得到[15]。然而直到 1991 年主要成分 Taxine B 的结构才得以阐明[16]。Taxine B 可以作为合成紫杉醇及其类似物的前体[17,18]。据报道 Taxine B 可以降低心肌收缩力、降低乳头

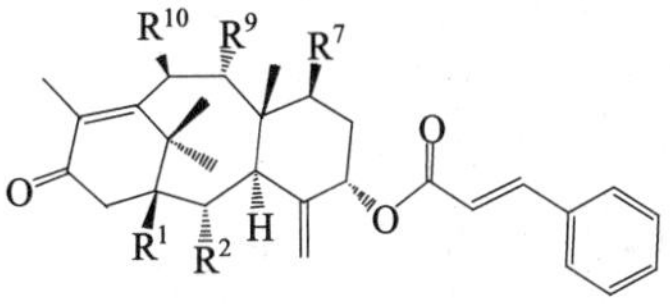

52 $R^1=R^2=R^9=R^{10}=OH$, $R^7=H$
53 $R^1=R^7=H$, $R^2=R^9=R^{10}=OH$
54 $R^1=R^7=H$, $R^2=R^{10}=OH$, $R^9=OAc$
55 $R^1=H$, $R^2=R^{10}=OAc$, $R^7=R^9=OH$
56 $R^1=R^7=H$, $R^2=R^{10}=OAc$, $R^9=OH$
57 $R^1=R^7=H$, $R^2=R^9=OAc$, $R^{10}=OH$
58 $R^1=OH$, $R^2=R^7=R^9=R^{10}=OAc$
59 $R^1=R^7=OH$, $R^2=R^9=R^{10}=OAc$
60 $R^1=H$, $R^2=R^7=R^{10}=OAc$, $R^9=OH$
61 $R^1=R^7=H$, $R^2=OH$, $R^9=R^{10}=OAc$
62 $R^1=R^7=H$, $R^2=OAc$, $R^9=R^{10}=OH$
63 $R^1=R^2=R^{10}=OH$, $R^7=H$, $R^9=OAc$
64 $R^1=R^7=H$, $R^2=R^9=R^{10}=OAc$
65 $R^1=R^9=R^{10}=OH$, $R^2=OAc$, $R^7=H$
66 $R^1=R^2=R^9=OH$, $R^7=R^{10}=OAc$
67 $R^1=H$, $R^2=R^7=R^9=OH$, $R^{10}=OAc$
68 $R^1=R^2=OH$, $R^7=H$, $R^9=R^{10}=OAc$
69 $R^1=R^2=H$, $R^7=R^9=R^{10}=OAc$
70 $R^1=R^7=H$, $R^2=R^9=R^{10}=OAc$
71 $R^1=H$, $R^2=R^7=R^9=OAc$, $R^{10}=OH$
72 $R^1=H$, $R^2=R^7=R^9=OAc$, $R^{10}=OH$
73 $R^1=H$, $R^2=R^7=R^9=R^{10}=OAc$

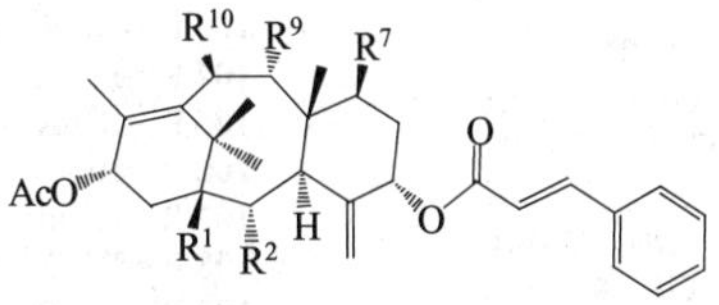

74 $R^1=R^7=H$, $R^2=R^{10}=OAc$, $R^9=OH$
75 $R^1=H$, $R^2=R^{10}=OAc$, $R^9=OH$
76 $R^1=R^2=R^7=H$, $R^9=OH$, $R^{10}=OAc$
77 $R^1=R^2=R^7=OH$, $R^9=OAc$, $R^{10}=OAc$
78 $R^1=R^2=R^7=H$, $R^9=R^{10}=OAc$
79 $R^1=R^2=H$, $R^7=OH$, $R^9=R^{10}=OAc$
80 $R^1=R^7=H$, $R^2=OH$, $R^9=R^{10}=OAc$
81 $R^1=R^2=H$, $R^7=R^9=OAc$, $R^{10}=OAc$
82 $R^1=R^2=H$, $R^7=R^9=R^{10}=OAc$
83 $R^1=R^2=R^7=H$, $R^9=R^{10}=OAc$
84 $R^1=H$, $R^2=OH$, $R^7=R^9=R^{10}=OAc$
85 $R^1=OH$, $R^2=H$, $R^7=R^9=R^{10}=OAc$
86 $R^1=H$, $R^2=R^7=R^9=R^{10}=OAc$

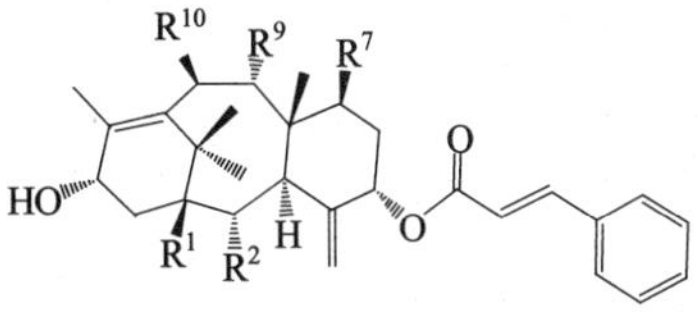

87 $R^1=R^7=H$, $R^2=R^{10}=OAc$, $R^9=OH$
88 $R^1=R^7=H$, $R^2=R^9=R^{10}=OAc$
89 $R^1=R^2=R^7=H$, $R^9=R^{10}=OAc$
90 $R^1=R^2=H$, $R^7=R^9=R^{10}=OAc$
91 $R^1=R^2=H$, $R^7=R^9=R^{10}=OAc$
*92 $R^1=OH$, $R^2=OBz$, $R^7=H$, $R^9=R^{10}=OAc$［该化合物后来被修正为11(15→1)重排紫杉烷］

图 3-2　含 5-肉桂酰基侧链及 4(20)，11(12) 双键的中性紫杉烷

肌标本动作电位的去极化程度，类似Ⅰ型抗心律失常药[19]。去掉 Taxine B 类似物的二甲氨基可以得到紫杉宁的类似物，并且这种转化也确实存在[6]，但这两种类型化合物之间的转化是依靠酶催化还是自行降解尚不清楚。Winterstein 酸侧链的存在有很重要的意义，因为这种类型的化合物可能是生物合成紫杉醇酚性侧链的中间体[20]。化合物 123、124 是 2008 年报道的两个带有特殊侧链的紫杉烷，其中化合物 124 的氮甲酰基侧链存在顺反两种旋转异构体。

4. 6/8/6-环紫杉烷 4（图 3-4）：**含 14 位含氧取代基的紫杉烷**（Taiwanxan 类化合物，见表 3-4）

具有 C-4(20) 双键、C-14 氧化的紫杉烷二萜只是在最近几年才发现，多存在于云南红豆杉、中国红豆杉或日本红豆杉，尤其在红豆杉植物心材中含量较高。该组化合物 C-14 羟基无一例外为 β 取向。化合物 **125～127** 一起从东北红豆杉中分离出来，是首次得到的在 B 环与葡萄糖成苷的紫杉烷[21]。化合物 **141** 对 Hepa 59T/VGH、NCI、Hela、人 DLD-1 和人 Med 细胞系均显示较强活性[22]。Hongdoushans A（**128**）、C（**140**）对鼠的结肠癌细胞系 26-L5 和人的纤维肉瘤细胞株 HT1080 显示较弱抗增值活性；Hongdoushans B（**129**）对结肠癌细胞系 26-L5 显示较好活性（半数有效量为 3.8μg/mL）[23]。化合物 **145～147** 是首次分离得到的骨架上带有烷基的紫杉烷[24]。

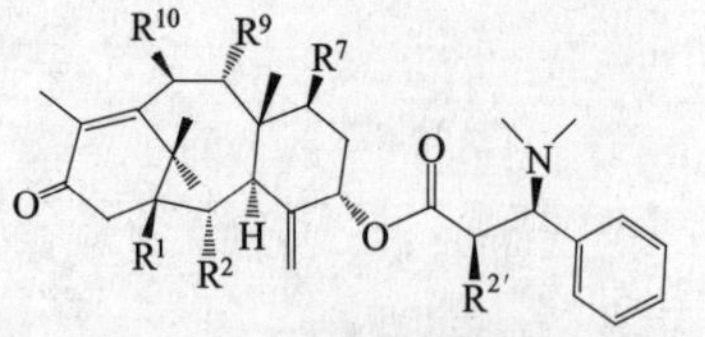

93 R¹=R⁷=R²′=H, R²=OH, R⁹=R¹⁰=OAc
94 R¹=R⁷=R²′=H, R²=R¹⁰=OAc, R⁹=OH
95 R¹=R⁷=R²′=H, R²=R⁹=OAc, R¹⁰=OH
96 R¹=H, R²=R⁷=R⁹=R¹⁰=OAc, R²′=OH
①97 R¹=R⁷=R²′=H, R²=R¹⁰=OH, R⁹=OAc
①98 R¹=R⁷=R²′=H, R²=R⁹=OH, R¹⁰=OAc
①99 R¹=R²′=R⁷=H, R²=R¹⁰=OAc, R⁹=H
①100 R¹=R⁹=OH, R²=R¹⁰=OAc, R⁷=R²′=H
①101 R¹=R¹⁰=OH, R²=R⁹=OAc, R⁷=R²′=H
102 R¹=R⁷=H, R²=R⁹=R¹⁰=OAc, R²′=OH

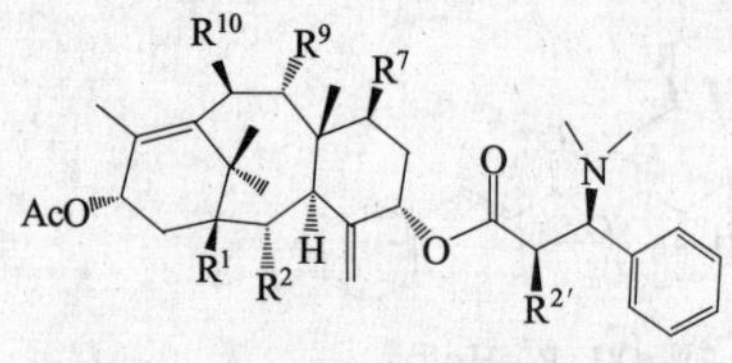

103 R¹=H, R²=R²′=OH, R⁷=R⁹=R¹⁰=OAc
104 R¹=R⁷=R²′=H, R²=R⁹=OAc, R¹⁰=OH
105 R¹=R⁷=R²′=H, R²=R¹⁰=OAc, R⁹=OH
106 R¹=R⁷=R²′=H, R²=R¹⁰=OAc, R⁹=OH
107 R¹=R⁷=R²′=H, R²=R⁹=OH, R¹⁰=OAc
108 R¹=R²=R⁹=OH, R⁷=R²′=H, R¹⁰=OAc
109 R¹=R²=R⁷=R²′=H, R⁹=R¹⁰=OAc
110 R¹=R⁷=R²′=H, R²=OH, R⁹=R¹⁰=OAc
111 R¹=R⁷=R²′=H, R²=R⁹=R¹⁰=OAc
112 R¹=R²=R⁷=H, R²=R⁹=R¹⁰=OAc
113 R¹=OH, R²=R⁷=R⁹=R²′=R¹⁰=OAc
114 R¹=R⁷=R²′=R⁹=R¹⁰=OAc, R²′=OH
115 R¹=R²′=OH, R²=R⁷=R⁹=R¹⁰=OAc

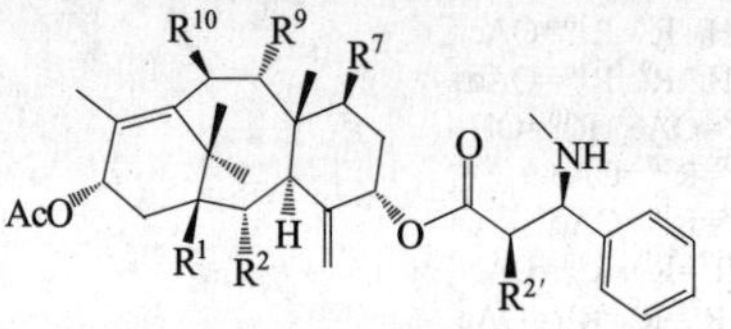

116 R¹=R⁷=R²′=H, R²=R⁹=OH, R¹⁰=OAc
117 R¹=R⁷=R²′=H, R²=R¹⁰=OAc, R⁹=OH
118 R¹=R²=R⁷=R²′=H, R⁹=R¹⁰=OAc
119 R¹=R⁷=R²′=H, R²=R⁹=R¹⁰=OAc
120 R¹=R²=R⁷=H, R⁷=R⁹=R¹⁰=OAc
121 R¹=R⁷=R²′=H, R²=OH, R⁹=R¹⁰=OAc

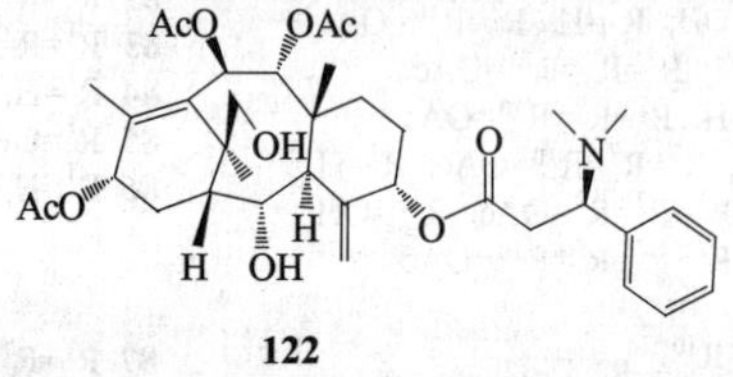

122

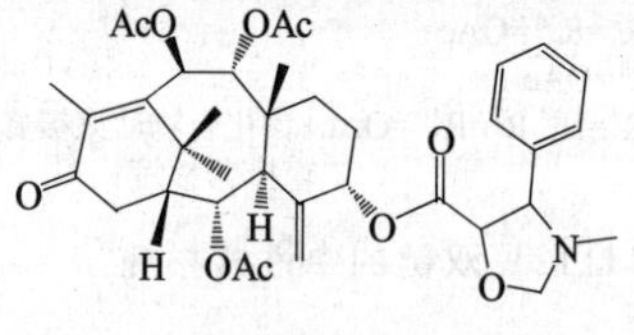

123

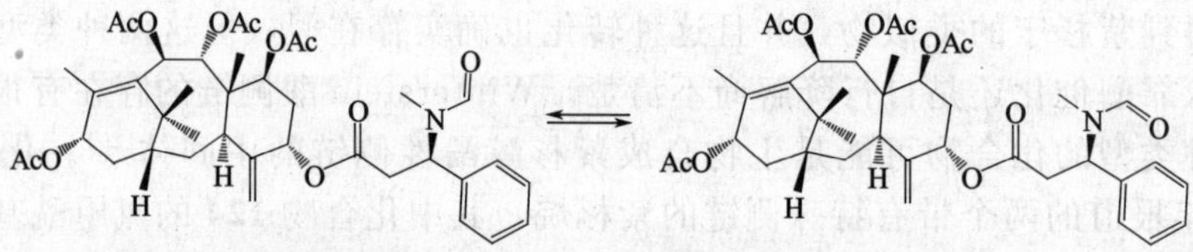

124a　　　⟷　　　124b

图 3-3　含 4(20)，11(12) 双键的碱性紫杉烷

Taxine B（99）结构修订参看：Ettouati L，Ahond A，Poupat C，Potier P. J Nat Prod，1991，54：1455-1458

5. 6/8/6 环紫杉烷 5（图 3-5）：**含 C-12,16 醚环的紫杉烷**（Taxagifine 类化合物，见表 3-5）

这组化合物 17 位多氧化，与 12 位以氧桥连接，11 位则还原为羟基。化合物 **154**、**155** 是该类型紫杉烷中仅有的两个在 5 位有生物碱侧链 Winsterstein 酸取代的化合物。而 Tasmatrol L（**162**）是目前分离到的所有天然产物中唯一具有 C(21)-Homotaxane 骨架的紫杉烷，同时因其 12 个碳连氧也是氧化程度最高的萜类物质。Taxagifine（**163**）是该类化合物中的首例，于 1982 年从欧洲红豆杉中分离得到，仅用 X 射线衍射就确定了它的结构。化合物 **166** 对多种细胞株均显示弱细胞毒性，如人 KB 口腔表皮癌细胞系、A-549 肺癌细胞系、HCT-8 人结肠癌细胞系、CAKI-1 肾透明细胞癌细胞系、1A9 卵巢癌细胞系、

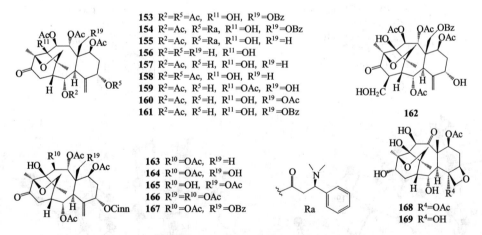

Ra　　　Rb　　　Rc　　　Rd

125 R^2=OAc, R^9=H, R^{10}=OGlc, R^{14}=Rc
126 R^2=OAc, R^9=H, R^{10}=OGlc, R^{14}=Ac
127 R^2=OAc, R^9=H, R^{10}=OGlc, R^{14}=Rd
128 R^2=OAc, R^9=H, R^{10}=OH, R^{14}=Rc
129 R^2=OAc, R^9=H, R^{10}=OH, R^{14}=Rb
130 R^2=OAc, R^9=H, R^{14}=Rd
131 R^2=R^9=H, R^{10}=OH, R^{14}=H
132 R^2=OAc, R^{10}=OH, R^9=R^{14}=H
133 R^2=R^{10}=OAc, R^9=H, R^{14}=Ac
134 R^2=OAc, R^9=H, R^{10}=OMe, R^{14}=Rc
135 R^2=OAc, R^9=H, R^{10}=OH, R^{14}=Rd
136 R^2=R^{10}=OAc, R^9=H, R^{14}=Rc
137 R^2=R^{10}=OAc, R^9=OH, R^{14}=Rc
138 R^2=R^9=R^{10}=OAc, R^{14}=Ac
139 R^2=R^9=R^{10}=OAc, R^{14}=Rc

140 R^9=H, R^2=OAc, R^{10}=OH, R^{14}=Rc
141 R^9=H, R^2=R^{10}=OAc, R^{14}=Rd
142 R^9=H, R^2=OAc, R^{10}=OH, R^{14}=Rb
143 R^9=H, R^2=OAc, R^{10}=OH, R^{14}=Ra
144 R^2=R^9=R^{10}=OAc, R^{14}=Rc
145 R^9=H, R^2=OAc, R^{10}=Et, R^{14}=Ac
146 R^9=H, R^2=OAc, R^{10}=Me, R^{14}=Ac
147 R^9=H, R^2=OAc, R^{10}=Et, R^{14}=H
148 R^2=R^9=R^{10}=OAc, R^{14}=H
149 R^2=OH, R^9=R^{10}=OAc, R^{14}=H

150 R^5=R^9=OAc, R^{14}=H
151 R^5=R^9=OAc, R^{14}=Glc
152 R^5=R^9=OH, R^{14}=H

图 3-4　含 14 位含氧取代基的紫杉烷

153 R^2=R^5=Ac, R^{11}=OH, R^{19}=OBz
154 R^2=Ac, R^5=Ra, R^{11}=OH, R^{19}=OBz
155 R^2=Ac, R^5=Ra, R^{11}=OH, R^{19}=H
156 R^2=R^5=R^{19}=H, R^{11}=OH
157 R^2=Ac, R^5=H, R^{11}=OH, R^{19}=H
158 R^2=R^5=Ac, R^{11}=OH, R^{19}=H
159 R^2=Ac, R^5=H, R^{11}=OAc, R^{19}=OH
160 R^2=Ac, R^5=H, R^{11}=OH, R^{19}=OAc
161 R^2=Ac, R^5=H, R^{11}=OH, R^{19}=OBz

162

163 R^{10}=OAc, R^{19}=H
164 R^{10}=OAc, R^{19}=OH
165 R^{10}=OH, R^{19}=OAc
166 R^{19}=R^{10}=OAc
167 R^{10}=OAc, R^{19}=OBz

Ra

168 R^4=OAc
169 R^4=OH

图 3-5　含 C-12,16 醚环的紫杉烷

1A9 突变体细胞系（PTX10 β-tublin-mutant），这提示 C-12—C-16 醚键、C-19 乙酰基、C-13 羰基都会使化合物 **166** 的细胞毒性下降[11]。然而类似于紫杉醇，Taxezopidine L(**166**) 和 Taxagifine(**163**) 都可以显著抑制 CaCl₂ 诱导的微管解聚[25]。

6. 6/8/6 环紫杉烷 6（图 3-6）：含 C-13,16 醚环的紫杉烷，见表 3-6

Taxezopidine M(**170**)、Taxezopidine A(**171**)、Taxezopidine J(**172**) 是从日本红豆杉中得到的三个 C-13 与 C-16 成半缩醛的紫杉烷，虽含有类似螺［2.2.2］辛烷的结构，但其空

间构型还是类似于 6/8/6 环的笼状结构。Taxezopidine M（**170**）在高浓度（50μmol/L）时可以抑制微管解聚但在 10μg/mL 时对鼠的淋巴瘤细胞 L1210 及人口腔表皮癌细胞 KB 并不显示细胞毒作用[26]。

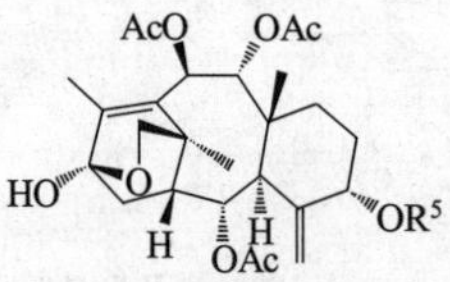

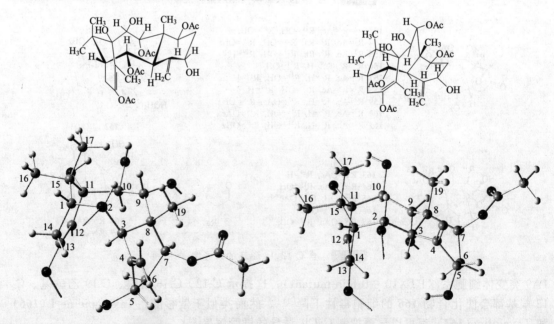

170 R⁵=Ra
171 R⁵=H
172 R⁵=Cinn

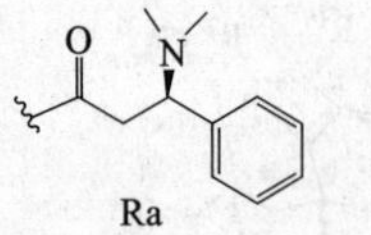

图 3-6 含 C-13,16 醚环的紫杉烷

7. 6/8/6 环紫杉烷 7（图 3-7）：含 4(20)，12(13) 双键的紫杉烷，见表 3-7

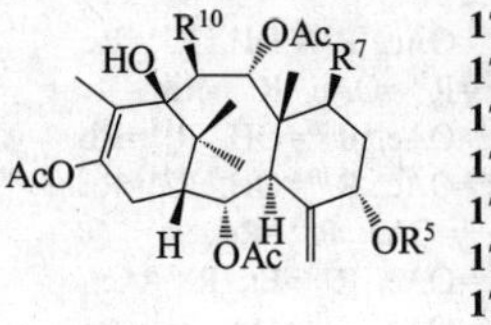

173 R⁵=H，R⁷=R¹⁰=OAc
174 R⁵=Cinn，R⁷=OH，R¹⁰=OAc
175 R⁵=H，R⁷=OAc，R¹⁰=OH
176 R⁵=Ra，R⁷=R¹⁰=OAc
177 R⁵=Cinn，R⁷=OAc，R¹⁰=OH
178 R⁵=Cinn，R⁷=R¹⁰=OAc
179 R⁵=Rb，R⁷=R¹⁰=OAc

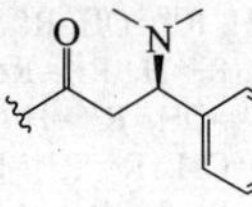

图 3-7 含 4(20)，12(13) 双键的紫杉烷

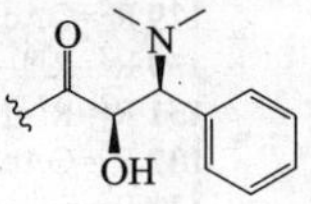

这类化合物特征是 12 位双键、11 位羟基以及烯丙位的 13 位乙酰基，特征化合物是 Taxuspine D（**178**）[27,28]，也是首个在环上含有烯丙位乙酰基的紫杉烷二萜[29]。研究发现，紫杉烷的烯醇式盐（**175**）存在两个可以互相转化的构象（图 3-8）[30]。这两个异构体的结构通过结合 1D、2D 核磁技术得以确立，包括 gs-HMQC、gs-HMBC、NOESY、T-ROESY。尽管这种构象转化现象在常见的 6/8/6 环系中也发现过[31]，但这种高度折叠的紫杉烷骨架构象转化的灵活性还没有引起人们的足够重视。

图 3-8 化合物 175 的冠形（C）及船式-椅式（BC）构象

Taxuspine D（**178**）和 Taxezopidine K（**177**）能显著抑制 CaCl₂ 诱导的微管解聚作用，效能可达紫杉醇的一半。这一结果是出人意料的，因为 Taxuspine D（**178**）不含任何一个认为活性必需的特征基团。分子模型研究显示 C12 =C13 双键使骨架结构的构象发生很大变化，Taxuspine D 的 C-5 桂皮酰基类似于紫杉醇的 13 位侧链[32]。另外有趣的是目前该组的 7 个化合物均来自于日本红豆杉和加拿大红豆杉，这两种红豆杉均生长在北半球的寒带地区[33]。

8. 6/8/6 环紫杉烷 8（图 3-9）：**含 11，12 含氧环及 4(20) 双键的紫杉烷，见表 3-8**

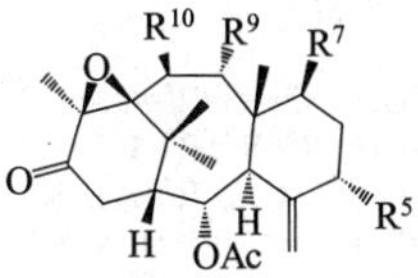

180 R⁵=OCinn, R⁷=R¹⁰=OH, R⁹=OAc
181 R⁵=OH, R⁷=H, R⁹=R¹⁰=OAc
182 R⁵=OCinn, R⁷=R⁹=R¹⁰=OAc,
183 R⁵=OGlc, R⁷=H, R⁹=R¹⁰=OAc
184 R⁵=OCinn, R⁷=H, R⁹=OAc, R¹⁰=OH
185 R⁵=OCinn, R⁷=H, R⁹=OH, R¹⁰=OAc
186 R⁵=OH, R⁷=R⁹=R¹⁰=OAc

图 3-9 含 11,12 含氧环及 4(20) 双键的紫杉烷

9. 6/8/6 环紫杉烷 9（图 3-10）：**含 4(5) 双键的紫杉烷，见表 3-9**；**6/8/6 环紫杉烷 10**（图 3-11）：**含 11,12 氧环及 4(5) 双键的紫杉烷，见表 3-10**

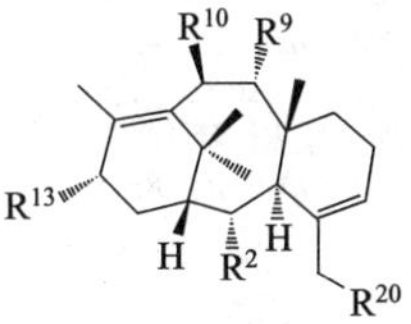

187 R²=R²⁰=OH, R⁹=OAc, R¹⁰=H, R¹³=O
188 R²=R²⁰=OH, R⁹=R¹⁰=OAc, R¹³=O
189 R²=R⁹=R¹⁰=R¹³=OAc, R²⁰=OCinn
190 R²=R¹⁰=R¹³=OAc, R⁹=OH, R²⁰=OH
191 R²=R¹⁰=R¹³=OAc, R⁹=OH, R²⁰=OCinn

图 3-10 含 4(5) 双键的紫杉烷

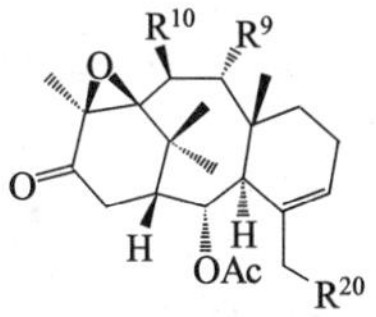

192 R⁹=R¹⁰=OAc, R²⁰=OCinn
193 R⁹=R¹⁰=OAc, R²⁰=OH
194 R⁹=OAc, R¹⁰=R²⁰=OH
195 R⁹=R²⁰=OH, R¹⁰=OAc

图 3-11 含 11,12 氧环及 4(5) 双键的紫杉烷

10. 6/8/6 环紫杉烷 11（图 3-12）：**含 11(12) 双键及 4(20) 双键饱和的紫杉烷，见表 3-11**

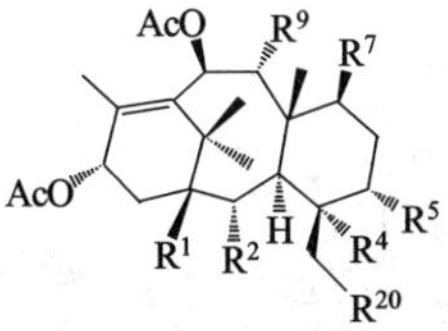

196 R¹=R⁴=H, R²=R⁵=R⁹=OAc, R⁷=R²⁰=OH
197 R¹=R⁴=H, R²=R⁵=OAc, R⁷=R⁹=R²⁰=OH
198 R¹=H, R⁷=R⁹=OAc, R²=R²⁰=OH
199 R¹=R⁴=R⁵=OH, R²=R⁹=OAc, R⁷=R⁹=OAc
200 R¹=H, R²=R⁷=R⁹=R²⁰=OAc, R⁴=R⁵
201 R¹=R⁴=H, R²=R²⁰=OH, R⁵=R⁷=R⁹=OAc
202 R¹=R⁴=H, R²=R⁵=R⁷=R⁹=OAc, R²⁰=OH
203 R¹=R⁴=H, R²=OH, R⁵=R⁷=R⁹=R²⁰=OAc

204 R¹=R⁴=R⁵=OH, R²=R⁷=R⁹=R²⁰=OAc
205 R¹=R²=OH, R⁴=H, R⁵=R⁷=R⁹=R²⁰=OAc
206 R¹=H, R²=OBz, R⁴=R²⁰=OH, R⁵=R⁷=R⁹=OAc
207 R¹=R⁴=H, R²=R⁷=R⁹=OH, R⁵=R²⁰=OAc
208 R¹=H, R²=OBz, R⁴=R⁵=OH, R⁷=R⁹=R²⁰=OAc
209 R¹=R⁴=H, R²=OH, R⁵=R⁷=R⁹=OAc, R²⁰=OBz
210 R¹=R⁴=H, R²=R⁵=R⁷=R⁹=OAc, R²⁰=OCinn

图 3-12 含 11(12) 双键及 4(20) 双键饱和的紫杉烷

近几年对这类二萜报道逐渐增多，其中许多化合物可以通过巴卡亭Ⅲ类似物打开环氧丙环或巴卡亭Ⅰ类似物打开环氧乙环得到。因为环氧乙环在碱性条件下很容易打开，而巴卡亭Ⅲ的环氧丙环在多种条件下也都可以开环[34]，所以该类型的部分化合物可能是在分离过程中由于人为因素生成的，但更可能是天然产物，因为它们都可以在植物体内生物合成。

11. 6/8/6 环紫杉烷 12（图 3-13）：含 4,20 含氧乙环的紫杉烷，见表 3-12

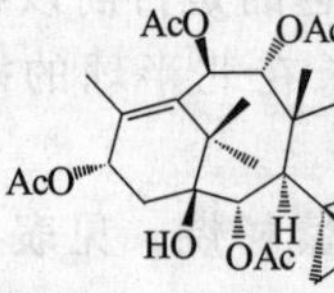

211 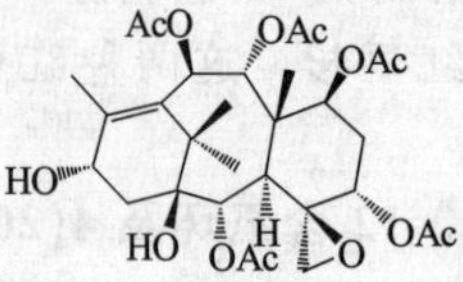　**212** 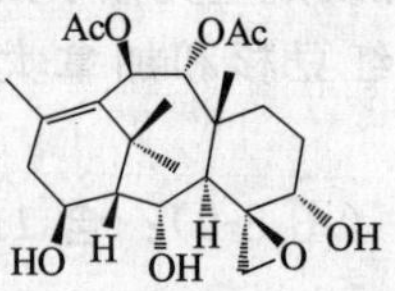　**213** 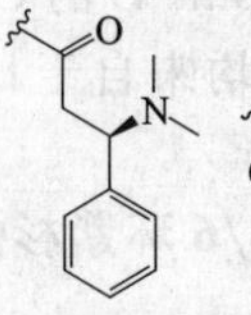　Ra 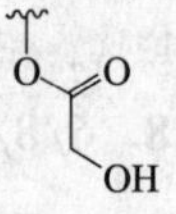　Rc

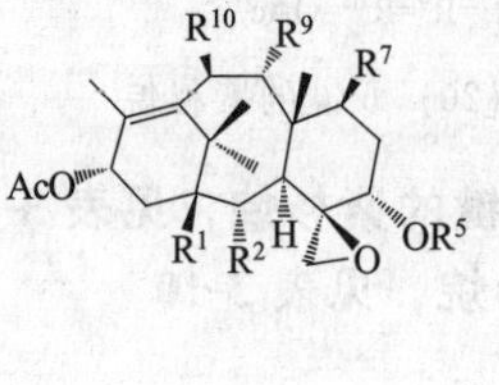

214 R^1=OH, R^2=R^7=R^9=OAc, R^5=Ac, R^{10}=Rc
215 R^1=OH, R^2=R^7=R^9=R^{10}=OAc, R^5=Cinn
216 R^1=R^2=R^7=OH, R^5=Ac, R^9=R^{10}=OAc
217 R^1=R^2=R^7=R^9=R^{10}=OAc, R^5=Ac
218 R^1=R^5=R^7=H, R^2=R^9=OH, R^{10}=OAc
219 R^1=R^7=R^9=R^{10}=OH, R^2=OAc, R^5=Ac
220 R^1=R^2=R^7=R^9=OH, R^5=Ac, R^{10}=OAc
221 R^1=R^7=R^9=OH, R^2=R^{10}=OAc, R^5=Ac
222 R^1=R^5=H, R^2=R^7=R^9=R^{10}=OAc
223 R^1=R^7=OH, R^2=R^9=R^{10}=OAc, R^5=Ac
224 R^1=R^9=OH, R^2=R^7=R^{10}=OAc, R^5=Ac
225 R^1=OH, R^2=R^7=R^9=R^{10}=OAc, R^5=H
226 R^1=R^{10}=OH, R^2=R^7=R^9=OAc, R^5=Ac
227 R^1=H, R^2=R^7=R^9=R^{10}=OAc, R^5=Ac
228 R^1=OH, R^2=R^7=R^9=R^{10}=OAc, R^5=Ac
229 R^1=R^2=R^7=R^9=R^{10}=OAc, R^5=H
230 R^1=H, R^2=R^7=R^9=R^{10}=OAc, R^5=Ra

图 3-13　含 4,20 含氧乙环的紫杉烷

　　巴卡亭 I（**227**）是第一个阐明结构的具有 C-4(20) 环氧化的紫杉烷，这组化合物区别是乙酰基及羟基在环系中的取代数目和位置。这些不同提示在生物合成中酯化类型可能与这些取代有关。一种具说服力的观点是在生物合成中，乙酰化、苯甲酰化可能对紫杉烷中间体在胞质和细胞膜位点之间的转移起一定作用。在紫杉烷代谢物中化合物 **223**、**224** 是首次发现有分子内酰基转移作用的化合物，二者在弱酸催化条件下很容易地通过酰基在 C-7 和 C-9 间转移发生异构，即使溶在氘代氯仿中也存在这种现象[35]。在云南红豆杉中得到的化合物也报道有这种分子内的基团迁移[36]。如图 3-14 所示。

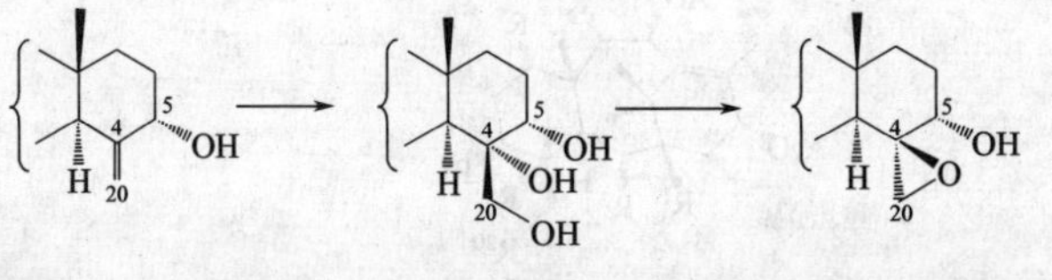

图 3-14　由 C-4(20) 环外双键向 C-4(20) 含氧乙环转化的可能途径

12. 6/8/6 环紫杉烷 13（图 3-15）：具含氧丙环的紫杉烷，见表 3-13

　　这组紫杉烷多是巴卡亭 III（**237**）、IV（**252**）、V（**239**）、VI（**257**）及 VII（**256**）的类似物，特征是 C-5(20) 环氧丙环；C-9 位的酮基；C-1、C-2、C-4、C-7、C-10、C-13 羟化。一些更有趣的酯化类型如巴卡亭 III 的 C-13 位侧链 2,3-dihydroxy-3-phenyl propionyl、C-2 的甲基巴豆酰基代替常见的苯甲酰基。因为与紫杉醇具有相同骨架结构，所以这些化合物可以作为紫杉醇半合成的起始原料。例如巴卡亭 III 或 10-去乙酰基巴卡亭 III（**235**）的 13 位羟基加上一个合适的侧链就可以得到紫杉醇和多烯他赛。除巴卡亭 III[37~39]外，10-去乙酰基巴卡亭 III[39] 和 14β-hydroxy-10-desacetylbaccatin（**267**）[40] 也常用来合成紫杉醇的修饰物用以研究构效关系。9-dihydro-13-acetylbaccatin III 是 1992 年从加拿大红豆杉中分离得到[41~43]，9 位非羰基而是羟基。这个化合物为制备活性更高的衍生物提供了模板，所需

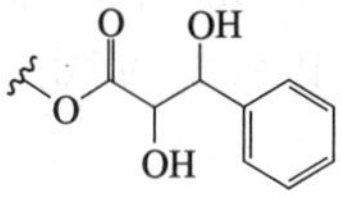

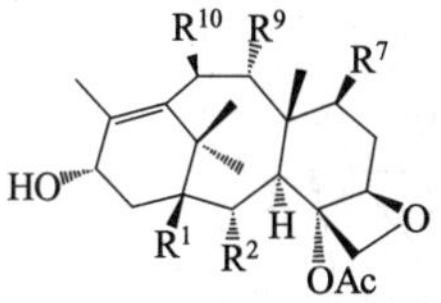

231 R¹=OH, R²=OBz, R⁷=Rg, R⁹=O, R¹⁰=OAc
232 R¹=R⁷=R⁹=OH, R²=OBz, R¹⁰=OAc
233 R¹=R⁷=R¹⁰=OH, R²=Rc, R⁹=O
234 R¹=OH, R²=OBz, R⁷=α-OH, R⁹=R¹⁰=O
235 R¹=R⁷=R¹⁰=OH, R²=OBz, R⁹=O
236 R¹=H, R²=OBz, R⁷=OH, R⁹=O, R¹⁰=OAc
237 R¹=R⁷=OH, R²=OBz, R⁹=O, R¹⁰=OAc
238 R¹=OAc, R²=OBz, R⁷=R¹⁰=OH, R⁹=O
239 R¹=OBz, R²=OBz, R⁷=α-OH, R⁹=O, R¹⁰=OAc
240 R¹=R⁹=R¹⁰=OH, R²=OBz, R⁷=OAc
241 R¹=R⁷=OH, R²=OBz, R⁹=O, R¹⁰=Rd
242 R¹=OH, R²=OBz, R⁷=R⁹=R¹⁰=OAc
243 R¹=R¹⁰=OH, R²=OBz, R⁷=Rg, R⁹=O

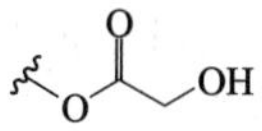

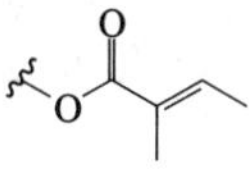

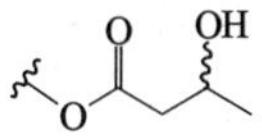

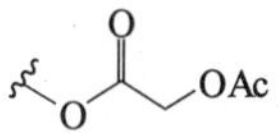

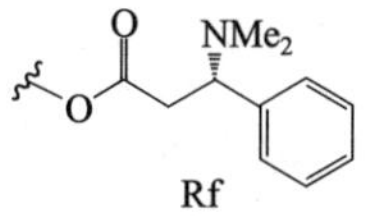

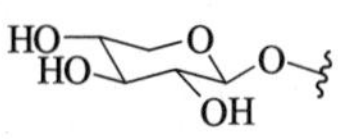

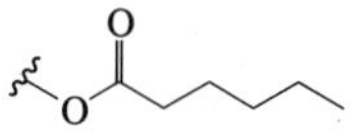

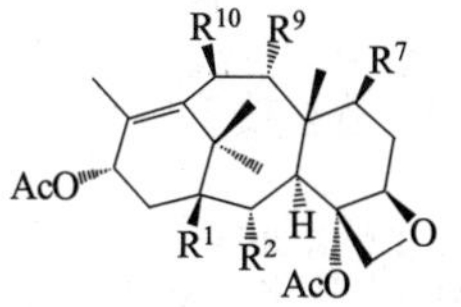

244 R =OH, R²=OBz, R⁷=R⁹=OAc, R¹⁰=Re
245 R¹=OH, R²=R⁷=R⁹=OAc, R¹⁰=Rb
246 R¹=R²=R⁷=R⁹=R¹⁰=OAc
247 R¹=R⁷=R⁹=OH, R²=R¹⁰=OAc
248 R¹=R⁷=R⁹=R¹⁰=OH, R²=OBz
249 R¹=R⁹=R¹⁰=OH, R²=OBz, R⁷=α-OH
250 R¹=R⁷=R⁹=OH, R²=R¹³=OAc
251 R¹=H, R²=R⁷=R⁹=R¹⁰=OAc
252 R¹=OH, R²=R⁷=R⁹=R¹⁰=OAc
253 R¹=R⁹=OH, R²=OBz, R⁷=R¹⁰=OAc
254 R¹=R¹⁰=OH, R²=OBz, R⁷=R⁹=OAc
255 R¹=H, R²=OBz, R⁷=R⁹=R¹⁰=OAc
256 R¹=OH, R²=Rh, R⁷=R⁹=R¹⁰=OAc
257 R¹=OH, R²=OBz, R⁷=R⁹=R¹⁰=OAc
258 R¹=OH, R²=R⁷=R⁹=OAc, R¹⁰=Rb
259 R¹=OH, R²=R⁷=OBz, R⁹=R¹⁰=OAc
260 R¹=OH, R²=R¹⁰=OBz, R⁷=R⁹=OAc
261 R¹=OH, R²=OBz, R⁷=OAc, R⁹=R¹⁰=OBz

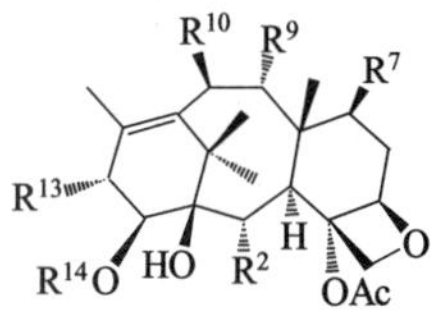

262 R²=R⁷=R⁹=R¹⁰=R¹³=OAc, R¹⁴=Bz
263 R²=R⁷=R⁹=R¹⁰=OAc, R¹³=OH, R¹⁴=Bz
264 R²=OH, R⁷=R⁹=R¹⁰=R¹³=OAc, R¹⁴=Bz
265 R²=OH, R⁷=R⁹=R¹⁰=R¹³=OAc, R¹⁴=H
266 R²=R⁷=R¹⁰=R¹³=OH, R⁹=O, R¹⁴=Bz
267 R²=OBz, R⁷=R¹⁰=R¹³=OH, R⁹=O, R¹⁴=H
268 R²=OBz, R⁷=R⁹=R¹⁰=R¹³=OAc, R¹⁴=H
269 R²=R⁷=R¹⁰=R¹³=OH, R⁹=O, R¹⁴=H

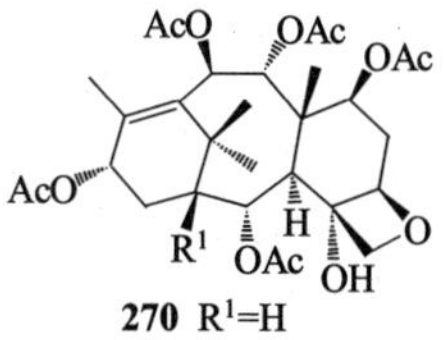

270 R¹=H
271 R¹=OH

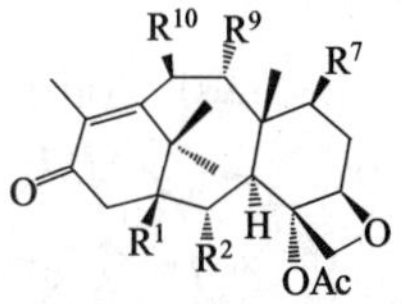

272 R¹=R⁷=R⁹=R¹⁰=OH, R²=OBz
273 R¹=R⁷=R⁹=OH, R²=OBz, R¹⁰=OAc
274 R¹=R⁷=OH, R⁹=O, R¹⁰=OAc, R²=OBz

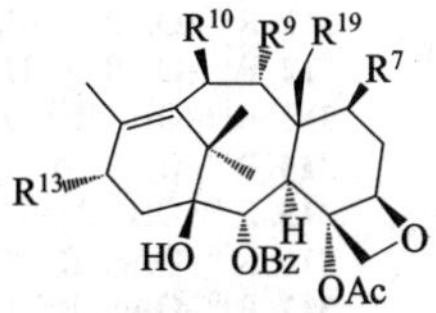

275 R⁷=R¹⁹=OH, R⁹=R¹³=O, R¹⁰=OAc
276 R⁷=R¹⁹=R¹³=OH, R⁹=O, R¹⁰=OAc
277 R⁷=α-OH, R¹⁹=R¹³=OH, R⁹=O, R¹⁰=OAc
278 R⁷=R⁹=R¹⁰=R¹³=OH, R¹⁹=OAc

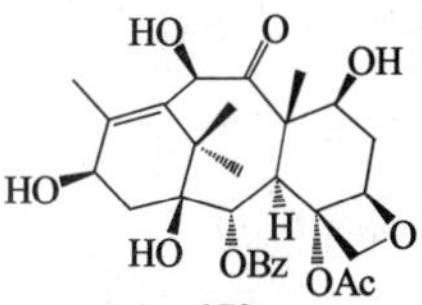

279   **280**   **281**   **282**

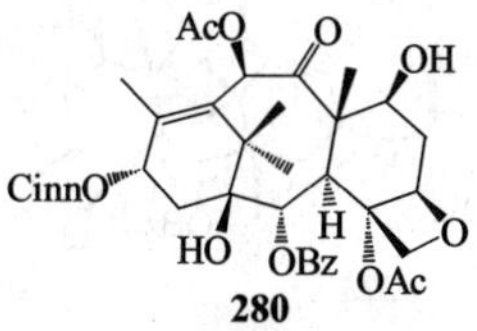

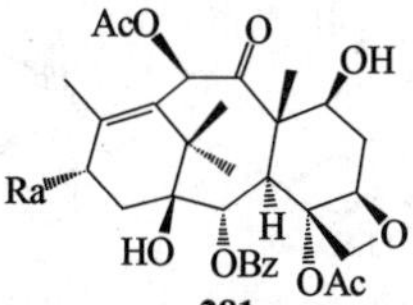

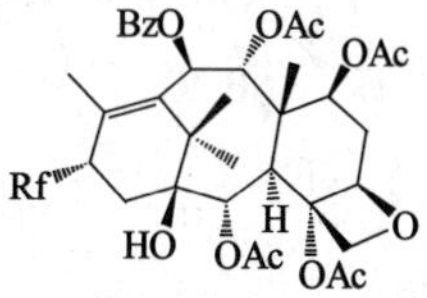

图 3-15 具含氧丙环的紫杉烷

要的全部转化就是将 C-10、C-13 的乙酰基去掉，再将 C-13 羟基用适当侧链酰化即可[44~47]。因为在较缓和条件下 C2-Ac 就可迁移至 C-14，所以一些化合物可能是分离过程中的人工产物[48]。

13. 6/8/6 环紫杉烷 14（图 3-16）：具含氧丙环及苯基异丝氨酸侧链的紫杉烷，见表 **3-14**

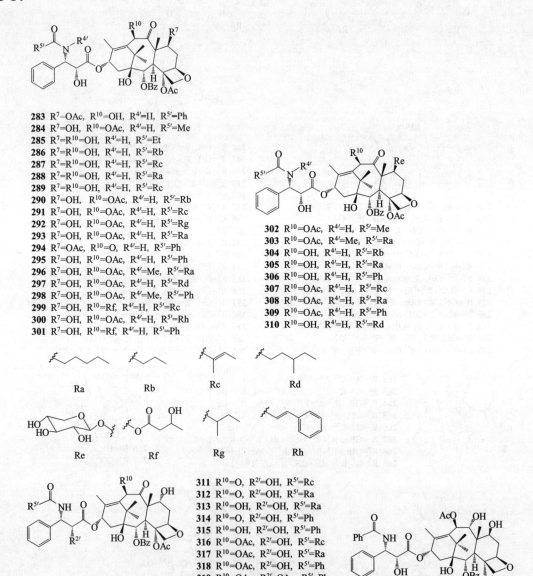

283 R^7-OAc, R^{10}=OH, $R^{4'}$=H, $R^{5'}$=Ph
284 R^7=OH, R^{10}=OAc, $R^{4'}$=H, $R^{5'}$=Me
285 R^7=R^{10}=OH, $R^{4'}$=H, $R^{5'}$=Et
286 R^7=R^{10}=OH, $R^{4'}$=H, $R^{5'}$=Rb
287 R^7=R^{10}=OH, $R^{4'}$=H, $R^{5'}$=Rc
288 R^7=R^{10}=OH, $R^{4'}$=H, $R^{5'}$=Ra
289 R^7=R^{10}=OH, $R^{4'}$=H, $R^{5'}$=Rc
290 R^7=OH, R^{10}=OAc, $R^{4'}$=H, $R^{5'}$=Rb
291 R^7=OH, R^{10}=OAc, $R^{4'}$=H, $R^{5'}$=Rc
292 R^7=OH, R^{10}=OAc, $R^{4'}$=H, $R^{5'}$=Rg
293 R^7=OH, R^{10}=OAc, $R^{4'}$=H, $R^{5'}$=Ra
294 R^7=OAc, R^{10}=O, $R^{4'}$=H, $R^{5'}$=Ph
295 R^7=OH, R^{10}=OAc, $R^{4'}$=Me, $R^{5'}$=Ra
296 R^7=OH, R^{10}=OAc, $R^{4'}$=Me, $R^{5'}$=Ra
297 R^7=OH, R^{10}=OAc, $R^{4'}$=H, $R^{5'}$=Rd
298 R^7=OH, R^{10}=OAc, $R^{4'}$=Me, $R^{5'}$=Ph
299 R^7=OH, R^{10}=Rf, $R^{4'}$=H, $R^{5'}$=Rc
300 R^7=OH, R^{10}=OAc, $R^{4'}$=H, $R^{5'}$=Rh
301 R^7=OH, R^{10}=Rf, $R^{4'}$=H, $R^{5'}$=Ph

302 R^{10}=OAc, $R^{4'}$=H, $R^{5'}$=Me
303 R^{10}=OAc, $R^{4'}$=Me, $R^{5'}$=Ra
304 R^{10}=OH, $R^{4'}$=H, $R^{5'}$=Rb
305 R^{10}=OH, $R^{4'}$=H, $R^{5'}$=Ra
306 R^{10}=OH, $R^{4'}$=H, $R^{5'}$=Ph
307 R^{10}=OAc, $R^{4'}$=H, $R^{5'}$=Rc
308 R^{10}=OAc, $R^{4'}$=H, $R^{5'}$=Ra
309 R^{10}=OAc, $R^{4'}$=H, $R^{5'}$=Ph
310 R^{10}=OH, $R^{4'}$=H, $R^{5'}$=Rd

Ra　　Rb　　Rc　　Rd

Re　　Rf　　Rg　　Rh

311 R^{10}=O, $R^{2'}$=OH, $R^{5'}$=Rc
312 R^{10}=O, $R^{2'}$=OH, $R^{5'}$=Ra
313 R^{10}=OH, $R^{2'}$=OH, $R^{5'}$=Ra
314 R^{10}=O, $R^{2'}$=OH, $R^{5'}$=Ph
315 R^{10}=OH, $R^{2'}$=OH, $R^{5'}$=Ph
316 R^{10}=OAc, $R^{2'}$=OH, $R^{5'}$=Rc
317 R^{10}=OAc, $R^{2'}$=OH, $R^{5'}$=Ra
318 R^{10}=OAc, $R^{2'}$=OH, $R^{5'}$=Ph
319 R^{10}=OAc, $R^{2'}$=OAc, $R^{5'}$=Ph
320 R^{10}=OAc, $R^{2'}$=OAc, $R^{5'}$=Rc

321

322　　**323**

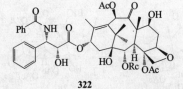 **具含氧丙环及苯基异丝氨酸侧链的紫杉烷**

这类紫杉烷就包括紫杉醇及其类似物如 Taxol C(**293**)、Taxol D(**290**) 以及三尖杉宁碱 (**291**)（从名称上看可能属于榧属，但来源于喜马拉雅红豆杉），仅是环上的取代及侧链 N-3 上取代不同。一些 C-7 与木糖成苷的紫杉醇及 7 位异构化的紫杉醇衍生物（**311~320**）也从不同的红豆杉中得到。巴卡亭Ⅲ的一些天然衍生物在碱性条件就可以使它们的 7 位羟基异构[49]。在这些紫杉烷中，四元 D 环被认为是活性必需的四大特征基团之一，*N*-methyl Taxol C(**296**) 与 Taxcultine(**290**) 在微管聚合实验中显示与紫杉醇相近的活性[50]。在研究体外细胞毒实验中，化合物 **283**（半数抑制量为 10nmol/L）对乳腺癌细胞系 MCF7 显示与三尖杉宁碱（半数抑制量为 6nmol/L）相似的细胞毒作用，但相对紫杉醇较弱（半数抑制量为 2nmol/L）[51]。

14. 6/8/6 环紫杉烷 15（图 3-17）：其他，见表 3-15

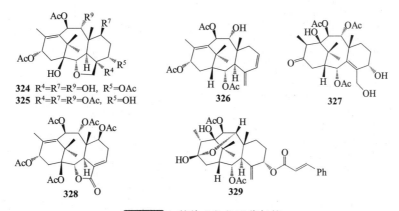

324 R⁴=R⁷=R⁹=OH, R⁵=OAc
325 R⁴=R⁷=R⁹=OAc, R⁵=OH
326
327
328
329

图 3-17 其他 6/8/6 环紫杉烷

Taxezopidine B(**327**) 是首例含有 C3＝C4 双键的紫杉烷；而化合物 **326** 是 6/8/6 环系中第一个含有 C-4(20)、C-5(6) 共轭双键的紫杉烷。这组紫杉烷中 9 位与 13 位形成氧桥的仅有化合物 **329**，使得化合物形成了新的 6/8/6/6 环系[52]。

15. 11(15→1) 重排紫杉烷 1（图 3-18）：含 4(20)，11(12) 双键的紫杉烷，见表 3-16

C-4(20) 双键是这类 11(15→1) 重排紫杉烷的特征结构。Brevifoliol 是分离得到的第一个具有这种骨架的二萜，但起初将其结构误定为 6/8/6 环系，后来才更正为 5/7/6 环[53]。事实上这种新的紫杉烷骨架早在 1992 年就被富士研究小组分离得到，但未引起人们的注意[54]。重排 11(15→1) 骨架的紫杉烷最初认为是紫杉醇的重排产物[34]，直至得到天然二萜 Brevifoliol 才将其确定为新的骨架类型[55,56]，且这种类型的化合物数量在逐渐增长。从日本红豆杉中得到的 Taxuspine A 是第一个准确确定结构的重排紫杉烷[29]。在酸性条件下 10-去乙酰基巴卡亭Ⅲ衍生物经过 Wagner-Meerwein 重排可以得到 11(15→1) 重排的紫杉烷[57,34,58]（图 3-19）。

16. 11(15→1) 重排紫杉烷 2（图 3-20）：具含氧丙环的紫杉烷，见表 3-17

这组重排的紫杉烷中仍不乏有少见的取代，如化合物 **390** 的 10 位巴豆酰基；化合物 **410**、**411** 的 C-13 肉桂酰基；而化合物 **407** 的 C-19 羟基。值得注意的是 11(15→1) 重排紫杉烷是紫杉烷提取物的主要成分，但与紫杉醇（含 13 位侧链）、Taxine B、1-hydroxytaxinine-type（含 13 位羰基及 5 位侧链）相对应的重排紫杉烷却没有分离到。化合物 **408**[59] 的 C-9、C-10 含两个邻近的羰基，是分离得到的第一个 C-15 位被苯甲酰基取代的 11(15→1) 重排紫杉烷。据报道含 C-9、C-10 两个相邻酮基的重排紫杉烷可以很容易地转化为 Wallifoliol。

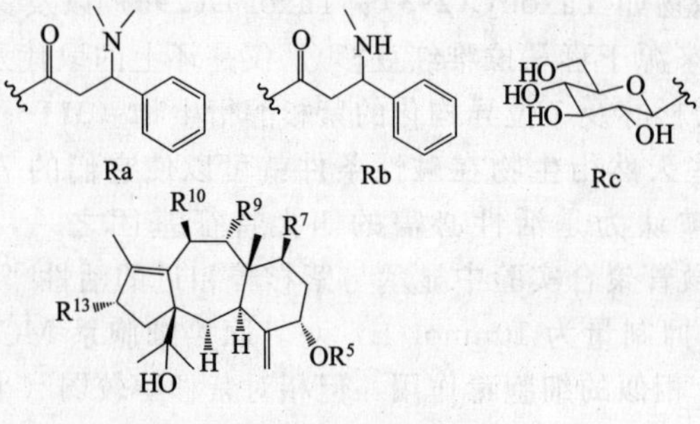

330 R⁵=Cinn, R⁷=H, R⁹=OAc, R¹⁰=R¹³=OH
331 R⁵=Cinn, R⁷=H, R⁹=R¹⁰=R¹³=OAc
332 R⁵=Cinn, R⁷=H, R⁹=R¹³=OAc, R¹⁰=OH
333 R⁵=R⁷=H, R⁹=R¹⁰=OAc, R¹³=OH
334 R⁵=R⁷=H, R⁹=R¹⁰=R¹³=OAc
335 R⁵=Cinn, R⁷=H, R⁹=R¹³=OAc, R¹⁰=OBz
336 R⁵=Rb, R⁷=H, R⁹=R¹⁰=OH, R¹³=OAc
337 R⁵=R⁷=H, R⁹=R¹³=OAc, R¹⁰=OH
338 R⁵=Ra, R⁷=H, R⁹=R¹³=OAc, R¹⁰=OBz
339 R⁵=Cinn, R⁷=H, R⁹=R¹⁰=OH, R¹³=OAc
340 R⁵=Ac, R⁷=H, R⁹=R¹⁰=R¹³=OAc
341 R⁵=H, R⁷=R⁹=R¹³=OAc, R¹⁰=OH
342 R⁵=H, R⁷=R⁹=R¹³=OAc, R¹⁰=OAc
343 R⁵=H, R⁷=R⁹=R¹⁰=OAc, R¹³=OH
344 R⁵=H, R⁷=OAc, R⁹=OBz, R¹⁰=R¹³=OH
345 R⁵=Ac, R⁷=R⁹=R¹⁰=R¹³=OAc
346 R⁵=H, R⁷=R⁹=OAc, R¹⁰=OBz, R¹³=OH
347 R⁵=H, R⁷=R⁹=R¹³=OAc, R¹⁰=OBz
348 R⁵=H, R⁷=R¹⁰=R¹³=OAc, R⁹=OBz
349 R⁵=Cinn, R⁷=R⁹=R¹³=OAc, R¹⁰=OH
350 R⁵=Cinn, R⁷=R⁹=R¹⁰=R¹³=OAc
351 R⁵=Cinn, R⁷=R⁹=OAc, R¹⁰=OBz, R¹³=OH
352 R⁵=Cinn, R⁷=R⁹=R¹³=OAc, R¹⁰=OBz
353 R⁵=Rb, R⁷=R⁹=R¹³=OAc, R¹⁰=OBz
354 R⁵=Ra, R⁷=R⁹=R¹³=OAc, R¹⁰=OBz
355 R⁵=R¹⁰=H, R⁷=R⁹=OAc, R¹³=O
356 R⁵=H, R⁷=R⁹=R¹⁰=R¹³=OAc

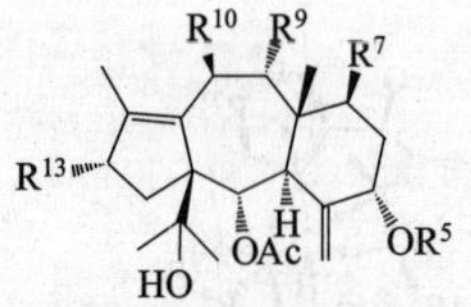

357 R⁵=Cinn, R⁷=OAc, R⁹=OBz, R¹⁰=R¹³=OH
358 R⁵=H, R⁷=R¹⁰=OH, R⁹=OBz, R¹³=O
359 R⁵=H, R⁷=OH, R⁹=R¹⁰=OAc, R¹³=O
360 R⁵=H, R⁷=R⁹=OAc, R¹⁰=R¹³=OH
361 R⁵=R⁷=H, R⁹=R¹⁰=R¹³=OAc
362 R⁵=R⁷=H, R⁹=R¹³=OAc, R¹⁰=OAc
363 R⁵=R⁷=H, R⁹=OAc, R¹⁰=OBz, R¹³=O
364 R⁵=H, R⁷=OAc, R⁹=OBz, R¹⁰=R¹³=OH
365 R⁵=H, R⁷=R⁹=OAc, R¹⁰=OBz, R¹³=O
366 R⁵=H, R⁷=R⁹=OAc, R¹⁰=OBz, R¹³=OH
367 R⁵=H, R⁷=R¹³=OAc, R⁹=OBz, R¹⁰=OH
368 R⁵=H, R⁷=R⁹=R¹³=OAc, R¹⁰=OBz
369 R⁵=Cinn, R⁷=R⁹=R¹⁰=OAc, R¹³=OAc
370 R⁵=Ra, R⁷=H, R⁹=R¹⁰=R¹³=OAc
371 R⁵=H, R⁷=R⁹=OAc, R¹⁰=OBz, R¹³=OCinn
372 R⁵=Rc, R⁷=H, R⁹=OAc, R¹⁰=OBz, R¹³=OCinn
373 R⁵=R⁷=R¹⁰=H, R⁹=OAc, R¹³=O

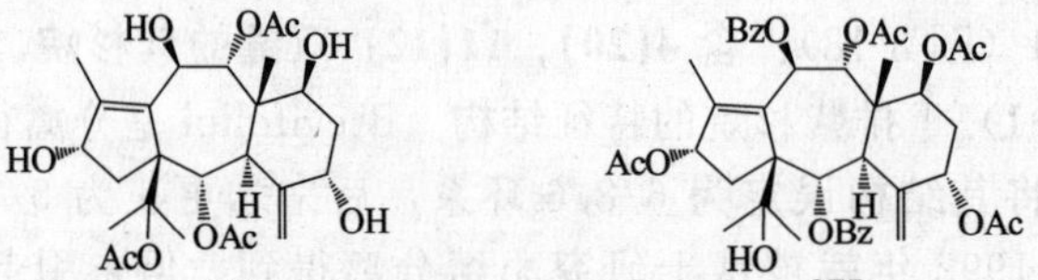

374

375

图 3-18   含 4(20)，11(12) 双键的紫杉烷

图 3-19   11(15→1) 重排紫杉烷可能的生物转化

17. 11(15→1) 重排紫杉烷 3 （图 3-21）：环氧丙环开环的紫杉烷，见表 3-18

　　环氧丙环或环氧乙环开环的 11(15→1) 重排紫杉烷也是一类较常见的二萜。从中国红豆杉中得到的 Taxuchin B（432）是第一个含氯的紫杉烷。Taxuyumanines W（435）、Tax-uyunnanines X（436）是近年来从云南红豆杉树皮中分离得到的两个紫杉烷原酯[60]。有研究报道一个原酯 4-deacetyl-5-epi-20,O-secotaxol-4,5,20-ortho-acetate 是紫杉醇与 Meerwein 试剂反应的中间体，该化合物最终可以使环氧丙环开环[34]。

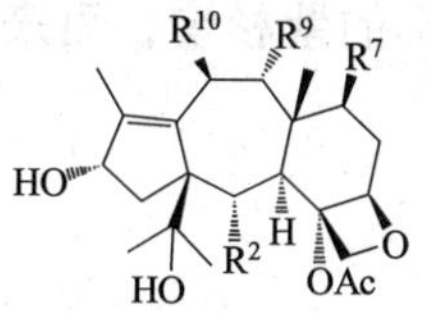

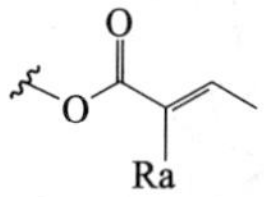

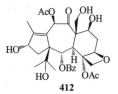

376 $R^2=R^7=R^9=R^{10}=OAc$
377 $R^2=R^7=R^{10}=OAc$, $R^9=OH$
378 $R^2=OAc$, $R^7=OBz$, $R^9=R^{10}=OH$
379 $R^2=OBz$, $R^7=OAc$, $R^9=R^{10}=OH$
380 $R^2=R^{10}=OH$, $R^7=OAc$, $R^9=OBz$
381 $R^2=OAc$, $R^7=R^9=R^{10}=OH$
382 $R^2=R^7=OAc$, $R^9=R^{10}=OH$
383 $R^2=OBz$, $R^7=R^9=R^{10}=OH$
384 $R^2=R^7=R^9=OAc$, $R^{10}=OH$
385 $R^2=OAc$, $R^7=R^{10}=OH$, $R^9=OBz$
386 $R^2=OAc$, $R^7=R^9=OH$, $R^{10}=OBz$
387 $R^2=R^7=OAc$, $R^9=OH$, $R^{10}=OBz$
388 $R^2=OBz$, $R^7=R^9=OAc$, $R^{10}=OH$
389 $R^2=R^7=OAc$, $R^9=OBz$, $R^{10}=OH$
390 $R^2=R^7=R^9=OAc$, $R^{10}=Ra$
391 $R^2=R^7=OBz$, $R^9=R^{10}=OH$
392 $R^2=R^7=R^9=OAc$, $R^{10}=OBz$
393 $R^2=R^9=OBz$, $R^7=OAc$, $R^{10}=OH$

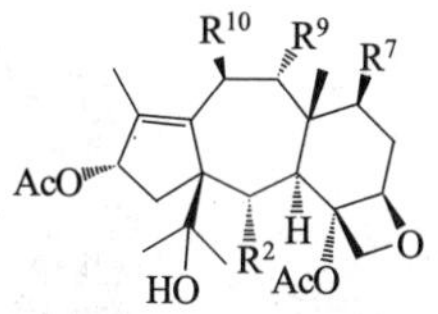

394 $R^2=OBz$, $R^7=R^9=R^{10}=OH$
395 $R^2=R^7=R^9=OAc$, $R^{10}=OH$
396 $R^2=R^7=OAc$, $R^9=OBz$, $R^{10}=OH$
397 $R^2=R^7=R^9=OAc$, $R^{10}=OBz$
398 $R^2=R^9=OBz$, $R^7=OAc$, $R^{10}=OH$
399 $R^2=R^9=OBz$, $R^7=R^{10}=OH$
400 $R^2=R^7=OBz$, $R^9=R^{10}=OAc$
401 $R^2=R^{10}=OBz$, $R^7=R^9=OAc$
402 $R^2=R^7=OBz$, $R^9=OAc$, $R^{10}=OH$
403 $R^2=R^9=R^{10}=OBz$, $R^7=OH$
404 $R^2=R^9=R^{10}=OBz$, $R^7=OH$
405 $R^2=R^7=R^9=OBz$, $R^{10}=OH$
406 $R^2=R^7=R^{10}=OBz$, $R^9=OAc$
407 $R^2=R^9=R^{10}=OBz$, $R^7=OAc$

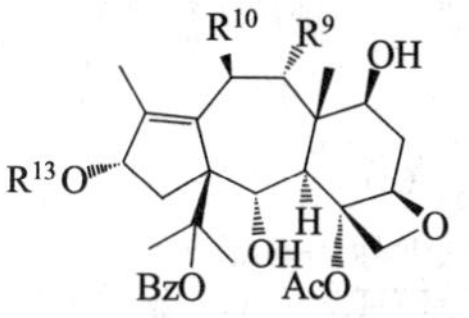

408 $R^9=R^{10}=O$, $R^{13}=H$
409 $R^9=OH$, $R^{10}=OAc$, $R^{13}=Ac$

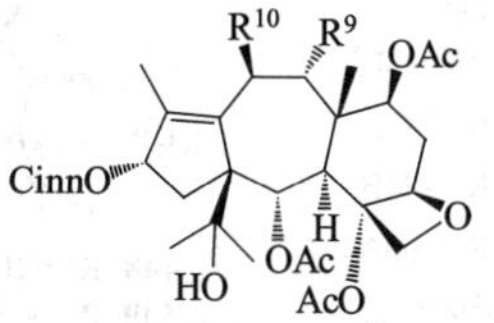

410 $R^9=OBz$, $R^{10}=OH$
411 $R^9=OAc$, $R^{10}=OBz$

412

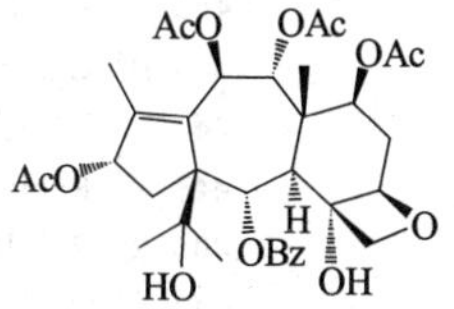

413

图 3-20 具含氧丙环的紫杉烷

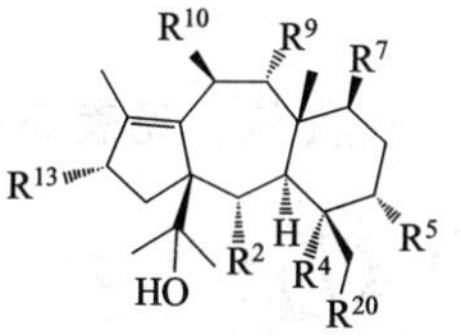

414 $R^2=R^{10}=OH$, $R^5=R^7=R^9=R^{13}=R^{20}=OAc$, $R^4=H$
415 $R^2=R^{10}=R^{13}=OH$, $R^5=R^7=R^9=R^{20}=OAc$, $R^4=H$
416 $R^2=R^4=R^7=R^9=R^{10}=R^{13}=OH$, $R^5=OAc$, $R^{20}=OBz$
417 $R^2=OBz$, $R^4=R^5=R^7=R^9=R^{10}=R^{13}=OH$, $R^{20}=OAc$
418 $R^2=R^{10}=R^{13}=R^{20}=OH$, $R^5=R^7=R^9=OAc$, $R^4=H$
419 $R^2=R^{13}=R^{20}=OH$, $R^5=R^7=R^9=R^{10}=OAc$, $R^4=H$
420 $R^2=R^5=R^{10}=R^{13}=R^{20}=OH$, $R^7=R^9=OAc$, $R^4=H$
421 $R^2=R^5=R^{13}=R^{20}=OH$, $R^7=R^9=R^{10}=OAc$, $R^4=H$
422 $R^2=R^4=R^5=R^7=R^9=R^{10}=R^{13}=OH$, $R^{20}=OBz$
423 $R^2=R^4=R^5=R^7=R^9=R^{10}=R^{13}=R^{20}=OH$
424 $R^2=R^4=R^7=R^9=R^{10}=R^{13}=OH$, $R^5=R^{20}=OAc$

425 $R^2=R^4=R^7=R^9=R^{13}=OH$, $R^5=R^{20}=OAc$, $R^{10}=OBz$
426 $R^2=R^{10}=R^{20}=OH$, $R^5=R^7=R^9=R^{13}=OAc$, $R^4=H$
427 $R^2=R^4=R^{10}=R^{13}=OH$, $R^5=R^7=R^{20}=OAc$, $R^9=OBz$
428 $R^2=R^{10}=R^{13}=OH$, $R^5=R^7=R^{20}=OAc$, $R^9=OBz$, $R^4=H$
429 $R^2=R^5=R^7=R^9=OAc$, $R^{10}=R^{13}=R^{20}=OH$, $R^4=H$
430 $R^2=R^{13}=OH$, $R^5=R^7=R^9=R^{10}=R^{20}=OAc$, $R^4=H$
431 $R^2=R^5=R^7=R^9=R^{20}=OAc$, $R^{10}=R^{13}=OH$, $R^4=H$
432 $R^2=R^7=OAc$, $R^4=R^5=R^{10}=R^{13}=OH$, $R^9=OBz$, $R^{20}=Cl$
433 $R^2=R^5=R^7=R^9=R^{13}=R^{20}=OAc$, $R^4=H$, $R^{10}=OH$
434 $R^2=R^4=R^{13}=OH$, $R^5=R^7=R^9=R^{20}=OAc$, $R^{10}=OBz$

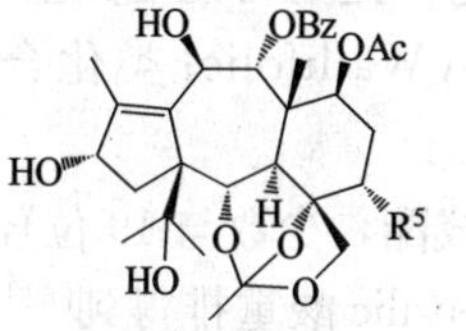

435 $R^5=OAc$
436 $R^5=OH$

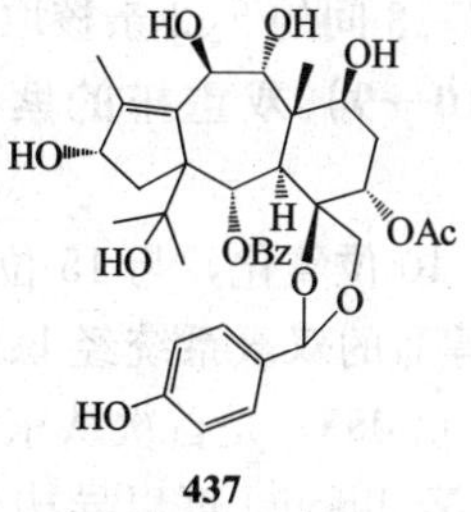

437

图 3-21 环氧丙环开环的紫杉烷

18. 11(15→1) 重排紫杉烷 4（图 3-22）：**具 4,20-含氧乙环的紫杉烷，见表 3-19**

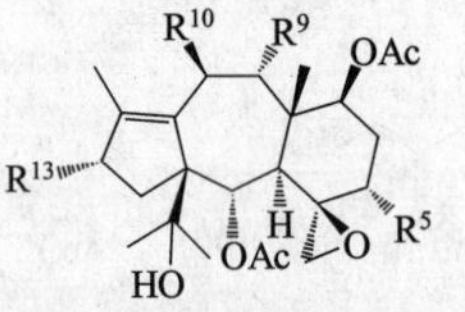

438 R^5=R^{10}=R^{13}=OH, R^9=OBz
439 R^5=R^9=R^{10}=R^{13}=OAc

图 3-22 具 4,20-含氧乙环的紫杉烷

19. 11(15→1) 重排紫杉烷 5（图 3-23）：**具 2,20 氧桥的紫杉烷，见表 3-20**

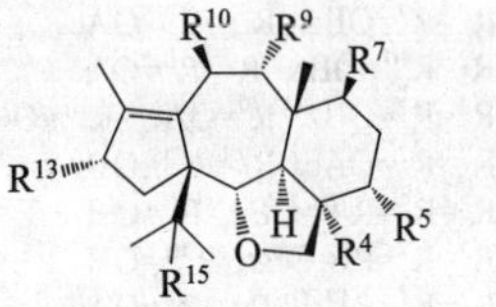

440 R^4=R^7=R^9=R^{10}=R^{13}=OAc, R^5=OH, R^{15}=OBz
441 R^4=R^5=R^{13}=OH, R^7=R^9=R^{10}=OAc, R^{15}=OBz
442 R^4=R^5=R^{10}=R^{13}=OH, R^7=OAc, R^9=OBz, R^{15}=OH
443 R^4=OBz, R^5=R^7=R^9=OAc, R^{10}=R^{13}=OH, R^{15}=OH
444 R^4=R^{13}=OAc, R^5=R^{10}=OH, R^9=OBz, R^{15}=OH
445 R^4=R^5=R^{13}=OH, R^7=R^9=OAc, R^{10}=OBz, R^{15}=OAc
446 R^4=R^{10}=R^{13}=OAc, R^5=R^7=R^9=OH, R^{15}=OBz
447 R^4=R^7=R^9=R^{10}=R^{15}=OAc, R^5=R^{13}=OH

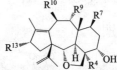

448 R^4=OH, R^7=R^9=R^{10}=R^{13}=OAc
449 R^4=R^{13}=OH, R^7=R^9=R^{10}=OAc
450 R^4=R^{13}=OAc, R^7=R^9=R^{10}=OH

图 3-23 具 2,20 氧桥的紫杉烷

这个类型的紫杉烷的 C-2(20) 组成了一个新的环系，到目前为止，仅从红豆杉属的 5 个种中得到过。

20. 11(15→1) 重排紫杉烷 6（图 3-24）：**其他，见表 3-21**

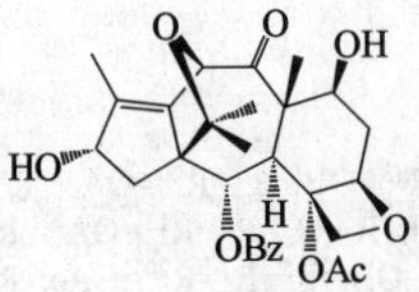

451 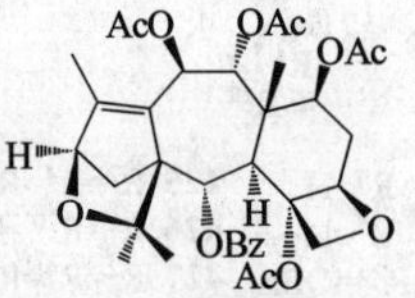   452 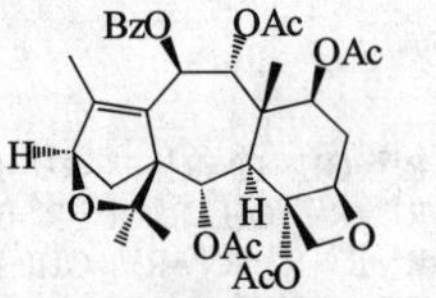   453

图 3-24 11(15→1) 重排紫杉烷 6

化合物 **451** 除了从红豆杉中分离得到过，也是 10-deacetylbaccatinⅢ在酸降解反应中的副产物[49]。在吡啶中加入甲磺酰氯可使 Taxayunnansin A 很好地转化为化合物 **453**（产率达 99%），反应机制可能是 15-OH 与 C-13 间的 S$_N$2 亲核取代反应，这也可能是其生物合成途径[61]。

21. 11(15→1)，11(10→9) 双重排的紫杉烷（Wallifoliol 类化合物）（图 3-25），**见表 3-22**

这组双重排的二萜多在 10 位氧化，与 15 位羟基成酯，少数与 19 位羟基酯化。可能是 10-去氢-10-去乙酰基重排巴卡亭Ⅲ的双氧系统经 benzil-benzilic 酸重排得到[62]。Wallifoliol（化合物 **460**）和 Tasumatrol H（化合物 **455**）是首次从东北红豆杉叶的甲醇提取物中分离得到的。需要注意的是溶于氘代氯仿后，Wallifoliol 可以异构化为 Tasumatrol H，D 环开环伴随 4 位乙酰基移位至 5 位、20 位羟基化（图 3-26），但室温下在氘代丙酮中 Wallifoliol 是很稳定的[63]。

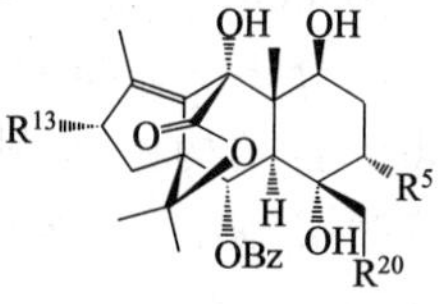

454 R⁵=R¹³=OH, R²⁰=OAc
455 R⁵=OAc, R¹³=R²⁰=OH
456 R⁵=OH, R¹³=H R²⁰=OAc
457 R⁵=R¹³=R²⁰=H

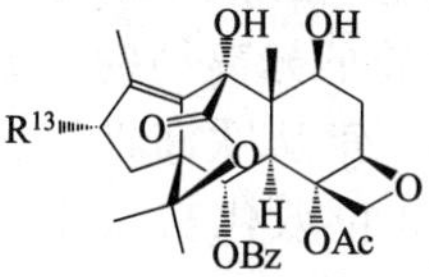

458 R¹³=OAc
459 R¹³=H
460 R¹³=OH

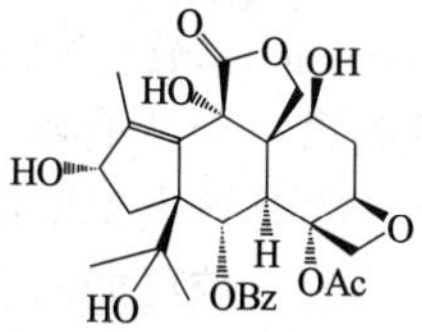

461

462 R⁵=OAc
463 R⁵=OH

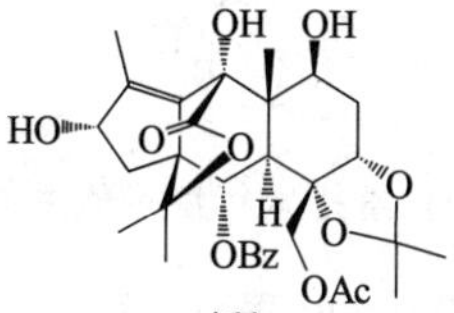

464

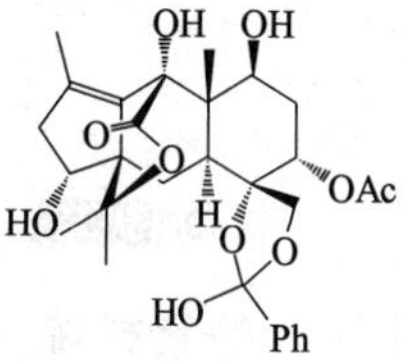

465

图 3-25 11(15→1)，11(10→9) 双重排的紫杉烷

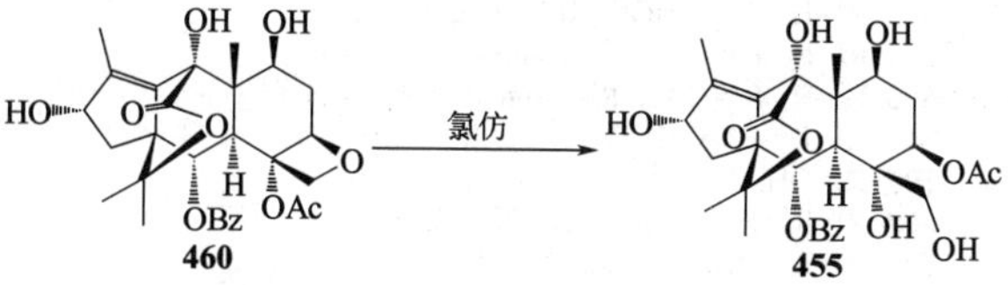

氯仿

460

455

图 3-26 Wallifoliol 在氯仿中异构化

22. 2(3→20) 重排紫杉烷（图 3-27），见表 3-23

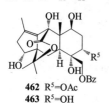

Ra

Rb

466 R²=R⁷=R¹⁰=OAc, R⁵=OCinn
467 R²=R¹⁰=OAc, R⁵=OCinn, R⁷=H
468 R²=R⁷=OAc, R⁵=Rb, R¹⁰=O
469 R²=R⁷=R¹⁰=OAc, R⁵=Ra
470 R²=R¹⁰=OH, R⁵=OCinn, R⁷=OAc
471 R²=R⁵=R⁷=R¹⁰=OAc
472 R²=R⁷=OAc, R⁵=Rb, R¹⁰=OH
473 R²=R⁷=OAc, R⁵=Ra, R¹⁰=OH
474 R²=R⁵=OAc, R⁷=OH, R¹⁰=O
475 R²=R⁵=R¹⁰=OH, R⁷=OAc
476 R²=R¹⁰=OAc, R⁵=H, R⁷=O
477 R²=OAc, R⁵=H, R⁷=O, R¹⁰=OH
478 R²=R⁵=OAc, R⁷=R¹⁰=OH
479 R²=R⁷=OH, R⁵=OCinn, R¹⁰=OAc

480 R²=OH, R⁵=OCinn, R⁷=R¹⁰=OAc
481 R²=R⁷=OAc, R⁵=OCinn, R¹⁰=O
482 R²=R⁵=R⁷=OAc, R¹⁰=OH
483 R²=OAc, R⁵=R⁷=R¹⁰=OH
484 R²=OH, R⁵=Rb, R⁷=R¹⁰=OAc
485 R²=R⁵=OH, R⁷=R¹⁰=OAc
486 R²=R⁷=OAc, R⁵=R¹⁰=OH
487 R²=R⁷=R¹⁰=OH, R⁵=OAc
488 R²=OAc, R⁵=OCinn, R⁷=R¹⁰=OH
489 R²=R⁷=R¹⁰=OH, R⁵=Ra
490 R²=R⁷=OAc, R⁵=OCinn, R¹⁰=OH
491 R²=OAc, R⁵=Ra, R⁷=R¹⁰=OH
492 R²=R⁷=R¹⁰=OH, R⁵=OCinn

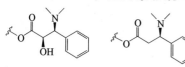

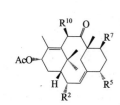

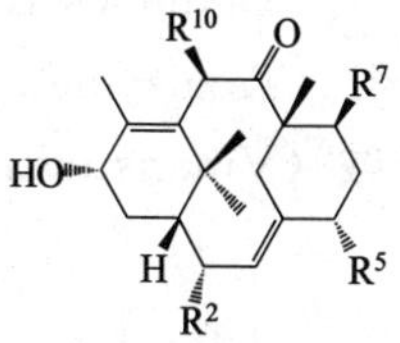

493 R²=R⁷=R¹⁰=OAc, R⁵=OH
494 R²=R⁷=OAc, R⁵=R¹⁰=OH
495 R²=R⁵=OH, R⁷=R¹⁰=OAc

496 R¹⁰=OAc
497 R¹⁰=OH

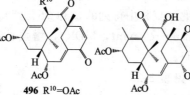

498

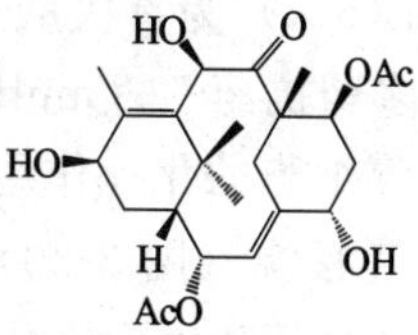

499

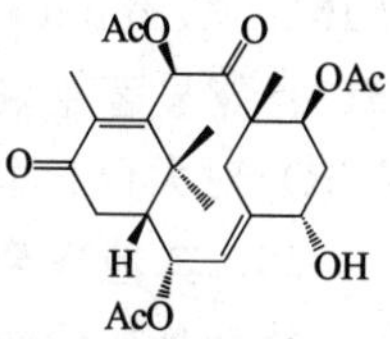

500

图 3-27 2(3→20) 重排紫杉烷

这个家族的化合物可能是紫杉烷生物合成中的中间体 Verticilladiene 经过不同的环合生成的[64]。Taxine A(化合物 **491**) 是最早分离到的 "Taxine" 的成分之一，也是 2(3→20) 重排紫杉烷的第一个化合物，于 1982 年从欧洲红豆杉中分离得到，结构由 X 射线衍射确定。化合物 **499** 是该类型中第一个 13 位取代基为 β 构型的二萜[65]。如图 3-28 所示，为 2(3→20) 重排紫杉烷可能的生物合成途径。

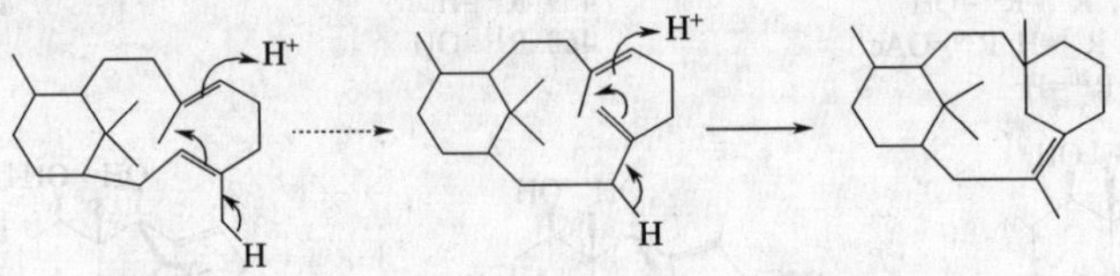

图 3-28   2(3→20) 重排紫杉烷可能生物合成途径

23. C-3,11 环合的紫杉烷（图 3-29），见表 3-24

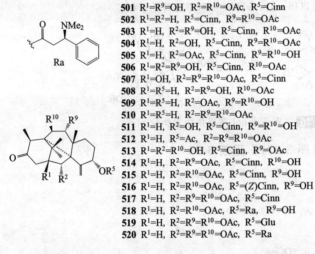

501 $R^1=R^9=OH$, $R^2=R^{10}=OAc$, $R^5=Cinn$
502 $R^1=R^2=H$, $R^5=Cinn$, $R^9=R^{10}=OAc$
503 $R^1=H$, $R^2=R^9=OH$, $R^5=Cinn$, $R^{10}=OAc$
504 $R^1=H$, $R^2=OH$, $R^5=Cinn$, $R^9=R^{10}=OAc$
505 $R^1=H$, $R^2=OAc$, $R^5=Cinn$, $R^9=R^{10}=OH$
506 $R^1=H$, $R^2=R^9=R^{10}=OAc$, $R^5=Cinn$
507 $R^1=OH$, $R^2=R^9=R^{10}=OAc$, $R^5=Cinn$
508 $R^1=R^5=H$, $R^2=R^9=OH$, $R^{10}=OAc$
509 $R^1=R^5=H$, $R^2=OAc$, $R^9=R^{10}=OH$
510 $R^1=R^5=H$, $R^2=R^9=R^{10}=OAc$
511 $R^1=H$, $R^2=OH$, $R^5=Cinn$, $R^9=R^{10}=OH$
512 $R^1=H$, $R^5=Ac$, $R^2=R^9=R^{10}=OAc$
513 $R^1=R^2=R^9=OAc$, $R^5=Cinn$, $R^{10}=OAc$
514 $R^1=H$, $R^2=R^9=OAc$, $R^5=Cinn$, $R^{10}=OH$
515 $R^1=H$, $R^2=R^{10}=OAc$, $R^5=Cinn$, $R^9=OH$
516 $R^1=H$, $R^2=R^{10}=OAc$, $R^5=(Z)Cinn$, $R^9=OH$
517 $R^1=H$, $R^2=R^9=R^{10}=OAc$, $R^5=Cinn$
518 $R^1=H$, $R^2=R^{10}=OAc$, $R^5=Ra$, $R^9=OH$
519 $R^1=H$, $R^2=R^9=R^{10}=OAc$, $R^5=Glu$
520 $R^1=H$, $R^2=R^9=R^{10}=OAc$, $R^5=Ra$

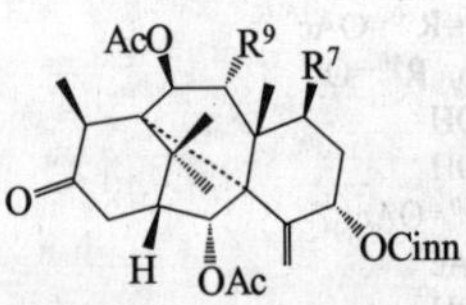

521 $R^7=R^9=OAc$
522 $R^7=R^9=OH$

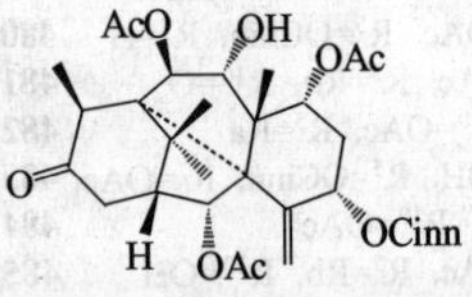

523

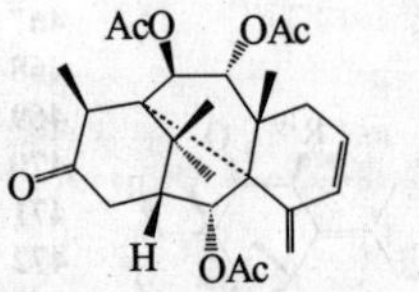

524

图 3-29   C-3,11 环合的紫杉烷

这 24 个化合物都有 C-13 酮基，5 位大多被肉桂酰基取代。有报道照射相应的 13-oxo-taxa-11-enes 可使 C-3、C-11 成键但不能得到 13 位侧链光学纯的异构体[66]。Taxinines K (**510**)、Taxinines L(**512**) 为首次从东北红豆杉中得到的 3,11-环化紫杉烷[29]。Taxuspine C (**517**) 能显著克服多药抗药性（multi-drug resistant，MDR），增强长春新碱（Vincristine，VCR）对大鼠 P_{388} 癌细胞的化疗作用[67]。

24. 其他环合紫杉烷（图 3-30），见表 3-25

这种骨架的紫杉烷是从加拿大红豆杉的叶中分离得到的。化合物 **530**[68] 是首例具有 5/5/4/6/6/6 环系的二萜，也是目前紫杉烷家族中结构最复杂的化合物，对这个家族结构多样性是一个新的补充。如图 3-31 所示为化合物 525～527 的可能生物合成途径。同时一个具有

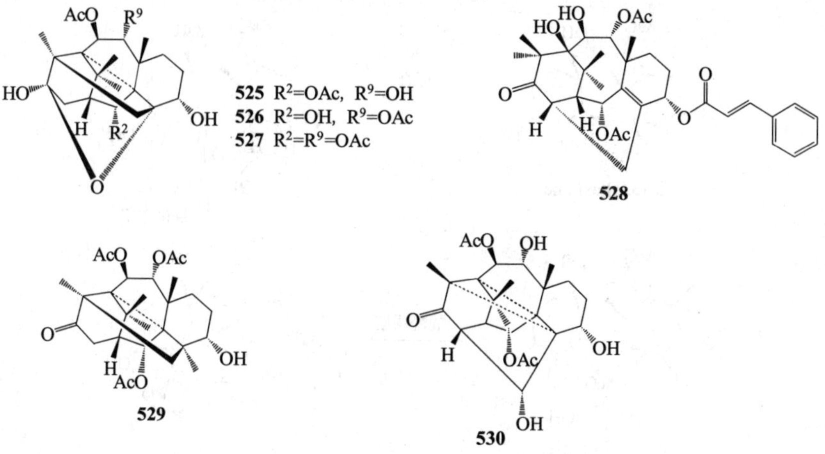

图 3-30 其他环合紫杉烷

类似笼状结构的化合物 **526** 也从加拿大红豆杉中得到[69]，这提示化合物 **530** 可能由一个四环的紫杉烷前体形成（图 3-32）。

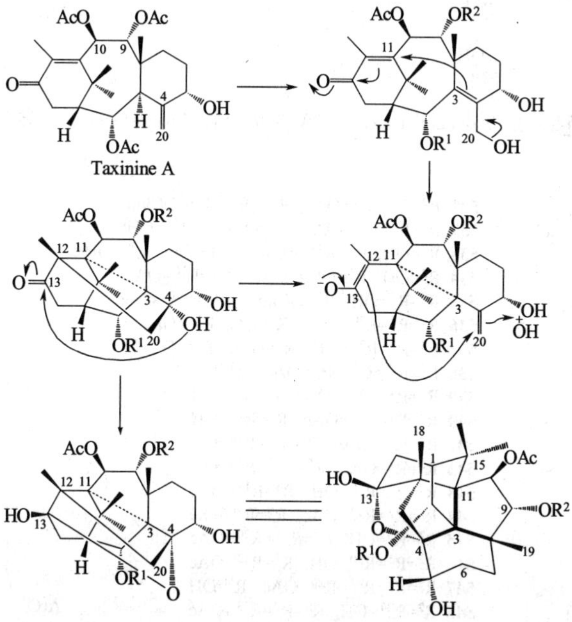

图 3-31 化合物 **525**，**526**，**527** 的可能生物合成途径

25. 双环紫杉烷 1（图 3-33）：**C₃**，**C₈** 开环，含 **3，8，11** 位双键的紫杉烷，见表 3-26

双环紫杉烷是由 6 元 A 环和 12 元 B 环组成的 3、8 位开环紫杉烷，代表化合物如 Taxachitrienes A（**547**）、Taxachitrienes B（**548**）[70]、Canadensene（**557**）[71]、5-*epi*-canadensene（**544**）。该类型的紫杉烷 1995 年被两个小组同时报道，分别从中国红豆杉和加拿大红豆杉中得到，直至现在，双环紫杉烷也主要从加拿大红豆杉、中国红豆杉和日本红豆杉中得到。这些化合物多含有 3 个双键、10 位乙酰基、部分在 C-4 由肉桂酰基取代。有趣的是 Canadensene 是唯一一个 5 位取代基为 β 构型的双环紫杉烷。5-*epi*-canadensene 最早从中国红豆杉中得到，尽管发现二者的 ¹H-NMR，¹³C-NMR 数据不同[72]，仍被误认为是 Canadensene。Canadensene 的空间构型是一个典型的杯状结构[73]，分子模型研究计算得出它的

环合
9-deacetyltaxinine A
A
氧化作用
醇醛反应
B
C
[2+2]环加成
530

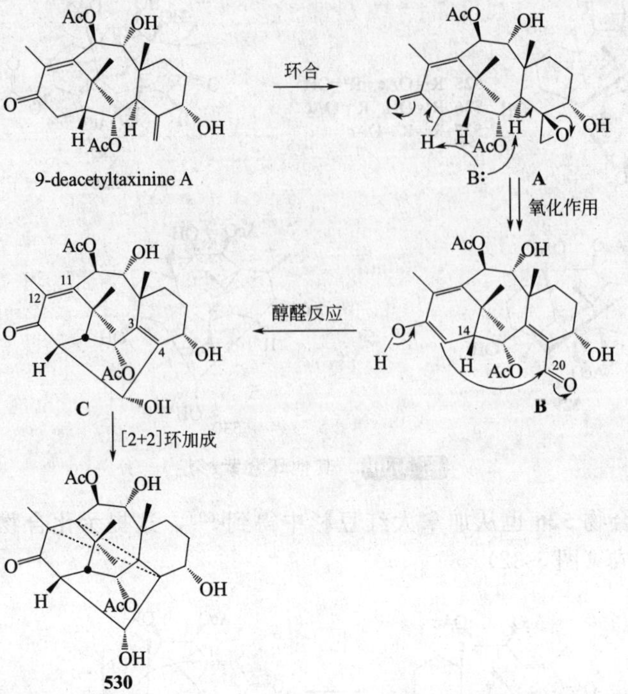

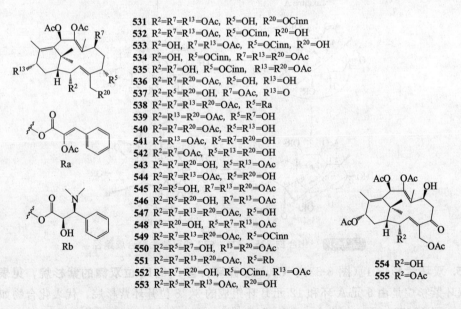

图 3-32　由 9-deacetyltaxinine A 向化合物 **530** 的假设生物转化途径

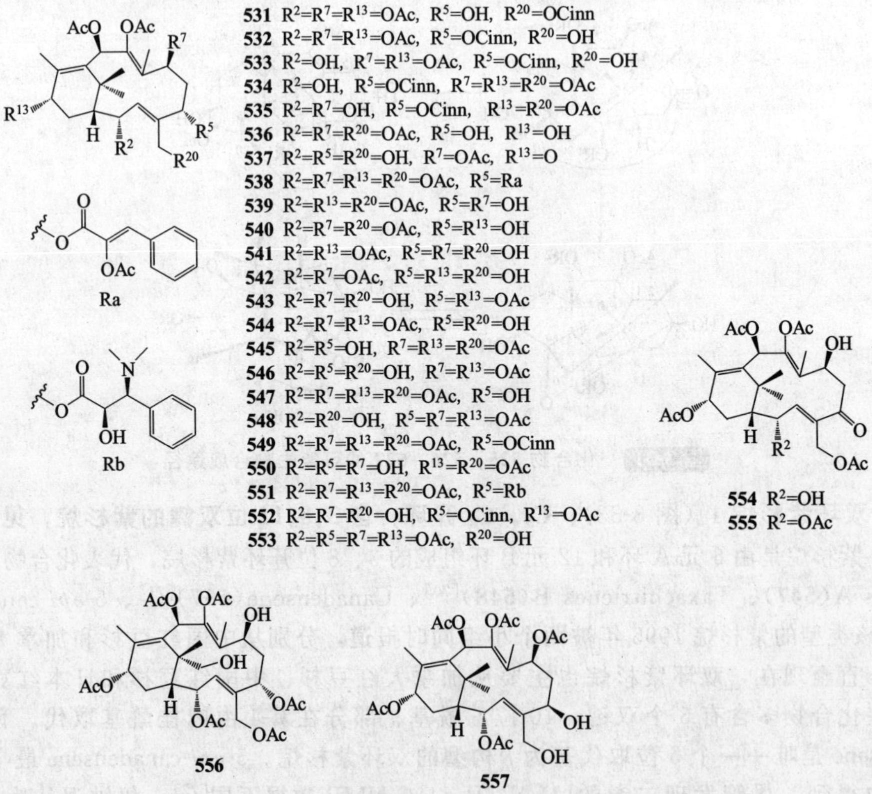

531 R²=R⁷=R¹³=OAc, R⁵=OH, R²⁰=OCinn
532 R²=R⁷=R¹³=OAc, R⁵=OCinn, R²⁰=OH
533 R²=OH, R⁷=R¹³=OAc, R⁵=OCinn, R²⁰=OH
534 R²=OH, R⁵=OCinn, R⁷=R¹³=R²⁰=OAc
535 R²=R⁷=OH, R⁵=OCinn, R¹³=R²⁰=OAc
536 R²=R⁷=R²⁰=OAc, R⁵=OH, R¹³=OH
537 R²=R⁵=R²⁰=OH, R⁷=OAc, R¹³=O
538 R²=R⁷=R¹³=R²⁰=OAc, R⁵=Ra
539 R²=R¹³=R²⁰=OAc, R⁵=R⁷=OH
540 R²=R⁷=R²⁰=OAc, R⁵=R¹³=OH
541 R²=R¹³=OAc, R⁵=R⁷=R²⁰=OH
542 R²=R⁷=OAc, R⁵=R¹³=R²⁰=OH
543 R²=R⁷=R²⁰=OH, R⁵=R¹³=OAc
544 R²=R⁷=R¹³=OAc, R⁵=R²⁰=OH
545 R²=R⁵=OH, R⁷=R¹³=R²⁰=OAc
546 R²=R⁵=R²⁰=OH, R⁷=R¹³=OAc
547 R²=R⁷=R¹³=R²⁰=OAc, R⁵=OH
548 R²=R²⁰=OH, R⁵=R⁷=R¹³=OAc
549 R²=R⁷=R¹³=R²⁰=OAc, R⁵=OCinn
550 R²=R⁵=R⁷=OH, R¹³=R²⁰=OAc
551 R²=R⁷=R¹³=R²⁰=OAc, R⁵=Rb
552 R²=R⁷=R²⁰=OH, R⁵=OCinn, R¹³=OAc
553 R²=R⁵=R⁷=R¹³=OAc, R²⁰=OH
Ra
Rb
554 R²=OH
555 R²=OAc
556
557

图 3-33　双环紫杉烷 1

5-OH 与 20-OH 间氧原子的距离是 4.27Å，而 5-*epi*-canadensene 是 3.08Å（5-OH 与邻近氢的距离，图3-34）。因为后者的两个羟基在空间上更接近，所以好像更倾向于环合成环氧丙环。那么可以这样推测：二者当中一个可以形成其他紫杉烷，另外一个则是终极代谢产物。Zamir 小组早期研究中提出植物的不同采收期可能得到两种不同的异构体。这类化合物的生物合成仍不清楚，存在很多疑点。如：为什么仅在很少的几个红豆杉种中得到过这类化合物；为什么仅在加拿大红豆杉中同时发现 5 位取代基的异构体。分子模型研究发现双环紫杉烷的空间构型与紫杉醇相似，也可与模拟受体很好地结合，因此部分化合物可能也有稳定微管的作用[74,32]，而试验中 Taxuspine X(**549**) 确实表现出很好的抗多药耐药性[28]。

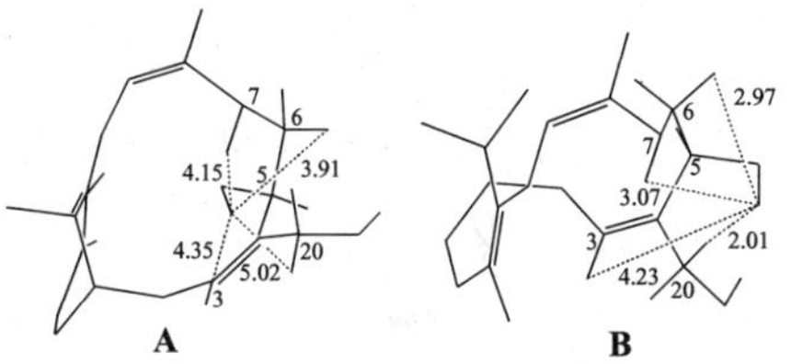

图 3-34　（**A**）Canadensene (557) 和（**B**）5-*epi*-canadensene (544) 的最低能量分子模型

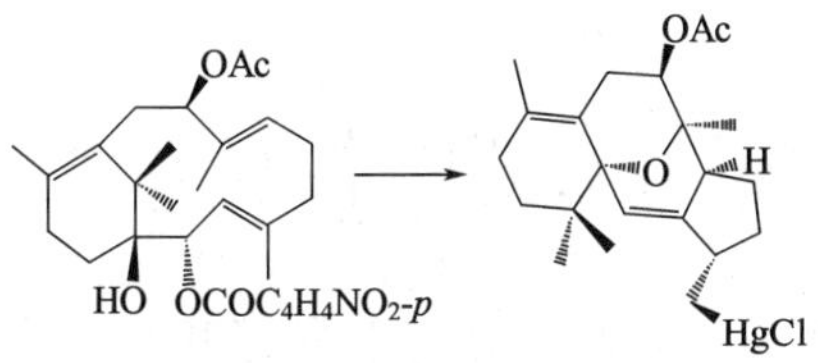

图 3-35　3,8 开环紫杉烷环合产物

　　加拿大红豆杉紫杉烷的多样化给我们推测紫杉烷生物合成提供了一些思路[75]。有研究认为 geranylgeranyl diphosphate 首先环合成中间体 verticillene[76]。初始的 verticillyl 碳正离子进行质子迁移可能形成常见的紫杉烷环系，双环紫杉烷的形成可以推测为碳正离子没有进行质子迁移，而是淬灭在双环阶段，即形成了开环二萜。而将双环环合成三环紫杉烷的尝试并没有成功[71]，有的得到一些意料之外的产物（图 3-35）[77]。这些结果又提示了另外一条生物合成途径，即双环紫杉烷可能由三环紫杉烷转化而来，如图 3-36 所示[29,78]。但从一个高度氧化的三环紫杉烷[73]经开环得到双环紫杉烷是有很大争议的，因为至今没有报道过通过化学手段或体内试验完成这种转化。双环紫杉烷的生物合成还有待进一步研究和探讨。

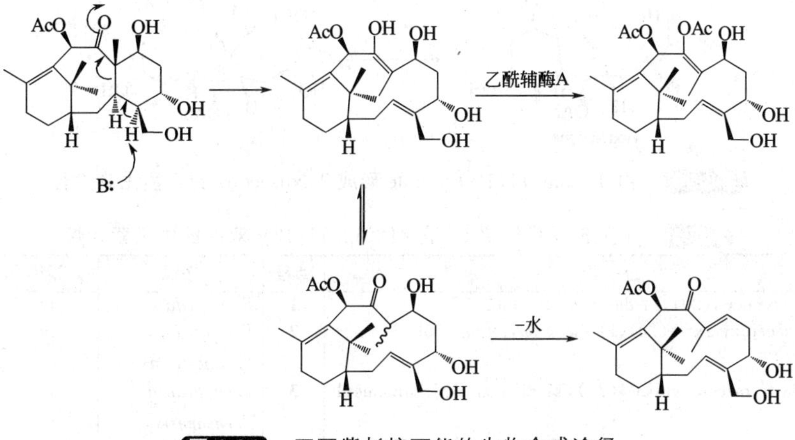

图 3-36　双环紫杉烷可能的生物合成途径

26. 双环紫杉烷 2（图 3-37）：**3,8 开环，含 3,7,11 双键及 9 位酮基的紫杉烷，见表 3-27**

558 R²=R⁵=R¹³=R²⁰=OAc
559 R²=R¹³=R²⁰=OAc, R⁵=OH
560 R²=R⁵=R¹³=OAc, R²⁰=OH
561 R²=R⁵=R²⁰=OH, R¹³=OAc
562 R²=OAc, R⁵=R¹³=R²⁰=OH
563 R²=R¹³=OAc, R⁵=R²⁰=OH

图 3-37 双环紫杉烷 2

27. 双环紫杉烷 3（图 3-38）：**3,8 开环，含 2,6,9 三羟基的紫杉烷，见表 3-28**

564

图 3-38 双环紫杉烷 3

28. 双环紫杉烷 4（图 3-39）：**11,12 开环紫杉烷，见表 3-29，可能的生物合成途径见图 3-40**

565

图 3-39 双环紫杉烷 4

decinnamoyl-taxinine B-11,12-oxide
水解
逆醛醇反应
Taxusecone

图 3-40 由 Taxane 11,12-Epoxide 形成 Taxusecone 的可能生物途径

表 3-1 6/8/6-环紫杉烷 1：含 4(20)，11(12) 双键的中性紫杉烷

化 合 物	编号	来源	部位	参考文献
5α,13α-diacetoxytaxa-4(20),11-diene-9α,10β-diol	1	*T. cuspidata*	lv	[79]
2α,10β,13α-triacetoxytaxa-4(20),11-diene-5α,7β,9α-triol	2	*T. cuspidata*	lv	[79]
		T. canadensis		[80]
2α,9α,10β,13α-tetraacetoxytaxa-4(20),11-dien-5α-ol(decinnamoyl-taxinine E)	3	*T. cuspidata*	lv	[81]
		T. chinensis	sd	[82]
2α,10β,13α-triacetoxytaxa-4(20),11-diene-5α,9α-diol	4	*T. canadensis*	lv	[83]

续表

化 合 物	编号	来源	部位	参考文献
$2\alpha,9\alpha,13\alpha$-triacetoxytaxa-4(20),11-diene-$5\alpha,10\beta$-diol	5	*T. canadensis*	lv	[83]
$5\alpha,9\alpha,10\beta,13\alpha$-tetraacetoxy-4(20),11-taxadiene(taxusin)	6	*T. baccata*	hw	[84,85]
		T. mairei	hw	[86,87]
		T. cuspidata	hw	[88]
$2\alpha,5\alpha,7\beta,9\alpha,10\beta,13\alpha$-hexa-acetoxy-4(20),11-taxadiene	7	*T. chinensis*	lv,st	[89]
taxuyunnanine D	8	*T. yunnanensis*	rt	[90]
$2\alpha,5\alpha,9\alpha$-trihydroxy-$10\beta,13\alpha$-diacetoxytaxa-4(20),11-diene	9	*T. chinensis*	lv	[91]
5α-hydroxy-$9\alpha,10\beta,13\alpha$-tri-acetoxytaxa-4(20),11-diene	10	*T. mairei*	tw	[92]
2-deacetyldecinnamoyltaxinine E	11	*T. baccata*	lv	[93]
$1\beta,7\beta,9\alpha$-trihydroxy-$5\alpha,10\beta,13\alpha$-tri-acetoxytaxa-4(20),11-diene(taxawallin G)	12	*T. wallichiana*	lv	[94]
2-deacetoxy-5-decinnamoyltaxinine J	13	*T. yunnanensis*	bk	[95]
		T. wallichiana	bk	[96]
		T. baccata	lv	[93]
$2\alpha,5\alpha,9\alpha,10\beta,13\alpha$-pentaacetoxy-4(20),11-taxadiene	14	*T. baccata*	hw	[84]
$5\alpha,7\beta,9\alpha,10\beta,13\alpha$-pentaacetoxy-4(20),11-taxadiene	15	*T. baccata*	hw	[84]
		T. mairei	hw	[97]
5α-hydroxy-$2\alpha,7\beta,9\alpha,10\beta,13\alpha$-tetra-acetoxy-4(20),11-taxadiene	16	*T. brevifolia*	bk	[98]
decinnamoyl-1-hydroxy-taxinine J	17	*T. baccata*	lv	[93]
13-acetylbrevifoliol	18	*T. wallichiana*	lv	[99]
2α-benzoyloxy-$9\alpha,10\beta,13\alpha$-triacetoxy-$1\beta,5\alpha$-dihydroxy-4(20),11-taxadiene	19	*T. chinensis*	st,lv	[100]
1-hydroxy-2-deacetoxy-5-decinnamoyl-taxinine j	20	*T. wallichiana*	lv	[101]
$2\alpha,9\alpha$-diacetoxy-$5\alpha,10\beta$-dihydroxy-taxa-4(20),11-dien-13-one	21	*T. canadensis*	lv	[83]
$2\alpha,10\beta$-diacetoxy-$5\alpha,9\alpha$-dihydroxy-taxa-4(20),11-dien-13-one	22	*T. canadensis*	lv	[83]
10β-acetoxy-$2\alpha,5\alpha,7\beta,9\alpha$-tetra-hydroxytaxa-4(20),11-dien-13-one	23	*T. yunnanensis*	bk	[102]
$2\alpha,9\alpha,10\beta$-triacetoxy-5α-(β-D-glucopyranosyloxy)taxa-4(20),11-dien-13-one	24	*T. cuspidata*	lv	[103]
taxezopidine C	25	*T. cuspidata*	st,sd	[104]
taxezopidine D	26	*T. cuspidata*	st,sd	[104]
taxuspine G	27	*T. cuspidate*	st,lv	[105]
(2-deacetyltaxinine A)		*T. cuspidata*	lv,st	[106]
2,10-di-*O*-acetyl-5-decinnamoyl-taxicin I	28	*T. baccata*	lv	[93]
13-dehydro-5,13-deacetyl-2-deacetoxy-decinnamoyltaxinine(taxuspinanane K)	29	*T. cuspidata*	st	[107]
taxinine A	30	*T. cuspidata*	lv	[108]
		T. mairei	sd	[109]
		T. mairei	bk	[110]
		T. chinensis	lv	[111]
triacetyl-5-decinnamoyltaxicin I	31	*T. baccata*	lv	[93]
(1-hydroxytaxinine A)		—	—	[112]
taxinine H	32	*T. cuspidata*	lv	[108]
taxuspine F	33	*T. cuspidata*	st,lv	[105]
$9\alpha,10\beta$-diacetoxy-5α-(β-D-glucopyra-nosyloxy)taxa-4(20),11-dien-13α-ol	34	*T. canadensis*	lv	[21]
$2\alpha,9\alpha,10\beta$-triacetoxytaxa-4(20),11-diene-$5\alpha,13\alpha$-diol	35	*T. mairei*	sd	[113]
$9\alpha,10\beta$-diacetoxytaxa-4(20),11-diene-$5\alpha,13\alpha$-diol	36	*T. baccata*	hw	[84]
		T. mairei	hw	[86]
$5\alpha,9\alpha,10\beta,13\alpha$-tetrahydroxy-4(20),11-taxadiene	37	*T. baccata*	hw	[114]
$1\beta,2\alpha,5\alpha,9\alpha,10\beta,13\alpha$-hexa-hydroxy-4(20),11-taxadiene	38	*T. chinensis*	st,lv	[100]
7-debenzoyloxy-10-deacetylbrevifoliol	39	*T. wallichiana*	lv	[99]

续表

化 合 物	编号	来源	部位	参考文献
$2\alpha,9\alpha$-diacetoxy-$1\beta,5\alpha,10\beta,13\alpha$-tetrahydroxytaxa-4(20),11-diene	**40**	*T. baccata*	lv	[66]
taxezopidine F	**41**	*T. cuspidata*	sd,st	[104]
2α-benzoyloxy-$9\alpha,10\beta$-diacetoxy-$1\beta,5\alpha,13$-trihydroxy-4(20),11-taxadiene	**42**	*T. chinensis*	st,lv	[100]
brevifoliol	**43**	*T. brevifolia*	lv	[56]
2α-acetoxybrevifoliol	**44**	*T. baccata*	sd	[31]
$2\alpha,5\alpha,7\beta,9\alpha,13\alpha$-pentahydroxy-$10\beta$-acetoxytaxa-4(20),11-diene	**45**	*T. cuspidata*	lv	[65]
2α-(α-methylbutyryl)oxy-$5\alpha,7\beta,10\beta$-triacetoxy-4(20),11-taxadiene	**46**	*T. baccata*	hw	[84]
		T. mairei	hw	[97]
5α-hydroxy-2α-(α-methylbutyryl)-oxy-$7\beta,9\alpha,10\beta$-triacetoxy-4(20),11-taxadiene	**47**	*T. baccata*	hw	[84]
2α-(α-methylbutyryl)oxy-$5\alpha,7\beta,9\alpha,10\beta$-tetraacetoxy-4(20),11-taxadiene	**48**	*T. baccata*	hw	[84]
$2\alpha,5\alpha,9\alpha,10\beta$-tetraacetoxy-$13\alpha$-(Z)-cinnamoyloxytaxa-4(20),11-diene	**49**	*T. cuspidata*	rt	[115]
$5\alpha,9\alpha,10\beta$-triacetoxy-13α-(Z)-cinnamoyloxy-taxa-4(20),11-diene	**50**	*T. cuspidata*	lv	[115]
taxa-4(20),11-diene-5α-hydroxy-$1\beta,7\beta,9\alpha,10\beta$-tetraacetate	**51**	*T. baccata*	rt	[116]

表 3-2 6/8/6-环紫杉烷 2：含 5-肉桂酰基侧链及 4(20)，11(12) 双键的中性紫杉烷

化 合 物	编号	来源	部位	参考文献
5α-cinnamoyloxy-$1\beta,2\alpha,9\alpha,10\beta$-tetrahydroxytaxa-4(20),11-dien-13-one	**52**	*T. baccata*	lv	[117]
5α-cinnamoyloxy-$2\alpha,9\alpha,10\beta$-trihydroxy-taxa-4(20),11-dien-13-one	**53**	*T. baccata*	lv	[117]
9α-acetoxy-5α-cinnamoyloxytaxa-$2\alpha,10\beta$-dihydroxy-4(20),11-dien-13-one	**54**	*T. baccata*	lv	[117]
7,9-dideacetyltaxinine B	**55**	*T. canadensis*	lv	[118]
9-deacetyltaxinine	**56**	*T. cuspidata*	lv,st	[119]
		T. mairei	sd	[109]
10-deacetyltaxinine	**57**	*T. cuspidata*	lv	[81]
		T. mairei	sd	[120]
1β-hydroxy-7β-acetoxytaxinine	**58**	*T. cuspidata*	lv	[121]
$1\beta,7\beta$-dihydroxytaxinine	**59**	*T. cuspidata*	lv	[121]
9-deacetyltaxinine B	**60**	*T. mairei*	sd	[113]
2-deacetyltaxinine	**61**	*T. mairei*	sd	[122,109]
9,10-deacetyltaxinine	**62**	*T. yunnanensis*	sd	[123]
O-cinnamoyltaxicin I	**63**	*T. baccata*	lv	[124]
5-cinnamoyl-10-acetyltaxicin II	**64**	*T. baccata*	lv	[6]
2-O-acetyl-5-O-cinnamoyltaxicin I	**65**	*T. baccata*	lv	[66]
5-cinnamoyl-10-acetyltaxicin I	**66**	*T. baccata*	lv	[6]
taxezopidine E	**67**	*T. cuspidata*	sd,st	[104]
5-cinnamoyl-9,10-diacetyltaxicin I	**68**	*T. baccata*	lv	[64]
2-deacetoxytaxinine B	**69**	*T. wallichiana*	lv,tw	[125]
taxinine	**70**	*T. baccata*	lv	[124,126,127]
(O-cinnamoyltaxicin II triacetate)		*T. chinensis*	lv	[111]
		T. cuspidata	lv	[108,128]
		T. mairei	hw	[86]
O-cinnamoyltaxicin I triacetate	**71**	*T. baccata*	lv	[124]
		T. cuspidata	lv	[108]
10-deacetyltaxinine B	**72**	*T. cuspidata*	lv,tw	[7,129]

续表

化 合 物	编号	来源	部位	参考文献
taxinine B	73	*T. cuspidata*	lv	[128]
(7β-acetate-O-taxinine A)		*T. mairei*	hw	[97]
9-deacetyltaxinine E	74	*T. canadensis*	lv	[59]
		T. mairei	sd	[109]
dantaxusin D	75	*T. yunnanensis*	lv,st	[130]
dantaxusin B	76	*T. yunnanensis*	bk,lv,tw	[131]
2-deacetoxy-7,9-dideacetyltaxinine J	77	*T. chinensis*	bk	[132]
5α-cinnamoyloxy-9α,10β,13α-triacetoxytaxa-4(20),11-diene	78	*T. mairei*	hw	[133]
		T. chinensis	lv,st	[134]
5α-(cinnamoyl)oxy-7β-hydroxy-9α,10β,13α-triacetoxytaxa-4(20),11-diene	79	*T. mairei*	tw	[92]
taxezopidine G	80	*T. cuspidata*	sd,st	[104]
		T. mairei	sd	[109]
		T. mairei	bk	[110]
5α-cinnamoyloxy-10β-hydroxy-2α,9α,13α-triacetoxytaxa-4(20),11-diene	81	*T. chinensis*	lv,st	[134]
5α-cinnamoyloxy-2α,9α,10β,13α-tetraacetoxy-4(20),11-taxadiene (taxinine E)	82	*T. mairei*	hw	[97]
		T. cuspidata	lv	[128]
2-deacetoxytaxinine J	83	*T. mairei*	bk	[135]
		T. mairei	sd	[109]
		T. cuspidata	st,bk	[136]
2-α-deacetyltaxinine J(taxuspinanane G)	84	*T. cuspidata*	st	[137]
1-hydroxy-2-deacetoxy-taxinine J (taxawallin A)	85	*T. wallichiana*	bk	[138]
		T. wallichiana	lv	[94]
taxinine J	86	*T. mairei*	hw	[139]
		T. cuspidata	lv	[135]
		T. mairei	bk	[135]
		T. chinensis	bk	[140]
2α,10β-diacetoxy-5α-cinnamoyloxy-taxa-4(20),11-diene-9α,13α-diol	87	*T. canadensis*	lv	[141]
2α,9α,10β-triacetoxy-5α-cinnamoyloxytaxa-4(20),11-dien-13α-ol	88	*T. cuspidata*	sd	[142]
9α,10β-diacetoxy-5α-cinnamoyloxytaxa-4(20),11-dien-13α-ol	89	*T. yunnanensis*	sd	[143]
5α-cinnamoyloxy-2α,13α-dihydroxy-9α,10β-diacetoxy-4(20),11-taxadiene	90	*T. chinensis*	lv,st	[134]
taxezopidine H	91	*T. cuspidata*	sd,st	[104]
2α-benzoyloxy-5α-cinnamoyloxy-9α,10β-diacetoxy-1β,13α-dihydroxy-4(20),11-taxadiene	92	*T. chinensis*	st,lv	[100,144,145]

表 3-3 6/8/6-环紫杉烷 3：含 4(20)，11(12) 双键的碱性紫杉烷

化 合 物	编号	来源	部位	参考文献
2-deacetyltaxine II	93	*T. cuspidata*	sd	[146]
1-deoxy-2α-acetoxytaxine B	94	*T. cuspidata*	sd	[146]
1-deoxy-2α,9α-diacetoxy-10-deacetyltaxine B	95	*T. cuspidata*	sd	[146]
2α,7β,9α,10β-tetraacetoxy-5α-($2'R,3'S$)-N,N-dimethyl-3'-phenylisoseryloxy-taxa-4(20),11-dien-13-one	96	*T. cuspidata*	sd	[142]
2-deacetoxy-9-acetoxytaxine B	97	*T. baccata*	lv	[147]
2-deacetoxy-10-acetyltaxine B	98	*T. baccata*	lv	[147]
taxine B	99	*T. baccata*	lv	[148～150]
		T. chinensis	sd	[82]

续表

化 合 物	编号	来源	部位	参考文献
10-acetoxytaxine B	**100**	*T. baccata*	lv	[147]
9-acetoxytaxine B	**101**	*T. baccata*	lv	[147]
2'-hydroxytaxine II	**102**	*T. cuspidate*	lv	[151]
7β,9α10β,13α-tetraacetoxy-5α-(2'R,3'S)-N,N-dimethyl-3'-phenyl-isoseryloxytaxa-4(20),11-dien-2α-ol	**103**	*T. canadensis*	lv	[152]
2α,9α,13α-triacetoxy-5α-(R)-3'-dimethylamino-3'-phenylpropanoy-loxytaxa-4(20),11-dien-10β-ol	**104**	*T. canadensis*	lv	[21]
2α,10β,13α-triacetoxy-5α-(R)-3'-dimethylamino-3'-phenylpropanoy-loxytaxa-4(20),11-dien-9α-ol	**105**	*T. canadensis*	lv	[21]
9α,13α-diacetoxy-5α-(R)-3'-dimethylamino-3'-phenylpropanoyloxytaxa-4(20),11-diene-1β,10β-diol	**106**	*T. mairei*	sd	[153]
13-deoxo-13α-acetyloxy-1-deoxytaxine B	**107**	*T. baccata*	lv	[154]
13-deoxo-13α-acetyloxytaxine B	**108**	*T. baccata*	lv	[154]
7,2'-didesacetoxyaustrospicatine	**109**	*T. wallichiana*	bk	[138,155]
		T. mairei	bk	[110]
taxuspine Z	**110**	*T. cuspidata*	st	[156]
		T. chinensis	sd	[82]
2α-acetoxy-2',7-dideacetoxyaustrospicatine	**111**	*T. chinensis*	sd	[82]
2'β-deacetoxyaustrospicatine	**112**	*T. wallichiana*	bk,lv	[157]
		T. baccata	bk	[158]
(+)-2α-acetoxy-2',7-dideacetoxy-1-hydroxyaustrospicatine	**113**	*T. baccata*	lv	[159]
2α-acetoxy-2'β-deacetyl-austrospicatine	**114**	*T. wallichiana*	lv	[160]
2α-acetoxy-2'-deacetyl-1-hydroxyaustrospicatine	**115**	*T. baccata*	—	[93]
10β,13α-diacetoxy-5α-(R)-3'-methylamino-3'-phenypropanoyloxytaxa-4(20),11-diene-2α,9α-diol(13-deoxo-13α-acetyloxy-1-deoxynortaxine B)	**116**	*T. canadensis*	lv	[152]
		T. baccata	lv	[154]
2α,10β,13α-triacetoxy-5α-(R)-3'-methylamino-3'-phenylpropanoy-loxytaxa-4(20),11-dien-9α-ol	**117**	*T. canadensis*	lv	[83]
9α,10β,13α-triacetoxy-5α-(R)-3'-methylamino-3'-phenylpro-panoy-loxytaxa-4(20),11-diene	**118**	*T. mairei*	sd	[161]
2α,9α,10β,13α-tetraacetoxy-5α-(R)-3'-methylamino-3'-phenylpro-panoyloxytaxa-4(20),11-diene	**119**	*T. mairei*	sd	[162]
7β,9α,10β,13α-tetraacetoxy-5α-(R)-3'-methylamino-3'-phenylpro-panoyloxy-taxa-4(20),11-diene	**120**	*T. mairei*	sd	[162]
taxezopidine O	**121**	*T. cuspidata*	sd	[163]
9α10β,13α-triacetoxy-5α-(R)-3'-dimethylamino-3'-phenypropanoy-loxytaxa-4(20),11-diene-2α,17-diol	**122**	*T. canadensis*	lv	[152]
taxine NA-13	**123**	*T. cuspidata*	st	[164]
7β,9α,10β,13α-tetraacetoxy-5α-[3'-(N-formyl-N-methylamino)-3'-phenylpropanoyl]oxytaxa-4(20),12-diene	**124**	*T. canadensis*	rt	[165]

表 3-4　6/8/6-环紫杉烷 4：含 14 位含氧取代基的紫杉烷

化 合 物	编号	来源	部位	参考文献
2α,5α-diacetoxy-10β-(β-D-glucopy-ranosyloxy)-14β-(S)-2'-methyl-butanoyloxytaxa-4(20),11-diene	**125**	*T. canadensis*	lv	[21]
2α,5α,14β-triacetoxy-10β-(β-D-glucopyranosyloxy) taxa-4(20),11-diene	**126**	*T. canadensis*	lv	[21]
10-deacetyl-10-(β-D-glucopy-ranosyl)yunnanxane	**127**	*T. yunnanensis*	bk	[60]
		T. cuspidata	rt	[120]
		T. canadensis	lv	[21]

续表

化 合 物	编号	来源	部位	参考文献
hongdoushan A	128	*T. mairei*	st,tw	[23]
hongdoushan B	129	*T. mairei*	st,tw	[23]
yunnanxane	130	*T. yunnanensis*	bk	[60]
taxuyunnanine J	131	*T. yunnanensis*	rt	[166]
taxuyunnanine G	132	*T. yunnanensis*	rt	[166]
taxuyunnanine C	133	*T. yunnanensis*	rt	[90]
taxa-4(20),11-diene-10β-methoxy-2α,5α-diacetoxy-14β-(α-methyl) butyrate	134	*T. baccata*	rt	[116]
10-deacetylyunnanaxane	135	*T. media*	rt	[2]
2α,5α,10β-triacetoxy-14β-(2′-methyl)butyryloxytaxa-4(20),11-diene	136	*T. yunnanensis*	st,tw	[23]
		T. baccata	hw	[167]
		T. baccata	rt	[116]
		T. cuspidata	hw	[168]
		T. wallichiana	hw	[169]
9α-hydroxy-14β-(2-methylbutyryl) oxy-2α,5α,10β-triacetoxytaxa-4(20),11-dien	137	*T. mairei*	tw	[92]
2α,5α,9α,10β,14β-pentaacetoxytaxa-4(20),11-diene	138	*T. mairei*	tw	[92]
taxuyunnanine B	139	*T. yunnanensis*	rt	[90]
hongdoushan C	140	*T. mairei*	st,tw	[23]
tasumatrol K	141	*T. sumatrata*	lv,tw	[22]
taxuyunnanine H	142	*T. yunnanensis*	rt	[166]
taxuyunnanine I	143	*T. yunnanensis*	rt	[166]
taiwanxan	144	*T. mairei*	hw	[170,171]
2α,14β-diacetoxy-10β-ethoxytaxa-11,4(20)-dien-5α-ol	145	*T. cuspidata*	hw	[24]
2α,14β-diacetoxy-10β-methoxytaxa-11,4(20)-dien-5α-ol	146	*T. cuspidata*	hw	[24]
2α-acetoxy-10β-ethoxytaxa-11,4(20)-dien-5α,14β-diol	147	*T. cuspidata*	hw	[24]
2α,9α,10β-triacetoxy-5α,14β-dihydroxy-4(20),11(12)-taxadiene	148	*T. mairei*	rt	[172]
9α,10β-diacetoxy-2α,5α,14β-trihydroxy-4(20),11(12)-taxadiene	149	*T. mairei*	rt	[172]
14β-hydroxytaxusin (5α,9α,10β,13α-tetraacetoxytaxa-4(20),11-dien-14β-ol)	150	*T. mairei*	bk	[173]
5α,9α,10β,13α-tetraacetoxy-14-(β-D-glucopyranosyloxy) taxa-4(20),11-diene	151	*T. baccata*	lv	[174]
10β,13α-diacetoxytaxa-4(20),11-diene-5α,9α,14β-triol	152	*T. canadensis*	lv	[175]

表 3-5 6/8/6-环紫杉烷 5：含 C-12,16 醚环的紫杉烷

化 合 物	编号	来源	部位	参考文献
taxumairol R(5-O-acetyltaxinine M)	153	*T. mairei*	rt,bk	[176]
		T. yunnanensis	sd	[177]
5α-O-(R)-3′-dimethylamino-3′-phenylpropanoyloxy-taxinine M	154	*T. wallichiana*	lv	[160]
taxezopidine N	155	*T. cuspidata*	sd	[26]
2α-deacetyl-5α-decinnamoyltaxagifine	156	*T. chinensis*	lv,st	[134,178]
5α-decinnamoyltaxagifine	157	*T. chinensis*	lv,st	[179]
5α-acetyl-5α-decinnamoyltaxagifine	158	*T. chinensis*	lv,st	[179]
5-decinnamoyl-11-acetyl-19-hydroxyltaxagifine	159	*T. yunnanensis*	bk	[95]
19-debenzoyl-19-acetyltaxinine M	160	*T. wallichiana*	lv	[180]
taxinine M	161	*T. brevifolia*	bk	[181]
		T. mairei	bk	[110]
		T. wallichiana	lv	[160]
tasumatrol L	162	*T. sumatrata*	lv,tw	[22]

续表

化合物	编号	来源	部位	参考文献
taxagifine	**163**	*T. cuspidata*	sd	[182]
		T. chinensis	lv,st	[179]
		T. baccata	lv	[183,184]
taxuspine S	**164**	*T. cuspidata*	st	[185]
taxuspine T	**165**	*T. cuspidata*	st	[185]
19-acetoxytaxagifine	**166**	*T. chinensis*	bk,tw,lv	[186]
（taxezopidine L）		*T. cuspidata*	sd	[187]
taxacin	**167**	*T. cuspidata*	sd	[182]
taxagifine Ⅲ	**168**	*T. chinensis*	lv,st	[134,178]
4-deacetyltaxagifine Ⅲ	**169**	*T. chinensis*	lv,st	[134]

表 3-6　6/8/6-环紫杉烷 6：含 C-13,16 醚环的紫杉烷

化合物	编号	来源	部位	参考文献
taxezopidine M	**170**	*T. cuspidata*	sd	[26]
taxezopidine A	**171**	*T. cuspidata*	sd	[188]
taxezopidine J	**172**	*T. cuspidata*	sd	[187,142]

表 3-7　6/8/6-环紫杉烷 7：含 4(20)，12(13) 双键的紫杉烷

化合物	编号	来源	部位	参考文献
5-decinnamoyltaxuspine D	**173**	*T. canadensis*	lv	[80]
7-deacetoxytaxuspine D	**174**	*T. canadensis*	lv	[83]
$2\alpha,9\alpha,7\beta,13$-tetraacetoxytaxa-4(20),12-diene-$5\alpha,10\beta,11\beta$-triol	**175**	*T. canadensis*	lv	[30]
taxuspine P	**176**	*T. cuspidata*	st	[189]
taxezopidine K	**177**	*T. cuspidata*	sd	[187]
taxuspine D	**178**	*T. cuspidata*	st	[27]
			sd	[142]
$2\alpha,7\beta,9\alpha,10\beta,13$-pentaacetoxy-$11\beta$-hydroxy-$5\alpha$-($2'$-hydroxy,$3'$-$N$,$N$-dimethylamino-$3'$-phenyl)-propionyloxytaxa-4(20),12-diene	**179**	*T. canadensis*	lv	[33]

表 3-8　6/8/6-环紫杉烷 8：含 11,12 含氧环及 4(20) 双键的紫杉烷

化合物	编号	来源	部位	参考文献
10-deacetyldantaxusin C	**180**	*T. canadensis*	lv	[141]
taxinine A 11,12-epoxide	**181**	*T. cuspidata*	lv	[190]
dantaxusin C	**182**	*T. yunnanensis*	lv,st	[130]
$2\alpha,9\alpha,10\beta$-triacetoxy-11,12-epoxy-5α-(β-D-glucopyranosyloxy)taxa-4(20)-en-13-one	**183**	*T. cuspidata*	lv	[191]
$2\alpha,9\alpha$-diacetoxy-5α-cinnamoyloxy-11,12-epoxy-10β-hydroxytax-4(20)-en-13-one	**184**	*T. cuspidata*	lv	[192]
$2\alpha,10\beta$-diacetoxy-5α-cinnamoyloxy-11,12-epoxy-9α-hydroxytax-4(20)-en-13-one	**185**	*T. cuspidata*	lv	[192]
decinnamoyltaxinine B 11,12-oxide	**186**	*T. yunnanensis*	lv,st	[193]

表 3-9　6/8/6-环紫杉烷 9：含 4(5) 双键的紫杉烷

化合物	编号	来源	部位	参考文献
9α-acetoxy-2α,20-dihydroxytaxa-4,11-dien-13-one	**187**	*T. mairei*	sd	[177]
$9\alpha,10\beta$-diacetoxy-2α,20-dihydroxytaxa-4,11-dien-13-one	**188**	*T. mairei*	sd	[122]
$2\alpha,9\alpha,10\beta,13\alpha$-tetraacetoxy-20-cinnamoyloxytaxa-4,11-diene	**189**	*T. canadensis*	lv	[59]
		T. mairei	sd	[194]
$2\alpha,9\alpha,13\alpha$-triacetoxytaxa-4,11-diene-9α,20-diol	**190**	*T. canadensis*	lv	[83]
$2\alpha,10\beta,13\alpha$-triacetoxy-20-cinnamoyloxytaxa-4,11-dien-9α-ol	**191**	*T. canadensis*	lv	[141]

表 3-10 6/8/6-环紫杉烷 10：含 11,12 氧环及 4(5) 双键的紫杉烷

化 合 物	编号	来源	部位	参考文献
$2\alpha,9\alpha,10\beta$-triacetoxy-20-cinnamoyloxy-$11\beta,12\beta$-epoxytaxa-4,11-dien-13-one	192	*T. canadensis*	lv	[83]
$2\alpha,9\alpha,10\beta$-triacetoxy-$11\beta,12\beta$-epoxy-20-hydroxytaxa-4,11-dien-13-one	193	*T. canadensis*	rt	[195]
$2\alpha,9\alpha$-diacetoxy-$11\beta,12\beta$-epoxy-$10\beta,20$-dihydroxytaxa-4,11-dien-13-one	194	*T. cuspidata*	lv	[192]
$2\alpha,10\beta$-diacetoxy-$11\beta,12\beta$-epoxy-$9\alpha,20$-dihydroxytaxa-4,11-dien-13-one	195	*T. cuspidata*	lv	[192]

表 3-11 6/8/6-环紫杉烷 11：含 11(12) 双键及 4(20) 双键饱和的紫杉烷

化 合 物	编号	来源	部位	参考文献
7-deacetyltaxuspine L	196	*T. canadensis*	lv	[196]
7,9-deacetyltaxuspine L	197	*T. canadensis*	lv	[80]
taxumairol N	198	*T. mairei*	rt	[197]
taxumairol O	199	*T. mairei*	rt	[197]
taxumairol L	200	*T. mairei*	rt	[198]
		T. yunnanensis	bk	[199]
$5\alpha,7\beta,9\alpha,10\beta,13\alpha$-pentaacetoxy-$2\alpha$-20-dihydroxytax-11-ene, taxumairol E	201	*T. mairei*	rt	[200]
taxuspine L	202	*T. cuspidata*	st	[201]
taxchin A	203	*T. chinensis*	—	[202]
2,20-*O*-diacetyltaxumairol N	204	*T. chinensis*	st,lv	[13]
taxuspine R	205	*T. cuspidata*	st	[183]
$5\alpha,7\beta,9\alpha,10\beta,13\alpha$-pentaacetoxy-$2\alpha$-benzoyloxy-$4\alpha,20$-dihydroxytax-11-ene	206	*T. mairei*	hw	[203]
$(2\alpha,5\alpha,7\beta,9\alpha,10\beta,13\alpha)$ 5,10,13,20-tetraacetoxytax-11-ene-2,7,9-triol	207	*T. cuspidata*	lv,tw	[204]
$7\beta,9\alpha,10\beta,13\alpha,20$-pentaacetoxy-$2\alpha$-benzoyloxy-$4\alpha,5\alpha$-dihydroxytax-11-ene	208	*T. mairei*	hw	[203]
$5\alpha,7\beta,9\alpha,10\beta,13\alpha$-pentaacetoxy-20-(benzolyoxy)-$2\alpha,4\alpha$-dihydroxytax-11-ene,taxumairol A	209	*T. mairei*	rt	[205]
taxchin B	210	*T. chinensis*	st,lv	[206]

表 3-12 6/8/6-环紫杉烷 12：含 4,20 含氧乙环的紫杉烷

化 合 物	编号	来源	部位	参考文献
1β-hydroxy-7β-deacetoxy-7α-hydroxybaccatin Ⅰ	211	*T. baccata*	bk	[207]
taxumairol F	212	*T. mairei*	rt	[208]
$9\alpha,10\beta$-diacetoxy-$2\alpha,5\alpha,14\beta$-trihydroxy-4,20-epoxy,11(12)-taxene	213	*T. mairei*	rt	[172]
10-deacetyl-10-glycolyl-1β-hydroxybaccatin Ⅰ	214	*T. canadensis*	lv	[196]
$2\alpha,7\beta,9\alpha,10\beta,13\alpha$-pentaacetoxy-$5\alpha$-cinnamoyloxy-$4\beta,20$-epoxy-tax-11-en-$1\beta$-ol	215	*T. cuspidata*	lv	[81]
1β-hydroxy-$2\alpha,7\beta$-deacetylbaccatin Ⅰ	216	*T. chinensis*	lv,st	[209]
1-acetoxy-baccatin Ⅰ	217	*T. yunnanensis*	lv,tw	[210]
$2\alpha,5\alpha,9\alpha$-trihydroxy-$10\beta,13\alpha$-diacetoxy-$4\beta,20$-epoxytaxa-11-ene	218	*T. chinensis*	lv	[91,211]
$7\beta,9\alpha,10\beta$-trideacetyl-1β-hydroxybaccatin Ⅰ,taxumairol C	219	*T. mairei*	rt	[200]
1-hydroxy-2,7,9-trideacetylbaccatin Ⅰ	220	*T. yunnanensis*	bk	[95]
1β-hydroxy-7,9-deacetylbaccatin Ⅰ	221	*T. canadensis*	—	[212]
$(2\alpha,5\alpha,10\beta,13\alpha$-tetraacetoxy-$1\beta,7\beta,9\alpha$-trihydroxy-$4\beta,20$-epoxytax-11-ene),taxumairol B		*T. mairei*	rt	[205,200]

续表

化 合 物	编号	来源	部位	参考文献
5α-deacetylbaccatin Ⅰ	**222**	*T. baccata*	—	[213]
1β,7β-dihydroxy-4β,20-epoxy-2α,5α,9α,10β,13α-pentaacetoxytax-11-ene	**223**	*T. brevifolia*	bk	[35]
1β,9α-dihydroxy-4β,20-epoxy-2α,5α,7β,10β,13α-pentaacetoxytax-11-ene	**224**	*T. brevifolia*	bk	[35]
1β-hydroxy-5α-deacetylbaccatin Ⅰ	**225**	*T. yunnanensis*	lv,st	[214]
(taxuspine V)		*T. cuspidata*	st	[215]
1β-hydroxy-10-deacetylbaccatin Ⅰ	**226**	*T. yunnanensis*	rt	[36]
(10β-deacetyl-1β-hydroxybaccatin Ⅰ),taxumairol D		*T. mairei*	rt	[200]
baccatin Ⅰ	**227**	*T. baccata*	—	[213]
1β-hydroxybaccatin Ⅰ	**228**	*T. baccata*	—	[213]
		T. wallichiana	lv,st,rt	[216]
		T. baccata	hw	[217]
		T. mairei	hw	[97]
		T. chinensis	lv,st	[209]
		T. cuspidata	st,bk	[136]
		T. yunnanensis	lv,tw	[218]
1β-acetoxy-5α-deacetylbaccatin Ⅰ	**229**	*T. mairei*	bk	[219]
7β-acetoxy-9-acetylspicataxine	**230**	*T. media*	rt	[220]

表 3-13   6/8/6-环紫杉烷 13：具含氧丙环的紫杉烷

化 合 物	编号	来源	部位	参考文献
7β-(β-D-xylopyranosyl)baccatin Ⅲ	**231**	*T. yunnanensis*	bk	[221]
7,9,13-trideacetylbaccatin Ⅵ	**232**	*T. canadensis*	lv	[196]
2-debenzoyl-2-tigloyl-10-deacetylbaccatin Ⅲ	**233**	*T. baccata*	lv	[222]
10-deacetyl-10-oxobaccatin Ⅴ	**234**	*T. chinensis*	lv,st	[223]
10-deacetyl-baccatin Ⅲ	**235**	*T. baccata*	lv	[184]
		T. yunnanensis	lv,st	[214]
		T. brevifolia	bk	[98]
1-dehydroxybaccatin Ⅲ	**236**	*T. yunnanensis*	lv,st	[214]
baccatin Ⅲ	**237**	*T. baccata*	bk	[207]
		T. baccata	hw	[217]
		T. wallichiana	st,rt	[224]
		T. wallichiana	lv,st,rt	[216]
		T. mairei	rt	[200]
1-acetyl-10-deacetylbaccatin Ⅲ	**238**	*T. canadensi*	lv,st	[41]
baccatin Ⅴ	**239**	*T. baccata*	—	[225]
taxuspine E	**240**	*T. cuspidata*	st,lv	[105]
10-(β-hydroxybutyryl)-10-deacetylbaccatin Ⅰ	**241**	*T. baccata*	lv	[226]
13-deacetylbaccatin Ⅵ	**242**	*T. wallichiana*	lv	[99]
7-xylosyl-10-deacetylbaccatin Ⅲ	**243**	*T. yunnanensi*	bk	[95]
(10β-O-acetylglycollyl)baccatin Ⅵ	**244**	*T. canadensis*	lv	[51]
10-deacetyl-10β-O-glycolyl-baccatin Ⅳ	**245**	*T. canadensis*	lv	[196]
1β-acetylbaccatin Ⅳ	**246**	*T. yunnanensis*	lv,st	[214]
7,9-deacetylbaccatinn Ⅳ	**247**	*T. canadensis*	lv	[212]
		T. brevifolia	bk	[227]
7,9,10-deacetylbaccatin Ⅵ	**248**	*T. canadensis*	lv	[212]
7-epi-9,10-deacetylbaccatin Ⅵ	**249**	*T. canadensis*	lv	[212]

续表

化　合　物	编号	来源	部位	参考文献
9-dihydro-13α-acetylbaccatin Ⅲ	250	T. canadensis	lv	[42]
		T. canadensi	lv,st	[41]
		T. mairei	hw	[228]
1β-dehydroxybaccatin Ⅳ	251	—	—	[229]
		T. mairei	hw	[139]
baccatin Ⅳ	252	—	—	[229]
		T. chinensis	lv,tw	[230]
9-deacetylbaccatin Ⅵ	253	T. yunnanensis	rt	[36]
10-deacetylbaccatin Ⅵ	254	T. yunnanensis	rt	[36]
1β-dehydroxybaccatin Ⅵ	255	T. mairei	hw	[139]
baccatin Ⅶ	256	—	—	[229]
baccatin Ⅵ	257	T. baccata	bk	[231]
		T. baccata	hw	[217]
		—		[229]
		T. mairei	hw	[139]
10-hydroxyacetylbaccatin Ⅵ	258	T. canadensis	lv	[212]
2α,7β-dibenzoxy-5β,20-epoxy-1β-hydroxy-4α,9α,10β,13α-tetraace-toxytax-11-ene	259	T. brevifolia	bk	[232]
2α,10β-dibenzoxy-5β,20-epoxy-1β-hydroxy-4α,7β,9α,13α-tetraace-toxytax-11-ene	260	T. brevifolia	bk	[232]
5β,20-epoxy-1β-hydroxy-4α,7β,13α-triacetoxy-2α,9α,10β-tribenzoxytax-11-ene	261	T. brevifolia	bk	[232]
14β-benzoyloxybaccatin Ⅳ	262	T. chinensis	lv,st	[233]
13-deacetyl-14β-benzoyloxy-baccatin Ⅳ	263	T. chinensis	lv,st	[233]
2-deacetyl-14β-benzoyloxy-baccatin Ⅳ	264	T. chinensis	lv,st	[233]
2-deacetyl-2α,14β dihydroxybaccatin Ⅳ	265	T. chinensis	lv,br	[230]
2-debenzoyl-14β-benzoyloxy-10-deacetylbaccatin Ⅲ	266	T. wallichiana	lv	[49]
14β-hydroxy-10-deacetyl-baccatin Ⅲ	267	T. wallichiana	lv	[234]
14β-hydroxy-baccatin Ⅵ（Ⅰ）	268	T. chinensis	lv,st	[235]
14β-hydroxy-10-deacetyl-2-O-debenzoylbaccatin Ⅲ	269	T. chinensis	lv,st	[13]
1β-dehydroxy-4α-deacetylbaccatin Ⅳ	270	T. mairei	st,bk	[219]
4-deacetylbaccatin Ⅳ	271	T. × media	rt	[220]
taxuspinanane C	272	T. cuspidata	st	[236]
13-oxo-7,9-bisdeacetylbaccatin Ⅵ,taxuspinanane D	273	T. cuspidata	st	[137]
13-oxobaccatin Ⅲ	274	T. sumatrana	tw,lv	[237]
19-hydroxy-13-oxobaccatin Ⅲ	275	T. sumatrana	lv	[238]
19-hydroxybaccatin Ⅲ	276	T. baccata	lv	[184]
		T. yunnanensis	lv,st	[214]
		T. wallichiana	rt,st,lv	[239]
7-epi-19-hydroxy-baccatin Ⅲ	277	T. chinensis	lv,st	[223]
9(βH)-9-dihydro-19-acetoxy-10-deacetylbaccatin Ⅲ	278	T. baccata	lv	[66]
13-epi-10-deacetyl-baccatin Ⅲ	279	T. baccata	lv	[222]
deaminoacylcinnamoyltaxol,taxuspinanane J	280	T. cuspidata	st	[107]
（baccatin Ⅲ-13-cinnamate）		T. mairei	tw	[240]
		T. yunnanensis	bk	[221]
13(2′,3′-dihydroxy-3′-phenyl)propionylbaccatin Ⅲ,yunnanxol	281	T. yunnanensis	bk	[241]
taxuspine N	282	T. cuspidata	st	[189]

表 3-14 6/8/6-环紫杉烷 14：具含氧丙环及苯基异丝氨酸侧链的紫杉烷

化 合 物	编号	来源	部位	参考文献
7β-O-acetyl-10-deacetyltaxol	283	T. canadensis	lv	[51]
N-acetyl-N-debenzoyltaxol	284	T. canadensis	lv	[196]
N-debenzoyl-N-propanoyl-10-deacetylpaclitaxel	285	T. baccata	—	[242]
N-debenzoyl-N-butanoyl-10-deacetylpaclitaxel	286	T. baccata	—	[242]
10-deacetylcephalomannine(10-deacetyltaxol B)	287	T. wallichiana	rt,st,lv	[239]
		T. baccata	bk	[207]
10-deacetyltaxuyunnanine A	288	T. yunnanensis	rt	[243]
10-deacetyltaxol	289	T. wallichiana	rt,st,lv	[239]
		T. baccata	bk	[207]
N-debenzoyl-N-butanoyltaxol；taxol D (taxcultine)	290	T. × media	rt	[220]
cephalomannine	291	T. baccata	bk	[207]
(taxol B)		T. wallichiana	lv,st,rt	[216,224]
		T. baccata	bk	[184]
N-debenzoyl-N-(2-methylbutyryl)taxol	292	T. × media	rt	[244]
taxuyunnanine	293	T. yunnanensis	rt	[245]
(N-debenzoyl-N-hexanoyltaxol,taxol C)		T. × media	rt	[246]
10-deacetyl-10-dehydro-7-acetyltaxol A	294	T. × media	rt	[2]
taxol(paclitaxel)	295	T. brevifolia	bk	[247]
		T. wallichiana	rt,st	[224]
		T. wallichiana	lv,rt,st	[216]
		T. baccata	bk	[207]
		T. yunnanensis	lv,tw	[210]
N-methyltaxol C	296	T. × media	rt	[246]
taxuspinanane A	297	T. cuspidata	st	[248]
N-methylpaclitaxel,taxuspinanane I	298	T. cuspidata	st	[107]
10-(β-hydroxybutyryl)-10-deacetylcephalomannine	299	T. baccata	bk	[207]
N-debenzoyl-N-cinnamoyl-taxol	300	T. × media	rt	[244]
10-(β-hydroxybutyryl)-10-deacetyltaxol	301	T. baccata	bk	[207]
7-β(β-D-xylopyranosyl)taxol D	302	T. yunnanensis	bk	[249]
7-β(β-D-xylopyranosyl)-N-methyltaxol C	303	T. yunnanensis	bk	[60]
7-(β-xylosyl)-10-deacetyltaxol D	304	T. baccata	bk	[158]
7-(β-xylosyl)-10-deacetyltaxol C	305	T. baccata	bk	[207]
7-(β-xylosyl)-10-deacetyltaxol	306	T. baccata	bk	[207]
7-(β-xylosyl)cephalomannine	307	T. baccata	bk	[207]
7-(β-xylosyl)taxol C	308	T. baccata	bk	[207]
7-(β-xylosyl)taxol	309	T. baccata	bk	[207]
7-O-β-Xylosyl-10-deacetyltaxuspinanane A	310	T. cuspidata	lv	[250]
10-deacetyl-10-oxo-7-epi-cephalomannine	311	T. canadensis	lv	[51]
10-deacetyl-10-oxo-7-epi-taxuyunnanine A	312	T. yunnanensis	rt	[243]
7-epi-10-deacetyltaxol,taxuspinanane E (7-epi-10-deacetyl-taxuyunnanine A)	313	T. cuspidata	st	[137]
		T. yunnanensis	rt	[243]
10-deacetyl-10-oxo-7-epi-taxol	314	T. brevifolia	bk	[251]
10-deacetyl-7-epi-taxol	315	T. chinensis	sd	[252]
7-epi-cephalomannine	316	T. × media	lv	[253]
7-epi-taxuyunnanine A	317	T. yunnanensis	rt	[243]
7-epi-taxol	318	T. brevifolia	bk	[182]
		T. yunnanensis	lv,tw	[210]
2'-acetoxy-7-epi-taxol	319	T. canadensis	lv	[59]
2'-acetyl-7-epi-cephalomannine	320	T. canadensis	lv	[51]
9-deoxo-9α-hydroxytaxol	321	T. yunnanensis	bk	[241]
2-debenzoyl-2-tigloyltaxol(iso-cephalomannine)	322	T. × media	rt	[244]
1-deoxypaclitaxel	323	T. mairei	sd	[254]

表 3-15 其他 6/8/6 环紫杉烷 15

化 合 物	编号	来源	部位	参考文献
taxuyunnanine Z	324	*T. yunnanensis*	bk	[60]
taxuspine K	325	*T. cuspidata*	st	[201]
2α,10β,13α-triacetoxytaxa-4(20),5,11-trien-9-ol	326	*T. canadensis*	lv	[21]
taxezopidne B	327	*T. cuspidata*	sd,st	[104]
taxchinin N	328	*T. chinensis*	lv,st	[61]
（12αH)-2α,10β-diacetoxy-5α-cinnamoyloxy-9α,13α-epoxytax-4（20)-ene-11β,13β-diol	329	*T. cuspidata*	lv	[52]

表 3-16 11(15→1) 重排紫杉烷 1：含 4(20)，11(12) 双键的紫杉烷

化 合 物	编号	来源	部位	参考文献
chinentaxunine	330	*T. chinensis*	sd	[252]
7-deacetoxytaxuspine J	331	*T. cuspidata*	lv	[255]
9α,13α-diacetoxy-5α-cinnamoyloxy-11(15→1)-*abeo*taxa-4(20),11-diene-10β,15-diol	332	*T. mairei*	sd	[113]
9α,10β-diacetoxy-11（15→1)-*abeo*taxa-4（20)，11-diene-5α,13α,15-triol	333	*T. mairei*	sd	[153]
9α,10β,13α-triacetoxy-11（15→1)-*abeo*taxa-4（20)，11-diene-5α,15-diol	334	*T. mairei*	sd	[153]
9α,13α-diacetoxy-10β-benzoyloxy-5α-cinnamoyloxy-11（15→1)-*abeo*-taxa-4(20),11-dien-15-ol	335	*T. yunnanensis*	sd	[256]
13α-acetoxy-5α-(R)-3′-dimethylamino-3′-phenylpropanoyloxy-11（15→11)-*abeo*-taxa-4(20),11-diene-9α,10β-diol	336	*T. yunnanensis*	sd	[257]
9α,13α-diacetoxy-11（15→1）*abeo*taxa-4（20)，11-diene-5α,10β,15-triol	337	*T. yunnanensis*	sd	[258]
9α,13α-diacetoxy-10β-benzoyloxy-5α-(R)-3′-dimethylamino-3′-phenylpropanoyloxy-11(15→11)-*abeo*-taxa-4(20),11-dien-15-ol	338	*T. yunnanensis*	sd	[258]
13α-acetoxy-5α-cinnamoyloxy-11(15→1)-*abeo*taxa-4(20),11-diene-9α,10β,15-triol	339	*T. yunnanensis*	sd	[259]
5α,9α,10β,13α-tetracetoxy-11（15→1)-*abeo*taxa-4（20)，11-dien-15-ol	340	*T. wallichiana*	bk	[260]
7-debenzoyloxy-10-deacetylbrevifoliol	341	*T. wallichiana*	lv	[99]
13-acetyl-2-deacetoxy-10-debenzoyl-taxchinin A,taxawallin F	342	*T. wallichiana*	lv	[261]
10-acetyl-2-deacetoxy-10-debenzoyl-taxchinin A,taxawallin H	343	*T. wallichiana*	lv	[261]
9-deacetyl-9-benzoyl-10-debenzoyl-brevifoliol	344	*T. brevifolia*	bk	[262]
5,10,13-triacetyl-10-debenzoylbrevifoliol	345	*T. wallichiana*	lv	[263]
brevifoliol	346	*T. brevifolia*	lv	[53]
13-acetylbrevifoliol	347	*T. wallichiana*	—	[99]
		T. mairei	sd	[194]
9-benzoyl-2-deacetoxy-9-deacetyl-10-debenzoyl-10,13-diacetyl-taxchininA,taxawallin D	348	*T. wallichiana*	lv	[261]
taxuspine M	349	*T. cuspidata*	st	[201]
taxuspine J	350	*T. cuspidata*	st,lv	[105]
taxchinin H	351	*T. chinensis*	st,lv	[206]
		—	lv	[180]
		T. wallichiana	lv	[261]
taxuspine A （10β-benzoyloxy-5α-cinnamoyloxy-1β-hydroxy-7β,9α,13α-triacetoxy-11(15→1)-*abeo*-taxa-4(20),11-diene)	352	*T. cuspidata*	st	[264]
		T. brevifolia	lv	[53]
10β-benzoyloxy-1β-hydroxy-5α-(3′-methylamino-3′-phenyl)propanoxy-7β,9α,13α-triacetoxy-11(15→1)-*abeo*taxa-4(20),11-diene	353	*T. brevifolia*	lv	[53]

续表

化　合　物	编号	来源	部位	参考文献
10β-benzoyloxy-5α-(3′-dimethylamino-3′-phenyl)propanoxy-1β-hydroxy-7β,9α,13α-triacetoxy-11(15→1)-abeotaxa-4(20),11-diene	354	T. brevifolia	lv	[53]
5α,15-dihydroxy-7β,9α-diacetoxy-11(15→1)abeo-taxa-4(20),11-dien-13-one	355	T. mairei	sd	[265]
7β,9α,10β,13α-tetraacetoxy-11(15→1)-abeotaxa-4(20),11-diene-5α,15-diol	356	T. canadensis	rt	[195]
2α,7β-diacetoxy-9α-benzoyloxy-5α-cinnamoyloxy-11(15→1)-abeotaxa-4(20),11-diene-10β,13α,15-triol	357	T. mairei	sd	[266]
2α-acetoxy-9α-benzoyloxy-5α,7β,10β,15-tetrahydroxy-11(15→1)-abeotaxa-4(20),11-dien-13-one	358	T. yunnanensis	bk	[102]
taxuspine O	359	T. cuspidata	st	[189]
10-debenzoyl-2α-acetoxy-brevifoliol	360	T. wallichiana	lv	[180]
teixidol	361	T. baccata	lv	[267]
taxchinin G	362	T. chinensis	—	[202]
taxuspine Y	363	T. cuspidata	st	[156]
9-deacetyl-9-benzoyl-10-debenzoyltaxchinin A	364	T. baccata	bk	[268]
taxuspinanane B	365	T. cuspidata	st	[248]
taxchinin A	366	T. chinensis	lv,st	[269]
		T. yunnanensis	lv,tw	[210]
		T. baccata	sd	[31]
13-acetyl-9-deacetyl-9-benzoyl-10-debenzoyltaxchininA	367	T. chinensis	bk,lv	[270]
taxchinin D	368	T. chinensis	—	[202]
taxamedin A	369	T. x media	lv	[271]
(−)-2α-acetoxy-2′,7-dideacetoxy-1-hydroxy-11(15→1)-abeoaustrospicatine	370	T. baccata	lv	[159]
taxchinin E	371	T. chinensis	st,lv	[206]
5α-O-(β-D-glucopyranosyl)-10β-benzoyltaxacustone	372	T. cuspidata	lv,st	[106]
taxacustone	373	T. cuspidata	lv,st	[106]
2α,9α,15-triacetoxy-11(15→1)-abeotaxa-4(20),11-diene-5α,7β,10β,13α-tetraol	374	T. wallichiana	bk	[272]
2-deacetyl-2α-benzoyl-5,13-diacetyltaxchinin A	375	T. brevifolia	bk	[273]

表 3-17　11(15→1) 重排紫杉烷 2：具含氧丙环的紫杉烷

化　合　物	编号	来源	部位	参考文献
2α-acetyl-13-deacetyl-2-debenzoylabeo-baccatin Ⅵ (taxayuntin H)	376	T. canadensis	lv	[80]
		T. yunnanensis	bk	[274]
taxumairol W	377	T. mairei	bk	[275]
2α,4α-diacetoxy-7β-benzoyloxy-5β,20-epoxy-11(15→1)-abeo-taxa-11-ene-9α,10β,13α,15-tetraol (2α-debenzoyl-2α-acetyltaxayuntin A,taxayuntin B)	378	T. mairei	bk	[276]
		T. yunnanensis	bk	[277]
4α,7β-diacetoxy-2α-benzoyloxy-5β,20-epoxy-11(15→1)-abeo-taxa-11-ene-9α,10β,13α,15-tetraol (9-deacetyltaxayuntin E,taxuspinanane F)	379	T. mairei	bk	[276]
		T. canadensis	lv	[80]
		T. cuspidata	st	[137]
4α,7β-diacetoxy-9α-benzoyloxy-5β,20-epoxy-11(15→1)-abeotaxa-11-ene-2α,10β,13α,15-tetraol	380	T. mairei	bk	[278]
taxuyunnanine M (taxumairol Q)	381	T. yunnanensis	bk	[279]
		T. sumatrana	lv,tw	[280]
tasumatrol B	382	T. sumatrana	lv,tw	[281]
7,13-dideacetyl-9,10-debenzoyltaxchinin C	383	T. brevifolia	—	[262]

续表

化　合　物	编号	来源	部位	参考文献
taxacustin(10,13-deacetyl-*abeo*baccatin Ⅳ)	384	*T. cuspidata*	lv,tw	[219,129]
		T. wallichiana	lv	[282]
9α-(benzoyloxy)-2α,4α-diacetoxy-5β,20-epoxy-1β,7β,10β,13α-tetrahydroxy-11(15→1)-*abeo*taxene,taxumairol K	385	*T. mairei*	rt	[283]
10β-benzoyloxy-2α,4α-diacetoxy-5β,20-epoxy-1β,7β,9α,13α-tetrahydroxy-11(15→1)-*abeo*-taxene(7,9-dideacetyltaxayuntin)	386	*T. brevifolia*	bk	[227]
		T. yunnanensis	bk	[284]
13-decinnamoyl-9-deacetyltaxchinin B	387	*T. wallichiana*	bk	[285]
taxayuntin E	388	*T. yunnanensis*	lv,st	[286]
		T. mairei	sd	[194]
taxayuntin F (taxchinin L)	389	*T. yunnanensis*	lv,st	[286]
		T. chinensis	lv,st	[287]
taxuspine Q	390	*T. cuspidata*	st	[185]
4α,7β,9α-trideacetyl-2α,7β-dibenzoyl-10β-debenzoyltaxayuntin,taxayuntin A	391	*T. yunnanensis*	bk	[277]
13-deacetylbaccatin Ⅵ (taxayunnansin A) (taxayuntin)	392	*T. wallichiana*	lv	[99]
		T. yunnanensis	rt	[288]
		T. yunnanensis	lv	[289]
4α,7β-diacetoxy-2α,9α-dibenzoyloxy-5β,20-epoxy-10β,13α,15-trihydroxy-11(15→1)-*abeo*taxene	393	*T. baccata*	bk	[290]
7,9,10-trideacetyl-*abeo*baccatin Ⅵ	394	*T. baccata*	lv	[64]
taxuyunnanine F	395	*T. yunnanensis*	rt	[288]
taxchinin M	396	*T. chinensis*	lv,st	[287]
		T. floridana	lv	[291]
13-acetyl-13-decinnamoyltaxchinin B	397	*T. baccata*	lv	[292]
9-*O*-benzoyl-9,10-dide-*O*-acetyl-11(15→1)-*abeo*baccatin Ⅵ(taxchinin Ⅰ)	398	*T.* × *media*	rt	[293]
		T. chinensis	st,lv	[206]
9-*O*-benzoyl-9-de-*O*-acetyl-11(15→1)-*abeo*baccatin Ⅵ	399	*T.* × *media*	rt	[293]
2α,7β-dibenzoxy-5β,20-epoxy-1β-hydroxy-4α,9α,10β,13α-tetraacetoxytax-11-ene	400	*T. brevifolia*	bk	[232]
2α-deacetyl-2α-benzoyl-13α-acetyltaxayuntin,taxayuntin C (2α,10β-dibenzoxy-5β,20-epoxy-1β-hydroxy-4α,7β,9α,13α-tetraacetoxytax-11-ene)	401	*T. yunnanensis*	bk	[277]
		T. brevifolia	bk	[232]
2,7-dideacetyl-2,7-dibenzoyl-taxayunnanine F	402	*T. brevifolia*	bk	[273]
taxchinin K	403	*T. chinensis*	st,lv	[206]
7-deacetyltaxayuntin D	404	*T. brevifolia*	bk	[273]
7-deacetyl-7-benzoyltaxchinin Ⅰ	405	*T. brevifolia*	bk	[273]
7-deacetyl-7-benzoyltaxayuntin C	406	*T. brevifolia*	bk	[273]
9-deacetyl-9-benzoyl-taxayuntin C, taxayuntin D taxchinin C	407	*T. yunnanensis*	bk	[277]
		T. chinensis	lv,st	[223]
		T. brevifolia	bk	[232]
15-*O*-benzoyl-10-deacetyl-2-debenzoyl-10-dehydroabeobaccatin Ⅲ	408	*T. canadensis*	lv	[196]
15-*O*-benzoyl-2-debenzoyl-7,9-di-*O*-acetylabeobaccatin Ⅵ	409	*T. canadensis*	lv	[196]
taxchinin J	410	*T. chinensis*	st,lv	[206]
taxchinin B	411	*T. chinensis*	lv,st	[223]
tasumatrol O	412	*T. sumatrana*	lv,tw	[294]
4-deacetyl-11(15→1)-*abeo*baccatin Ⅵ	413	*T.* × *media*	rt	[293]

表 3-18　11(15→1) 重排紫杉烷 3：环氧丙环开环的紫杉烷

化　合　物	编号	来源	部位	参考文献
taxumairol U	414	T. mairei	bk	[275]
taxumairol V	415	T. mairei	bk	[275]
taxuyunnanine K	416	T. yunnanensis	bk	[279]
taxuyunnanine L	417	T. yunnanensis	bk	[279]
taxuyunnanine N	418	T. yunnanensis	bk	[279]
taxuyunnanine O	419	T. yunnanensis	bk	[279]
taxuyunnanine P	420	T. yunnanensis	bk	[249]
taxuyunnanine Q	421	T. yunnanensis	bk	[249]
taxuyunnanine R	422	T. yunnanensis	bk	[249]
taxuyunnanine S	423	T. yunnanensis	bk	[295]
taxuyunnanine T	424	T. yunnanensis	bk	[295]
taxuyunnanine U	425	T. yunnanensis	bk	[295]
taxuyunnanine V	426	T. yunnanensis	bk	[295]
tasumatrol E	427	T. sumatrata	lv,tw	[296]
tasumatrol F	428	T. sumatrata	lv,tw	[296]
taxayuntin G	429	T. yunnanensis	lv,st	[297]
			bk	[249]
taxayuntin J	430	T. yunnanensis	bk	[298]
taxumain A	431	T. mairei	tw	[240]
taxuchin B	432	T. chinensis	tw,lv	[299]
		T. yunnanensis	bk	[60]
taxumain B	433	T. mairei	tw	[240]
yunantaxusin A	434	T. yunnanensis	lv,st	[300]
taxuyunnanine W	435	T. yunnanensis	bk	[60]
taxuyunnanine X	436	T. yunnanensis	bk	[60]
5-O-acetyl-20-O-deacetyl-4,20-p-hydroxylbenzylidenedioxytaxuyunnanine L(II)	437	T. chinensis	lv,st	[301]

表 3-19　11(15→1) 重排紫杉烷 4：具 4,20-含氧乙环的紫杉烷

化　合　物	编号	来源	部位	参考文献
2α,7β-diacetoxy-9α-benzoyloxy-4β,20-epoxy-11(15→1)-abeotaxa-11-ene-5α,10β,13α,15-tetraol	438	T. mairei	bk	[276]
Taxuchin A	439	T. chinensis	bk	[302]

表 3-20　11(15→1) 重排紫杉烷 5：具 2,20 氧桥的紫杉烷

化　合　物	编号	来源	部位	参考文献
taxumairol G	440	T. mairei	rt	[198]
taxumairol H	441	T. mairei	rt	[198]
taxuyunnanine Y	442	T. yunnanensis	bk	[60]
tasumatrol G	443	T. sumatrata	lv,tw	[296]
taxuyunnanine E	444	T. yunnanensis	rt	[288]
10-O-benzoyl-15-O-acetyltaxumairol X(Ⅰ)	445	T. chinensis	lv,st	[301]
4α,10β,13α-triacetoxy-15-benzoyloxy-2α,20β-epoxy-11(15→1)abeotax-11-ene-5α,7β,9α-triol	446	T. canadensis	lv	[303]
4α,7β,9α,10β,15-pentaacetoxy-2α,20β-epoxy-11(15→1)abeotax-11-ene-5α,13α-diol	447	T. canadensis	lv	[303]
taxumairol I	448	T. mairei	rt	[198]
taxumairol J	449	T. mairei	rt	[198]
4α,13α-diacetoxy-2α,20-epoxy-11(15→1)-abeotaxa-11,15-diene-5α,7β,9α,10β-tetraol	450	T. canadensis	lv	[175]

表 3-21 11(15→1) 重排紫杉烷 6：其他

化 合 物	编号	来源	部位	参考文献
10,15-epoxy-11(15→1)-*abeo*-10-deacetylbaccatin Ⅲ	**451**	*T. wallichiana*	lv	[49]
13-acetoxy-13,15-epoxy-11(15→1)-*abeo*-13-*epi*-baccatin Ⅵ	**452**	*T. × media*	rt	[293]
13,15-epoxy-13-*epi*-taxayunnasin A	**453**	*T. chinensis*	lv,st	[61]

表 3-22 11(15→1)，11(10→9) 双重排的紫杉烷

化 合 物	编号	来源	部位	参考文献
20-acetoxy-2α-benzoyloxy-4α,5α,7β,9α,13α-pentahydroxy-11(15→1),11(10→9)-bisabeotax-11-ene-10,15-lactone	**454**	*T. yunnansensis*	sd	[259]
tasumatrol H	**455**	*T. sumatrana*	lv,tw	[22]
tasumatrol I	**456**	*T. sumatrana*	lv,tw	[22]
tasumatrol R	**457**	*T. sumatrana*	lv,tw	[304]
13-*O*-acetylwallifoliol	**458**	*T. sumatrana*	lv,tw	[280]
tasumatrol J	**459**	*T. sumatrana*	lv,tw	[22]
wallifoliol	**460**	*T. wallichiana*	lv	[305]
tasumatrol A	**461**	*T. sumatrana*	lv,tw	[281]
tasumatrol P	**462**	*T. sumatrana*	lv,tw	[304]
tasumatrol T	**463**	*T. sumatrana*	lv,tw	[304]
tasumatrol Q	**464**	*T. sumatrana*	lv,tw	[304]
tasumatrol S	**465**	*T. sumatrana*	lv,tw	[304]

表 3-23 2(3→20) 重排紫杉烷

化 合 物	编号	来源	部位	参考文献
5α-cinnamoyloxytaxin B	**466**	*T. canadensis*	lv	[118]
		T. yunnanensis	sd	[177]
7-deacetoxy-5-*O*-cinnamoyltaxin B	**467**	*T. canadensis*	lv	[141]
2α,7β,13α-triacetoxy-5α-(2′R,3′S)-N,N-dimethyl-3′-phenylisoseryloxy-2(3→20)-*abeo*taxa-4(20),11-diene-9,10-dione	**468**	*T. cuspidata*	sd	[142]
2α,7β,10β,13α-tetraacetoxy-5α-(2′R,3′S)-N,N-dimethyl-3′-phenylisoseryloxy-2(3→20)-*abeo*taxa-4(20),11-dien-9-one	**469**	*T. cuspidata*	sd	[177]
7β,13α-diacetoxy-5α-cinnamoyloxy-2α,10β-dihydroxy-2(3→20)-*abeo*taxa-4(20),11-dien-9-one(2-deacetyltaxuspine B)	**470**	*T. cuspidata*	lv	[79]
		T. mairei	bk	[306]
5α-*O*-acetyltaxin B	**471**	*T. cuspidata*	lv	[79]
2α,7β,13α-triacetoxy-5α-(2′R,3′S)-N,N-dimethyl-3′-phenylisoseryloxy-10β-hydroxy-2(3→20)-*abeo*taxa-4(20),11-dien-9-one	**472**	*T. cuspidata*	sd	[258]
7-*O*-acetyltaxine A	**473**	*T. baccata*	—	[307]
		T. wallichiana	lv	[160]
2α,5α,13α-triacetoxy-7β-hydroxy-2(3→20)-*abeo*taxa-4(20),11-diene-9,10-dione	**474**	*T. mairei*	bk	[306]
7β,13α-diacetoxy-2α,5α,10β-trihydroxy-2(3→20)-*abeo*taxa-4(20),11-dien-9-one	**475**	*T. mairei*	bk	[308,309]
2α,10β,13α-triacetoxy-2(3→20)-*abeo*taxa-4(20),11-diene-7,9-dione	**476**	*T. mairei*	bk	[310]
2α,13α-diacetoxy-10β-hydroxy-2(3→20)-*abeo*taxa-4(20),11-diene-7,9-dione	**477**	*T. mairei*	bk	[310]
2α,5α,13α-triacetoxy-7β,10β-dihydroxy-2(3→20)-*abeo*taxa-4(20),11-dien-9-one	**478**	*T. mairei*	bk	[310]
10β,13α-diacetoxy-5α-cinnamoyloxy-2α,7β-dihydroxy-2(3→20)-*abeo*taxa-4(20),11-dien-9-one	**479**	*T. yunnanensis*	sd	[177]

续表

化　合　物	编号	来源	部位	参考文献
7β, 10β, 13α-triacetoxy-5α-cinnamoyloxy-2α-hydroxy-2（3 → 20）-abeotaxa-4(20),11-dien-9-one	480	T. yunnanensis	sd	[177]
dantaxusin A	481	T. yunnanensis	bk,lv,tw	[131]
2α,5α,7β,13α-tetraacetoxy-10β-hydroxy-2(3→20)-abeotaxa-4(20),11-dien-9-one	482	T. mairei	bk	[309]
7β-deacetyl-5-decinnamoyltaxuspine B	483	T. × media	lv	[311]
(deaminoacyltaxine A)		T. baccata	lv	[64]
7β, 10β, 13α-triacetoxy-5α-(3′-dimethylamino-3′-phenylpropanoyl)-oxy-2′-hydroxy-2(3→20)-abeotaxa-4(20),11-dien-9-one	484	T. canadensis	lv	[312]
2-deacetyltaxin B	485	T. yunnanensis	lv, st	[313]
		T. mairei	sd	[194]
2α,7β,13α-triacetoxy-5α,10β-dihydroxy-9-keto-2(3→20)-abeotaxane	486	T. x media	lv	[314]
(taxuspine W)		T. cuspidata	st	[215]
taxin B	487	T. yunnanensis	lv,st	[313]
taxuspinanane H,deaminoacyl-cinnamoyltaxine A	488	T. cuspidata	st	[107]
2-deacetyltaxine A(taxine C)	489	T. baccata	lv	[93,315]
taxuspine B	490	—	st	[264]
taxine A	491	T. baccata	lv	[315,316]
taxezopidine P	492	T. cuspidata	sd	[163]
2α,7β,10β-triacetoxy-5α,13α-dihydroxy-2(3→20)-abeotaxa-4(20),11-dien-9-one	493	T. cuspidata	lv	[317]
2α,7β-diacetoxy-5α,10β,13α-trihydroxy-2(3→20)-abeotaxa-4(20),11-dien-9-one	494	T. mairei	bk	[309]
7β,10β-diacetoxy-2α,5α,13α-trihydroxy-2(3→20)-abeotaxa-4(20),11-dien-9-one	495	T. mairei	sd	[254]
taxumairone A	496	T. mairei	sd	[318]
2α,13α-diacetoxy-10β-hydroxy-2（3 → 20）-abeotaxa-4（20）,6,11-triene-5,9-dione	497	T. mairei	sd	[254]
2α,7β,13α-triacetoxy-5α,9α-dihydroxy-2(3→20)-abeotaxa-4(20),11-dien-10-one	498	T. yunnanensis	sd	[143]
2α,7β-diacetoxy-5α,10β,13β-trihydroxy-2(3→20)-abeotaxa-4(20),11-dien-10-one	499	T. cuspidata	lv	[65]
2α,7β,10α-triacetoxy-5α-hydroxy-2（3 → 20）-abeo-taxa-4（20）,11-dien-9,13-dione	500	T. sumatrana	lv,tw	[319]

表 3-24　C-3,11 环合的紫杉烷

化　合　物	编号	来源	部位	参考文献
2α,10β-diacetoxy-5α-cinnamoyloxy-1β,9α-dihydroxy-3,11-cyclotaxa-4(20)-en-13-one	501	T. baccata	lv	[117]
9α,10β-diacetoxy-5α-cinnamoyloxy-3,11-cyclotaxa-4(20)-en-13-one	502	T. canadensis	lv	[83]
10β-acetoxy-5α-cinnamoyloxy-2α,9α-dihydroxy-3,11-cyclotaxa-4(20)-en-13-one	503	T. canadensis	lv	[141]
9α,10β-diacetoxy-5α-cinnamoyloxy-2α-hydroxy-3,11-cyclotaxa-4(20)-en-13-one	504	T. canadensis	lv	[141]
2α-acetoxy-5α-cinnamoyloxy-9α,10β-dihydroxy-3,11-cyclotax-4(20)-en-13-one	505	T. canadensis	lv	[317]
10β-acetoxy-5α-cinnamoyloxy-1β,2α,9α-trihydroxy-3,11-cyclotaxa-4(20)-en-13-one	506	T. canadensis	rt	[195]
1β-hydroxytaxuspine C	507	T. cuspidata	lv	[81]

续表

化 合 物	编号	来源	部位	参考文献
10β-acetoxy-2α,5α,9α-trihydroxy-3,11-cyclotaxa-4(20)-en-13-one	**508**	*T. yunnanensis*	sd	[259]
2α-acetoxy-5α,9α,10β-trihydroxy-3,11-cyclotaxa-4(20)-en-13-one	**509**	*T. yunnanensis*	sd	[143]
taxinine K	**510**	*T. cuspidata*	lv	[108]
5-cinnamoylphototaxicin Ⅱ	**511**	*T. baccata*	lv	[226]
taxinine L	**512**	*T. cuspidata*	lv	[108]
5-*O*-cinnamoyl-9-*O*-acetylphototaxicin Ⅰ	**513**	*T. baccata*	lv	[66]
2,9-diacetyl-5-cinnamoylphototaxicin Ⅱ	**514**	*T. canadensis*	lv	[320]
2,10-diacetyl-5-cinnamoylphototaxicin Ⅱ	**515**	*T. canadensis*	lv	[320,321]
		T. yunnanensis	sd	[259]
2,10-diacetyl-5(*Z*)-cinnamoylphototaxicin Ⅱ	**516**	*T. canadensis*	lv	[321]
taxuspine C	**517**	*T. cuspidata*	st	[264]
2α,10β-diacetoxy-9α-hydroxy-5α-(3'-dimetyl-amino-3'-pheylpropanoyl)oxy-3,11-cyclotax-4(20)-en-13-one	**518**	*T. canadensis*	lv	[312]
(2α,5α,9α,10β)-2,9,10-triacetoxy-5-(β-D-glucopyranasyl)oxy-3,11-cyclotax-11-en-13-one	**519**	*T. cuspidata*	lv,tw	[204]
taxuspine H	**520**	*T. cuspidata*	st,lv	[105]
7β-acetoxytaxuspine B	**521**	*T. canadensis*	lv	[118]
2,10-diacetyl-5-cinnamoyl-7β-hydroxyphototaxicin Ⅱ	**522**	*T. canadensis*	lv	[320]
2α,7α,10β-triacetoxy-5α-cinnamoyloxy-9α-hydroxy-3,11-cyclotaxa-4(20)-en-13-one	**523**	*T. canadensis*	lv	[83]
3α,11α-cyclotaxinine NN-2	**524**	*T. cuspidata*	st	[164]

表 3-25 其他环合紫杉烷

化 合 物	编号	来源	部位	参考文献
dipropellane A	**525**	*T. canadensis*	lv	[322]
dipropellane B	**526**	*T. canadensis*	lv	[322]
dipropellane C	**527**	*T. canadensis*	lv	[322]
2α,9α-diacetoxy-5α-cinnamoyloxy-10β,11β-dihydroxy-14β,20-cyclotax-3-en-13-one	**528**	*T. canadensis*	lv	[69]
canataxapropellane	**529**	*T. canadensis*	lv	[323]
2α,10β-diacetoxy-5α,9α,20α-trihydroxy-3α,11α;4α,12α;14α,20-tricyclotaxan-13-one	**530**	*T. canadensis*	lv	[68]

表 3-26 双环紫杉烷1：C-3,8 开环，含 3,8,11 位双键的紫杉烷

化 合 物	编号	来源	部位	参考文献
20-*O*-cinnamoyl-5-*epi*-canadensen	**531**	*T. canadensis*	lv	[324]
5-*epi*-*O*-cinnamoylcanadensen	**532**	*T. canadensis*	lv	[59]
2,20-dideacetyltaxuspine X	**533**	*T. cuspidata*	lv	[325]
2-deacetyltaxuspine X	**534**	*T. cuspidata*	lv	[325]
2,7-dideacetyltaxuspine X	**535**	*T. cuspidata*	lv	[325]
(3*E*,8*E*)-2α,7β-9,10β,20-pentaacetoxy-5α-hydroxy-3,8-secotaxa-3,8,11-trien-13-one	**536**	*T. mairei*	lv	[326]
(3*E*,8*E*)-7β,9,10β-triacetoxy-2α,5α,20-tri-hydroxy-3,8-*seco*-taxa-3,8,11-trien-13-one	**537**	*T. mairei*	lv	[326]
(3*E*,8*E*)-2α,7β,9,10β,13α,20-hexaacetoxy-5-(*Z*)-2'-acetoxy-cinnamoyloxy-3,8-seco-taxa-3,8,11-triene	**538**	*T. mairei*	lv	[327]
7-deacetyltaxachitrine A	**539**	*T. mairei*	lv	[328]
[(3*E*,8*E*)-2α,9,10β,13α,20-pentaacetoxy-5α,7β-dihydroxy-3,8-secotaxa-3,8,11-triene]		*T. sumatrana*	lv,tw	[319]

化 合 物	编号	来源	部位	参考文献
13-deacetyltaxachitrine A	**540**	*T. mairei*	lv	[328]
7-deacetylcanadensene	**541**	*T. mairei*	lv	[329]
		T. sumatrana	lv, tw	[294]
13-deacetylcanadensene	**542**	*T. mairei*	lv	[329]
taxuspine U	**543**	*T. cuspidata*	st	[215]
5-*epi*-canadensene	**544**	*T. canadensis*	lv	[320]
		T. mairei	sd	[194]
2-deacetyltaxachitriene A	**545**	*T. chinensis*	lv	[330]
5-deacetyltaxachitriene B	**546**	*T. chinensis*	lv	[72]
taxachitriene A	**547**	*T. chinensis*	lv	[70]
taxachitriene B	**548**	*T. chinensis*	lv	[70]
		T. mairei	sd	[194]
taxuspine X	**549**	*T. cuspidata*	st	[156]
tasumatrol M	**550**	*T. sumatrana*	lv, tw	[294]
$(2'S,3'R)$-5-$(N,N$-dimethyl-3'-phenylisoseryl)taxachitriene A	**551**	*T. chinensis*	bk, lv	[270]
$(3E,8E)$-9,10β,13α-triacetoxy-2α,7β,20-trihydroxy-5α-[(2E)-cinnamoyloxy]-3,8-secotaxa-3,8,11-triene	**552**	*T. sumatrana*	lv, tw	[319]
$(3E,8E)$-2α,5α,7β,9,10β,13α-hexaacetoxy-20-hydroxy-3,8-secotaxa-3,8,11-triene	**553**	*T. sumatrana*	lv, tw	[319]
tasumatrol N	**554**	*T. sumatrana*	lv, st	[294]
$(3E,8E)$-2α,9,10β,13α,20-pentaacetoxy-7β-hydroxy-3,8-secotaxa-3,8,11-trien-5-one	**555**	*T. sumatrana*	lv, tw	[319]
taxumairol M	**556**	*T. mairei*	sd	[331]
canadensene	**557**	*T. canadensis*	lv	[71]

表 3-27 双环紫杉烷2：3,8开环，含3,7,11双键及9位酮基的紫杉烷

化 合 物	编号	来源	部位	参考文献
$(3E,7E)$-2α,5α,10β,13α,20-pentaacetoxy-3,8-*secotaxa*-3,7,11-trien-9-one	**558**	*T. mairei*	sd	[332]
$(3E,7E)$-2α,10β,13α,20-tetraacetoxy-5α-hydroxy-3,8-*secotaxa*-3,7,11-trien-9-one	**559**	*T. mairei*	lv	[333]
$(3E,7E)$-2α,5α,10$\alpha\beta$,13α-tetraacetoxy-20-hydroxy-3,8-*secotaxa*-3,7,11-trien-9-one	**560**	*T. mairei*	lv	[333]
$(3E,7E)$-10β,13α-diacetoxy-2α,5α,20-trihydroxy-3,8-*secotaxa*-3,7,11-trien-9-one	**561**	*T. mairei*	lv	[333]
$(3E,7E)$-2α,10β-diacetoxy-5α,13α,20-trihydroxy-3,8-*secotaxa*-3,7,11-trien-9-one	**562**	*T. chinensis*	lv	[330]
$(3E,7E)$-2α,10β,13α-triacetoxy-5α,20-dihydroxy-3,8-*secotaxa*-3,7,11-trien-9-one	**563**	*T. chinensis*	lv	[330]

表 3-28 双环紫杉烷3：3,8开环，含2,6,9三羟基的紫杉烷

化 合 物	编号	来源	部位	参考文献
$(11\alpha H)$-3,8-*secotaxa*-3,7,12(18)-triene-2α,6α,9β-triol	**564**	*T. mairei*	sd	[334]

表 3-29 双环紫杉烷4：11,12开环紫杉烷

化 合 物	编号	来源	部位	参考文献
taxusecone	**565**	*T. cuspidata*	lv	[335]

第二节
紫杉烷类化合物常见的化学反应

　　紫杉宁（Taxinine）是红豆杉中含量最高的紫杉烷类成分，在东北红豆杉中高达 2g/kg[336,337,28]，而且也是最容易结晶纯化的一种化学成分，是合成其他化学成分的前体物质。巴卡亭Ⅲ及其衍生物是合成紫杉醇的前体物，因此很多化学反应是围绕着紫杉宁、巴卡亭Ⅲ和紫杉醇进行的，在这里仅介绍常见的紫杉烷类化合物的一些常见化学反应。

1. 紫杉宁及其衍生物常见的化学反应

（1）光化反应

　　紫杉宁在汞灯的照射下可以得到产率很高的 3，11-位环化的衍生物。但有时会有部分的肉桂酰基顺势异构化[108,338,339]（图 3-41）。

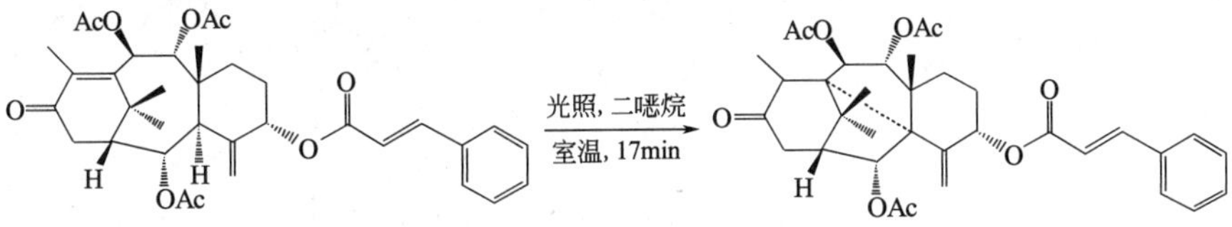

图 3-41　环化反应

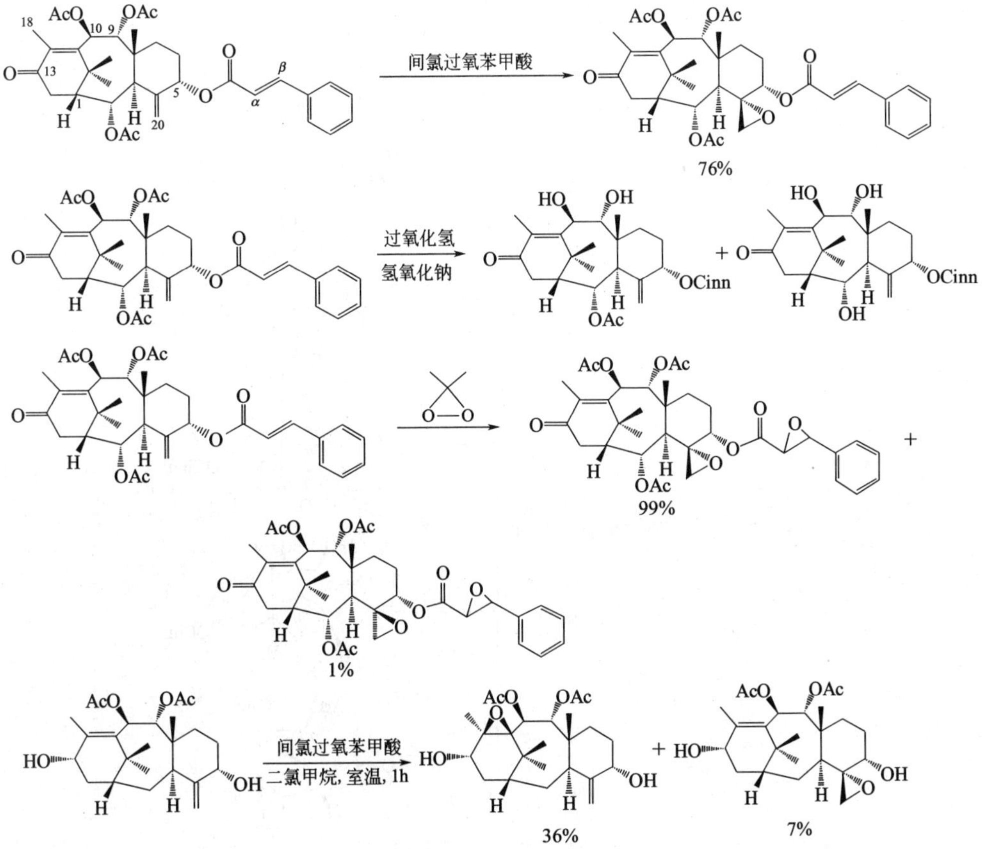

图 3-42　环氧化反应

（2）氧化反应

紫杉宁及其衍生物的氧化反应主要是围绕着 4(20)-位双键、11 位双键或 2′位双键进行的[193,220,340,172]（图 3-42）。

（3）水解反应

以紫杉宁为起始原料，选择性地水解掉 2-位、9-位、10-位乙酰基或 5-位肉桂酰基[341~343]（图 3-43）。

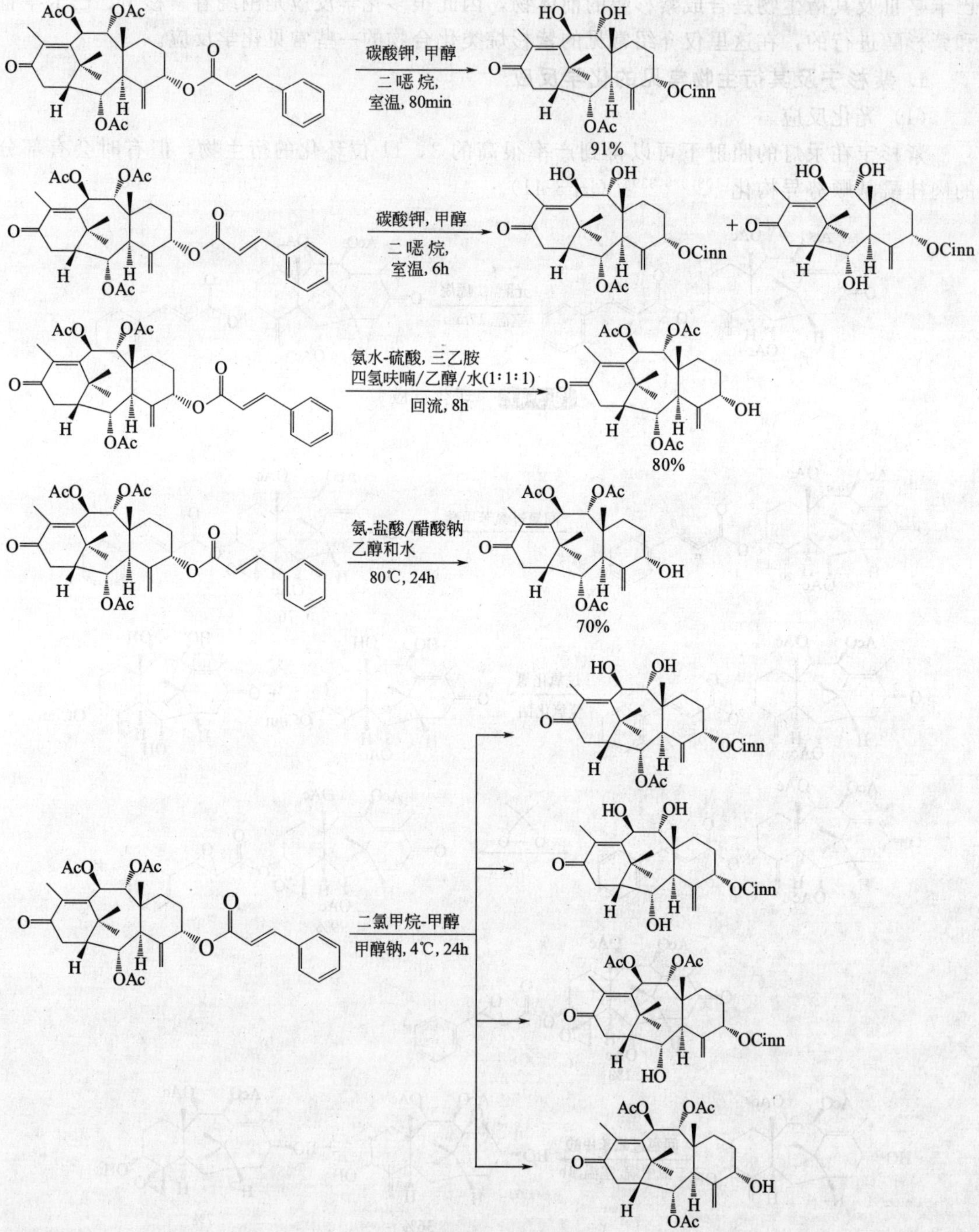

图 3-43　水解反应

2. 紫杉醇和巴卡亭Ⅲ常见的化学反应

另一类化学反应是围绕改善紫杉醇的水溶性，以及 10-去乙酰巴卡亭Ⅲ和巴卡亭Ⅲ进行的，后两者存在于紫杉的针叶和小枝中并且含量高于树皮中的紫杉醇含量，作为半合成紫杉醇和紫杉特尔的起始物，它们的相关反应具有很重要的意义。已报道的反应主要是除去巴卡亭Ⅲ或紫杉醇的 10-位乙酰基或还原 9-位羰基，或去掉 7-位羟基[45,344~346]（图 3-44~图3-47）。

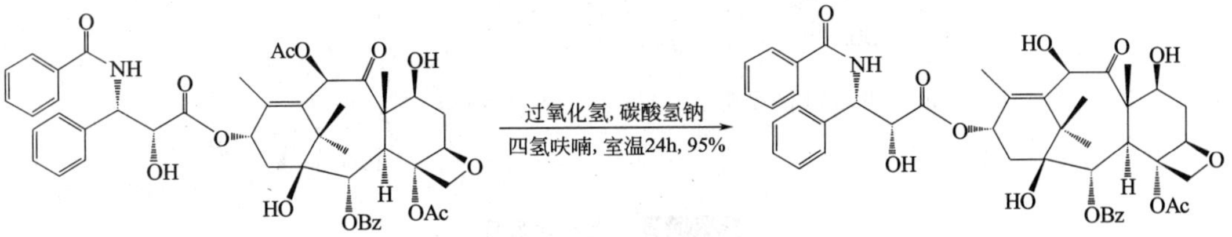

图 3-44 脱乙酰基反应

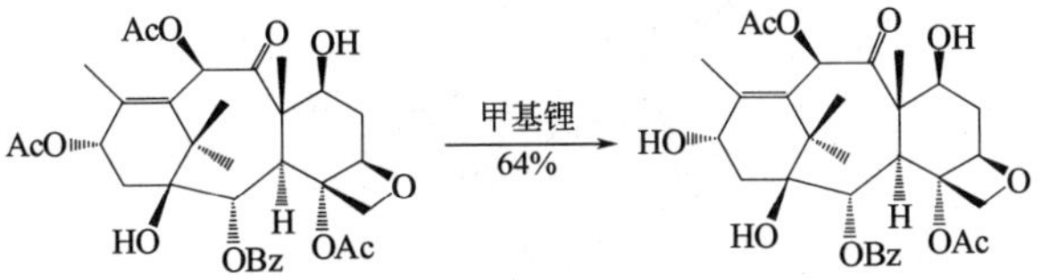

9-羰基-13-乙酰基巴卡亭Ⅲ　　　　9-羰基巴卡亭Ⅲ

图 3-45 乙酰化反应

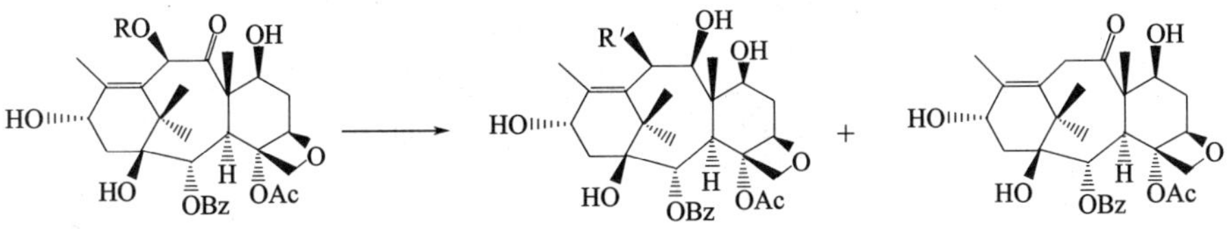

巴卡亭Ⅲ　R=Ac
10-去乙酰基巴卡亭Ⅲ　R=H

R'=H
R'=OH

图 3-46 脱乙酰氧反应

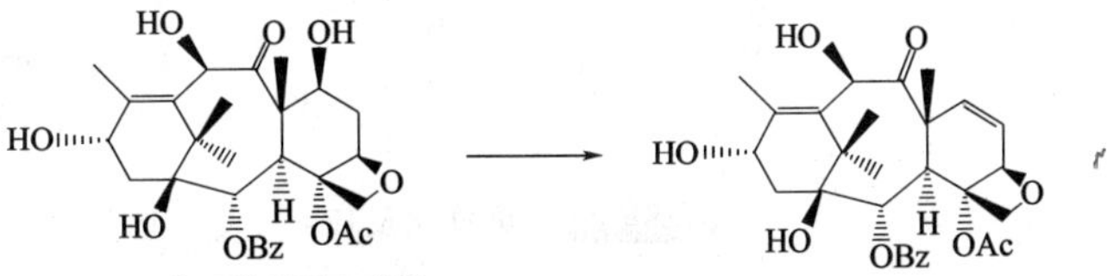

10-去乙酰基巴卡亭Ⅲ

图 3-47 脱 7-OH 反应

3. 巴卡亭Ⅲ的化学重排反应

10-去乙酰基-10-羰基巴卡亭Ⅲ在酸性条件下可以发生 11(15→1)，11(10→9) 双重排化学反应生成 Wallifoliol 衍生物，或者发生 11(15→1) 重排化学反应生成 Brevifoliol 衍生物[62]（图 3-48）。巴卡亭Ⅲ在酸性条件下也可以发生重排化学反应得到 Brevifoliol 衍生物[34]（图 3-49）。

4. 紫杉烷类化合物的异构化反应

有些紫杉烷类化合物在测定核磁共振时即使在氘代氯仿这种弱酸性环境中也可以发生重排反应，如 Wallifoliol 在氘代氯仿中异构化（图 3-50）。

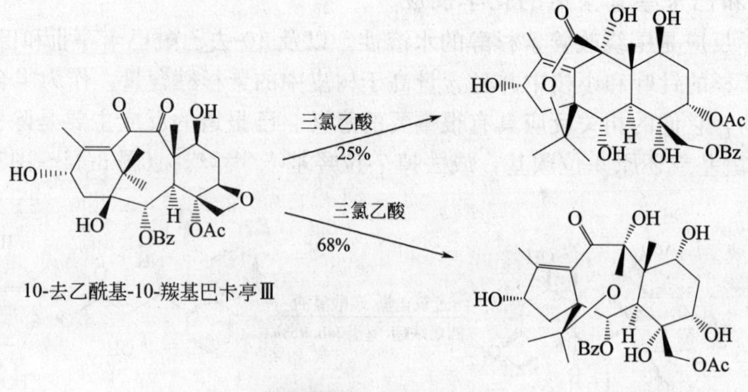

10-去乙酰基-10-羰基巴卡亭Ⅲ

三氯乙酸 25%

三氯乙酸 68%

图 3-48 重排化反应

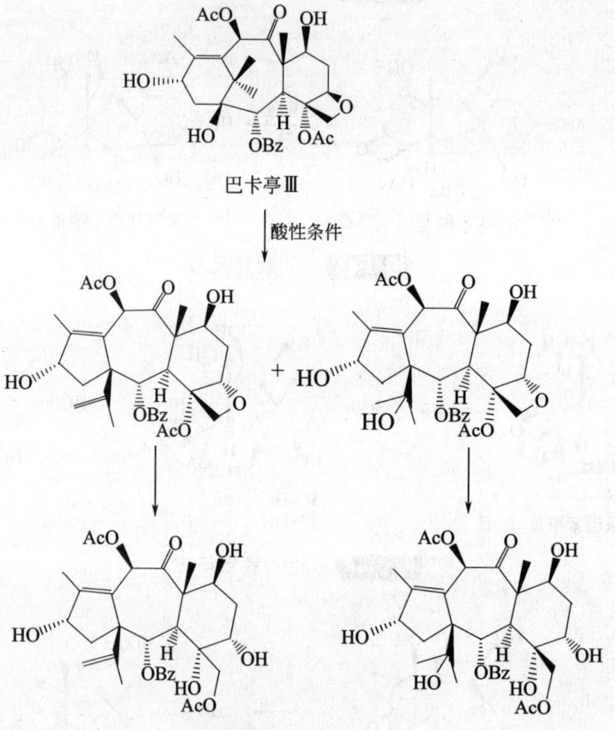

巴卡亭Ⅲ

酸性条件

图 3-49 重排化反应

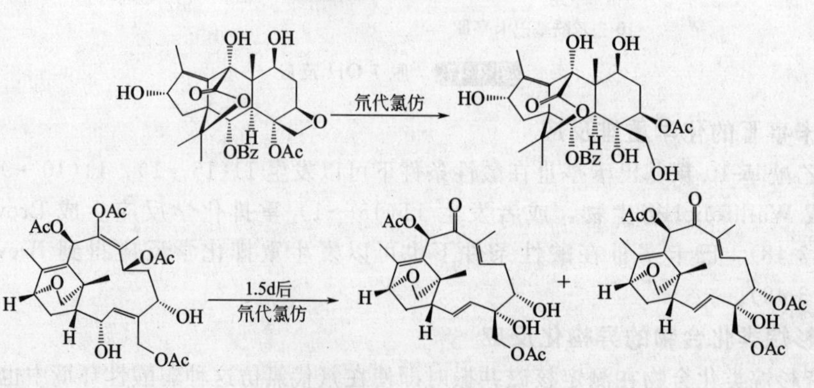

氘代氯仿

1.5d后 氘代氯仿

图 3-50 重排化反应

第三节
紫杉烷类化合物的生物转化

生物转化[347～349]（biotransformation）是利用生物体系或其产生的酶制剂对外源性化合物进行结构修饰的生物化学过程，是生物体系对外源性底物的酶催化反应。区别于生物合成通过细胞、组织等将简单化合物合成复杂物质，亦有别于生物降解将复杂物质分解为简单化合物，生物转化是对化合物进行修饰，得到结构新颖的化合物，提高已知产物生成量。

生物转化类型主要有羟基化（hydroxylation）、水解（hydrolysis）、氧化还原（oxido-reduction）、酯化（esterification）、环氧化（epoxidation）、异构化（isomerization）、甲基化（methylation）、糖苷化（glycosylation）、重排（rearrangement）等，其中羟化反应最为常见[350]，可发生在紫杉烷类骨架上，如 $1\beta,6,7\beta,9\alpha,13\alpha$，亦可发生在紫杉烷的环状骨架以外，如 17 位、20 位、10 位酰基侧链以及 3′、2 苯基对位，对合成活性紫杉烷类化合物有非常重要的意义。用于转化研究的生物体系主要有真菌、细菌、植物离体培养的细胞、组织或器官及动物细胞等。其中微生物体系和植物细胞悬浮培养体系应用较多。微生物体系培养条件相对简单，生长迅速，产率较高，因此微生物转化已成为研究热点。

生物转化主要是依靠酶的催化反应，具有很高的位置选择性和立体选择性。紫杉烷类化合物结构复杂，仅三环结构就让化学合成工作者煞费苦心，即使在实验室中得到也很难大量生产。而酶反应特异性强，反应条件温和、易于控制，免去了化学合成中的基团保护和去保护，提高产物得率，且酶催化效率高，不污染环境，因此可以采用生物转化技术制备紫杉醇及其衍生物或合成中间体，缩短紫杉烷类化合物的合成路径。其次，由于产物的不可预知性，生物转化可得到大量结构新颖的天然产物，包括许多化学方法不能得到的物质，为新药的研发提供了很有价值的先导化合物。有研究表明，微生物对紫杉醇的转化产物与人体、大鼠的代谢物有一定相似性[351]，可能因为细胞色素 P_{450} 酶体系有一定同源性。因此微生物转化还可作为研究紫杉烷类化合物的体内代谢模型。体内代谢生物样品种类繁多，含量低，分离困难，而微生物转化产物的分离相对简单，并可大量制备以做深入研究。

因为紫杉醇有显著抗癌活性，现临床上已广泛用于乳腺癌的治疗，目前主要来源还是从紫杉烷植物中直接提取，但该属植物生长缓慢，含量极低，使来源受限，半合成、全合成、细胞培养等均不能较好地解决来源问题。最近有报道采用生物转化技术结合有机化学方法制备紫杉醇、活性衍生物或合成中间体，并取得一定成效。

1. 微生物转化

早期研究从红豆杉植物[352,353]或土壤[354]中分离得内生真菌可生产紫杉醇。1996 年，Zhang 等[355]发现从 *T. yunnanensisi* Cheng et L. K. Fu 树皮中得到的丝状真菌 *Aspergillus niger* 3.4523 可特异性水解 1β-hydroxybaccatin Ⅰ 的 5 位乙酰基。Shen 等[356]亦利用 *A. niger* 31130 对 Baccatin Ⅵ（**1**）、1β-hydroxybaccatin Ⅰ（**2**）、1β-dehydroxybaccatin Ⅵ（**7**）进行生物转化（图 3-51），底物 1、底物 2 发生重排反应，A 环和 B 环由六元环骈八元环转化为五元环骈七元环，即由 6/8/6 环系变为 5/7/6 环系，C-11 和 C-1 直接相连，同时伴随 C-15 羟基化，分别得两个重排产物 Taxumairol S1（**3**）、Taxumairol T1（**4**）和 Taxumairol S（**5**）、Taxumairol T（**6**），但化合物 **7** 并未反应。

Sinenxan A[2,5,10,14-tetraacetoxy-4(20),11-taxadiene]（化合物 **8**）是从紫杉愈伤组织培养物中分离得到的 14 位氧化型紫杉烷[357]，因其具有紫杉烷基本骨架结构，在愈伤组织培养物中含量较高，约占培养物干重的 2%～3%，因此常用作研究生物转化的工具药物。

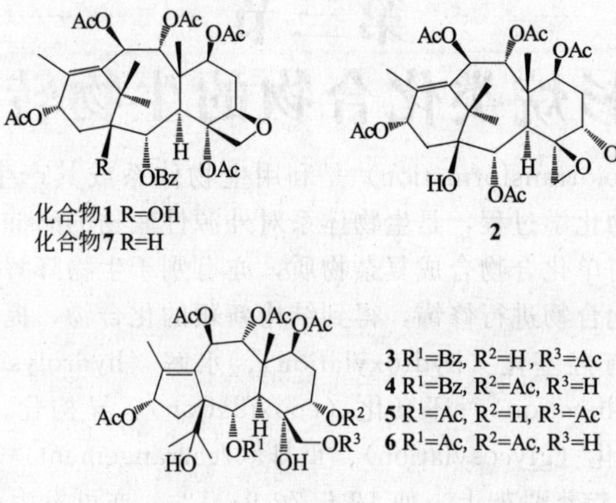

化合物 1 R=OH
化合物 7 R=H

2

3 R¹=Bz, R²=H, R³=Ac
4 R¹=Bz, R²=Ac, R³=H
5 R¹=Ac, R²=H, R³=Ac
6 R¹=Ac, R²=Ac, R³=H

图 3-51　A. niger 31130 对 baccatin Ⅵ(**1**)、1β-hydroxybaccatin Ⅰ(**2**)、
1β-Dehydroxybaccatin Ⅵ(**7**) 的生物转化

Xu[358]报道一种内生真菌可将 sinenxan A 羟基化转化为化合物 **9**。

　　Hu 研究了 *Cunninghamella echinulata*[359]与 *Cunninghamella echinulata* AS3. 1990[360]
对 sinenxan A 的转化，分别得到化合物 **10**、**11**（图 3-52）。该小组[361,362]又以 sinenxan A 为
底物研究了 *C. echinulata* 和 *C. elegan* 两种菌对其进行的生物转化，分别得到 4 个和 3 个化
合物，其中 *C. elegan* 得到了 6 位酰基化代谢物（图 3-53，图3-54）。酰化反应在普通的转化
系统中较少见[361]，但它对紫杉烷类化合物非常重要，特别是 C-13 位侧链的酰化和 C-5、
C-7、C-10 等位的疏水侧链的酰化反应。有趣的是，酰基水解酶在特定的条件下也是酰化
酶。施贵宝公司将腾黄类诺卡菌产生的脱 C-10 乙酰酶固定化，以乙烯基乙酸酯为供体，
将 10-去乙酰基巴卡亭Ⅲ转化成巴卡亭Ⅲ[363]。另外，韩国学者发现：以二氯乙酸酐或三
氯乙酸酐作酰基供体时，脂肪酶 PCL 可将 10-去乙酰巴卡亭Ⅲ 的 7 位和 10 位选择性地
酰化[364]。

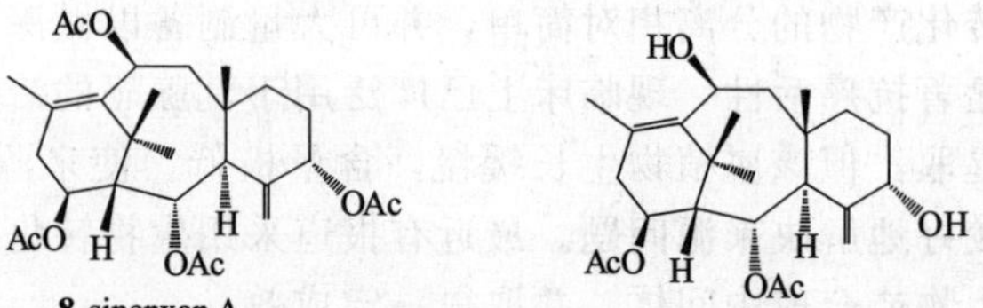

8 sinenxan A

9

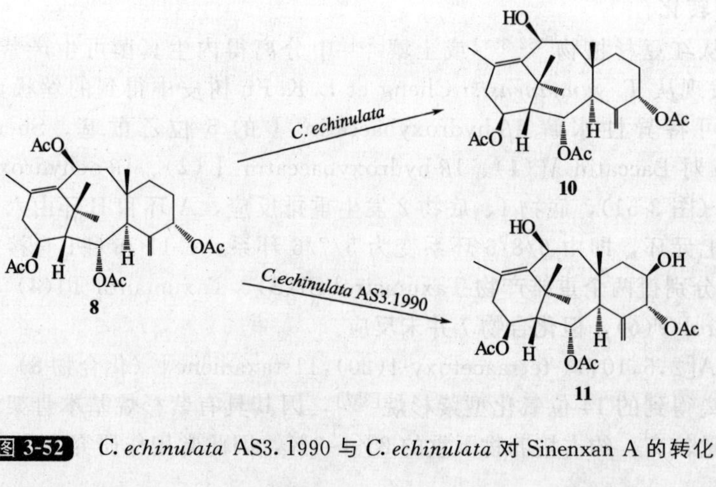

C. echinulata

10

8

C.echinulata AS3.1990

11

图 3-52　*C. echinulata* AS3. 1990 与 *C. echinulata* 对 Sinenxan A 的转化

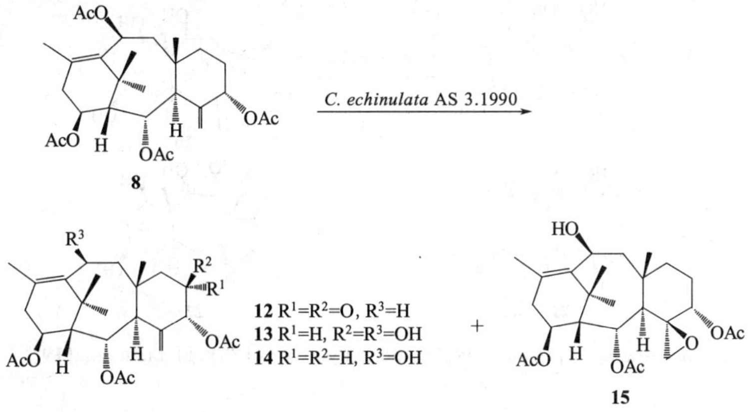

图 3-53　*C. echinulata* 对 Sinenxan A 的生物转化

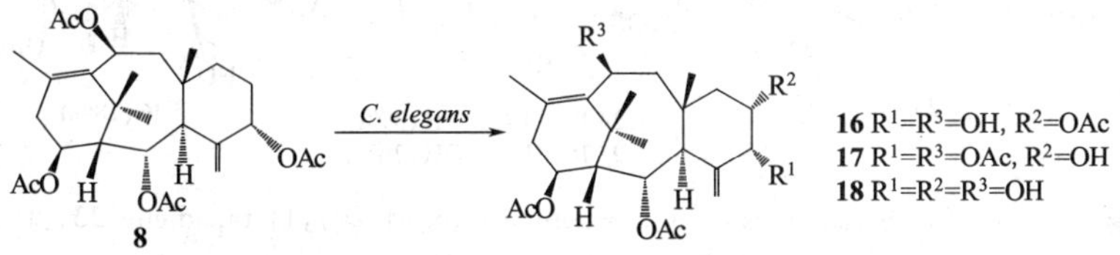

图 3-54　*C. elegan* 对 Sinenxan A 的生物转化

Zhang 等[365]利用两种真菌 *Mucor spinosus* AS 3.3450、*C. echinulata* AS 3.3400 和一种细菌 *Proteus vulgaris* AS 1.1208 对 Sinenxan A 进行转化分别得到 Sinenxan A 类似物：10-deacetylsinenxan A、6α-hydroxy-10-deacetylsinenxan A 和 9α-hydroxy-10-deacetylsinenxan A。结果表明，多种菌对紫杉烷类化合物 Sinenxan A 均有转化能力，且产物 10 位乙酰基多被特异性水解得到 10 位羟基化产物，提示 Sinenxan A 的 10 位为活泼基团，容易被微生物酶解下来，这种活泼性可能与它的空间位阻比较小有关，同时也说明了不同的微生物体系中存在一些功能相同的酶。紫杉醇在人体肝脏中被细胞色素 P_{450} 酶系特异性催化羟化[366]，则 *C. echinulata* 菌株可能也是通过 P_{450} 酶系羟化 Sinenxan A[361]。*C. echinulata* 还可将环外双键环氧化为三元环（化合物 **15**），含氧丙环的形成可能是受环氧酶催化，同时这也佐证了 C4—C20 含氧环类紫杉烷在生物合成中由含 C5 ＝C20 环外双键类转化得到[57]这一说法。

对丝状真菌 *Absidia coerulea* 研究的报道也较多。Sun 等利用该菌由化合物 **19** 得到紫杉烷的两个重排产物 **21** 和 **22** 及一个 C10 ＝C11 产物 **20**[367]（图 3-55）。5α,7β,9α,10β,13α-pentaacetoxy-4(20),11-taxadiene(**23**) 被 *A. coerula* 转化为三个极性代谢物 **24**、**25**、**26**[368]（图 3-56）。Hu S. H.[369]利用 *A. coerulea* 对化合物 **27**、**30** 进行转化，分别得到产物 **28**、**29**；**31**、**32**（图 3-57）；对 4(5),11(12)-taxadiene(**33**) 转化得 20 位、14 位特异性羟化产物[370]（图 3-58），文章报道了采用重排及脱硫等化学方法从 4(20),11(12)-taxadiene 得到产物 **33** 的过程，而产物 **33** 可以作为合成紫杉醇及其他活性紫杉烷的前体。有研究认为含 1β/14β-OH 的紫杉烷二萜易转化为 C4 ＝C20 环外双键或 C-4(C-20) 含氧环类二萜，而非 C-5(C-20) 含氧四环类[368]；Brevifoliol 及部分巴卡亭Ⅵ衍生物易重排为 11(15→1) 紫杉烷类，亦非 C-5(C-20) 含氧四环类[31,55]。那么由上述转化可以推测在紫杉烷生物合成过程中，11(15→1)的重排可能早于 C-5(C-20) 含氧四环的形成，若这一假设成立则可以通过酶抑制剂抑制重排，从而提高紫杉醇及其类似物的生成量[369]。

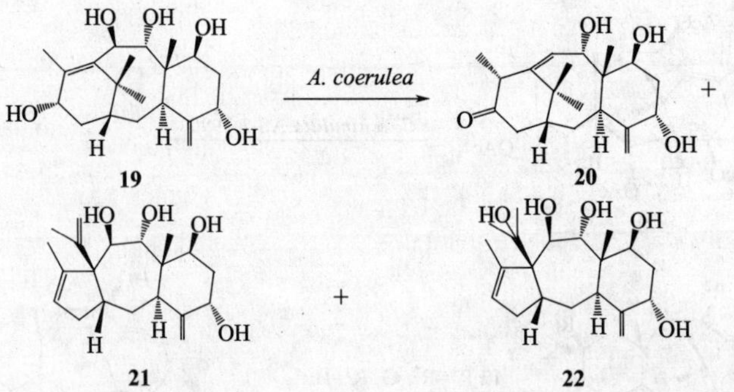

图 3-55　A. coerulea 对 $5\alpha,7\beta,9\alpha,10\beta,13\alpha$-pentahydroxy-4(20),11-taxadiene(**19**) 的生物转化

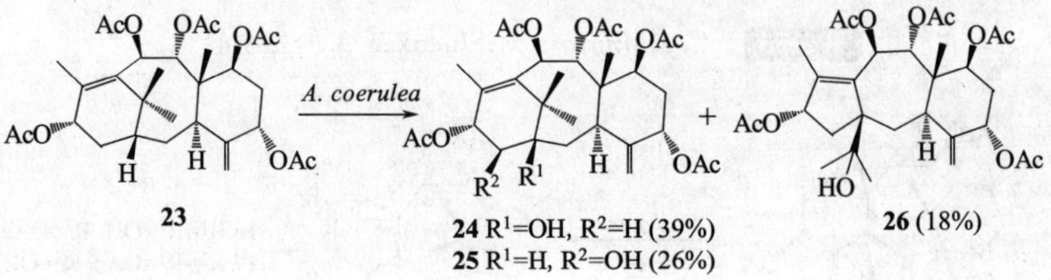

图 3-56　A. coerulea 对 $5\alpha,7\beta,9\alpha,10\beta,13\alpha$-pentaacetoxy-4(20),11-taxadiene(**23**) 的生物转化

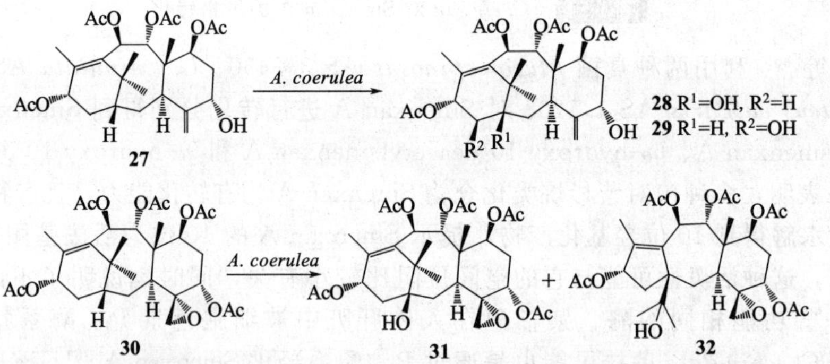

图 3-57　A. coerulea 对化合物 **27**、化合物 **30** 的生物转化

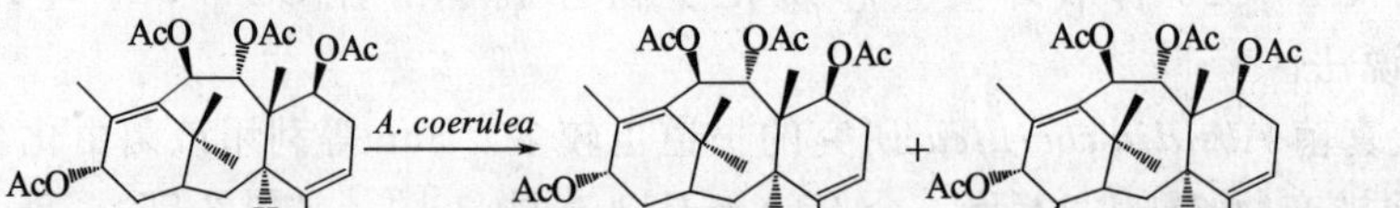

图 3-58　A. coerulea 对 $7\beta,9\alpha,10\beta,13\alpha$-trtraacetoxy-4(5),11(12)-taxadiene(**33**) 的生物转化

　　从紫杉植物细胞培养中得到的 Taxuyunnanine C 及其类似物都可被 A. coerulea IFO 4011 在 7 位特异性羟化，且 14 位侧链烷基链越长，7β 羟基化产物越多[372]。Dai 以 Sinenxan A 及其类似物为底物用 A. coerulea IFO 4011 进行转化也得到 7 位羟化产物[373]（图 3-59）。

　　早期有研究认为：微生物在 6 位羟基化，要求底物的 5 位为乙酰基[374]；若 5 位是肉桂酰基，如 2-deacetoxytaxinine J、Taxinine J、Taxinine、O-cinnamoyi-taxicin Ⅰ triacetate，则 25 种菌不能将其代谢[374,361,362]。2-deacetoxy-7,9,10-triacetyltaxinine J（**41**）含肉桂酰

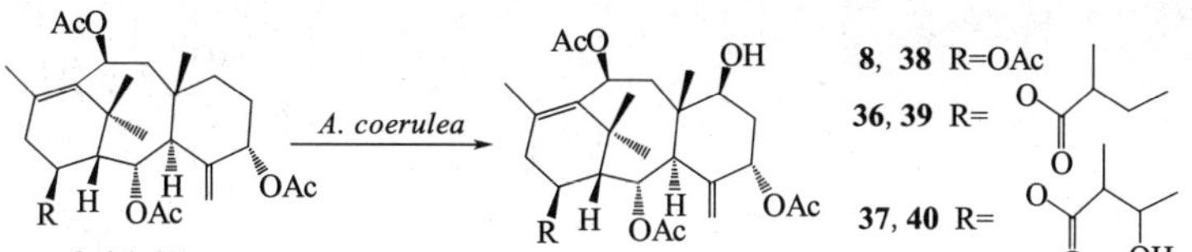

图 3-59 *A. coerulea* 对 Sinenxan A 及其同系物的生物转化

基，被 *C. elegans* AS 3.2033 和 *C. elegans* var. *chibaensis* ATCC 20230 代谢，得到 5 位肉桂酰基异构化产物及 17 位羟基化产物（图 3-60）[375]。

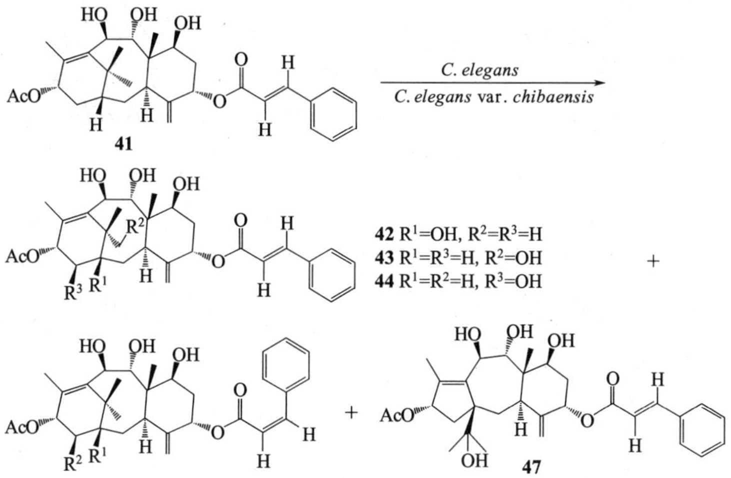

图 3-60 *C. elegans* 对 2-deacetoxy-7,9,10-triacetyltaxinine J(**41**) 的生物转化

Chen 等[376]利用 *Streptomyces* sp. MA 7067 对紫杉醇（**48**）及 Cephalomanine（**51**）进行转化得 13 位侧链羟基化产物（图 3-61）；利用铜绿假单胞菌 *Pseudomonas aeruginosa* AS 1.860 对紫杉醇转化得 13 位水解化产物（图 3-62）。

Microsphaeropsis onychiuri、*Mucor* sp.[377]在对 10-deacetyl-7-epitaxol 转化过程中表现出较高的促进 C-7 异构活性，得三个代谢产物：10-deacetylbaccatin V、10-deacetyltaxol、10-deacetylbaccatin Ⅲ。1β-hydroxybaccatin Ⅰ 经 *Alternaria alternata* 转化得三个类型相同产物：5-deacetyl-1β-hydroxybaccatin Ⅰ、13-deacetyl-1β-hydroxybaccatin Ⅰ、5,13-dideacetyl-1β-hydroxybaccatin Ⅰ，该菌并没有将 C-4(C-20) 含氧三环二萜转化为 C-5(C-20) 含氧四环类紫杉烷。

悬浮细胞 Cinkgo 可在 Sinenxan A(**8**) 的 9 位特异性羟化[378]，长春花属植物悬浮培养细胞 *Catharanthus roseus* 可将化合物 **8** 在 6 位、9 位选择性羟化，得 4 个化合物（图3-63）[379]。

悬浮细胞 *Platycodon grandiflorum* 可以将 Sinenxan A 的 10 位羟基化得化合物 **10**[380]；*Ginkgo biloba* 悬浮细胞可以将 Sinenxan A 代谢为多种类型的化合物 60～67（图 3-64）[381]。

生物转化实质是酶的催化反应，因此相关酶的研究应是转化的重要部分，找到相应的催化各种反应的酶，进而发现编码酶的基因，将有助于生物合成途径的研究[382]。美国施贵宝公司做了大量工作[128]。从 *Nocardioides albus* SC 13911、*Nocardioides luteus* SC 13912、*Moraxella* sp. SC 13963 等微生物中分离出来的 C-13-taxolase、C-10-deacetylase、C-7-xylo-

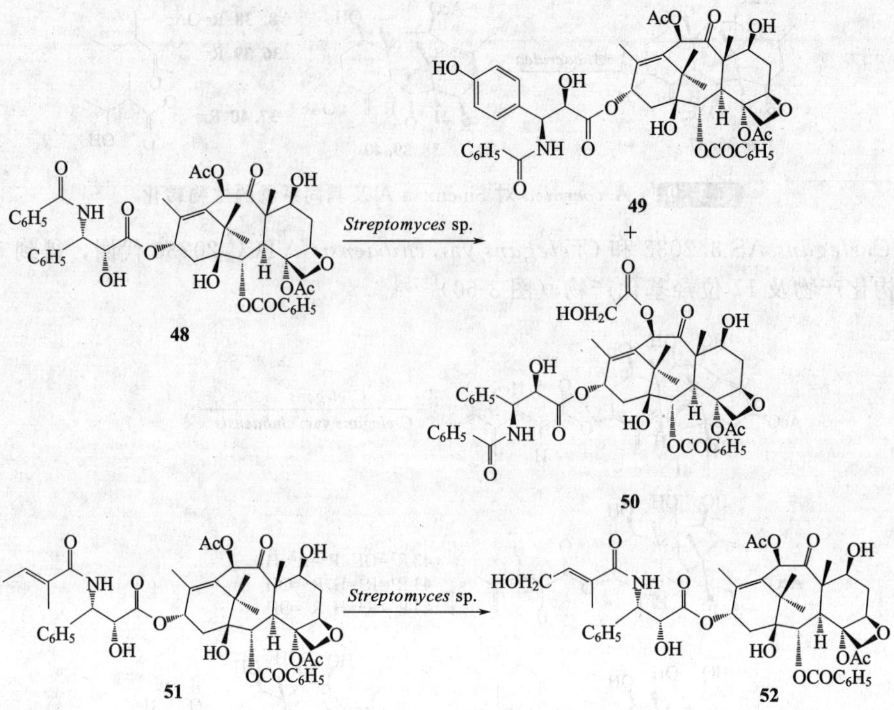

图 3-61 *Streptomyces* sp. MA 7067 对紫杉醇 (**48**) 及 cephalomanine (**51**) 的生物转化

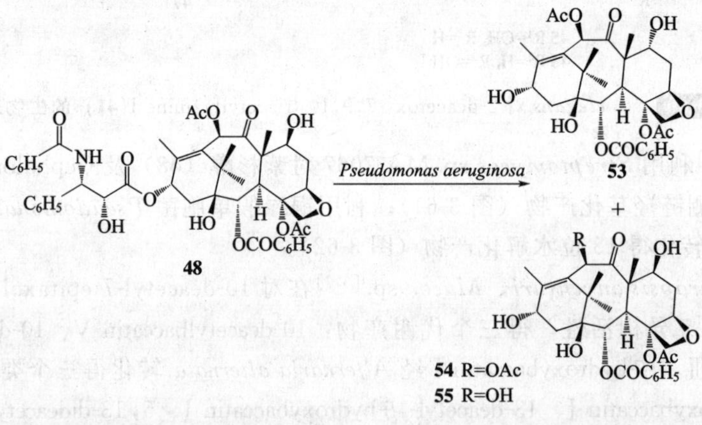

图 3-62 铜绿假单胞菌 (*Pseudomonas aeruginosa* AS 1.860) 对紫杉醇 (**48**) 的生物转化

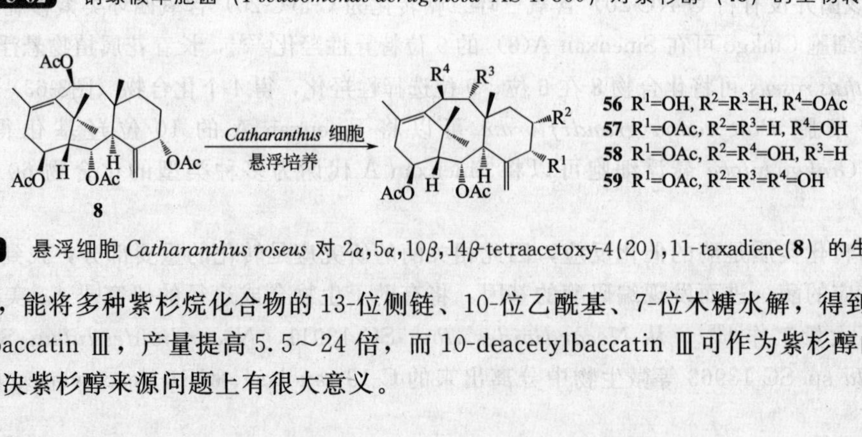

图 3-63 悬浮细胞 *Catharanthus roseus* 对 $2\alpha,5\alpha,10\beta,14\beta$-tetraacetoxy-4(20),11-taxadiene(**8**) 的生物转化

sidase 酶，能将多种紫杉烷化合物的 13-位侧链、10-位乙酰基、7-位木糖水解，得到单一 10-deacetylbaccatin Ⅲ，产量提高 5.5～24 倍，而 10-deacetylbaccatin Ⅲ 可作为紫杉醇的合成前体，在解决紫杉醇来源问题上有很大意义。

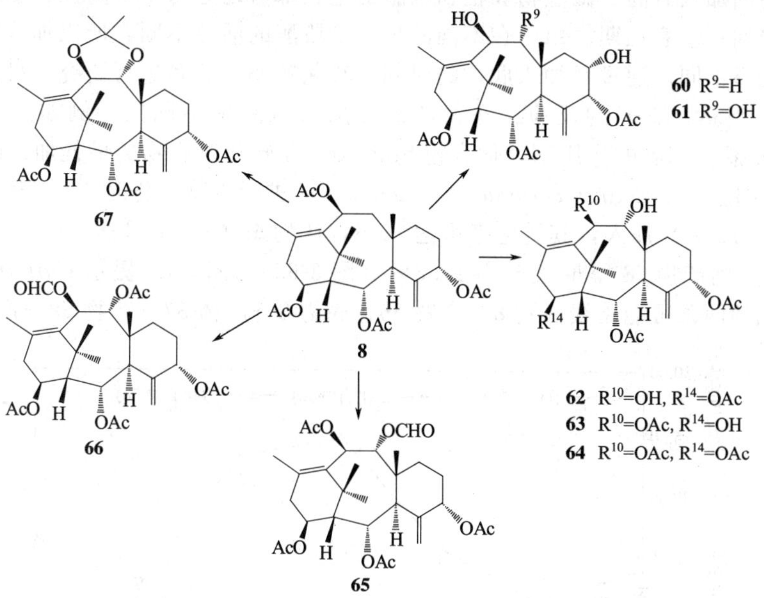

图 3-64　*Ginkgo biloba* 悬浮细胞对 Sinenxan A 的代谢

2. 微生物转化条件

霉菌等真菌多用马铃薯培养基，细菌多用肉汤培养基[383]。占纪勋等[365]研究 Sinenxan A 微生物转化时将真菌和细菌菌株分别接种于 250mL 小摇瓶中（装液量 50mL），28℃、一定转速下（真菌 150r/min，细菌 200r/min）培养，待生长较旺盛时，以 2% 的接种量再分别转接入 20 个 1L 大三角瓶中（内装 250mL 马铃薯培养基）。振荡培养 1 天后，每个摇瓶中加入一定量的 20g/L Sinenxan A 丙酮溶液，相同条件下继续转化 4 天，将发酵液过滤，滤液用等体积的乙酸乙酯萃取 3 次，菌丝体用适量的乙酸乙酯超声提取 30min。合并两部分的乙酸乙酯提取液，旋转蒸发除去溶剂，得到转化物残渣。将残渣溶于少量丙酮，与两倍的柱色谱硅胶（200～300 目）拌样，以一根 20 倍于样品量的硅胶柱分离，丙酮-石油醚（60～90℃）（7：1）至纯丙酮梯度洗脱，收集流份进行测定。Zhang[377]报道 *Mucor* sp. 接种（pH 5.48）培养后 3 天，将 400mg 底物 10-deacetyl-7-epitaxol 溶于 40mL 乙醇-二甲基甲酰胺（4：1）加到 8 个盛有培养液的摇瓶中，28℃、160r/min 条件下培养 9 天。混合物冷却过滤后，将滤液加盐至饱和，乙酸乙酯萃取；菌丝体也用适量的乙酸乙酯萃取。合并两部分提取液，利用硅胶柱色谱、制备薄层色谱进行分离纯化。

3. 生物转化的影响因素

（1）底物的结构　由于酶的催化要求底物的结构特异性，因此生物转化反应也要求底物具有一定的结构特征。如：*C. echinulata* 产生的紫杉烷 C-6 羟基化酶要求底物必须具有 C-14 位的酰氧基，且 C-4(20) 环外双键环氧化时不能进行 C-6 羟基化反应[360]。

（2）培养基 pH　在不同的 pH 条件下，酶活性不同，甚至细胞产生的酶也不同，因此生物转化的产物不同，产物的量也不同。例如，在真菌 *C. echinulata* 的作用下对 Sinenxan A 进行转化，当 pH 控制在 6.0 时，转化产生 4 个产物；如果 pH 不加调控，由于微生物代谢产物的影响 pH 从 5.5 升到 8.0 时，主要产物的转化率会从 33.0% 降到 8.5%，同时转化产生两个新产物。因此 pH 控制在 6.0 对获得较高产率的 6α-羟基化产物是很重要的，高 pH 条件下更易进行水解反应[362]。

（3）底物的加入时间　微生物和植物细胞的生长都可以分为 4 个阶段：①迟缓期；②对数期；③稳定期；④衰亡期。由于在不同的生长阶段酶的活性不同，所以加入底物的时间可导致生物转化率不同。通过对加入底物的时间和转化效率的关系进行研究，可找到最佳的底物加入时间。当然，不同的反应，底物的最佳加入时间是不同的。例如：在 *Platycodon grandiflorum* 悬浮细胞的作用下，化合物 Sinenxan A 转化时底物的最佳加入时间是对数初期[380]。悬浮细胞 *Catharanthus roseus* 对 Sinenxan A 进行生物转化时[379]，若底物 **8** 在细胞培养中期（9～12 天）加入，其转化率可达 70%，产物 **56** 的产率可达 70%；底物 **8** 若在早期（6 天）加入则产物 **58** 得最大产率 11.8%（图 3-65）。图 3-65 提示 *Catharanthus roseus* 对底物 **8** 转化的两条可能路线底物 **8**→产物 **56**、底物 **8**→产物 **57**→产物 **58**→产物 **59**。

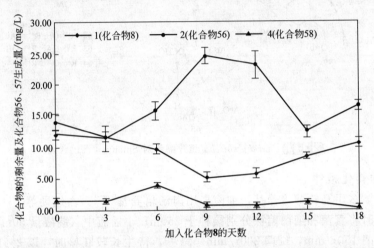

图 3-65　悬浮细胞 *Catharanthus roseus* 转化化合物 **8** 的动态研究结果

（4）加入的底物浓度　为了提高转化效率，加入培养物中的底物需要有一个合适的浓度。对一系列不同的底物浓度条件下的转化效率进行研究，可找到最佳的底物添加浓度。

（5）加入底物的方法　化合物 Sinenxan A 在蓝色犁头霉（*A. coerulea* IFO 4011）的作用下只产生 7β-羟基化产物 **38**，但如果 Sinenxan A 和 β-环糊精同时添加，除化合物 **38** 外，还产生 3 种新的转化产物。这可能是因为底物分子嵌入 β-环糊精的笼状结构的分子中形成复合物，在 β-环糊精的帮助下，底物分子可以进入到细胞的其他部位，从而发生新的反应[373]。

参 考 文 献

[1]　Toptcu G，Sultana N，Akhtar F，Habib-ur-Rehman Hussain T，Choudharis M I，Atta-ur-Rahman. Nat Prod Lett，1994，36：987.

[2]　Gabetta B，Peterlongo F，Zini G，Barboni L，Rafaiani G，Ranzuglia P，Torregiani E，Appendino G，Cravotto G，Taxanes from *Taxus×media*. Phytochemistry，1995，40：1825-1828.

[3]　Kondo H，Takahashi T. Yakugaku Zasshi，1925，45：861.

[4]　Shiro M，Sato T，Koyama H，Maki Y，Nakanishi K，Uyeo S. Chem. Commun. 1966：97.

[5]　Smro M，Koyama M. Program for crystal structure determination，Univ. of Cambridge，England. J Chem Soc B，1971，1342-1346.

[6]　Appendino G，Gariboldi P，Pisetta A，Bombardelli E，Gabetta B. Taxanes from *Taxus baccata*. Phytochemistry，1992，31：4253-4257.

[7]　Tong X J，Fang W S，Zhou J Y，He C H，Chen W M，Fang Q C. Studies on the chemical constituents of leaves and twigs of *Taxus cuspidata*. Acta Pharmaceutica Sinica（Yaoxue Xuebao），1994，29：55.

[8] Yoshizaki F, Takahashi N, Hisamichi S. Annu Rep Tohoku Coll Pharm, 1987, 34: 107.

[9] Yoshizaki F, Madarame M, Takahashi C, Hisamichi S. Principal constituents of seeds of Japanese yew (*Taxus cuspidata*). Shoyakugaku Zasshi, 1986, 40: 429-431.

[10] Horiguchi H, Cheng Q, Oritani T. Highly regio-and stereospecific hydroxylation of C-1 position of 2-deacetoxytaxinine J derivative with DMDO. Tetrahedron Letters, 2000, 41: 3907-3910.

[11] Fukushima M, Fukamiya N, Okano M, Nehira T, Tagahara K, Zhang S X, Zhang D C, Tachibana Y, Bastow K F, Le K H. Cytotoxity of non-alkaloidal taxane diterpenes from *Taxus chinensis* against a paclitaxel-resistant cell line. Cancer Letters, 2000, 158: 151-154.

[12] Kosugi K, Sakai J Y, Zhang S J, Watanabe Y, Sasaki H, Suzuki T, Hagiwara H, Hirataa N, Hirose K, Ando M, Tomida A, Tsuruo T. Neutral taxoids from *Taxus cuspidata* as modulators of multidrug-resistant tumor cells. Phytochemistry, 2000, 54: 839-845.

[13] Xia Z. H, Peng L Y, Zhao Y, Xu G, Zhao Q S, Sun H D. Two new taxoids from *Taxus chinensis*. Chemistry & Biodiversity, 2005, 2: 1316-1319.

[14] Lucas H. Ueber ein in den Blättern von *Taxus baccata* L. enthaltenes Alkaloid (das Taxin). Archiv der Pharmazie, 1856, 135: 145-149.

[15] Graf E. Zur chemie des taxins. Angew Chem, 1956, 68: 249-250.

[16] Ettouati L, Ahond A, Poupat C, Potier P. Révision Structurale de la Taxine B, Alcaloïde Majoritaire des Feuilles de l'If d'Europe, *Taxus baccata*. J Nat Prod, 1991, 54: 1455-1458.

[17] Ettouati L, Ahond A, Poupat C, Potier P. Première hémisynthèse d'un composé de type taxane porteur d'un groupement oxétane en 4 (20), 5. Tetrahedron, 1991, 47: 9823-9838.

[18] Wiegerinck P H G, Fluks L, Hammink J B, Mulders S J E, Groot F M H, Rozendaal H L M, Scheeren H W. Semisynthesis of Some 7-Deoxypaclitaxel Analogs from Taxine B. J Org Chem, 1996, 61: 7092-7100.

[19] Alloattil G, Pennal C, Levil R C, Gallol M P, Appendino G, Fenoglio I. Effects of yew alkaloids and related compounds on guinea-pig isolated perfused heart and papillary muscle. Life Sci, 1996, 58: 845-854.

[20] Ettouati L, Ahond A, Convert O, Poupat C, Potier P. Taxanes isolés des écorces de tronc d'Austrotaxus spicata Compton (taxacées). Bull Soc Chim Fr, 1989, 5: 687-694.

[21] Shi Q W, Sauriol F, Mamer O, Zamir L O. New Minor Taxane Derivatives from the Needles of *Taxus canadensis*. J Nat Prod, 2003, 66: 1480-1485.

[22] Shen Y C, Lin Y S, Cheng Y B, Cheng K C, Khalil A T, Kuo Y H, Chien C T, Lin Y C. Novel taxane diterpenes from *Taxus sumatrana* with the first C-21 taxane ester. Tetrahedron, 2005, 61: 1345-1352.

[23] Banskota A H, Usia T, Tezuka Y, Kouda K, Nguyen N T, Kadata S. Three New C-14 Oxygenated Taxanes from the Wood of *Taxus yunnanensis*. J Nat Prod, 2002, 65: 1700-1702.

[24] Dong M, Zhang M L, WangY F, Zhang X P, Li C F, Shi Q W, Cong B, Kiyota H, Three new Taxanes with the 10-Alkoxy Group from the Heartwood of *Taxaus cuspidata*. Biosic Biotechnol Biochem, 2007, 71: 2087-2090.

[25] Kobayashi J, Hosoyama H, Wang X X, Shigemori H, Koiso Y, Iwasaki S, Sasaki T, Naito M, Tsuruo T. Effects of taxoids from *Taxus cuspidata* on microtubule depolymerization and vincristine accumulation in MDR cells. Bioorg Med Chem Lett, 1997, 7: 393-398.

[26] Morita H, Machida I, Hirasawa Y, Kobayashi J. Taxezopidines M and N, Taxoids from the Japanese yew, *Taxus cuspidata*. J Nat Prod, 2005, 68: 935-937.

[27] Kobayashi J, Hosoyama H, Koiso Y, Iwasaki S. Taxuspine D, a new taxane diterpene from *Taxus cuspidata* with potent inhibitory activity against Ca(2+)- induced depolymerization of microtubules. Experientia, 1995, 51: 592-595.

[28] Kobayashi J, Shigemori H. Bioactive taxoids from the Japanese yew *Taxus cuspidata*. Medicinal Research Reviews, 2002, 22 (3): 305-328.

[29] Hideyuki S, Junichi K. Biological Activity and Chemistry of Taxoids from the Japanese yew, *Taxus cuspidata*. J Nat Prod, 2004, 67: 245-256.

[30] Shi Q W, Sauriol F, Park Y, Smith Jr V H, Lord G, Zamir L O, First example of conformational exchange in a natural taxane enolate. Magn Reson Chem, 2005, 43: 798-804.

[31] Appendino G, Tagliapietra S, Ozen H. C, Gariboldi P, Gabetta B, Bombardelli E. J Nat Prod, 1993, 56: 514-520.

[32] Wu J H, Zamir L O. A rational design of bioactive taxanes with side chains situated elsewhere than on C-13. Anti-

Cancer Drug Des, 2000, 15: 73-78.

[33] Zhang M L, Huo C H, Dong M, Li L G, Sauriol F, Shi Q W, Gu Y C, Kiyota H, Cong B. A New pseudo-Alkaloid Taxane and a New Rearranged Taxane from the Needles of *Taxus canadensis*. Z Naturforsch, 2008, 63b: 1005-1011.

[34] Samaranayake G, Magri N F, Jitrangsri C, Kingston D G I. Modified taxols. 5. Reaction of taxol with electrophilic reagents and preparation of a rearranged taxol derivative with tubulin assembly activity. J Org Chem, 1991, 56: 5114-5119.

[35] Chu A, Davin L B, Zajicek J, Lewis N G, Croteau R. Intramolecular acyl migrations in taxanes from *Taxus brevifolia*. Phytochemistry, 1993, 34: 473-476.

[36] Zhang H J, Mu Q, Sun H D, Yoshio T. Intramolecular transesterified Taxanes from *Taxus yunnanensis*. Phytochemistry, 1997, 44: 911-915.

[37] Chen S H, Wei J M, Farina V. Taxol structure-activity relationships: synthesis and biological evaluation of 2-deoxy-taxol. *Tetrahedron Lett*, 1993, 34: 3205-3206.

[38] Chen S H, Farina V, Wei J M, Long B, Fairchild C, Mamber S W, Kadow J F, Vyas D, Doyle T W, Structure-activity relationships of taxol: synthesis and biological evaluation of C2 taxol analogs. Bioorg Med Chem Lett, 1994, 4: 479-482.

[39] Georg G I, Cheruvallath Z S, Vander Velde D G, Stereoselective synthesis of 9β-hydroxytaxanes via reduction with samarium diiodide. Tetrahedron Letters, 1995, 36: 1783-1786.

[40] Kant I, Farina V, Fairchild C, Kadow J F, Langley D R, Long B H, Rose W C, Vyas D M. Synthesis and Antitumor Properties ol Novel 14-3-Hydroxytaxol and Related Analogues. Bioorg Med Chem Lett, 1994, 4: 1565-1570.

[41] Zamir L O, Nedea M E, Belair S, Sauriol F, Mamer O, Jacqmain E, Jean F I, Garneau F. Taxanes isolated from *Taxus canadensis*. Tetrahedron Lett, 1992, 33: 5173-5176.

[42] Gunawardana G P, Premachandran U, Burres N S, Whittern D N, Henry R, Spanton S, McAlpine J B. Isolation of 9-dihydro-13-acetylbaccatin Ⅲ from *Taxus canadensis*. J Nat Prod, 1992, 55: 1686-1689.

[43] Zhang S, Chen W M, Chen Y H. Isolation and identification of two new taxane diterpenes from *Taxus chinensis* (Pilger) Rehd. Acta Pharm Sinica, 1992, 27: 268-272.

[44] Nikolakakis A, Caron G, Cherestes A, Sauriol F, Mamerc O, Zamira L O. *Taxus canadensis* abundant taxane: conversion to paclitaxel and rearrangements. Bioorganic & Medicinal Chemistry, 2000, 8: 1269-1280.

[45] DeMattei J A, Leanna M R, Li W K, Nichols P J, Rasmussen M W, Morton H E. An Efficient Synthesis of the Taxane-Derived Anticancer Agent ABT-271. J Org Chem, 2001, 66: 3330.

[46] Klein L L, Li L, Maring C J, Yeung C M, Thomas S A, Grampovnik D J, Plattner J J. Antitumor Activity of 9(R)-Dihydrotaxane Analogs. J Med Chem, 1995, 38: 1482-1492.

[47] Klein L L. Synthesis of 9-Dihydrotaxol: A Novel Bioadive Taxane. Tetrahedron Lett, 1993, 34: 2047-2050.

[48] Appendino G, Varese M, Garibaldi P, Gabetta B. A New Rearrangement of Oxetane-Type Taxoids. Tetrahedron Lett, 1994, 35: 2217-2220.

[49] Appendino G, Ozen H C, Gariboldi P, Torregiani E, Gabetta B, Nizzola R, Bombardelli E. New oxetane-type taxanes from *Taxus wallichiana* Zucc. J Chem Soc, Perkin Trans I, 1993: 1563-1566.

[50] Ma W, Park G L, Gomez G A, Nieder M H, Adams T L, Aynsley J S, Sahai O P, Smith R J, Stahlhut R W, Hylands P J, Bitsch F, Shackleton C. New bioactive taxoids from cell cultures of *Taxus baccata*. J Nat Prod, 1994, 57: 116-122.

[51] Zhang Z, Sauriol F, Mamer O, You X, Alaoui-Jamali M A, Batist G, Zamir L O. New Taxane Analogues from the Needles of *Taxus canadensis*. J Nat Prod, 2001, 64: 450-455.

[52] Zhang M L, Shi Q W, Dong M, Wang Y F, Huo C H, Gu Y C, Cong B, Kiyota H. A taxane with a novel $9\alpha,13\alpha$-oxygen bridge from *Taxus cuspidata* needles. Tetrahedron Letters, 2008, 49: 1180-1183.

[53] Balza F, Tachibana S, Barrios H, Towers G H N. Brevifoliol, a taxane from *Taxus brevifolia*. Phytochemistry, 1991, 30: 1613. Chu A, Furlan M, Davin L B, Zajicek J, Towers G H N, Soucy-Breau C M, Rettig S J, Croteau R, Lewis N G. Phytochemistry, 1994, 36: 975.

[54] 刘锡葵. 云南红豆杉一类新二萜成分. 科学通报, 1992, 37 (23): 2186.

[55] Appendino G, Barboni L, Gariboldi P, Bombardelli E, Gabetta B, Viterbo D. Revised structure of brevifoliol and some baccatin Ⅵ derivatives. (Journal of the chemical society, chemical communications) J Chem Soc, Chem Com-

mun，1993：1587-1589.

[56] Chu A，Furlan M，Davin L B，Zajicek J，Towers G H N，Soucy-Breau C M，Rettig S J，Croteau R，Lewis N G. Phenylbutanoid and taxane-like metabolites from needles of *Taxus brevifolia*. Phytochemistry，1994，36：975-985.

[57] Gueritte-Voeegelein F，Guenard D，Potier P. J Nat Prod，1987，50：9.

[58] Suffness M. Taxol：From Discovery to Therapeutic Use. Annu Rep Med Chem（Annual Reports in Medicinal Chemistry），1993，28：305-314.

[59] Zhang Z，Sauriol F，Mamer O，Zamir L O. New Taxanes from the Needles of *Taxus canadensis*. J Nat Prod，2000，63：929-933.

[60] Li S H，Zhang H J，Niu X M，Yao P，Sun H D，Fong H H S. Novel taxoids from the Chinese yew *Taxus yunnanensis*. Tetrahedron，2003，59：37-45.

[61] Zhao Y，Wang F S，Peng L Y，Li X L，Xu G，Luo X X，Lu Y，Wu L，Zheng Q T，Zhao Q S. Taxoids from *Taxus chinensis*. J Nat Prod，2006，69：1813-1815.

[62] Appendino G，Jakupovic J，Varese M，Bombardelli E. Acid and base catalysed rearrangements of 9,10-dioxotaxanes. Tetrahedron Lett，1996，37：727-730.

[63] Li L G，Tu G Z，Cao C M，Zhang M L，Shi Q W. Chin Trad Herb Drugs，2006，37：1454.

[64] Appendino G，Cravotto G，Enriu R，Jakupovic J，Gariboldi P，Gabetta B，Bombardelli E. Rearranged taxanes from *Taxus baccata*. Phytochemistry，1994，36：407-411.

[65] Huo C H，Su X H，Li X，Zhang X P，Li C F，Wang Y F，Shi Q W，Kiyota H. Structural determination of a new 2(3→20) abeotaxane with an unusual 13β-substitution pattern and a new 6/8/6-ring taxane from *Taxus cuspidate*. Magn Reson Chem（magnetic resonance in chemistry），2007，45：527-530.

[66] Appendino G，Ozen H C，Gariboldi P，Gabetta B，Bombardelli E. Four new taxanes from the needles of *Taxus baccata*. Fitoterapia，1993，64：47-51.

[67] Kobayashi J，Hosoyama H，Wang X X，Shigemori H，Sudo Y，Tsuruo T. Modulation of multidrug resistance by taxuspine C and other taxoids from Japanese yew. Bioorganic & Medicinal Chemistry Letters，1998，8：1555-1558.

[68] Huo C H，Su X H，Wang Y F，Zhang X P，Shi Q W，Kiyota H. Canataxpropellane, a novel taxane with a unique polycyclic carbon skeleton（tricyclotaxane）from the needles of Canadian yew，*Taxus canadensis*. Tetrahedron Letters，2007，48：2721-2724.

[69] Shi Q W，Sauriol F，Mamer O，Zamir L O. A novel minor metabolite（taxane?）from *Taxus canadensis* needles. Tetrahedron Lett，2002，43：6869-6873.

[70] Fang W S，Fang Q C，Liang X T，Lu Y，Zheng Q T. Taxachitrienes A and B，Tow bicyclic Taxane depernoids from *Taxus chinensis*. Tetrahedron，1995，51：8483-8490.

[71] Zamir L O，Zhou Z H，Caron G，Nedea M E，Sauriol F，Mamer O. Isolation of a putative biogenetic taxane precursor from *Taxus canadensis* needles. J Chem Soc，Chem Commun，1995，5：529-530.

[72] Fang W S，Fang Q C，Liang X T. Bicyclic Taxoids from Needles of *Taxus chinensis*. Planta Med，1996，62：567-569.

[73] Boulanger Y，Khiat A，Zhou Z H，Caron G，Zamir L O. NMR and Molecular Modeling Study of Paclitaxel Putative Precursors. Tetrahedron，1996，52：8957-8968.

[74] Rozendaala E L M，Kurstjensb S J L，Beeka T A，Bergb R G. Phytochemistry，1999，52：427.

[75] Zamir L O，Nedea M E，Garneau F X. Biosynthetic building blocks of taxanes. Tetrahedron Letters，1992，33：5235-5236.

[76] Hezari M，Croteau R. Taxol biosynthesis：an update. Planta Med，1997，63：291-295.

[77] Nishizawa M，Imagawa H，Hyodo I，Takeji M，Morikuni E，Asoh K，Yamada H. Unexpected rearrangement during biomimetic entry toward a Taxane skeleton. Tetrahedron Lett，1998，39：389-392.

[78] Baloglu E，Kingston D G I，The taxane diterpenoids. J Nat Prod，1999，62：1448-1472.

[79] Shi Q W，Oritani T，Sugiyama T，Kiyota H. Three new taxoids from the leaves of the Japanese yew，*Taxus cuspidata*. Nat Prod Lett，2001，15：55-62.

[80] Zamir L O，Zhang J，Wu J，Sauriol F，Mamer O. Five Novel Taxanes from *Taxus canadensis*. J Nat Prod，1999，62：1268-1273.

[81] Shi Q W，Oritani T，Horiguchi T，Sugiyama T，Murakami R，Yamada T. Four novel taxane diterpenoids from the needles of Japanese yew，*Taxus cuspidata*. Biosci Biotechnol Biochem，1999，63：924-929.

[82]   Chen Y J, Chen C Y, Shen Y C. New Taxoids from the Seeds of *Taxus chinensis*. J Nat Prod, 1999, 62: 149.

[83]   Shi Q W, Sauriol F, Mamer O, Zamir L O. New taxanes from the needles of *Taxus canadensis*. J Nat Prod, 2003, 66: 470-476.

[84]   Della Casa de Marcano D P, Halsall T G. The isolation of seven new taxane derivatives from the heartwood of yew (*Taxus baccata* L.'). Chem Commun, 1969: 1282-1283.

[85]   Erdtman H, Tsuno K. Taxus heartwood constituents. Phytochemistry, 1969, 8: 931-932.

[86]   Li C F, Huo C H, Zhang M L, Shi Q W. Chemistry of Chinese yew, *Taxus chinensis* var. Mairei. *Biochemical Systematics and Ecology*, 2008, 36: 266-282.

[87]   Ho T I, Lee G H, Peng S M, Yeh M K, Chen F C, Yang W L. Structure of taxusin. Acta Crystallogr Sect C, 1987, 43: 1378-1380.

[88]   Miyazaki M, Kazumasa S, Mishima H, Kurabayashi M. The constituents of the seeds of Japan yew (*Taxus cuspidata*). Chem Pharm Bull, 1968, 16: 546-548.

[89]   Schiff P B, Horwitz S B. Taxol stabilizes microtubules in mouse fibroblast cells. Proc Natl Acad Sci U. S. A., 1980, 77: 1561-1565.

[90]   Zhang H, Takeda Y, Minami Y, Yoshida K, Matsumoto T, Xiang W, Mu O, Sun H. Three new taxanes from the roots of *Taxus yunnanensis*. Chem Lett, 1994: 957-960.

[91]   Zhang Z P, Wiedenfeld H, Roder E. Taxanes From *Taxus chinensis*. Phytochemistry, 1995, 38: 667-670.

[92]   Yang S J, Fang J M, Cheng Y S. Taxanes From *Taxus Mairei*. Phytochemistry, 1996, 43: 839-842.

[93]   Barboni L, Gariboldi P, Appendino G, Enriu R, Gabetta B, Bombardelli E. New taxoids from *Taxus baccata*. Liebigs Ann, 1995: 345.

[94]   Zhang J Z, Fang Q C, Liang X T, Kong M, He W Y. Chin Chem Lett, 1995, 6: 967.

[95]   Chen W M, Zhang P L, Zhou J Y. Isolation and structural elucidation of four new taxane diterpenoids from *Taxus yunnanensis*. Acta Pharmacol Sin (Yaoxue Xuebao), 1994, 29: 207-214.

[96]   Chattopadhyay S K, Sharma R P. A Taxane from The Himalayan yew, *Taxus wallichiana*. Phytochemistry, 1995, 39: 935-936.

[97]   Yeh M K, Wang J S, Lui L P, Chen F C J Chin Biochem Soc, 1988, 35: 309.

[98]   Kingston D G I, Hawkins D R, Ovington L. New taxanes from *Taxus brevifolia*. J Nat Prod, 1982, 45: 466-470.

[99]   Barboni L, Pierluigi G, Torregiani E, Appendino G, Gabetta B, Zini G, Bombardelli E. Taxanes from the needles of *Taxus wallichiana*. Phytochemistry, 1993, 33: 145-150.

[100]   Jia Z J, Zhang Z P. Taxanes from *Taxus chinensis*. Chin Sci Bull, 1991, 36: 1174. Structure revision suggested: Huang K, Liang J, Gunatilaka A A L. J Chin Pharm University (Zhongguo Yaoke Daxue Xuebao), 1998, 29: 259.

[101]   Chattopadhyay S K, Pal A, Maulik P R, Kaur T, Garga A, Khanuja S P S. Canataxpropellane, a novel taxane with a unique polycyclic carbon skeleton (tricyclotaxane) from the needles of Canadian yew, *Taxus canadensis*. Bioorg Med Chem Lett, 2006, 16: 2446.

[102]   Nguyen N T, Banskota A H, Tezuka Y, Nobukawa T, Kadota S. Diterpenes and sesquiterpenes from the bark of *Taxus yunnanensis*. Phytochemistry, 2003, 64: 1141-1147.

[103]   Li L G, Cao C M, Huo C H, Zhang M L, Shi Q W, Kiyota H. Magn Reson Chem, 2005, 43: 475-478.

[104]   Wang X X, Shigemori H, Kobayashi J. Taxezopidines B-H, New Taxoids from Japanese Yew *Taxus cuspidata*. J Nat Prod, 1998, 61: 474-479.

[105]   Kobayashi J, Inubushi A, Hosoyama H, Yoshida N, Sasaki T, Shigemori H. Taxuspines E～II and J, New Taxoids from the Japanese Yew *Taxus cuspidata*. Tetrahedron, 1995, 51: 5971-5978.

[106]   Tong X J, Fang W S, Zhou J Y, He C H, Chen W M, Fang Q C. Three new taxane diterpenoids from needles and stems of *Taxus cuspidata*. J Nat Prod, 1995, 58: 233-238.

[107]   Morita H, Gonda A, Wei L, Yamamura Y, Wakabayashi H, Takeya K, Itokawa H. Taxoids From *Taxus cuspidata* var. nana. Phytochemistry, 1998, 48: 857-862.

[108]   Chiang H C, Woods M C, Nakadaira Y, Nakanishi K. The structures of four new taxinine congeners, and a photochemical transannular reaction. Chem Commun, 1967: 1201-1202.

[109]   李作平, 王春霖, 顾吉顺, 史清文. 美丽红豆杉种子化学成分的研究 II. 中国中药杂志, 2005, 30: 1260-1263.

[110]   李作平, 史清文. 美丽红豆杉化学成分的研究. 中草药, 2000, 31: 490.

[111]   Chiang H C. Shih Ta Hsueh Pao, 1975, 20: 147.

［112］ Tong X J，Liu Y C，Chang C. J Nat Prod Lett，1995，6：197.

［113］ Shi Q W，Oritani T，Gu J，Meng Q，Liu R. Three New Taxane Diterpenoids from the Seeds of the Chinese Yew，*Taxus chinensis* var *mairei*. Journal of Asian Natural Products Research，2000，2：311-319.

［114］ Chan W R，Halsall T G，Hornby G M，Oxford A W，Sabel W，Bjamer K，Ferguson G，Robertson J M. Taxa-4(16)，11-diene-5α,9α,10β,13α-tetraol，a new taxane derivative from the heartwood of yew（T. baccata L.）：X-ray analysis of a p-bromobenzoate derivative. Chem Commun［Chemical Communications（London）］，1966：923-925.

［115］ Shi Q W，Petzke T L，Sauriol F，Mamer O，Zamir L O. Taxanes in rooted cuttings vs. mature Japanese yew. Can J Chem（Canadian journal of chemistry），2003，81：64-74.

［116］ Topcu G，Sultana N，Akhtar F，Habib-ur-Rehman Hussain T，Choudhary M I. Atta-ur-Rahman Nat Prod Lett，1994，4：93-100.

［117］ Shi Q W，Lederman Z，Sauriol F，McCollum R S，Zamir L O. A yew in Israel，new taxane derivatives. J Nat Prod，2004，67：168-173.

［118］ Zamir L O，Zhang J Z，Wu J H，Sauriol F，Mamer O. Novel taxanes from the needles of *Taxus canadensis*. Tetrahedron，1999，55：14323-14340.

［119］ Sakai J，Sasaki H，Kosugi K，Zhang S，Hirata N，Hirose K，Tomida A，Tsuruo T，Ando M. Isolation and structure revision of 10-deacetyltaxinine. Heterocycles，2001，54：999-1009.

［120］ Shi Q W，Li Z P，Zhao D，Gu J S，Kiyota H. Isolation and structure revision of 10-deacetyltaxinine from the seeds of the Chinese yew，*Taxus mairei*. Nat Prod Res，2006，20：47-51.

［121］ Cheng Q，Oritani T，Horiguchi T. Two novel taxane diterpenoids from the needles of Japanese yew，*Taxus cuspidata*. Biosci Biotechnol Biochem，2000，64：894-898.

［122］ Shi Q W，Oritani T，Sugiyama T，Cheng Q. Two novel taxane diterpenoids from the seeds of Chinese yew，*Taxus mairei*. Nat Prod Lett，1999，13：305.

［123］ Shi Q W，Oritani T，Sugiyama T，Murakami R，Yamada T. Two new taxane diterpenoids from the seeds of the Chinese yew，*Taxus yunnanensis*. J Asian Nat Prod Res，1999，2：71-79.

［124］ Baxter J N，Lythgoe B，Scales B，Scrowston R M，Trippett S. 575. Taxine. Part I. Isolation studies and the functional groups of *O*-cinnamoyltaxicin-I. J Chem Soc（Journal of the chemical society），1962：2964-2971.

［125］ Shrestha T B，Chetri S K K，Banskota A H，Manandhar M D. 2-Deacetoxytaxinine B：A New Taxane from Taxus wallichiana. J Nat Prod，1997，60：820-821.

［126］ Dukes M，Etre D H，Harrison J W，Scrowston R M，Lythgoe B. J Chem Soc C，1967：448-452.

［127］ Horwitz S B. Personal Recollections on the Early Development of Taxol. J Nat Prod，2004，67：136-138.

［128］ Ramesh N. Patel，Tour de peclitaxel：Biocatalysis for Semisynthesis. Annu Rev Microbiol，1998，98：361-395.

［129］ Tong X J，Fang W S，Zhou J Y，He C H，Chen W M，Fang Q C Chin Chem Lett，1993，4：887.

［130］ Shinozaki Y，Fukamiya N，Fukushima M，Okano M，Nehira T，Tagahara K，Zhang S X，Zhang D C，Lee K H. Dantaxusins C and D，Two Novel Taxoids from *Taxus yunnanensis*. J Nat Prod，2002，65：371-374.

［131］ Shinozaki Y，Fukamiya N，Fukushima M，Okano M，Nehira T，Tagahara K，Zhang S H，Zhang D C，Lee K H. Dantaxusins A and B，Two New Taxoids from *Taxus yunnanensis*. J Nat Prod，2001，64：1073-1076.

［132］ Liang J Y，Huang K S，Gunatilaka A A L. A New 1,2-Deoxytaxane Diterpenoid from *Taxus chinensis*. Planta Med，1998，64：187.

［133］ Yeh M K，Wang J S，Liu L P，Chen F C. A new taxane derivative from the heartwood of *Taxus mairei*. Phytochemistry，1988，27：1534.

［134］ Zhang Z，Jia Z. Taxanes from *Taxus chinensis*. Phytochemistry，1991，30：2345-2348.

［135］ 梁敬钰，闵知大，丹羽正武. 美丽红豆杉二萜的研究Ⅱ：一个新的紫杉烷二萜的结构. 化学学报，1988，46（10）：1053-1054.

［136］ Mao S L，Chen W S，Liao S X. J Chin Med Mate（Zhongyaocai），1999，22：346.

［137］ Morita H，Gonda A，Wei L，Yamamura Y，Wa kabayashi H，Takeya K，Itokawa H. Four new taxoids from *Taxus cuspidata* var. *nana*. Planta Med，1998，64：183-186.

［138］ Zhang J Z，Fang Z C，Liang X T，He C H，Kong M，He W Y，Jin X L. Taxoids from the barks of *Taxus wallichiana*. Phytochemistry，1995，40：881-884.

［139］ 闵知大，江虹，梁敬钰. 美丽红豆杉心木中紫杉烷二萜的研究. 药学学报，1989，24（9）：673-677.

［140］ Liang J Y，Huang K S，Gunatilaka A A L，Yang L. 2-Ddeacetoxytaxinine B：A Taxane Diterpenoid From *Taxus chinensis*. Phytochemistry, 1998, 47: 69-72.

[141] Shi Q W, Sauriol F, Mamer O, Zamir L O. New minor taxanes analogues from the needles of *Taxus canadensis*. Bioorg Med Chem, 2003, 11: 293-303.

[142] Shi Q W, Oritan T, Zhao D, Murakami R, Yamada T. Three new taxoids from the seeds of Japanese yew, *Taxus cuspidata*. Planta Med, 2000, 66: 294-299.

[143] Shi Q W, Oritani T, Kiyota H, Zhao D. Taxane diterpenoids from *Taxus yunnanensis* and *Taxus cuspidata*. Phytochemistry, 2000, 54: 829-834.

[144] 张宗平, 贾忠建. 紫杉烷二萜研究Ⅳ. 化学学报, 1991, 49 (10): 1023-1027.

[145] Huang K, Liang J, Gunatilaka A A L. Revision stucture suggested. J Chin Pharm University (Zhongguo Yaoke Daxue Xuebao), 1998, 29: 259.

[146] Shi Q W, Oritani T, Sugiyama T, Yamada T. Nat Prod Lett, 2000, 14: 265.

[147] Jenniskens L H D, van Rosendaal E L M, van Beek T A. Identification of Six Taxine Alkaloids from *Taxus baccata* Needles. J Nat Prod, 1996, 59: 117-123.

[148] Called taxine I by the original authors: Baxter J N, Lythgoe B, Scales B, Trippett S. Proc Chem Soc, 1958: 9.

[149] Graf E. Taxus B, das Haupt-alkaloid yon *Taxus baccata* L. Arch Pharm (Weinheim, Ger), 1958, 291: 443-449.

[150] Graf E, Weinandy S, Koch B, Breitmaier E. 13 C-NMR-Untersuchung von Taxin B aus *Taxus baccata* L. Liebigs Ann Chem (European journal of organic chemistry), 1986: 1147-1151.

[151] Ando M, Sakai J, Zhang S, Watanabe Y, Kosugi K, Suzuki T, Hagiwara H. A New Basic Taxoid from *Taxus cuspidata*. J Nat Prod, 1997, 60: 499-501.

[152] Shi Q W, Ji X, Lesimple A, Sauriol F, Zamir L O. Taxanes with C-5-amino-side chains from the needles of *Taxus canadensis*. Phytochemistry, 2004, 65: 3097-3106.

[153] Shi Q W, Oritani T, Sugiyama T, Zhao D, Murakami R. Three new taxane diterpenoids from seeds of the Chinese yew, *Taxus yunnanensis* and *T. chinensis* var. *mairei*. Planta Med, 1999, 65: 767-770.

[154] Appendino G, Ozen H C, Fenoglio I, Gariboldi P, Gabetta B, Bombardelli E. Pseudoalkaloid taxanes from *Taxus baccata*. Phytochemistry, 1993, 33: 1521-1523.

[155] Zhang J Z, Fang Q C, Liang X T, He C H. Chin Chem Lett, 1994, 5: 497-500.

[156] Shigemori H, Wang X X, Yoshida N, Kobayashi J. Taxuspine XZ, new taxoids from Japanese yew *Taxus cuspidata*. Chem Pharm Bull, 1997, 45: 1205-1208.

[157] Chattopadhyay S K, Kulshrestha M K, Saha G C, Sharma R P, Kumar S. Indian J Chem, 1996, 35B: 508.

[158] Guo Y, Diallo B, Jaziri M, Vanhalen-Fastre R, Vanhalen M, Ottinger R. J Nat Prod, 1995, 58: 1906-1912.

[159] Doss R P, Carney J R, Shanks C H J, Williamson R T, Chamberlain J D. Two New Taxoids from European Yew (*Taxus baccata*) That Act as Pyrethroid Insecticide Synergists with the Black Vine Weevil (Otiorhynchus sulcatus). J Nat Prod, 1997, 60: 1130-1133.

[160] Prasain J K, Stefanowicz P, Kiyota T, Habeichi F, Konishi Y. Taxines from the needles of *Taxus wallichiana*. Phytochemistry, 2001, 58: 1167-1170.

[161] Shi Q W, Oritani T, Sugiyama T, Yamada T. Nat Prod Lett, 1999, 13: 179.

[162] Shi Q W, Oritani T, Sugiyama T, Yamada T. Two novel pseudoalkaloid taxanes from the Chinese yew, *Taxus chinensis* var. *mairei*. Phytochemistry, 1999, 52: 1571-1575.

[163] Ishiyama H, Kakuguchi Y, Arita E, Kobayashi J. Taxezopidines O and P, new taxoids from *Taxus cuspidate*. Heterocycles, 2007, 73: 341-348.

[164] Wang L, Bai L, Tokunaga D, Watanabe Y, Sakai J, Tang W, Bai Y, Hirose K, Ando M. Two new taxoids from the needles and young stems of *Taxus cuspidate*. Heterocycles, 2008, 75: 911-917.

[165] Zhang M L, Dong M, Li X N, Li L G, Sauriol F, Huo C H, Shi Q W, Gu Y C, Kiyota H, Cong B. A new taxane composed of two *N*-formyl rotamers from *Taxus canadensis*. Tetrahedron Letters, 2008, 49: 3405-3408.

[166] Zhang H, Sun H, Takeda Y. Four taxanes from the roots of *Taxus yunnanensis*. J Nat Prod, 1995, 58: 1153-1159.

[167] Erdemoglu N, Sener B, Ide S. Structural features of two taxoids from *Taxus baccata* L. growing in Turkey. Journal of Molecular Structure, 2001, 559: 227-233.

[168] Sugiyama T, Oritani T, Oritani T. A novel taxane diterpenoid from Japanese yew, *Taxus cuspidata*. Biosci, Biotechnol. Biochem, 1994, 58: 1923.

[169] Chattopadhyay S K, Kulshrestha M, Saha G C, Sharma R P, Kumar S. The taxoid constituents of the heartwood

of *Taxus wallichiana*. Planta Med，1996，62：482-484.

[170] Yeh M K，Wang J S，Yang W L，Chen F C. Proc Natl Sci Counc Repub China，Part A：Phys Sci Eng，1988，12：89.

[171] Ho T I，Lin Y C，Lee G H，Peng S M，Yeh M K，Chen F C. Structure of Taiwanxan. Acta Crystallogr Sect C，1987，43：1380-1382.

[172] Shen Y C，Ko C L，Cheng Y B，Chiang M I，Khalil A T. New Regio-and Stereoselective *O*-Deacetylated and Epoxy Products of Taxanes Isolated from *Taxus mairei*. J Nat Prod，2004，67：2136-2140.

[173] Shi Q W，Oritani T，Kiyota H. Nat Prod Lett，1998，12：85.

[174] Ettouati L，Ahond A，Convert O，Laurent D，Poupat C，Potier P. Plantes de nouvelle-calédonie. 114. Taxanes isolés des feuilles d'Austrotaxus spicata compon（taxacées）. Bull Soc Chim Fr，1988：749-755.

[175] Shi Q W，Dong M，Huo C H，Su X H，Li C F，Zhang X P，Wang Y F，Kiyota H. New 14-hydroxy-taxane and 2α,20-epoxy-11(15→1) abeotaxane from the needles of *Taxus canadensis*. Bioscience，Biotechnology，and Biochemistry，2007，71：1777-1780.

[176] Shen Y C，Prakash C V S，Hung M C. Taxane Diterpenoids from the Root Bark of Tai wanese Yew *Taxus mairei*. J Chin Chem Soc，2000，47：1125-1130.

[177] Shi Q W，Oritani T，Sugiyama T，Murakami R，Wei H. Six new taxane diterpenoids from the seeds of *Taxus chinensis* var. *mairei* and *Taxus yunnanensis*. J Nat Prod，1999，62：1114-1118.

[178] Zhang Z P，Jia Z J. Chin Chem Lett，1990，1：91.

[179] Zhang Z，Jia Z，Zhu Z，Cui Y，Cheng J，Wang Q. New Taxanes from *Taxus chinensis*. Planta Med，1990，56：293-294.

[180] Barboni L，Gariboldi P，Torregiani E，Appendino G，Varese M，Gabetta B，Bombardelli E. Minor taxoids from *Taxus wallichiana*. J Nat Prod，1995，58：934-939.

[181] Beutler J A，Chmurny G M，Look S A，Witherup K M. Taxinine M，a new tetracyclic taxane from *Taxus brevifolia*. J Nat Prod，1991，54：893-897.

[182] Yoshizaki F，Fuduka M，Hisamichi S，Ishida T，In Y. Stucture of taxane diterpenoids from the seeds of Japan yew（*Taxus cuspidata*）. Chem Pharm Bull，1988，36：2098-2102.

[183] Chauviere G，Guenard D，Pascard C，Picot F，Potier P，Prange T. Taxagifine：new taxane derivative from *Taxus baccata* L.（taxaceae）. J Chem Soc，Chem Commun（Journal of the chemical society，and chemical communications），1982：495-496.

[184] Chauviere G，Guenard D，Picot F，Senilh V，Potier P. Acad Sci Paris，Ser Ⅱ，1981，293：501.

[185] Wang X X，Shigemori H，Kobayashi J. Taxuspines Q，R，S，and T，New Taxoids from Japanese Yew *Taxus cuspidata*. Tetrahedron，1996，52：12159-12164.

[186] Fukushima M，Takeda J，Fukamiya N，Okano M，Tagahara K，Zhang S X，Zhang D C，Lee K H. A New Taxoid，19-Acetoxytaxagifine，from *Taxus chinensis*. J Nat Prod，1999，62：140-142.

[187] Shigemori H，Sakurai C A，Hosoyama H，Kobayashi A，Kajiyama S，Kobayashi J. Taxezopidines J，K，and L，New Taxoids from *Taxus cuspidata* Inhibiting Ca^{2+}-induced Depolymerization of Microtubules. Tetrahedron，1999，55：2553-2558.

[188] Wang X X，Shigemori H，Kobayashi J. Taxezopidine A，a Novel Taxoid from Seeds of Japanese Yew *Taxus cuspidata*. Tetrahedron Lett，1997，38：7587-7588.

[189] Kobayashi J，Hosoyama H，Katsui T，Yoshida N，Shigemori H. Taxuspines N，O，and P，New Taxoids from Japanese Yew *Taxus cuspidata*. Tetrahedron，1996，52：5391-5396.

[190] Murakami R，Shi Q W，Oritani T. A taxoid from the needles of the Japanese yew，*Taxus cuspidata*. Phytochemistry，1999，52：1577-1580.

[191] Wang C L，Zhang M L，Cao C M，Shi Q W，Kiyota H. Heterocycl Commun，2005，11：211.

[192] Shi Q W，Cao C M，Gu J S，Kiyota H. Four new taxane metabolites from the needles of *Taxus cuspidata*. Nat Prod Res，2006，20：173-179.

[193] Yue Q，Fang Q C，Liang X T. A taxane-11,12-oxide from *Taxus yunnanensis*. Phytochemistry，1996，43：639-642.

[194] 李作平，霍长虹，张嫚丽，史清文. 美丽红豆杉种子化学成分的研究. 中草药，2006，37：175.

[195] Petzke T L，Shi Q W，Sauriol F，Mamer O，Zamir L O. Taxanes from the rooted cuttings of *Taxus canadensis*. J Nat Prod，2004，67：1864-1869.

[196] Zhang J, Sauriol F, Mamer O, Zamir L O. Taxoids from the needles of the Canadian yew. Phytochemistry, 2000, 54: 221-230.

[197] Shen Y C, Lo K L, Chen C Y, Kuo Y H, Hung M C. New Taxanes with an Opened Oxetane Ring from the Roots of *Taxus mairei*. J Nat Prod, 2000, 63: 720-722.

[198] Shen Y C, Chang Y T, Lin Y C, Lin C L, Kuo Y H, Chen C Y. New Taxane Diterpenoids from the Roots of Taiwanese *Taxus mairei*. Chem Pharm Bull, 2002, 50: 781-787.

[199] 梁敬钰，鲍官虎，张佩东. 云南红豆杉根的化学成分研究. 海峡药学，2000，12: 47-51.

[200] Shen Y C, Chen C Y. Taxanes from the roots of *Taxus mairei*. Phytochemistry, 1997, 44: 1527-1533.

[201] Wang X X, Shigemori H, Kobayashi J. Taxuspines K, L, and M, New Taxoids from Japanese Yew *Taxus cuspidata*. Tetrahedron, 1996, 52: 2337-2342.

[202] Li B, Tanaka K, Fuji K, Sun H, Taga T. Chem Pharm Bull, 1993, 41: 1672-1673.

[203] Liang J, Kingston D G I. J Nat Prod, 1993, 56: 594-599.

[204] Cao C M, Zhang M L, Wang Y F, Shi Q W, Teiko Yamada, Hiromasa Kiyota. Chem Biodiv (chemistry and biodiversity), 2006, 3: 1153-1161.

[205] Shen Y C, Tai H R, Chen C Y. New taxane diterpenoids from the roots of *Taxus mairei*. J Nat Prod, 1996, 59: 173-176.

[206] Tanaka K, Fuji K, Yokoi T, Shingu T, Li B, Sun H. Chem Pharm Bull, 1994, 42: 1539-1541.

[207] Senilh V, Blechert S, Colin M, Guenard D, Picot F, Potier P, Varenne P. Mise en evidence de nouveaux analogues du taxol extraits de *Taxus baccata*. J Nat Prod, 1984, 47: 131-137.

[208] Shen Y C, Chen C Y. Taxane diterpenes from *Taxus mairei*. Planta Med, 1997, 63: 569-570.

[209] 王福生，彭丽艳，赵昱，古昆，赵勤实，孙汉董. 中国红豆杉中一个新的紫杉烷二萜. 云南植物研究，2003，25: 507-510.

[210] 梁敬钰，杨路，程奇蕾，魏秀丽. 云南红豆杉中紫杉烷类化合物的分离与鉴定. 中草药，2002，33: 294-297.

[211] Wiedenfeld H, Knoch F, Zhang Z P. Acta Crystallogr Sect C: Cryst Struct Commun, 1995, C51: 2184.

[212] Zamir L O, Nedea M E, Zhou Z H, Belair S, Caron G, Sauriol F, Jacomain, E, Jean F I, Garneau F X, Mamer O. *Taxus canadensis* taxanes: structures and stereochemistry. Can J Chem, 1995, 73: 655-665.

[213] Della Casa de Marcano D P, Halsall T G. The Structure of the Diterpenoid Baccatin-I, the 4β,20-Epoxide of 2α,5α, 7β,9α,10β,13α-Hexa-acetoxytaxa-4(20), 11-Diene. J Chem Soc D (chem Commun), 1970: 1381-1382.

[214] Zhang Z, Jia Z. Taxanes from *Taxus yunnanensis*. Phytochemistry, 1990, 29: 3673-3675.

[215] Hosoyama H, Inubushi A, Katasui T, Shigemori H, Kobayashi J. Taxuspines U, V, and W, New Taxane and Related Diterpenoids from the Japanese Yew *Taxus cuspidata*. Tetrahedron, 1996, 52: 13145-13150.

[216] Miller R W, Powell R G, Smith C R Jr, Arnold E, Clardy J. Antileukemic alkaloids from *Taxus wallichiana* Zucc. J Org Chem, 1981, 46: 1469-1474.

[217] Küpeli E, Erdemoglu N, Yesilada E, Sener B, Anti-inflammatory and antinociceptive activity of taxoids and lignans from the heartwood of *Taxus baccata* L. Journal of Ethnopharmacology, 2003, 89: 265-270.

[218] 饶畅，周金云，陈未名，吕扬，郑启泰. 云南红豆杉枝叶中一个新成分的结构鉴定. 药学学报，1994，29: 355-359.

[219] Lian J Y, Min Z D, Mizuno M, Tanaka T, Iinuma M. Two taxane diterpenes from *Taxus mairei*. Phytochemistry, 1988, 27: 3674-3675.

[220] Appendino G, Cravotto G, Enriu R, Gariboldi P, Barboni L, Torregiani E, Gabetta B, Zini G, Bombardelli E. Taxoids from the roots of *Taxus × media* cv. *Hicksii*. J Nat Prod (Journal of natural products), 1994, 57: 607-613.

[221] Li S, Zhang H, Yao P, Sun H. Chin Chem Lett, 1998, 9: 1017.

[222] Gabetta B, De Bellis P, Pace R, Appendino G, Barboni L, Torregiani E, Gariboldi P, Viterbo D. J Nat Prod, 1995, 58: 1508-1514.

[223] Fuji K, Tanaka K, Li B, Shingu T, Sun H, Taga T. Novel diterpenoids from *Taxus chinensis*. J Nat Prod, 1993, 56: 1520-1531.

[224] Powell R G, Miller R W, Smith C R Jr. Cephalomannine: a new antitumor alkaloid from *Cephalotaxus mannii*. J Chem Soc, Chem Commun, 1979: 102-104.

[225] Della Casa de Marcano D P, Halsall T G, Castellano E, Hodder O J R. Crystallographic structure determination of the diterpenoid baccatin-V, a naturally occurring oxetan with a taxane skeleton. J Chem Soc D, 1970: 1382-1383.

［226］ Soto J，Castedo L. Taxoids from European yew，*Taxus baccata* L. Phytochemistry，1998，47：817-819.

［227］ Rao K V，Bhakuni R S，Hanuman J B，Davies R，Johnson J. Taxanes from the bark of *Taxus brevifolia*. Phytochemistry，1996，41：863-866.

［228］ 周兴挺，余峰. 云南红豆杉心木的化学成分研究. 中药新药与临床药理，2002，13：317-319.

［229］ Della Casa de Marcano D P，Halsall T G. Structures of some taxane diterpenoids，baccatins-Ⅲ，-Ⅳ，-Ⅵ，and-Ⅶ and 1-dehydroxybaccatin-Ⅳ，possessing an oxetan ring. J Chem Soc，Chem Commun（Journal of the chemical society，chemical communications），1975：365-366.

［230］ Wang F S，Peng L Y，Zhao Y，Zhao Q S，Gu K，Sun H D. A New Taxoid from Leaves and Branches of *Taxus chinensis*. Chin Chem Lett，2004，15：307-308.

［231］ Schiff P B，Fan J，Horwitz S B. Promoton of microtubule assembly ifi vitro by taxol. Nature，1979，277：665.

［232］ Chu A，Zajicek J，Davin L B，Lewis N G，Croteau R B. Mixed acetoxy-benzoxy taxane esters from *Taxus brevifolia*. Phytochemistry，1992，31：4249-4252. Structure revision suggested：Huang K，Liang J，Gunatilaka A A L J Chin Pharm University（Zhongguo Yaoke Daxue Xuebao），1998，29：259.

［233］ Wang F S，Peng L Y，Zhao Y，Xu G，Zhao Q S，Sun H D. Three New Oxetane-Ring-Containing Taxoids from *Taxus chinensis*. J Nat Prod，2004，67：905-907.

［234］ Appendino G，Gariboldi P，Gabetti B，Pace P，Bombardelli E，Viterbo D. 14β-Hydroxy-10-deacetylbaccatin Ⅲ，a new taxane from Himalayan yew（*Taxus wallichiana* Zucc.）. J Chem Soc，Perkin Trans Ⅰ，1992，21：2925-2929.

［235］ 王福生，彭丽艳，赵昱，古昆，赵勤实，孙汉董. 中国红豆杉枝叶中的紫杉烷二萜. 云南植物研究，2003，25：369-376.

［236］ Morita H，Wei L，Gonda A，Takeya K，Itokawa H. A Taxoid From *Taxus cuspidata* var. *nana*. Phytochemistry，1997，46：583-586.

［237］ Zhang M L，Lu X H，Zhang J，Zhang S X，Dong M，Huo C H，Shi Q W，Gu Y C，Bin Cong B. Taxanes from the leaves of *Taxus cuspidata*. *Chemistry of Natural Compounds*，2010，46：53-58.

［238］ Kitagawa I，Mahmud T，Kobayashi M，Roemantyo，Shibuya H. Taxol and its related taxoids from the needles of *Taxus sumatrana*. Chem Pharm Bull，1995，43：365-367.

［239］ McLaughlin J L，Miller R W，Powell R G，Smith Jr C R. 19-Hydroxybaccatin Ⅲ，10-deacetylcepbalomannine，and 10-deacetyltaxol：new antitumor taxanes from *Taxus wallichiana*. J Nat Prod，1981，44：312-319.

［240］ Yang S J，Fang J M，Cheng Y S. Abeo-taxanes from *Taxus mairei*. Phytochemistry，1999，50：127-130.

［241］ Chen W M，Zhou J Y，Zhang P L，Fang Q C. Chin Chem Lett，1993，4：699.

［242］ Gabetta B，Orsini P，Peterlongo F，Appendino G. Paclitaxel analogues from *Taxus baccata*. Phytochemistry，1998，47：1325-1329.

［243］ Zhang H，Takeda Y，Matsumoto T，Minami Y，Yoshida K，Xiang W，Mu Q，Sun H. Taxol related diterpenoids from the roots of *Taxus yunnanensis*. Heterocycles，1994，38：975.

［244］ Gabetta B，Fuzzatti N，Orsini P，Peterlongo F，Appendino G，Vander Velde D. Paclitaxel analogues from *Taxus × media* cv. *Hicksii*. J Nat Prod，1999，62：219-223.

［245］ 张宏杰，Takeda Y，Minami Y，Yoshida K，Unemi N，穆青，向伟，Matsumoto T，孙汉董. 云南红豆杉根中的紫杉烷类化合物. 云南植物研究，1993，15：424-426.

［246］ Barboni L，Gariboldi P，Torregiani E，Appendino G，Gabetta B，Bombardelli E. Taxol analogues from the roots of *Taxus × media*. Phytochemistry，1994，36：987-990.

［247］ Wani M C，Taylor H L，Wall M E，Coggon P，McPhail A T. Plant antitumor agents. Ⅵ. Isolation and structure of taxol，a novel antileukemic and antitumor agent from *Taxus brevifolia*. J Am Chem Soc，1971，93：2325-2327.

［248］ Morita H，Gonda A，Wei L，Yamamura Y，Takeya K，Itokawa H. Taxuspinananes A and B，New Taxoids from *Taxus cuspidata* var. *nana*. J Nat Prod，1997，60：390-392.

［249］ Li S，Zhang H，Yao P，Sun H，Fong H H S. Taxane diterpenoids from the bark of *Taxus yunnanensis*. Phytochemistry，2001，58：369-374.

［250］ Huo C H，Zhang X P，Li C F，Wang Y F，Shi Q W，Kiyot H. A new taxol analogue from the leaves of *Taxus cuspidata*. Biochemical Systematics and Ecology，2007，35：704-708.

［251］ Huang C H O，Kingston D G I，Magri N F，Samaranayake G. J Nat Prod，1986，49：665-669.

［252］ Shen Y C，Chen Y J，Chen C Y. Taxane diterpenoids from the seeds of Chinese yew *Taxus chinensis*. Phytochemistry，1999，52：1565-1569.

[253] De Bellis P, Lovati M, Pace R, Peterlongo F Zini G F. Isolation of 7-epi-cephalomannine from *Taxus×media* cv. *'Hicksii'* needles. Fitoterapia, 1995, 66: 521-524.

[254] Shi Q W, Zhao Y M, Si X T, Li Z P, Yamada T, Kiyota H, 1-Deoxypaclitaxel and abeo-Taxoids from the Seeds of *Taxus mairei*. J Nat Prod, 2006, 69: 280-283.

[255] Murakami R, Shi Q W, Horiguchi T, Oritani T. A novel rearranged taxoid from needles of Japanese yew, *Taxus cuspidata*. Biosci Biotechnol Biochem, 1999, 63: 1660-1663.

[256] Shi Q W, Oritani T, Zhao D. New taxane diterpenoid from seed of the Chinese yew, *Taxus yunnanensis*. Biosci Biotechnol Biochem (Bioscience biotechnology and biochemistry), 2000, 64: 869-872.

[257] Shi Q W, Oritani T, Sugiyama T, Murakami R, Yamada T. Two New Taxane Diterpenoids from the Seeds of the Chinese Yew, *Taxus yunnanensis*. J Asian Nat Prod Res, 1999, 2: 71-79.

[258] Shi Q W, Oritani T, Sugiyama T, Horiguchi T, Murakami R, Zhao D, Oritani T. Three new taxane diterpenoids from the seeds of *Taxus yunnanensis* cheng et L. K. Fu and *T. cuspidata* Sieb et Zucc. Tetrahedron, 1999, 55: 8365-8376.

[259] Kiyota H, Shi Q W, Oritani T, Li L. New 11(15→1) abeotaxane, 11(15→1), 11(10→9) bisabeotaxane and 3, 11-cyclotaxanes from *Taxus yunnanensis*. Biosci Biotechnol Biochem, 2001, 65: 35-40.

[260] Habib-Ur-Rehman, Atta-Ur-Rahman, Choudhary M L. J Chem Soc, Pakistan, 2004, 26: 302.

[261] Zhang J Z, Fang Q C, Liang X T, Kong M, Yi He W. Chin Chem Lett, 1995, 6: 971.

[262] Chen R, Kingston D G I. Isolation and sructure elucidation of new taxoids from *Taxus brevifolia*. Nat Prod, 1994, 57: 1017-1021.

[263] Chattopadhyay S K, Tripathi V, Sharma R P, Shawl A S, Joshi B S, Roy, R. A brevifoliol analogue from the Himalyan yew *Taxus wallichiana*. Phytochemistry, 1999, 50: 131-133.

[264] Kobayashi J, Ogiwara A, Hosoyama H, Shigemori H, Yoshida N, Sasaki T, Li Y, Iwasaki S, Naito M, Tsuruo T. Tetrahedron, 1994, 50: 7401.

[265] Huo C H, Wang Y F, Zhang X P, Li C F, Shi Q W, Kiyota H. A New Metabolite with a New Substitution Pattern from the Seeds of the Chinese Yew, *Taxus mairei*. Chem Biodiv, 2007, 4: 84.

[266] Shi Q W, Oritani T, Sugiyama T, Kiyota H, Horiguchi T. Isolation and structure elucidation of a new 11(15→1)-aboetaxane from the Chinese yew, *Taxus mairei*. Nat Prod Lett, 1998, 12: 67-74.

[267] Soto J, Fuentes M, Castedo L. Teixidol, an abeo-taxane from European yew, *Taxus baccata*. Phytochemistry, 1996, 43: 313-314.

[268] Guo Y, Diallo B, Jaziri M, Vanhaelen-Fastre R, Vanhaelen M. Immunological Detection and Isolation of a New Taxoid from the Stem Bark of *Taxus baccata*. J Nat Prod, 1996, 59: 169-172.

[269] Fuji K, Tanaka K, Li B, Shingu T, Sun H, Taga T. Taxchinin A: a diterpenoid from *Taxus chinensis*. Tetrahedron Lett, 1992, 33: 7915-7916.

[270] Shi Q W, Oritani T, Sugiyama T, Kiyota H. Two new taxanes from *Taxus chinensis* var. *mairei*. Planta Med, 1998, 64: 766-769.

[271] Gao Y L, Zhou J Y, Ding Y, Fang Q C. Chin Chem Lett, 1997, 8: 1057.

[272] Choudhary M I, Khan A M, Habib-Ur-Rehman, Atta-Ur-Rahman, Ashraf, M. Two new rearranged taxoids from *Taxus wallichiana* Zucc. Chem Pharm Bull (Chemical and pharmaceutical bulletin), 2002, 50: 1488-1490.

[273] Rao K V, Juchum J. Taxanes from the bark of *Taxus brevifolia*. Phytochemistry, 1998, 47: 1315-1324.

[274] Zhou J Y, Zhang P L, Chen W M, Fang Q C. Taxayuntinh H and J From *Taxus Yunnanensis*. Phytochemistry, 1998, 48: 1387-1389.

[275] Shen Y C, Prakash C V S, Chen Y J, Hwang J F, Kuo Y H, Chen C Y. Taxane Diterpenoids from the Stem Bark of *Taxus mairei*. J Nat Prod, 2001, 64: 950-952.

[276] Shi Q W, Oritani T, Sugiyama T, Kiyota H, Horiguchi T. Three new rearranged taxane diterpenoids from the bark of *Taxus chinensis* var. *mairei* and the needles of *Taxus cuspidata*. Heterocycles, 1999, 51: 841-850.

[277] Chen W M, Zhou J Y, Zhang P L, Fang Q C. Taxayuntin A, B, C and D—four new tetracyclic taxanes from *Taxus yunnanensis*. Chin Chem Lett, 1993, 4: 695-698.

[278] Shi Q W, Oritani T, Sugiyama T. Nat Prod Lett, 1999, 13: 105.

[279] Li S H, Zhang H J, Yao P, Sun H D, Fong H H S. Rearranged Taxanes from the Bark of *Taxus yunnanensis*. J Nat Prod, 2000, 63: 1488-1491.

[280] Shen Y C, Wang S S, Pan Y L, Lo K L, Chakraborty R, Chien C T, Kuo Y H, Lin Y C. New Taxane Diterpe-

noids from the Leaves and Twigs of *Taxus sumatrana*. J Nat Prod, 2002, 65: 1848-1852.

[281] Shen Y C, Pan Y L, Lo K L, Wang S S, Chang Y C, Wang L T, Lin Y C. New Taxane Diterpenoids from Taiwanese *Taxus sumatrana*. Chem Pharm Bull, 2003, 51: 867-869.

[282] Chattopadhyay S K, Sharma R P, Appendino G, Gariboldi P. A Rearranged taxane from the Himalayan yew. Phytochemistry, 1995, 39: 869-870.

[283] Shen Y C, Chen C Y, Kuo Y H. A new taxane diterpenoid from *Taxus mairei*. J Nat Prod, 1998, 61: 838-840.

[284] Zhong S Z, Hua Z X, Fan J S. A New Taxane Diterpene from *Taxus yunnanensis*. J Nat Prod, 1996, 59: 603-605.

[285] Chattopadhyay S K, Saha G C, Sharma R P, Kumar S, Roy R. A Rearranged taxane from the Himalayan yew *Taxus Wallichiana*. Phytochemistry, 1996, 42: 787-788.

[286] Yue Q, Fang Q C, Liang X T, He C H. Taxayuntin E and F: two taxanes from leaves and stems of *Taxus yunnanensis*. Phytochemistry, 1995, 39: 871-873.

[287] Tanaka K, Fuji K, Yokoi T, Shingu T, Li B, Sun H. Structures of taxchinins L and M, two new diterpenoids from *Taxus chinensis* var. *mairei*. Chem Pharm Bull, 1996, 44: 1770-1774.

[288] Zhang H, Tadeda Y, Sun H. Taxanes from *Taxus yunnanensis*. Phytochemistry, 1995, 39: 1147-1151.

[289] Rao C, Zhou J Y, Chen W M, Lu Y, Zheng Q T. Taxayuntin, a new tetracyclic taxane from the leaves of *Taxus yunnanensis*. Chin Chem Lett, 1993, 4: 693-694.

[290] Guo Y, Vanhaelen-Fastre R, Diallo B, Vanhaelen M, Jaziri M, Homes J, Ottinger R. Immunoenzymatic Methods Applied to the Search for Bioactive Taxoids from *Taxus baccata*. J Nat Prod, 1995, 58: 1015-1023.

[291] Rao K V, Johnson J H. Occurrence of 2,6-dimethoxy cinnamaldehyde in Taxus floridana and structural revision of taxiflorine to taxchinin M. Phytochemistry, 1998, 49: 1361-1364.

[292] Das B, Rao S P, Srinivas K V N S, Yadav J S, Das R. A taxoid from needles of Himalayan *Taxus baccata*. Phytochemistry, 1995, 38: 671-674.

[293] Barboni L, Gariboldi P, Torregiani E, Appendino G, Cravotto G, Bombardelli E, Gabetta B, Viterbo D. Chemistry and occurrence of taxane derivatives. Part 16. Rearranged taxoids from *Taxus×media* Rehd. cv *Hicksii*. X-Ray molecular structure of 9-*O*-benzoyl-9,10-dide-*O*-acetyl-11(15→1) abeo-baccatin Ⅵ. J Chem Soc. Perkin Trans I, 1994: 3233-3238.

[294] Shen Y C, Hsu S M, Lin Y S, Cheng K C, Chien C T, Chou C H, Cheng Y B. New bicyclic taxane diterpenoids from *Taxus sumatrana*. Chem Pharm Bull, 2005, 53: 808-810.

[295] Li S H, Zhang H J, Niu X M, Yao P, Sun H D, Fong H H S. Taxuyunnanines S-V, New taxoids from *Taxus yunnanensis*. Planta Med, 2002, 68: 253-257.

[296] Shen Y C, Cheng K C, Lin Y C, Cheng Y B, Khalil A T, Guh J H, Chien C T, Teng C M, Chang Y T. Three New Taxane Diterpenoids from *Taxus sumatrana*. J Nat Prod, 2005, 68: 90-93.

[297] Yue Q, Fang Q C, Liang X T. Chin Chem Lett, 1995, 6: 225.

[298] Zhou J L, Zhang P L, Chen W M, Fang Q C. Taxayuntin H and J from *Taxus yunnanensis*. Phytochemistry, 1998, 48: 1387-1389.

[299] Fang W S, Fang Q C, Liang X T, Lu Y, Wu N, Zheng Q T. Taxuchin B, a new chlorine-containing taxoid. Chin Chem Lett, 1997, 8: 231-232.

[300] Zhang S, Lee C T L, Kashiwada Y, Chen K. Yunantaxusin A, a new 11 (15 leads to 1)-abeo-taxane from *Taxus yunnanesis*. J Nat Prod, 1994, 57: 1580-1583.

[301] Xia Z H, Peng L Y, Li R T, Zhao Q S, Sun H D. Two new taxoids from the needles and stems of *Taxus chinensis*. Heterocycles, 2005, 65: 1403-1408.

[302] Zhang S, Lee C T L, Kashiwada Y, Zhang D C, McPhail A T, Lee K H. Structure and stereochemistry of taxuchin A, a new 11(15→1) abeo-taxane type diterpene from *Taxus chinensis*. (Journal of the chemical society, Chemical communications) J Chem Soc, Chem Commun, 1994: 1561-1562.

[303] Zhang M L, Zhang J, Dong M, Feng S H, Huo C H, Sauriol F, Shi Q W, Gu Y C, Kiyota H Cong B Z. Naturforsch, 2009, 64: 43.

[304] Shen Y C, Lin Y S, Hsu S M, Khalil A T, Wang S S, Chien C T, Kuo Y H, Chou C H. Tasumatrols P-T, Five New Taxoids from *Taxus sumatrana*. Helvetica Chimica Acata, 2007, 90: 1319-1329.

[305] Vander Velde D G, Georg G I, Gollapudi S R, Jampani H B, Liang X Z, Mitscher L A, Ye Q M. J Nat Prod, 1994, 57: 862-867.

[306] Shi Q W, Oritani T, Sugiyama T. Nat Prod Lett, 1999, 13: 113.

[307] Graf E, Bertholdt H. Amorphous taxine & crystalline taxine A, *Taxus* alkaloids. II. Pharmazeut Zent (Pharmazeutische Zentralhalle für Deutschland), 1957, 96: 385-395.

[308] Shi Q W, Oritani T, Horiguchi T, Sugiyama T. A Newly Rearranged 2(3→20) Abeotaxane Diterpene from the Bark of Chinese Yew, *Taxus mairei*. Biosci Biotechnol Biochem (Bioscience, Biotechnology, and Biochemistry), 1998, 62: 2263-2266.

[309] Shi Q W, Oritani T, Sugiyama T. Three rearranged 2(3-20) abeotaxanes from the bark of *Taxus Mairei*. Phytochemistry, 1999, 52: 1559-1563.

[310] Shi Q W, Oritani T. Three new 2(3-20)-abeo-taxoids from the bark of the Chinese Yew, *Taxus mairei*. Nat Prod Lett (Natural Product Letters), 2000, 14: 273-280.

[311] Hall A M, Tong X, Chang C. Nat Prod Lett, 1997, 10: 165.

[312] Shi Q W, Si X T, ZhaoY M, Su X H, Li X, Zamir L O, Yamada T, Kiyota H. Two New Alkaloidal Taxoids from the Needles of *Taxus canadensis*. Biosci Biotechnol Biochem, 2006, 70: 732-736.

[313] Yue Q, Fang Q C, Liang X T, He C H, Jing X L. Rearranged taxoids from *Taxus yunnanensis*. Planta Med, 1995, 61: 375-377.

[314] Rao K V, Reddy G C, Juchum J. Taxanes of the needles of *Taxus×media*. Phytochemistry, 1996, 43: 439-442.

[315] Poupat C, Ahond A, Potier P. J Nat Prod, 1994, 57: 1468-1469.

[316] Graf E, Kirfel A, Wolff G J, Breitmaier E. Die Aufklärung von Taxin A aus *Taxus baccata* L.. Liebigs Ann Chem (Liebigs Annalen der Chemie), 1982: 376-381.

[317] Shi Q W, Li Z P, Zhao D, Gu J S, Oritani T, Kiyota H. New 2 (3-20) abeotaxane and 3,11-cyclotaxane from needles of *Taxus cuspidata*. Biosci Biotechnol Biochem, 2004, 68: 1584.

[318] Shen Y, Chen C, Hung M. Taxane diterpenoids from seeds of *Taxus mairei*. Chem Pharm Bull, 2000, 48: 1344-1346.

[319] Luh L J, Abd El-Razek M H, Liaw C C, Arthur Chen C T, Lin Y S, Kuo Y H, Chien C T, Shen Y C. Tri-and Bicyclic Taxoids from the Taiwanese Yew *Taxus sumatrana*. Helvetica Chimica Acta, 2009, 92: 1349-1358.

[320] Zamir L O, Zhang J, Kutterer K, Sauriol F, Mamer O, Khiat A, Boulanger Y. 5-Epi-Canadensene and other Novel Metabolites of *Taxus canadensis*. Tetrahedron, 1998, 54: 15845-15860.

[321] Yang C, Wang J S, Luo J G, Kong L Y. A pair of taxoids from the needles of *Taxus canadensis*. Journal of Asian Natural Products Research, 2009, 11: 534-538.

[322] Shi Q W, Sauriol F, Lesimple A, Zamir L O. First three example of taxane-derived di-propellane from the needles of *Taxus canadensis*. Chem Commun, 2004: 544-545.

[323] Shi Q W, Sauriol F, Mamer O, Zamir L O. First example of a taxanederived propellane in *Taxus canadensis* needles. Chem Commun, 2003: 68-69.

[324] Shi Q W, Nikolakakis A, Sauriol F, Mamer O, Zamir L O. Canadensenes: Natural and semi-synthetic analogs. Can J Chem, 2003, 81: 406-411.

[325] Shi Q W, Oritani T, Sugiyama T, Murakami R, Horiguchi T. Three new bicyclic taxane diterpenoids from the needles of Japanese yew. *Taxus cuspidata* Sieb. et Zucc. J Asia Nat Prod Res, 1999, 2: 63-70.

[326] Shi Q W, Oritani T, Sugiyama T, Yamada T. Nat Prod Lett, 1999, 13: 171.

[327] Shi Q W, Oritani T, Horiguchi T, Sugiyama T, Yamada T. Isolation and structural determination of a novel bicyclic taxane diterpene from needles of the Chinese yew, *Taxus mairei*. Bioscience, Biotechnology, and Biochemistry, 1999, 63: 756-759.

[328] Shi Q W, Oritani T, Horiguchi T, Sugiyama T, Cheng Q. Chin Chem Lett, 1999, 10: 481.

[329] Shi Q W, Oritani T, Sugiyama T. Two bicyclic taxane diterpenoids from the needles of *Taxus mairei*. Phytochemistry, 1999, 50: 633-636.

[330] Shi Q W, Oritani T, Sugiyama T, Kiyota H. Three novel bicyclic 3,8-secotaxane diterpenoids from the needles of the Chinese yew, *Taxus chinensis* var. *mairei*. J Nat Prod, 1998, 61: 1437-1440.

[331] Shen Y C, Chen C Y, Chen Y J. Taxumairol M: A New Bicyclic Taxoid from Seeds of *Taxus mairei*. Planta Medica, 1999, 65: 582-584.

[332] Shi Q W, Oritani T, Sugiyama T. Bicyclic taxane with a verticillene skeleton from the needles of Chinese yew. *Taxus mairei*. Natural Product Letters, 1999, 13: 81-88.

[333] Shi Q W, Oritani T, Sugiyama T. Three novel bicyclic Taxane diterpenoids with verticillene skeleton from the nee-

dles of Chinensis yew，*Taxus chinensis* var. Mairei. Planta Med，1999，65：356-359.

[334] Shi Q W，Li L G，Li Z P，Cao C M，Kiyota H. A novel 3,8-seco-taxane metabolite from the seeds of the Chinese yew，*Taxus mairei*. Tetrahedron Lett，2005，46：6301-6303.

[335] Yu S H，Ni Z Y，Zhang J，Dong M，Sauriol F Huo C H，Shi Q W，Gu Y C，Kiyota H，Cong，B. Taxusecone，a novel taxane with an unprecedented 11,12-secotaxane skeleton，from *Taxus cuspidata* needles. Bioscience，Biotechnology，and Biochemistry，2009，73：756-758.

[336] Kobayashi J，Shigemori H. Bioactive taxoids from Japanese yew *Taxus cuspidata* and taxol biosynthesis. Heterocycles，1999，52：1111-1133.

[337] Cheng Q，Kiyota H，Yamaguchi M，Horiguchi T，Oritani T. Synthesis and biological evaluation of 4-deacetoxy-1，7-dideoxy azetidine paclitaxel analogues. Bioorg Med Chem Lett，2003，13：1075-1077.

[338] Appendino G，Lusso P，Garibold P. A 3,11-cyclotaxane from *Taxus baccata*. Phytochemistry，1992，31：4259-4262.

[339] Appendino G，Cravotto G，Gariboldi P，Gabetta B，Bomardelli E. The chemistry and occurrence of taxane derivatives. X. The Photochemistry of taxine B. Gazzetta Chimica Italiana，1994，124：1-4.

[340] Hosoyama H，Shigemori H，In Y，Ishida T，Kobayashi J. Stereoselective epoxidation of 4(20)-exomethylene in taxinine derivatives and assignment of the epoxide orientation by NMR. Tetrahedron，1998，54：2521-2528.

[341] Hosoyama H，Shigemori H，Tomida A，Tsuruo T，Kobayashi J. Modulation of multidrug resistance in tumor cells by taxinine derivatives. Bioorg Med Chem Lett，1999，9：389-394.

[342] Bathini Y，Micetich R G，Dancshtalab M. Synthetic studies towards Taxol analoge：chemoselective cleavage of 5-cinnamoyl group in taxane group of diterpenoids with hydroxylamine. Synthetic Commmunications，1994，24：1513-1517.

[343] Sako M，Suzuki H，Yamamoto N，Hirota K，Maki Y. Convenient methods for regio-and/or chemo-selective *O*-deacylation of taxinine，a naturally occurring taxane diterpenoid. J Chem Soc，Perkin Trans 1，1998：417-421.

[344] Zheng Q Y，Darbie L G，Cheng X，Murray C K. Deacetylation of paclitaxel and other taxanes. Tetrahedron Letters，1995，36：2001-2004.

[345] Georg G I，Harriman G C B，Datta A，Ali S，Cheruvallath Z，Dutta D，Velde D G V，Himes R. The chemistry of the taxane diterpene：stereoselective reductions of taxanes. The journal of organic chemistry，1998，63：8926-8934.

[346] Takeda H，Yishino T，Uoto K，Terasawa H，Soga T. A new method for synthesis of 7-deoxytaxane analogues by hydrogenation of Δ6,7-taxane derivatives. Chem Pharm Bull，2002，50：1398-1400.

[347] 褚志义. 生物合成药物学. 北京：化学工业出版社，2000.

[348] Loughlin W A. Biotransformations in organic synthesis. Bioresource Technol，2000，74：49-62.

[349] Rozzell J D. Commercial scale biocatalysis：myths and realities. Bioorganic & medicinal chemistry，1999，7：2253-2261.

[350] 于德泉，吴毓林. 化学进展丛书——天然产物化学进展. 果德安，叶敏，宁黎丽，占纪勋，郭洪祝. 北京：化学工业出版社，2005.

[351] Hanson R L，Wasylyk J M，Nanduri V B，Cazzulino D L，Patel R N，Szarka L J. Site-specific enzymatic hydrolysis of taxanes at C-10 and C-13. J Biol Chem，1994，269：22145-22149.

[352] Stierle A，Strobel G，Stierle D. Taxol and Taxane production by Taxomyces and reanae，an Endophytic Fungus of Pacific Yew. Science，1993，260：214-215.

[353] Strobel G A，Yang X，Sears J，Kramer R，Sidhu R S，Hess W M. Taxol from Pestalotiopsis microspora，an endophytic fungus of *Taxus wallachiana*. Microbiology，1996，142：435-440.

[354] Tahara M，Sakamoto T，Taksmi M，Takigawa K. Baccatin derivatives and processes for preparing the same. WO95/04154 2/1995 WIPO，Patent number：5589502.

[355] Zhang J Z，Zang L H，Sun D A，Gu J Q，Fang Q C. The site-specific hydrolysis of 1-hydroxybaccatin I by Aspergillus niger. Chinese Chemical Letters，1996，7：1091.

[356] Shen Y C，Lo K L，Lin C L，Chakraborty R. Microbial Transformation of baccatin VI and 1-β-Hydroxybaccatin I by Aspergillus niger. Bioorganic & Medicinal Chemistry Letters，2003，13：4493-4496.

[357] Chen K D，Chen W M，Zhu W H，Fang Q C. PCT Int. Appl. WO9406，740，31 Mar 1994，JP Appl. 92/249，047，18 Sep 1992.

[358] Xu H，Cheng K D，Fang W S，et al. A new taxoid from microbial transformation. Chin Chem Lett，1997，8：1055.

[359] Hu S H，Tian X F，Zhu W H，et al. Biotransformation of 2α,5α,10β,14β-tetraacetoxy-4(20),11-taxadiene by the fungus Cunninghamella echinulata. Chin Chem Lett，1996，7：543.

[360] Hu S H，Tian X F，Zhu W H，et al. Biotransformation of some taxoids with oxygen substituent at C-14 by *Cun-*

ninghamella echinulata. Biocatal Biotransform, 1996, 14: 241-250.

[361] Hu S H, Tian X F, Zhu W H, Fang Q C. Microbial transformation of taxoids: selective deacetylation and hydroxylation of $2\alpha,5\alpha,10\beta,14\beta$-tetraacetoxy-4(20),11-taxadiene by the fungus Cunninghamella echinulata. Tereahedron, 1996, 52: 8739-8746.

[362] Hu S H, Tian X F, Zhu W H, Fang Q C. Biotransformation of $2\alpha,5\alpha,10\beta,14\beta$-tetraacetoxy-4(20),11-taxadiene by the fungi Cunninghamella elegans and *Cunninghamella echinulata*. J Nat Prod, 1996, 59: 1006-1009.

[363] Patel R N, Banerjee A, Nanduri V. Enzymatic acetylation of 10-deacetylbaccatin Ⅲ by C-10 deacetylase from Nocadioides luteus SC13913. Enzyme Microb Technol, 2000, 27: 371-375.

[364] Lee D, Kim K C, Kim M J. Selective enzymatic acylation of 10-deacetylbaccatin Ⅲ. Tetrahedron Lett, 1998, 39: 9039-9042.

[365] Zhan J X, Zhong J J, Dai J G, Guo H Z, Zhu W H, Zhang Y X, Guo D A. Microbial transformation of sinenxan A, a rich constituent in callus cultures of Taxus. Acta Pharmaceutica Sinica (Yaoxue Xuebao), 2003, 38: 555-558.

[366] Kumar G N, Oatis J E, Thornburg K R, Heldrich F J, Hazard E S, Walle T. Drug Metab Dispos, 1994, 22: 77.

[367] Sun D A, Nikolakakis A, Sauriol F, Mamer O, Zamir L O. Microbial and reducing agents catalyze the rearrangement of taxanes. Bioorg Med Chem, 2001, 9: 1985-1992.

[368] Hu S H, Sun D A, Tian X F, Fang Q C. Selective microbial hydroxylation and biological rearrangement of taxoids. Tetrahedron Lett, 1997, 38: 2721-2724.

[369] Hu S H, Tian X F, Wei Y H, Kong M, Sun D A, Fang Q C. Microbial transformation of taxoids and synthesis of taxoids with an Oxetane ring. Chinese Chemical Letters, 1998, 9: 39.

[370] Hu S H, Sun D A, Ian Scott A. An efficient synthesis of 4(5),11(12)-taxadiene derivatives and microbial mediated 20-hydroxylation of taxoids. Tetrahedron Letters, 2000, 41: 1703-1705.

[371] a) Kingston D G I, Molinero A A, Rimoldi J M. Prog Chem Org Nat Prod, 1993, 61: 1. b) Appendino G. Nat Prod Rep, 1995, 12: 349.

[372] Dai J G, Yang L, Sakai J I, Ando M. Combined biotransformations of 4(20),11-taxadienes. Tetrahedron, 2005, 61: 5507-5517.

[373] Dai J G, Zhang S J, Sakai J I, Bai J, Oku Y, Ando M. Specific oxidation of C-14 oxygenated 4(20),11-taxadienes by microbial transformation. Tetrahedron Letters, 2003, 44: 1091-1094.

[374] Hu S H, Sun D A, Tian X F, Fang Q C. Biocatal. Biotransform, 1997, 14: 241-250.

[375] Sun D A, Sauriol F, Mamer O, Zamir L O. Biotransformation of a 4(20),11(12)-taxadiene derivative. Bioorg Med Chem, 2001, 9: 793-800.

[376] Chen T S, Li X, Bollag D, Liu Y C, Chang C J. Biotransformation of taxol. Tetrahedron Letter, 2001, 42: 3787-3789.

[377] Zhang J Z, Zhang L H, Wang X H, Qiu D Y, Sun D, Gu J Q, Fang Q C, Microbial Transformation of 10-Deacetyl-7-epitaxol and 1β-Hydroxybaccatin I by Fungi from the Inner Bark of *Taxus yunnanensis*. J Nat Prod, 1998, 61: 497-500.

[378] Dai J, Guo H, Lu D, Zhu W, Zhang D, Zheng J, Guo D. Biotransformation of $2\alpha,5\alpha,10\beta,14\beta$-tetra-acetoxy-4(20),11-taxadiene by Ginkgo cell suspension cultures. Tetrahedron Lett, 2001, 42: 4677-4679.

[379] Dai J G, Cui Y J, Zhu W H, Guo H Z, Ye M, Hu Q, Zhang D Y, Zheng J H, Guo D A. Biotransformation of $2\alpha,5\alpha,10\beta,14\beta$-tetraacetoxy-4(20),11-taxadiene by cell suspension cultures of *Catharanthus roseus*. Planta Med, 2002, 68: 1113-1117.

[380] Dai J G, Guo H Z, Ye M, et al. Biotransformation of 4(20),11-taxadienes by cell suspension cultures of Platycodon grandiflorum. J Asian Nat Prod Res (Journal of Asian Natural Products Research), 2003, 5: 5-10.

[381] Dai J G, Ye M, Guo H Z, et al. regio-and stereo-selective biotransformation of $2\alpha,5\alpha,10\beta,14\beta$-tetraacetoxy-4(20), 11-taxadiene by Ginkgo cell suspension cultures. Tetrahedron, 2002, 58: 5659-5668.

[382] Hu S H, Sun D A, Tian X F, et al. Regio-and stereoselective hydroxylation of taxoids by filamentous fungi. Chirality, 2002, 14: 495-497.

[383] 杜连祥. 工业微生物学实验技术. 天津: 天津科学技术出版社, 1992.

第 四 章
CHAPTER 4

紫杉烷类化合物的核磁共振氢谱特征

紫杉醇是近 40 多年来在自然界中发现的最优秀的新型天然抗肿瘤药物,吸引了全世界许多化学家、药学家、生物学家对其进行了深入广泛的研究。目前已从自然界中提取分离了 500 多种此类化合物,且新的紫杉烷类甚至新骨架还有不断报道[1~3]。关于紫杉烷类化合物的波谱特征国内外已有多篇专门的综述发表[4~8],最早见于 1966 年日本东北大学中西香尔的综述[9]。本篇旨在结合笔者自己的研究工作,在前人的几篇综述基础上对紫杉烷类化合物的氢谱特征再做补充。为了便于理解,本文在总结各类化合物特点后附有相应的核磁共振氢谱(¹H NMR)实例。

1. 紫杉烷类二萜化合物的基本骨架

紫杉烷类二萜化合物按其基本骨架可分为 11 大类(图 4-1),即 6/8/6、6/5/5/6、6/10/6、5/7/6、5/6/6、6/12、6/8/6/6、6/5/5/5/6、6/8/6、5/5/4/6/6/6、8/6 这 11 种不同的稠和方式,包括五元环、六元环、七元环、八元环、十元环和十二元环等。11 种基本骨架按其被发现的时间顺序排列如下,其中最后 5 种骨架是近几年才从自然界发现。

对上述 11 种紫杉烷类化合物基本骨架各自的氢谱特征进行了简单的归纳总结(表 4-1),对于初步判断某个紫杉烷类化合物属于上述哪种骨架类型,具有一定的指导意义。

表 4-1　紫杉烷类化合物 11 种骨架类型的¹HNMR 特征

骨架-稠和方式	¹H NMR 特征
Ⅰ-6/8/6	H3α(δ 2.57~3.27ppm,d,J=6.8Hz)为其特征信号,不同亚型有其不同的特征
Ⅱ-6/5/5/6	缺少 H3α 的特征信号,Me-18(δ 1.24~1.34ppm,d,J=7.0Hz),H12α(δ 3.23~3.79ppm,q,J=7.0Hz)
Ⅲ-6/10/6	H20(δ 5.30~5.80ppm,d,J=9~10Hz),H3a(δ 2.52~2.82ppm,d,J=15.5Hz),H3b(δ 1.64~2.00ppm,d,J=15.5Hz)
Ⅳ-5/7/6	在氢谱中很难与相应的 6/8/6 骨架相区别,但在碳谱中 C1 与其他不含杂原子的碳相比明显位于低场(δ_C 57~70ppm);Me-16(δ 1.01~1.39ppm)
Ⅴ-5/6/6	缺少 H9β 和 H10α 的特征信号,但在碳谱中有 C10 内酯羰基特征信号(δ_C 173ppm)
Ⅵ-6/12	H10α(δ 6.83~7.31ppm),H3(δ 5.59~6.47ppm,d,J=10~12Hz);H20a,H20b 为一组 AB 四重峰,J=12.9~13.5Hz;当 C20 为羟基时 H20a(δ 4.40~4.60ppm,d),H20b(δ 3.40~3.80ppm,d);当 C20 为乙酰氧基或肉桂酰氧基时 H20a(δ 4.80~4.95ppm,d),H20b(δ 4.10~4.55ppm,d)
Ⅶ-6/8/6/6	H14(δ 3.02ppm,m),H20a(δ 2.89ppm,dd,J=15.8,6.6Hz),H20b(δ 2.12ppm,dd,J=15.8,1.3Hz)
Ⅷ-6/5/5/5/6	缺少 H3α 的特征信号,H20a(δ 1.97~2.12ppm,d,J=11.4Hz),H20b(δ 1.74~2.00ppm,d,J=11.4Hz)
Ⅸ-6/8/6	H14α(δ 3.01ppm,1H,br. s),H21(δ 3.79ppm,2H,br. d,J=8.0Hz)
Ⅹ-5/5/4/6/6/6	缺少 H3α、C4(C20)环氧乙烷及 C5(C20)环氧丙烷特征信号,H14(δ 2.68ppm,1H,dd,J=9.3,2.1Hz),H20(δ 5.31ppm,br. s)
Ⅺ-8/6	缺少 H11 的信号,H12(δ 4.17ppm,1H,q,J=6.9Hz)

注释:δ 表示化学位移;s 表示单峰;d 表示双峰;t 表示三重峰;q 表示四重峰;dd 表示双二重峰;br. s 表示宽单峰;br. d 表示宽双峰;J 表示偶合常数。

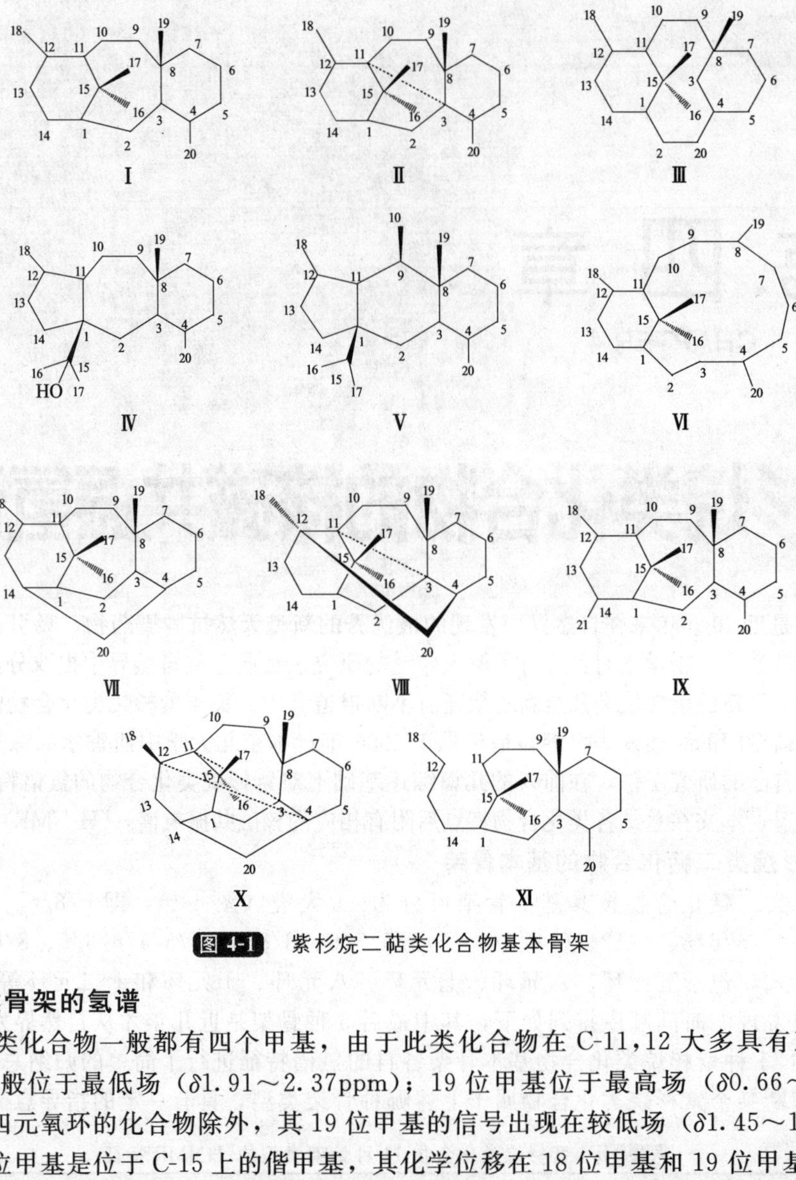

图 4-1 紫杉烷二萜类化合物基本骨架

2. 各类骨架的氢谱

紫杉烷类化合物一般都有四个甲基，由于此类化合物在 C-11,12 大多具有双键，因此 18 位甲基一般位于最低场（δ1.91～2.37ppm）；19 位甲基位于最高场（δ0.66～1.45ppm）[有 5(20) 四元氧环的化合物除外，其 19 位甲基的信号出现在较低场（δ1.45～1.89ppm）]；16 位和 17 位甲基是位于 C-15 上的偕甲基，其化学位移在 18 位甲基和 19 位甲基之间（C-9 位有羰基的化合物，16 位甲基的信号会出现在较高场），且相互之间有远程偶合[8]。紫杉烷类化合物的母核一般都有数个含氧取代基，与含氧取代基位于同一碳上的氢的化学位移一般在 δ3.0～7.0ppm，峰与峰之间很少有重合，由于与邻位的氢有偶合而呈现不同程度的裂分，一般特征都很明显，比较容易辨认。其他类型质子的氢谱特征则随着化合物基本骨架的不同而有很大区别，后面逐一论述。

（1）具有 C4 ═C20 双键的紫杉烷类化合物

含 C4 ═C20 双键的紫杉烷类化合物，当 C-9 和 C-10 具有相同的取代基时，H-10 与 H-9 相比永远位于低场，H-9 和 H-10 呈 AB 偶合系统，它们的偶合常数大约为 10Hz 左右。在下半球，H-1 和 H-2 之间的二面夹角接近 90°，因此，H-1 与 H-2 几乎没有偶合，但 H-1 与 H-14 有偶合。H-3 与 H-2 形成一个 AB 系统，H-3 一般出现在 δ2.3～4.0ppm 左右，偶合常数大约为 5～7Hz，这一组 AB 系统是含有 C4 ═C20 环外双键 6/8/6 环系紫杉烷类化合物的一个特征（当 C-2 没有含氧取代基时例外，这时 H-3 仅为一宽的双重峰，偶合常数较小）。在下半球的另一个特征信号是环外双键的烯氢 H-20a 和 H-20b，在烯氢范围内呈现两个单峰或宽的单峰。它们的化学位移值受 C-2 和 C-5 取代基的影响，并和 H-3、H-5 有远程烯丙偶合。当 C-5 是肉桂酰基取代时，肉桂酰基的 α 氢和 β 氢的化学位移受 C-13 取代基的影响较大（图 4-2），通过肉桂酰基中芳氢的化学位移和峰形可以区别 C-13 位是羰基还是羟基（或乙酰氧基）取代。当 C-13 位是羰基取代时，肉桂酰基芳氢的化学位移值相差较大，肉桂酰基的 β 氢位于 2′、6′芳氢和 3′、4′、5′芳氢之间（图 4-3）；但当 C-13 位是羟基（乙酰氧基）取代时，肉桂酰基的 β 氢位于 2′、6′芳氢和 3′、4′、5′芳氢之外，肉桂酰基的 2′、6′芳氢和 3′、4′、5′芳氢呈现裂分很小的两组近似单峰（图 4-4）。以上两类紫杉烷中，肉桂酰基的烯氢偶合常数是一致的，均为 16Hz 左右。此外，当 C-11,12 之间的双键被氧化成环氧烷或转移到 C-12,13 位（如 Taxuspine D，图 4-5）[10] 或 C-3（11）环化时，肉桂酰基的 β 氢（H-3′）与在 13-Deacetyltaxinine E 中基本一致。当肉桂酰基为顺式时，其 2′和 3′的偶合常数变小在 10Hz 左右，3′的化学位移明显高场位移，见图 4-6。

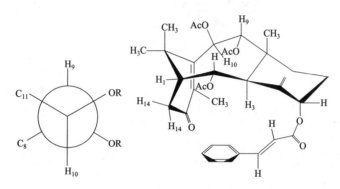

图 4-2 紫杉宁的纽曼构象及立体构型

1 紫杉宁(Taxinine)

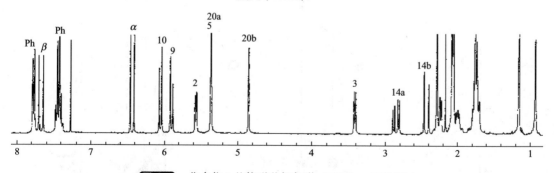

图 4-3 化合物 **1** 的核磁共振氢谱 （CDCl₃，300MHz）

当 C-1 位有一个羟基取代 C-13 有羰基时，H-14a 和 H-14b 成为一组 dd 二重峰，并且有很特征的偶合常数（通常偶合常数达 18Hz），如图 4-7 所示。通过图 4-8 和图 4-9 可以看出 2 位有无取代基（图 4-8）和 13 位 同取代基（图 4-9）对 H-14、H-13 的影响。

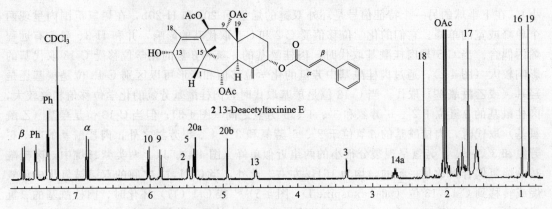

2 13-Deacetyltaxinine E

图 4-4 化合物 **2** 的核磁共振氢谱（CDCl₃，500MHz）

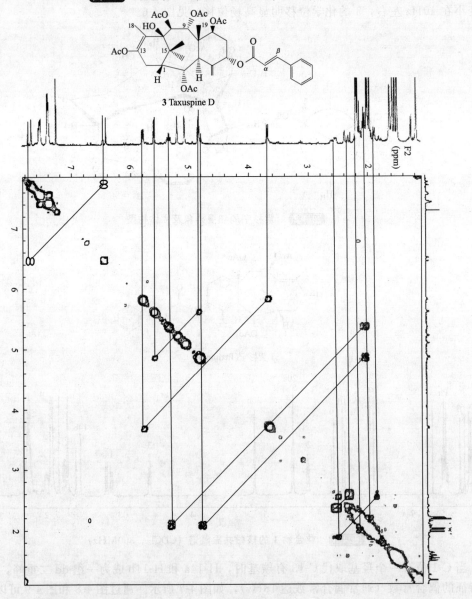

3 Taxuspine D

图 4-5 化合物 Taxuspine D（**3**）及其核磁共振氢谱（CDCl₃，300MHz）[10]

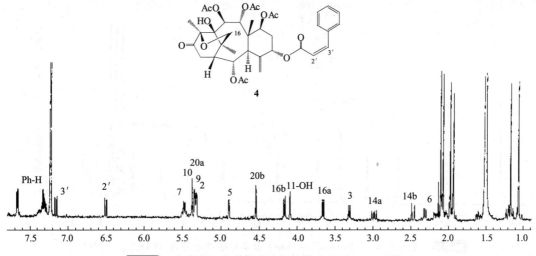

图 4-6 化合物 **4** 及其核磁共振氢谱（CDCl$_3$，500MHz）

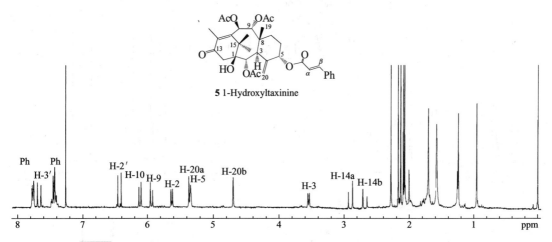

图 4-7 化合物 **5**（1-hydroxyltaxinine）及其核磁共振氢谱（CDCl$_3$，300MHz）

（2）具有 C-4（20）双键 C-3（11）环化的紫杉烷类化合物

C-3,11 环化的紫杉烷类化合物被发现得较早，早在 1967 年中西香尔就报道了从日本产的东北红豆杉中分离出了 Taxinine K[11]，到目前为止，从各种红豆杉中分离出 24 个这类化合物。在这类紫杉烷类化合物中由于 C-3 和 C-11 环化，H-3α 的特征信号消失，但同时出现另外一组特征信号，即 H-12 和 18 位甲基分别作为四重峰和二重峰出现在 δ3.6ppm 和 1.3ppm 左右，它们之间的偶合常数大约是 7.2Hz[12,13]。这类化合物的另一特征信号是 H-5，由于 C-5 一般都是肉桂酰基取代，H-5 作为一个三重峰出现在较低场（大约在 δ5.6ppm 左右）且有一个较大的偶合常数（大约达到 9Hz 左右）[14,15]。在这类化合物中，由于 C-11，12 之间的双键已不复存在，当 C-9 与 C-10 有相同取代基时，H-9 和 H-10 的化学位移值很接近，有时甚至 9-OH、10-OAc 与 10-OH、9-OAc 两种取代在 ^{1}H NMR 图谱上都不易区别[16]，但偶合常数还是较大，约在 9～10Hz 左右（图 4-10，图 4-11）[17]。目前发现的这类化合物中，C-13 均为羰基，因此，H-14a 和 H-14b 的信号也是这类化合物的特征信号。当 1-位为羟基取代时可以看到 H-2 和 H-14b 之间的远程偶合，H-2 为宽的单峰，H-14b 为宽的二重峰（图 4-12）。

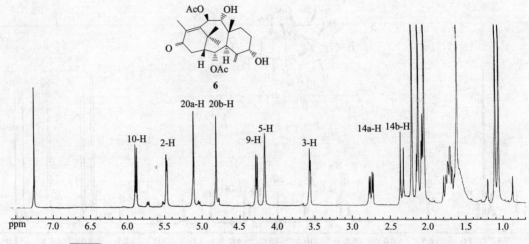

图 4-8　化合物 **6**（1-hydroxyltaxinine）及其核磁共振氢谱（CDCl$_3$，300MHz）

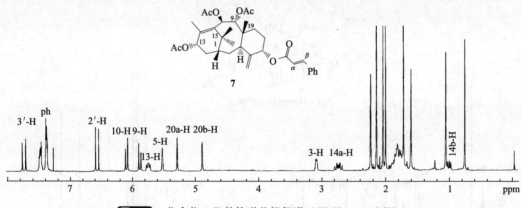

图 4-9　化合物 **7** 及其核磁共振氢谱（CDCl$_3$，300MHz）

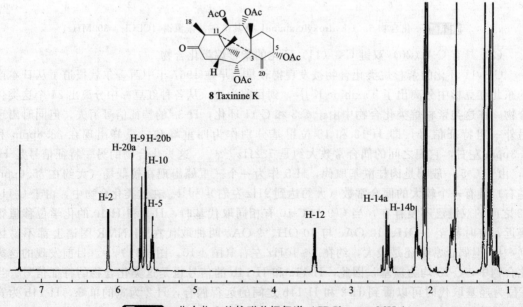

图 4-10　化合物 **8** 的核磁共振氢谱（CDCl$_3$，300MHz）

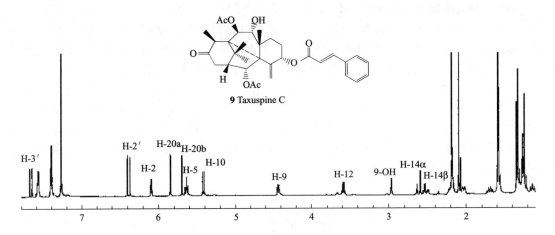

图 4-11　化合物 **9** 的核磁共振氢谱（CDCl₃，500MHz）

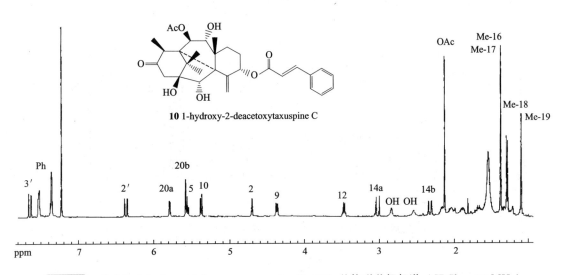

图 4-12　化合物 1-hydroxy-2-deacetoxytaxuspine C（**10**）的核磁共振氢谱（CDCl₃，500MHz）

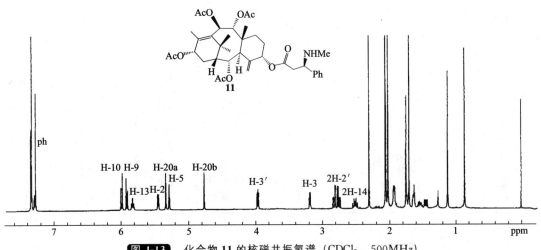

图 4-13　化合物 **11** 的核磁共振氢谱（CDCl₃，500MHz）

（3）5-位含有碱基的 6/8/6-环紫杉烷

5-位含有碱基的 6/8/6-环紫杉烷类化合物的特点是侧链上 2-位和 3-位上的氢，它们的化学位移和偶合常数取决于 2-位是否有取代基。氮上的甲基同母核上的甲基或乙酰基上的甲基相比位于更低场。与肉桂酰基相比，碱性侧链苯环上的氢明显向高场位移，这是由于 2-位和 3-位饱和后羰基对苯环的影响大大降低。在化合物 11~14（图 4-13～图 4-16）中，氮上的质子在氢谱中通常观察不到，这一点和紫杉醇 13-位侧链不同，但可以从 ^{13}C NMR 和质谱中得到一些信息，当氮上的一个甲基被氢取代后，剩下的一个甲基明显向高场位移（约8ppm）。当侧链上 2-位有羟基取代时，2-位和 3-位上的氢的化学位移和偶合常数均发生明显的变化，如化合物 15（图 4-17）。

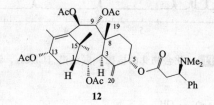

12

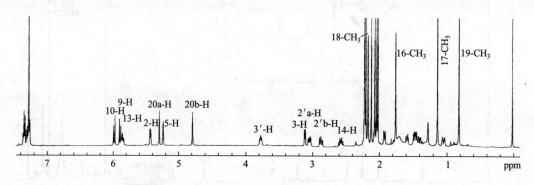

图 4-14　化合物 12 的核磁共振氢谱（CDCl$_3$，500MHz）

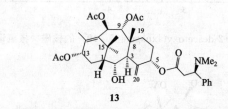

13

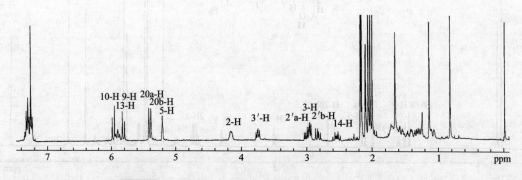

图 4-15　化合物 13 的核磁共振氢谱（CDCl$_3$，500MHz）

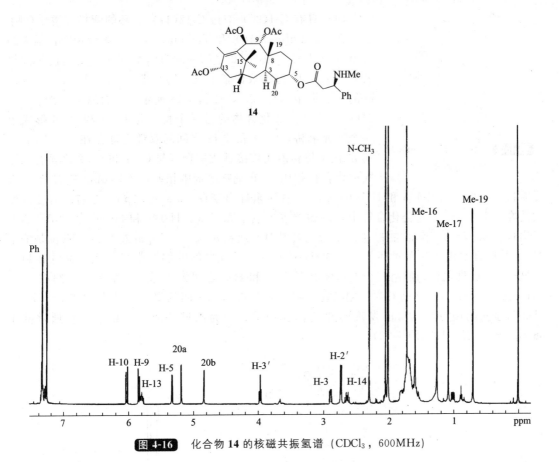

图 4-16　化合物 **14** 的核磁共振氢谱（CDCl₃，600MHz）

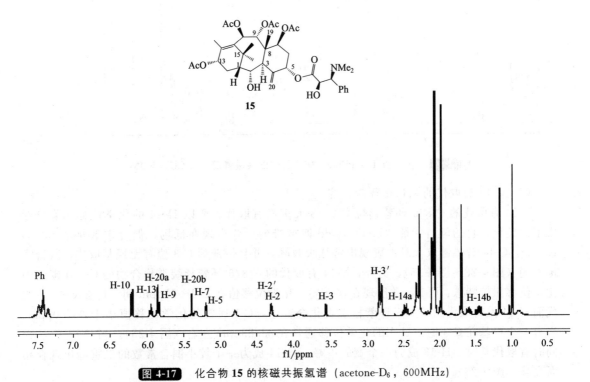

图 4-17　化合物 **15** 的核磁共振氢谱（acetone-D₆，600MHz）

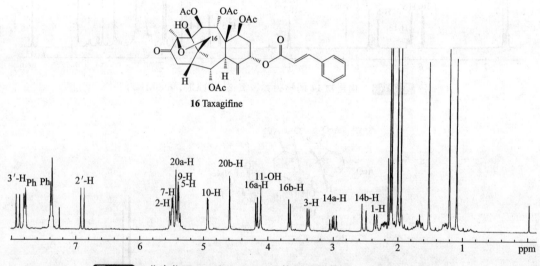

图 4-18　化合物 Taxinine M 的纽曼构象

（4）具有 C-4(20) 双键 C-12(17) 氧环的紫杉烷类化合物

在 Taxagifine（**16**）和 Taxinine M 这类化合物中，最大的波谱特征是 H-9 和 H-10 之间的偶合常数变小。这是由于围绕着 C-9 和 C-10 键的取代基采取了斜背式，致使 H-9 和 H-10 之间的二面夹角约是 120°，如图 4-18 所示，偶合常数大约在 2～3Hz[18~20]。这类化合物的另一个特点是 C-12 和 C-16 形成了一个五元氧桥，C-11 和 C-12 之间的双键不复存在，H-9 和 H-10 的化学位移值比较接近或重合（与 C-11 和 C-12 之间有双键同类化合物相比）。在吡啶溶剂中相差在 δ0.4ppm 左右[19]。五元氧桥上的偕氢（H-16a 和 H-16b）作为 AB 四重峰出现在 δ3.6～4.4ppm 左右，偶合常数大约在 8Hz[18~21]。这类化合物中，C-19 常常有含氧取代基，H-19a 和 H-19b 作为 AB 四重峰出现在 δ3.7～4.2ppm 左右（C-19 位是羟基时）或在 δ4.3～4.6ppm 左右（C-19 位是酰基时），其偶合常数比五元氧环上的偕氢 H-17a 和 H-17b 之间的偶合常数要大，大约在 11～12Hz[22]。这类化合物的第三个波谱特征是 H-2 和 H-3 之间的偶合常数变大，大约在 10～11Hz（C-11 和 C-12 之间有双键同类化合物，H-2 和 H-3 之间的偶合常数大约在 6～7Hz），H-2 明显向低场位移（目前发现的此类化合物 C-2 均为乙酰基取代，化学位移通常低于 δ6.0ppm）（图 4-19～图 4-22）。

16 Taxagifine

图 4-19　化合物 Taxagifine（**16**）的核磁共振氢谱（CDCl₃，300MHz）

（5）C-14 有取代的 6/8/6-环紫杉烷

C-14 有取代的 6/8/6-环紫杉烷类 C-13 大多没有取代，所以 H-14 的化学位移和裂分形成了这类化合物的氢谱特征。H-14 以 dd 四重峰的形式出现在低场，偶合常数是 $J=9.2$，4.8Hz。C-14 有侧链取代时也表现出特征吸收峰，并且侧链的 C-3 位有无羟基取代，其特征也不同（图 4-23～图 4-25）。另外，C-14 有取代的 6/8/6-环紫杉烷类化合物的 C-1 在碳谱中化学位移比较特殊：C-1 通常出现在较低场，化学位移值在 δ59～65ppm 间。但在 C-13 有取代而 C-14 没有取代的 6/8/6-环紫杉烷类化合物中，C-1 通常的化学位移值小于 δ<50ppm。当有一个羟基在 C-3′ 时，H-3′ 的化学位移通常在 δ3.83ppm 左右（图 4-25）。当 C-13 和 C-14 同时有取代基时，H-13 成为一个宽的单峰，H-14 成为一个较小偶合常数的二重峰出现在相对高场（图 4-26）。

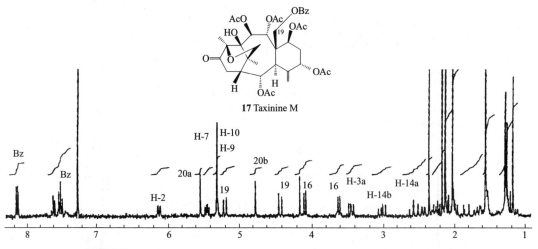

图 4-20　化合物 Taxinine M（**17**）的核磁共振氢谱（CDCl₃，300MHz）

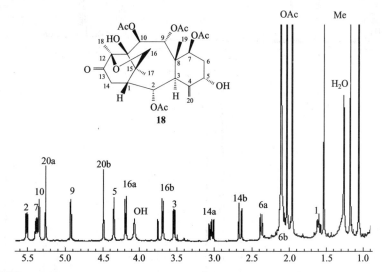

图 4-21　化合物 5α-decinnamoyltaxagifine（**18**）的核磁共振氢谱（CDCl₃，500MHz）

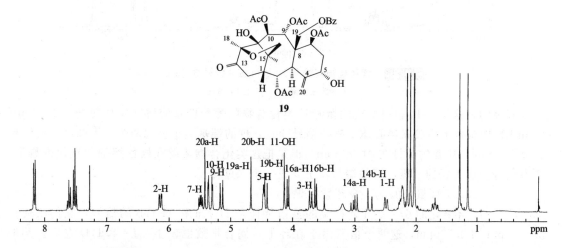

图 4-22　化合物 taxinine M（**19**）的核磁共振氢谱（CDCl₃，300MHz）

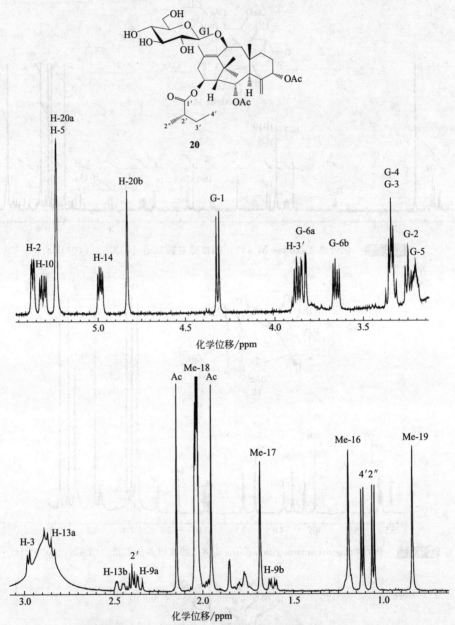

图 4-23 紫杉烷葡萄糖苷 **20** 的核磁共振氢谱（actone-d_6）

上图为去屏蔽区，下图为屏蔽区

有趣的是这类 C-14 位有取代的紫杉烷类化合物的葡萄糖苷溶解在氘代氯仿（2～3mg/0.3mL）中很快形成胶状半固体，核磁信号变宽，糖的端基质子呈现两个二重峰，主要信号在 $\delta4.35ppm$，次要的信号在 $\delta4.42ppm$。但是把这类化合物溶解在极性溶剂如氘代丙酮中，所有信号变成尖锐的单峰，糖的端基质子变成一个二重峰。

（6）C-13,17 环氧化的 6/8/6-环紫杉烷

C-13,17 环氧化的 6/8/6-环紫杉烷的氢谱特征是 H-17a 和 H-17b 的信号，它们出现在 $\delta3.08ppm$ 和 3.50ppm，这两个偕氢由于在环上，偶合常数也较小，$J=8.1Hz$ 左右。其他信号都出现在正常范围，如图 4-27 所示。

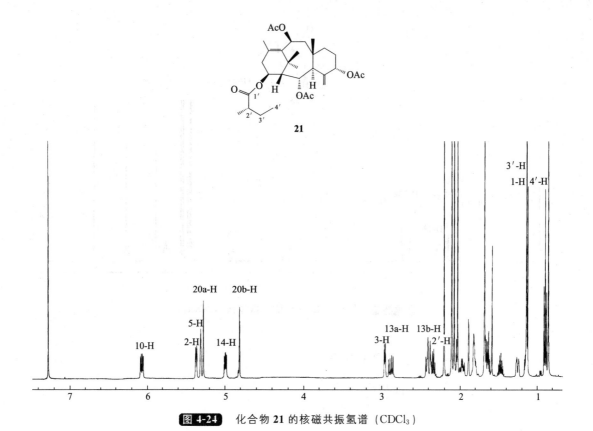

图 4-24　化合物 **21** 的核磁共振氢谱（CDCl$_3$）

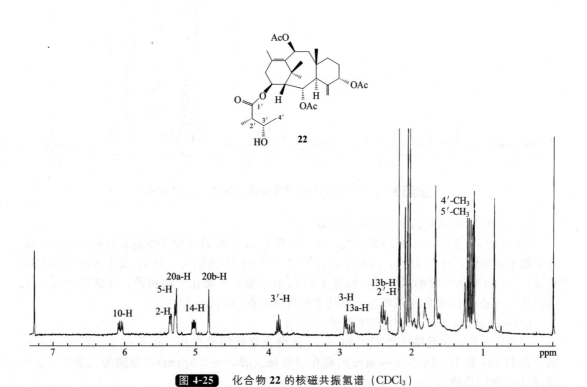

图 4-25　化合物 **22** 的核磁共振氢谱（CDCl$_3$）

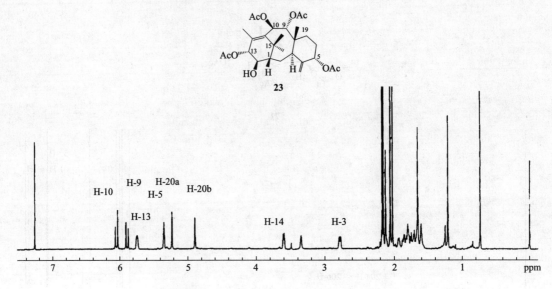

图 4-26　化合物 **23** 的核磁共振氢谱（CDCl$_3$）

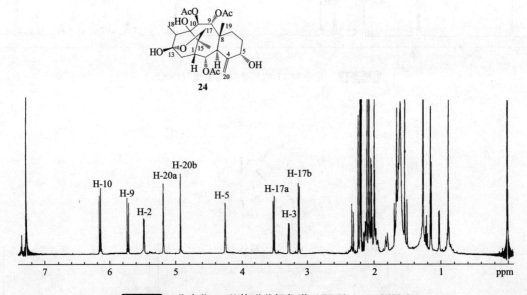

图 4-27　化合物 **24** 的核磁共振氢谱（CDCl$_3$，300MHz）

（7）C-9,13 环氧化的 6/8/6-环紫杉烷

C-9,13 环氧化的 6/8/6-环紫杉烷的氢谱特征是 H-2 和 H-3 由于新的氧环的形成导致偶合常数明显变大，通常 $J=11.8$Hz 左右。由于 C11—C12 的消失，H-12 成为容易辨认的四重峰，Me-18 成为特征的二重峰，如图 4-28 所示。和上一类化合物相同，在碳谱中有一个特征信号就是 C-13 位的半缩醛基，其化学位移出现在 100ppm 左右。

（8）C-12(13) 含有双键的紫杉烷类化合物

这类化合物的氢谱特征是 H-9 和 H-10 的偶合常数明显变小，通常在 $J=4.4\sim5.0$Hz 间，但 H-14a 和 H-14b 作为一组峰出现在较低场（$\delta2.3\sim2.6$ppm），分别为二重峰（$J=18.6$Hz）和四重峰（$J=18.6$，8.0Hz），见图 4-29～图 4-33。

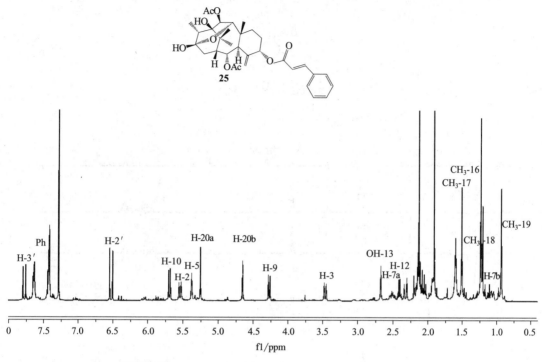

图 4-28　化合物 **25** 的核磁共振氢谱（CDCl₃，500MHz）

（9）C-4（5）含有双键的紫杉烷类化合物

这类化合物的氢谱特征是 H-5 作为一个宽的单峰出现，并且在 HMQC 中能看到碳-氢相关峰，见图 4-34（C4-5 双键）和图 4-35。

（10）C-16 含羟基的 6/8/6-环紫杉烷类化合物

当 C-16 位含有羟基时，这类紫杉烷类化合物的特征是 C-16 亚甲基上的两个氢裂分成 dd 二重峰，化学位移出现在 δ4.3ppm 左右，偶合常数 J＝12.0Hz，其他信号不变。如图 4-36 所示。

（11）具有 C-4（20）环氧烷或 C-11（12）环氧烷的紫杉烷类化合物

在化合物 33 中 C-4（20）氧环上的氧是 β 构象，和 H-5 是顺式取向，H-5 处于 C-4（20）氧环的中间，由于受 C-4（20）三元氧环的各相异性效应的影响，与 C-4（20）之间有双键的同类化合物相比，H-5 通常出现在高场，大约向高场位移 δ1.0ppm 左右。当 C-5 是羟基时，H-5 作为三重峰（偶合常数大约在 2.7～3.2Hz）出现在 δ3.0ppm 左右；当 C-5 是酰基时，H-5 作为三重峰（偶合常数大约在 2.7～3.2Hz）出现在 δ4.0～4.3ppm 左右。如果忽略 C-4（20）三元氧环的各相异性效应的影响，仅仅和 C-4（20）有双键的同类化合物的化学位移值相比较来判断 C-5 位的取代情况常常会得出不正确的结论[23~25]。这类化合物的另一个波谱特征是 H-20a 和 H-20b 作为一个非常特征的 AX 系统分别出现在 δ2.3ppm 和 δ3.6ppm 左右，但它们的化学位移值之差一定大于 δ1.0ppm（人工合成的 α-三元氧环中 H-20a 和 H-20b 化学位移值之差一般要小于 δ0.5ppm[26~28]），从 X 射线衍射得出的立体结构上看[29]，可能是由于 H-20a 接近 C-2 的乙酰基之故。H-20a 与 H-20b 之间的偶合常数大约在 5.2Hz。在此类化合物中，H-2 和 H-3 之间的偶合常数通常也变小，大约在 3.0～4.5Hz[30,31]，同样，当 C-11 和 C-12 之间的双键环氧化后，H-10 受 C-11,12 三元氧环的各相异性效应的影响也向高场位移，当 C-9 和 C-10 有相同的取代时，H-10 较 H-9 位于高场[28,32]。如图 4-37 至图 4-41 所示。

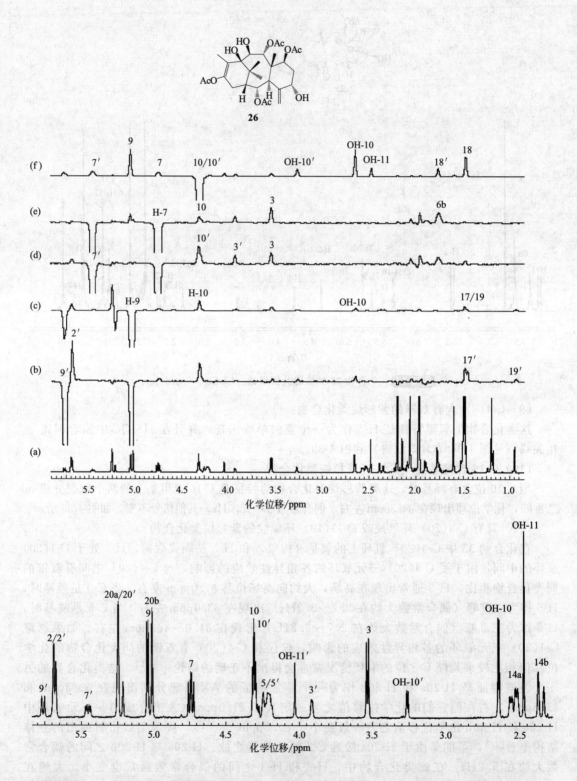

图 4-29　化合物 **26** 的核磁共振氢谱（acetone-D$_6$，500MHz）及 ROESY 图谱（a）常规^{1}H NMR；（b）H-9′ 在 δ5.76ppm 处裂分；（c）H-9 在 δ5.05ppm 处裂分；（d）H-7′ 在 δ5.46ppm 处裂分；（e）H-7 在 δ4.74ppm 处裂分；（f）H-10/H-10′ 在 δ4.31ppm 处裂分

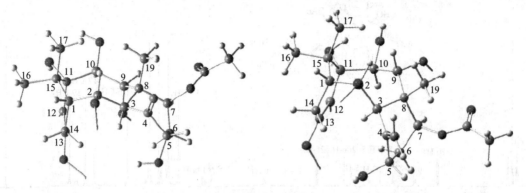

图 4-30 化合物 **26** 最适笼式构象（左）及船式-椅式构象（右）（省去部分酰基及 18-甲基）

27

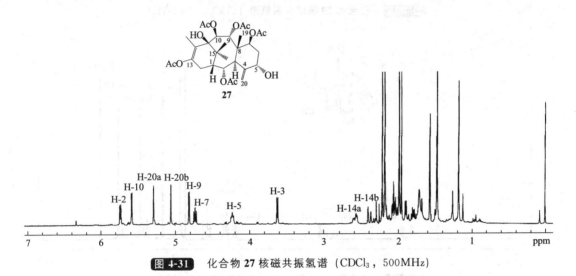

图 4-31 化合物 **27** 核磁共振氢谱（$CDCl_3$，500MHz）

28

图 4-32 化合物 **28** 核磁共振氢谱（$CDCl_3$，500MHz）

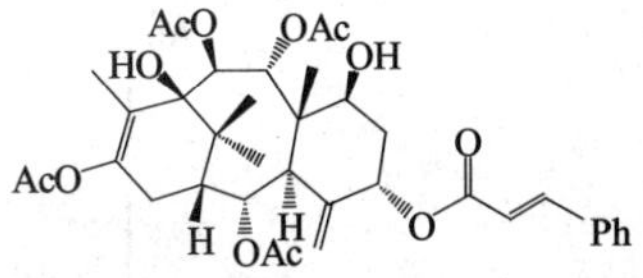

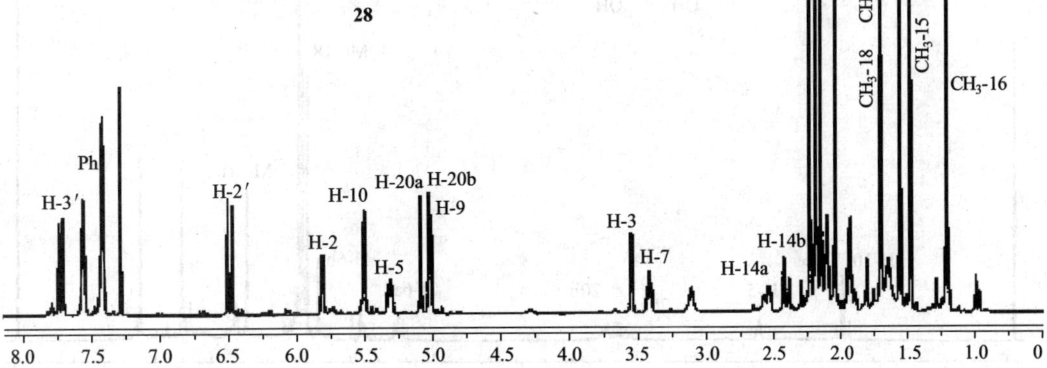

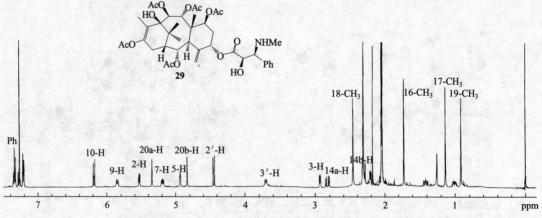

图 4-33   化合物 **29** 核磁共振氢谱（CDCl$_3$，600MHz）

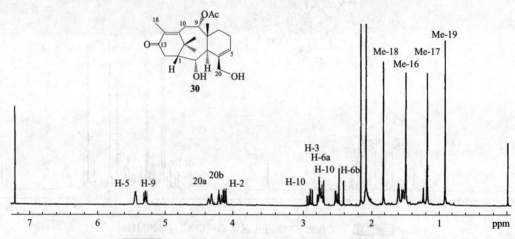

图 4-34   化合物 **30** 核磁共振氢谱（CDCl$_3$，500MHz）

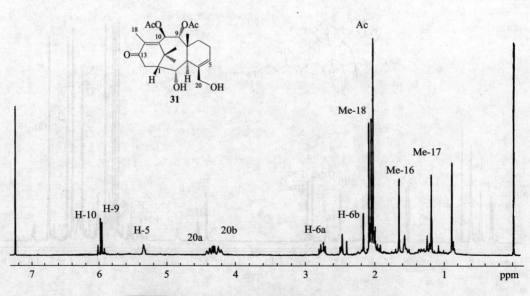

图 4-35   化合物 **31** 核磁共振氢谱（CDCl$_3$，500MHz）

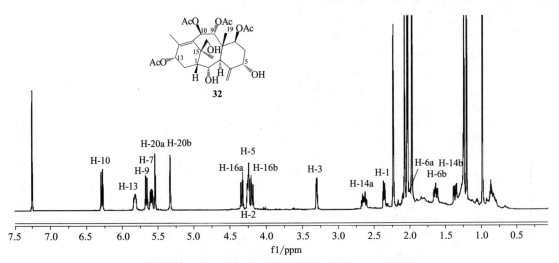

图 4-36 化合物 **32** 核磁共振氢谱（CDCl₃，300MHz）

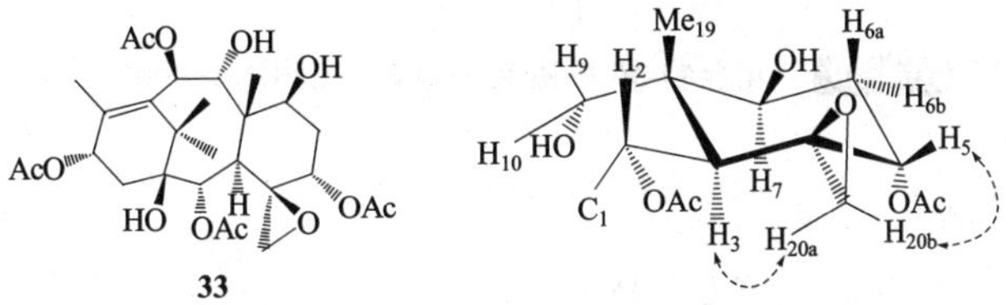

图 4-37 化合物 **33** 结构式及其构象

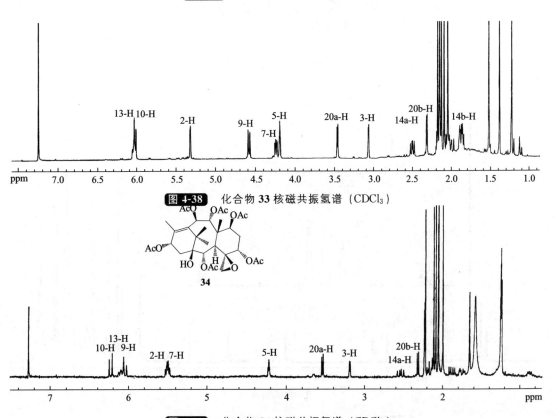

图 4-38 化合物 **33** 核磁共振氢谱（CDCl₃）

图 4-39 化合物 **34** 核磁共振氢谱（CDCl₃）

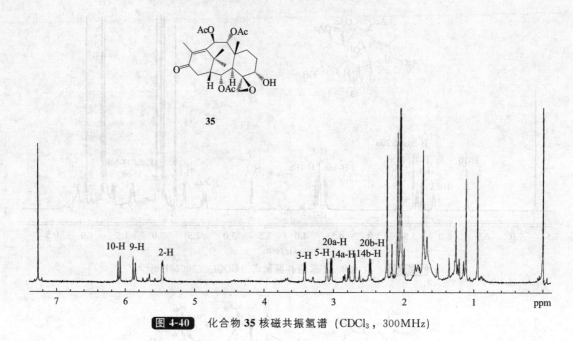

图 4-40 化合物 **35** 核磁共振氢谱（CDCl₃，300MHz）

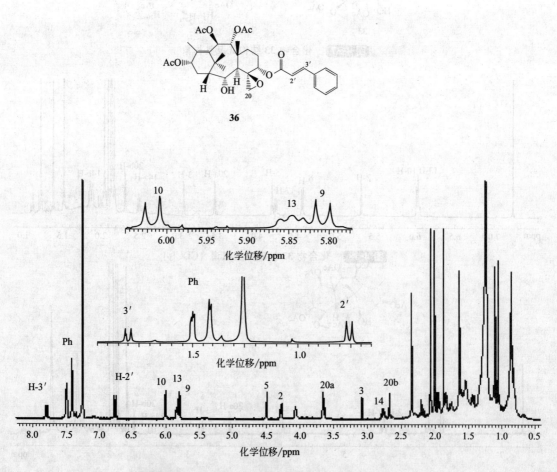

图 4-41 化合物 **36** 核磁共振氢谱（CDCl₃，500MHz）

（12）具有 C-11(12) 环氧烷的紫杉烷类化合物

这类化合物的氢谱特征是由于 C-11,12 氧环的存在，C-9 和 C-10 有相同取代基时 H-9 较 H-10 更为低场，这是由于 C-11,12 氧环的各向异性效应的结果。这和 C-11,12 有双键的紫杉烷恰好相反。如图 4-42、图 4-43 所示。

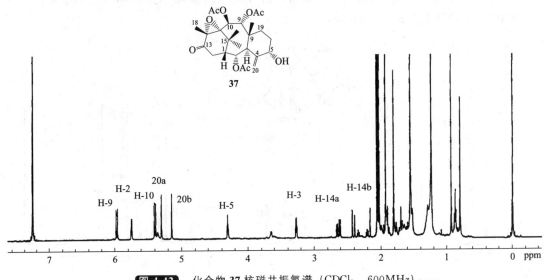

图 4-42　化合物 **37** 核磁共振氢谱（CDCl$_3$，600MHz）

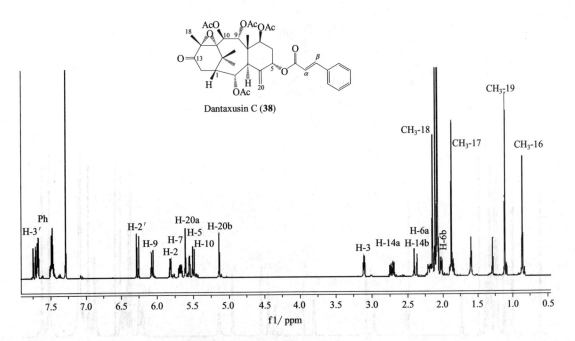

图 4-43　化合物 **38** 核磁共振氢谱（CDCl$_3$）

（13）具有 C-5(20) 四元氧环的紫杉烷类化合物

这类紫杉烷类化合物共同特征是存在一个 C-5(20) 四元氧环，4-位大多都是乙酰氧取代基，因此其主要特征是 H-20a 与 H-20b 构成一个 AB 四重峰系统，它们的化学位移值和偶合常数都比较固定，化学位移值一般在 δ4.1～4.6ppm 之间，偶合常数一般在 7～9Hz 左右（图 4-44，图 4-45）。唯一的例外是当 7 位异构化成 7-α（如 7-*epi*-taxol、7-*epi*-10-deacetyltaxol、7-*epi*-cephalomannine 等）含氧取代基时，H-20a 与 H-20b 的化学位移值相等或十分接近，形成一个宽的相当于两个氢的单峰（图 4-46）。当 C-7 和 C-13 为羟基或酰基取代时，H-7 和 H-13 均为三重峰，H-13 受 C-11,12 双键的影响位于更低场（图 4-47）。此外，如果结构中有 C-13 位侧链（如 Taxol）则 Me-18 向高场明显位移（巴卡亭Ⅲ中 δ 为 2.00ppm，紫杉醇中 δ 为 1.80ppm）。

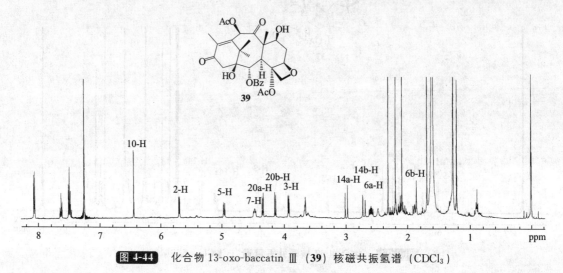

图 4-44　化合物 13-oxo-baccatin Ⅲ（**39**）核磁共振氢谱（CDCl$_3$）

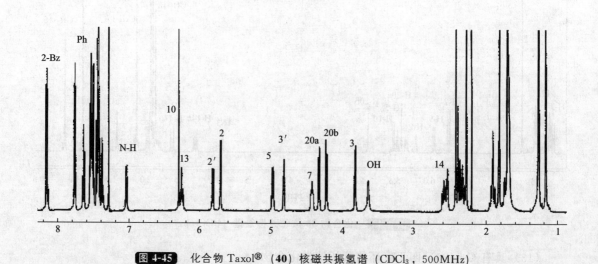

图 4-45　化合物 Taxol®（**40**）核磁共振氢谱（CDCl$_3$，500MHz）

（14）重排衍生物紫杉烷类化合物

重排的紫杉烷类和紫杉烷类化合物当取代基相同时，它们的氢谱几乎是一致的（尽管在碳谱中这两类化合物的 C-1 与 C-15 是有区别的），因此，如果没有二维谱的帮助时常常会得到错误的结果[33,34]。但当两类化合物中有苯甲酰基取代时（不论其所在的位置），在紫杉烷类化合物（巴卡亭Ⅲ衍生物，**39~41**）中，苯甲酰基中靠近酰基的两个氢（2′，6′芳氢）的化学位移永远在大于 δ8.0ppm 的低场（图 4-44~图 4-46）；但在重排的紫杉烷类化合物［11 (15→1) 重排的巴卡亭Ⅲ即 11 (15→1) *abeo*taxane］中，苯甲酰基中靠近酰基的两个氢（2′，6′芳氢）的化学位移值一般都小于或等于 δ8.0ppm（图 4-48~图 4-55）。需要指出的是，当 11 (15→1) 重排的紫杉烷的 C-5 (20) 不是四元氧环而是 C-4 (20) 环外双键时，这类化合物的 B/C 环在室温下可采取船式/椅式或椅式/船式两种构象，或是两种构象的平衡体［当 C-5 (20) 是四元氧环偶尔也有，但较少］。当 B/C 环采取船式/椅式时，H-9 和 H-10 之间的偶合常数大约是 10Hz；当 B/C 环采取椅式/船式时，H-9 和 H-10 之间的偶合常数大约是 3.7Hz；当 B/C 环采取两种构象并进行快速交换时，其氢谱中的每个氢仅呈现为很宽的单峰或峰包，看不清裂分（图 4-49 上图）。当温度降到很低时（0℃），可以看到一种优势构象，其氢谱中可以观察到一种构象的氢谱及其裂分（图 4-49 下图）[35~38]。

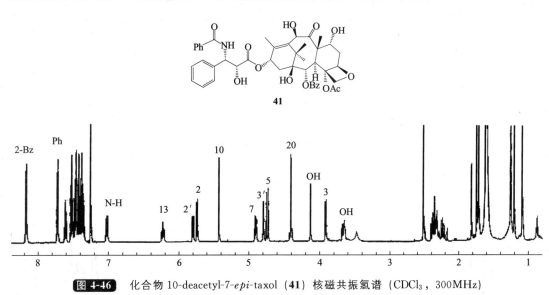

图 4-46　化合物 10-deacetyl-7-*epi*-taxol（**41**）核磁共振氢谱（CDCl₃，300MHz）

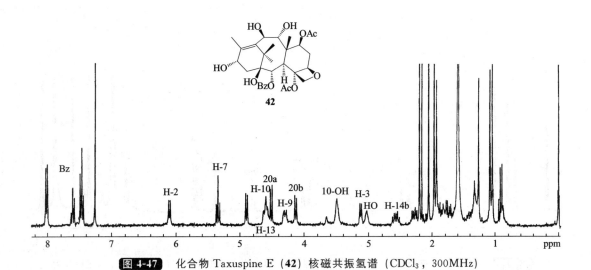

图 4-47　化合物 Taxuspine E（**42**）核磁共振氢谱（CDCl₃，300MHz）

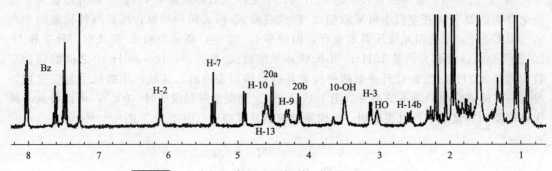

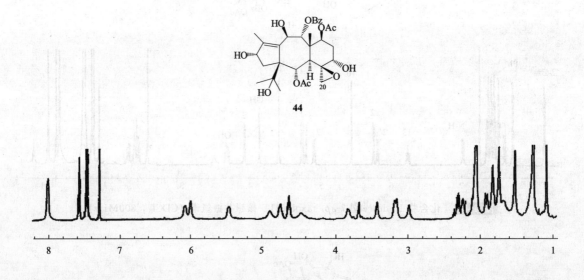

图 4-48　化合物 43 核磁共振氢谱（CDCl₃，rt，300MHz）

图 4-49　化合物 44 在不同温度下的核磁共振氢谱（CDCl₃，500MHz）（上图 25℃，下图 0℃）

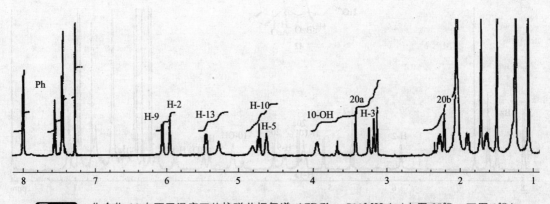

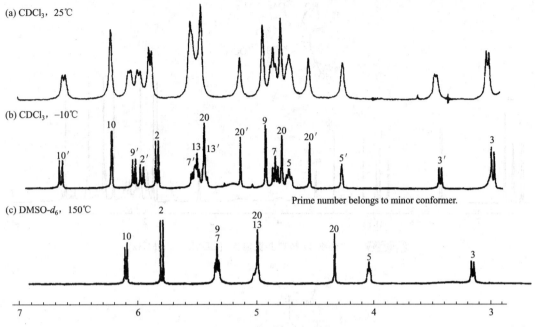

(b) CDCl₃，−10℃

Prime number belongs to minor conformer.

(c) DMSO-d₆，150℃

图 4-50　化合物 Taxchinin D（**45**）在不同温度下的核磁共振氢谱（CDCl₃，DMSO-D₆，400MHz）[37]

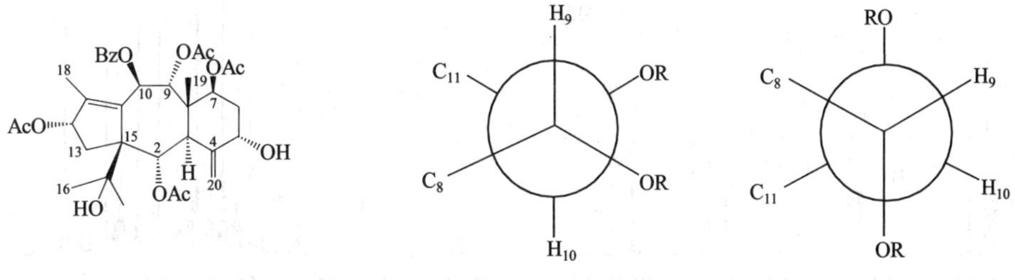

Taxchinin D(**45**)

A

B

图 4-51　化合物 **45** 的结构式及其在两种主要构象中的纽曼投影（以 C9—C10 为轴）

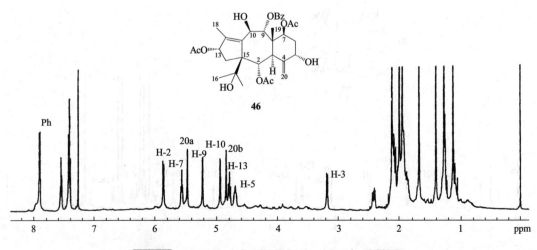

46

图 4-52　化合物 **46** 核磁共振氢谱（CDCl₃，600MHz）

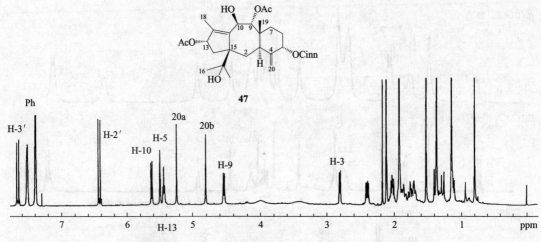

图 4-53　化合物 **47** 核磁共振氢谱（CDCl₃，600MHz）

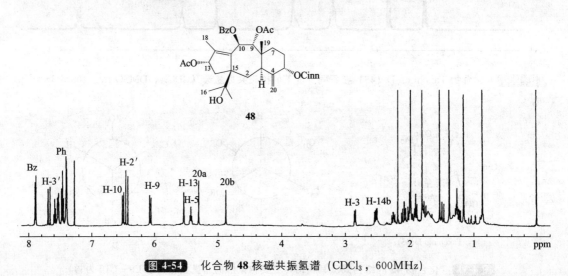

图 4-54　化合物 **48** 核磁共振氢谱（CDCl₃，600MHz）

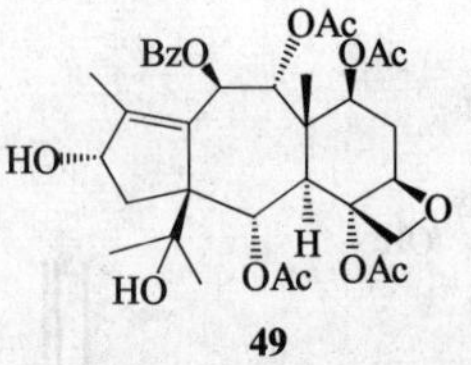

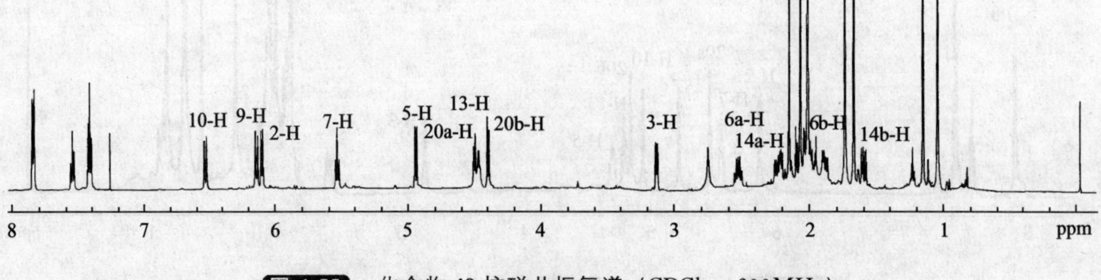

图 4-55　化合物 **49** 核磁共振氢谱（CDCl₃，600MHz）

（15）二环紫杉烷类

二环紫杉烷类化合物被发现的比较晚，一直到 1995 年才首次被我国学者和加拿大学者同时分别从中国红豆杉和加拿大红豆杉中分离出来[39,40]，到目前为止报道的有 30 个左右[41~43]。在这类化合物中，当 C-9 为乙酰氧基时，在低场除 H-5 和 H-10 呈宽的单峰（H-10 和 Me-18 以及 Me-19 均有远程偶合）外，H-7 和 H-13 均呈宽的双峰，H-2 和 H-3 以及 H-20a 和 H-20b 呈现两组 AB 四重峰。到目前为止，C-10 都是乙酰氧基，H-10 因夹在两个双键之间出现在最低场，大约在 δ6.8ppm 左右（图 4-56）。当 C-13 为羰基时，H-10 大约在 δ7.05ppm 左右[44~46]。当 C-5 有肉桂酰基或 Winterstein 酰基时，H-10 移向低场，大约在 7.26ppm 左右，常被氘代氯仿中残余的氢质子的信号所掩盖（图 4-57）[47,48]。当 C-9 为羰基时，C-8 与 C-9 之间的双键移至 C-7 与 C-8 之间，H-10 失去了原来与 C-19 甲基的远程偶合，由原来宽的单峰变为尖峰的单峰出现在 δ6.7ppm 左右（图 4-58 和图 4-59）[49~51]。

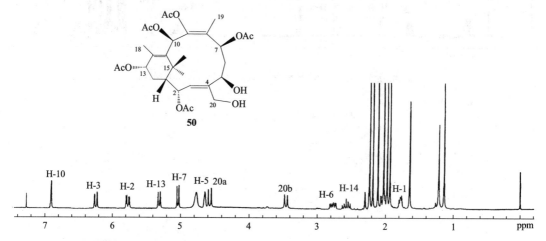

图 4-56 化合物 5-*epi*-canadensene（**50**）核磁共振氢谱（CDCl₃，500MHz）

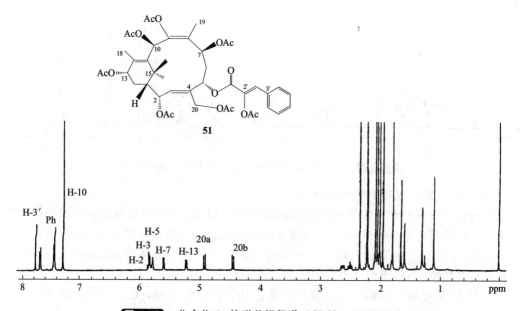

图 4-57 化合物 **51** 核磁共振氢谱（CDCl₃，600MHz）

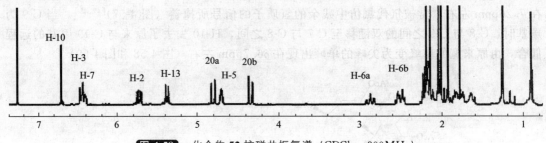

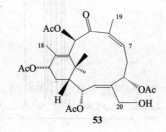

图 4-58 化合物 **52** 核磁共振氢谱 （CDCl₃，300MHz）

图 **4-58** 化合物 **52** 核磁共振氢谱 （CDCl₃，300MHz）

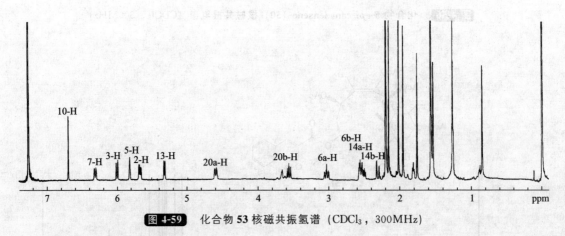

图 **4-59** 化合物 **53** 核磁共振氢谱 （CDCl₃，300MHz）

（16） 2(3→20) 重排的紫杉烷类

2(3→20) 重排的紫杉烷类化合物被发现的较早，1982 年就首次从欧洲红豆杉中被分离得到[52]，但到目前为止报道的约有 30 多个。这类化合物的波谱特征是 H-10 作为一个尖的单峰出现在 δ5.4ppm 左右的低场（当 10-OH 乙酰化后移向更低场约 δ6.3ppm），H-2 和 H-20 构成一组宽的 AB 四重峰（因为 H-2 同时还和 H-1 有弱偶合，H-20 同时还和 H-5 有远程偶合）。H-13 呈宽的二重峰，H-7 呈四重峰，H-5 呈宽的单峰，C-3 的两个质子在 δ1.6～2.8ppm 呈 AB 四重峰，偶合常数总是在 15Hz 左右，但有时与 H-14 的化学位移相重合[53~57]。C-10 为羟基时因与 C-9 羰基形成氢键甚至在氘代氯仿中都可以看到 C-10 位羟基的信号（图 4-60～图 4-66）。

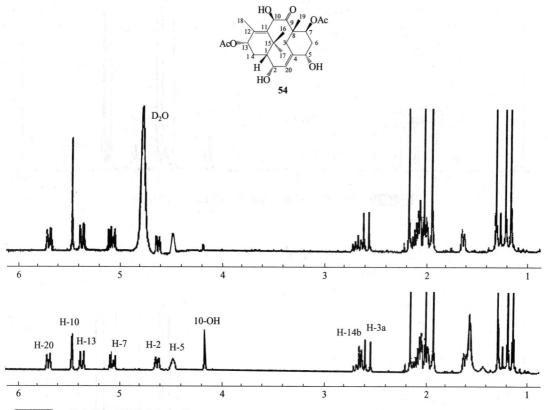

图 4-60　化合物 **54** 核磁共振氢谱（300MHz）（下图以 CDCl$_3$ 为溶剂；上图在 CDCl$_3$ 中加入 1 滴重水）

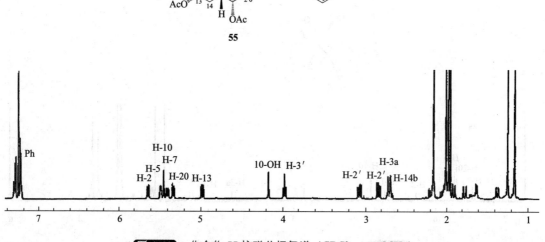

图 4-61　化合物 **55** 核磁共振氢谱（CDCl$_3$，300MHz）

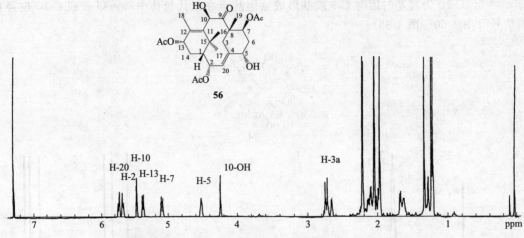

图 4-62　化合物 **56** 核磁共振氢谱（CDCl₃，300MHz）

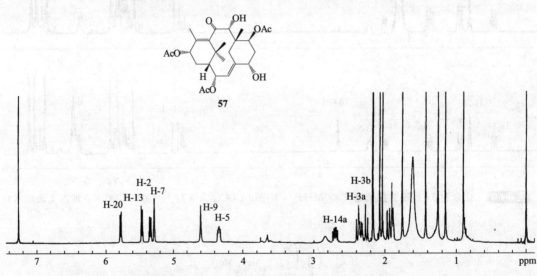

图 4-63　化合物 **57** 核磁共振氢谱（CDCl₃，300MHz）

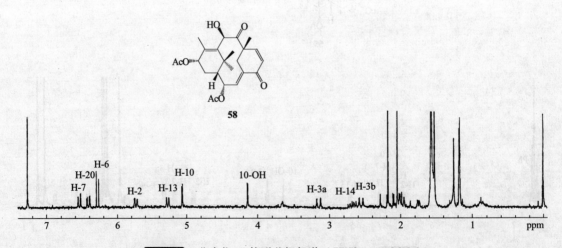

图 4-64　化合物 **58** 核磁共振氢谱（CDCl₃，600MHz）

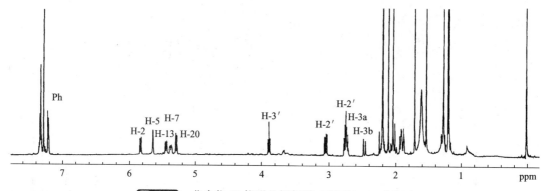

图 4-65　化合物 **59** 核磁共振氢谱（CDCl$_3$，600MHz）

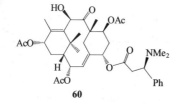

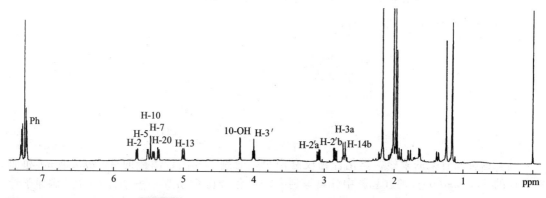

图 4-66　化合物 **60** 核磁共振氢谱（CDCl$_3$，300MHz）

（17）11(15→1)，11(10→9) 双重排的紫杉烷类化合物

11(15→1)，11(10→9) 双重排的紫杉烷类化合物发现的较晚，1994 年才首次从喜马拉雅红豆杉中分离出来[58]，到目前为止也只有 10 多个。在这类化合物中 C-2 多是苯甲酰基，因此，H-2 出现在最低场，约在 δ5.8ppm 左右，在目前被发现的此类化合物中 C-7 均是羟基取代，约在 δ4.2～4.8ppm 之间，三重峰。H-20a 与 H-20b 呈 AB 四重峰，当 C-5（20）是四元氧环时，H-20a 与 H-20b 在 δ4.0～4.5ppm 之间，偶合常数较小，约有 8Hz；当 C-5（20）的四元氧环开环时，H-20a 与 H-20b 在 δ3.6～3.9ppm（C-20 为羟基）或 δ4.2～4.6ppm（C-20 为乙酰化的羟基时）之间，偶合常数也相应地变大，大约有 11～13Hz。这类化

合物的另一特点是观察不到在其他类型的紫杉烷类化合物中比较特征的 H-9 和 H-10 的信号[59,60]。我们的核磁共振研究表明，化合物 61 在氘代氯仿中放置一定时间可以自动转化成化合物 62。图 4-67 中已经能够看到化合物 61 中夹杂少量的化合物 62，随着放置时间的延长，化合物 61 在减少、化合物 62 在增加[59]。

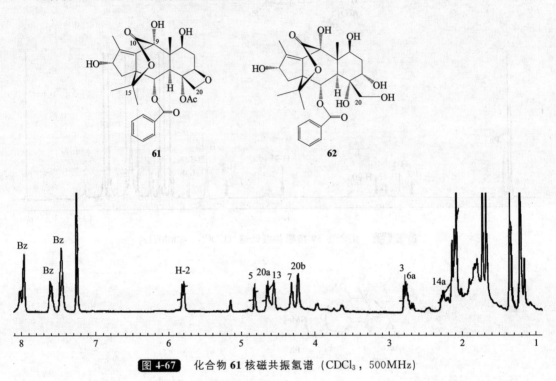

图 4-67　化合物 **61** 核磁共振氢谱（CDCl₃，500MHz）

（18）其他类型的紫杉烷化合物

具有这类新骨架的紫杉烷类化合物仅有两个，分别从我国台湾产的 *T. sumatrana* 和加拿大产的 *T. canadensis* 的红豆杉中分离得到[2,61]。化合物 **63** 是唯一一个含有 21 个碳原子骨架的紫杉烷类化合物，与前述的 Taxinine M 相比仅在 δ3.8ppm 左右多一个相当于两个氢的二重峰（偶合常数大约在 8Hz）[2]。化合物 **64** 中由于双键由 C-4（20）转移到 C-3（4）并且 C-20 与 C-14 相连，H-20a 与 H-20b 分别在 δ2.1ppm 和 δ2.9ppm 左右裂分成两个四重峰[61]。

具有化合物 **65** 这类骨架的紫杉烷类化合物首先发现于加拿大红豆杉中[62,63]，后来发现在我国南方红豆杉中也有存在（图 4-68）。如图 4-69 所示为化合物 **66** 及其在不同溶剂中的核磁共振氢谱。

3. 紫杉烷类化合物中取代基的氢谱特征

紫杉烷类化合物中常见的取代基有乙酰基、苯甲酰基、肉桂酰基、Winterstein 酰基、*N*-苯甲酰基-3′-苯基-异丝氨酰基、Phenyisoserinate、木糖、葡萄糖等。乙酰基在紫杉烷类化合物中最常见，一般在 δ2.0ppm 左右呈现一个相当于三个氢的单峰。苯甲酰基和肉桂酰

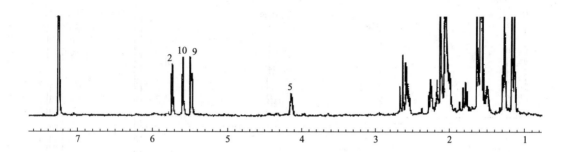

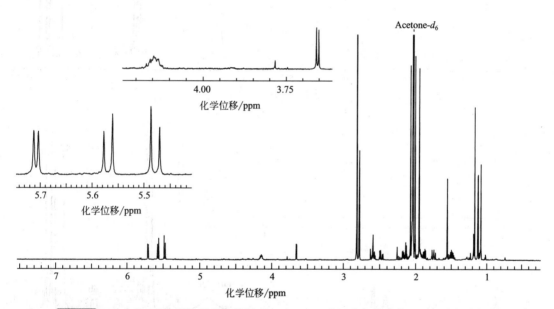

图 4-68　化合物 **65** 及其核磁共振氢谱（500MHz）（上图为氘代氯仿，下图为氘代丙酮）

基上的芳氢由于受酰基的影响分别裂分成两组和三组。肉桂酰基上 α-氢与 β-氢由于受酰基吸电子基的影响化学位移值相差较大（大于 1ppm），肉桂酰基为反式时，α-氢与 β-氢的偶合常数为 16Hz（图 4-3～图 4-5）、顺式时为 12Hz（图 4-6），很容易区别。在 Winterstein 酰基中，由于苯环上的氢不再受酰基的影响，与苯甲酰基和肉桂酰基中的芳氢相比位于较高场且不再裂分成两组或三组。$2'$ 上的两个偕氢与 $3'$ 上的氢构成一组 ABM 系统，比较容易辨别。N 上的两个甲基的化学位移绝大多数情况下是相等的，位于 $\delta2.2$ppm 左右（图 4-70）[64,65]，只有在母核是 Taxinine M 时 N 上的两个甲基的化学位移是不相等的并向低场位移，位于 $\delta2.8$～3.0ppm 左右[66,67]。但当 N 进一步质子化成盐后，N 上的两个甲基的化学位移也不相等并向低场位移，位于 $\delta2.5$～3.8ppm 左右[68]。在 Phenyisoserinate 取代基中，$2'$ 位上有一个羟基时，$2'$-H 与 $3'$-H 构成一组 AB 四重峰，比较容易辨别，但有时仅呈现两个很宽的峰包[69]。当 N 上的一个甲基被氢取代时，在氢谱中剩下的一个 N-甲基的化学位移没有明

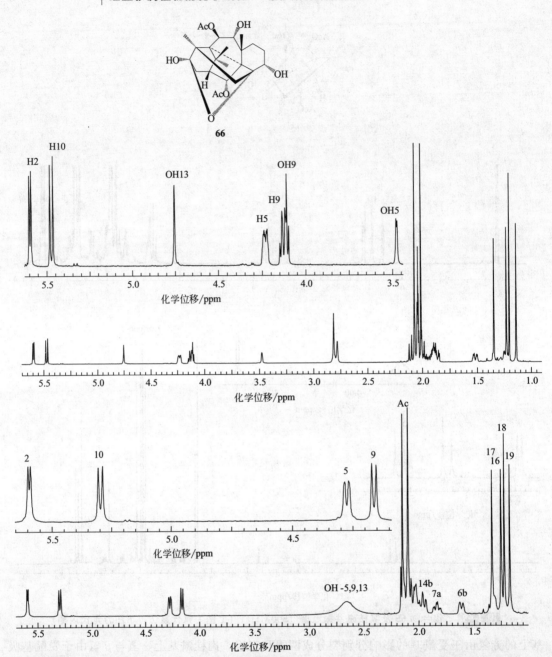

图 4-69　化合物 **66** 及其在不同溶剂中的核磁共振氢谱（500MHz）（上为氘代丙酮，下为氘代氯仿）

显变化，但在碳谱中，剩下的一个 *N*-甲基的化学位移有明显变化，向高场位移约 7～8ppm[70,71]。当一个 *N*-甲基被氧化成醛基时导致侧链在溶液中存在两种构象，此时可以明显看到醛基上的氢质子信号（图 4-71）。苯甲酰基-3′-苯基-异丝氨酰基（仅位于 C-13）和木糖（仅位于 C-7 位）到目前仅见于紫杉醇（图 4-72）及其衍生物中。含有葡萄糖的紫杉烷类化合物主要是近年才有报道，其母核目前都是 6/8/6 骨架的紫杉烷，葡萄糖可连在 C-5 或 C-7、C-10、C-13 和 C-14 位。紫杉烷的葡萄糖苷在氘代氯仿中呈凝胶状，峰形较宽不易辨认，但在氘代丙酮中峰形很尖锐，且能看到羟基的信号，配合氢-氢相关谱，很容易确定（图 4-73）[72～74]。

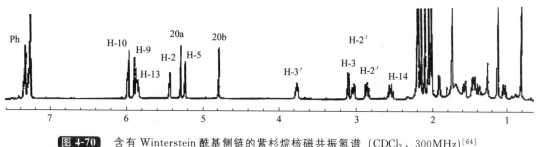

图 4-70　含有 Winterstein 酰基侧链的紫杉烷核磁共振氢谱（CDCl₃，300MHz）[64]

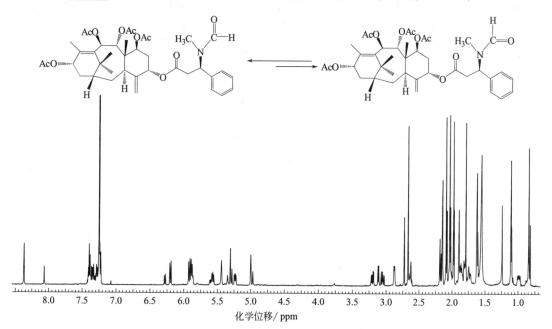

图 4-71　含氮甲酰基侧链紫杉烷核磁共振氢谱（CDCl₃，500MHz）

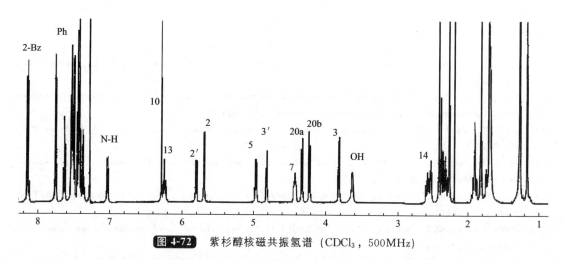

图 4-72　紫杉醇核磁共振氢谱（CDCl₃，500MHz）

　　总之，紫杉烷类化合物的光谱特征比较强，并已积累了丰富的参考数据，对于绝大多数的紫杉烷类化合物来说，通过和已知的化合物相比较，仅借助氢谱基本上就可以完成结构的确定。但对于新骨架的确定还需要各种二维谱的帮助才能完成。关于紫杉烷类化合物的碳谱特征可参考有关综述[75~78]。

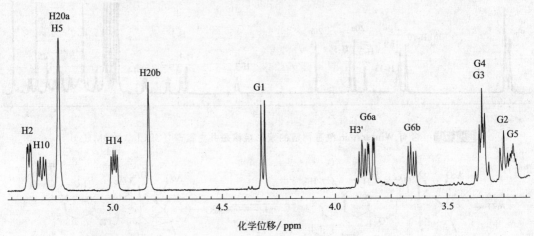

图 4-73 紫杉烷糖苷的去屏蔽区核磁共振氢谱（$CDCl_3$，500MHz）[72]

参 考 文 献

[1] Morita H, Machida I, Hirasawa Y, Kobayashi J. Taxezopidines M and N, taxoids from the Japanese yew, *Taxus cuspidata*. J Nat Prod, 2005, 68: 935-937.

[2] Shen Y C, Lin Y S, Cheng Y B, Cheng K C, Khalil A T, Kuo Y H, Chien C T, Lin Y C. Novel taxane diterpenes from *Taxus sumatrana* with the first C-21 taxane ester. Tetrahedron, 2005, 61: 1345-1352.

[3] Shi Q W, Cao C M, Gu J S, Kiyota H. Four new epoxy taxanes from needles of *Taxus cuspidata*. Nat Prod Res, 2006, 20: 172-179.

[4] 周金云，方起程. 天然紫杉烷类二萜化合物的核磁共振氢谱规律. 植物学报，1997，39：467-476.

[5] Huang K S, Liang J Y, Gunatilaka A A L. Studies on ^{1}H-NMR of naturally occurring taxane diterpenoids and revising suggestions on some structures. J Chin Pharm Uni, 1998, 29: 259-266.

[6] 陈未名. 红豆杉属（*Taxus*）植物的化学成分和生理活性. 药学学报，1990，25：227-240.

[7] Miller R J. A brief survey of *Taxus* alkaloids and other taxane derivatives. J Nat Prod, 1980, 43: 425-437.

[8] Zhang J Z. The chemistry and distribution of taxane diterpenoids and alkaloids from genus *Taxus*. Acta Pharm Sinca, 1995, 30: 862-880.

[9] Woods M C, Nakanishi K. The NMR specra of taxane and its derivatives. Tetrahedron, 1966, 22: 243-258.

[10] Kobayashi J, Hosoyama H, Shigemori H, Koiso Y, Iwasaki S. Taxuspine D, a new taxane diterpene from *Taxus cuspidata* with potent inhibitory activity against Ca^{2+}-induced depolymerization of microtubules. Experientia, 1995, 51: 592-595.

[11] Chiang H C, Woods M C, Nakadaira Y, Nakanishi K. The structures of four new Taxinine congeners, and a photochemical transannular reaction. Chem Commun (chemical communications), 1967: 1201-1202.

[12] Shi Q W, Saurol F, Mamer O, Zamir L O. New taxanes from the needles of *Taxus canadensis*. J Nat Prod, 2003, 66: 470-476.

[13] Shi Q W, Saurol F, Mamer O, Zamir L O. New minor taxanes analogues from the needles of *Taxus canadensis*. Bioorg Med Chem, 2003, 11: 293-303.

[14] Shi Q W, Lederman Z, Saurol F, McCollum R C, Zamir L O. A yew in Israel, new taxane derivatives. J Nat Prod, 2004, 67: 168-173.

[15] Petzke T L, Shi Q W, Saurol F, Mamer O, Zamir L O. Taxanes from the rooted cuttings of *Taxus canadensis*. J Nat Prod, 2004, 67: 1864-1869.

[16] Zamir L O, Zhang J Z, Kutterer K, Sauriol F. 5-Epi-Canadensene and other Novel Metabolites of *Taxus canadensis*. Tetrahedron, 1998, 54: 15845-15860.

[17] Shi Q W, Oritani T, Horiguchi T, Sugiyama T, Murakami R, Yamada T. Four novel taxane diterpenoids from the needles of Japanese yew, *Taxus cuspidata*. Biosci Biotechnol Biochem, 1999, 63: 924-929.

[18] Chauviere G, Guenard D, Pascard C, Picot F, Potier P, Prange T. Taxagifine: new taxane derivative from *Taxus*

baccata L. (Taxaceae). J Chem Soc, Chem Commu (Journal of the chemical society, chemical communications), 1982: 495-496.

[19] Shigemori H, Sakurai C A, Hosoyama H, Kobayashi A, Kajiyama S, Kobayashi J, Taxezopidine J, K and L, new taxoids from *Taxus cuspidata* inhibiting Ca^{2+}-induced depolymerization of microtubules. Tetrahedron, 1999, 55: 2553-2558.

[20] Barboni L, Gariboldi P, Torregiani E, Appendino G, Varese M, Gabetta B, Bombardelli E. Minor taxoids from *Taxus wallichiana*. J Nat Prod, 1995, 58: 934-939.

[21] Fukushima M, Takeda J, Fukamiya N, Okano M, Tagahara K, Zhang S X, Zhang D C, Lee K H. A new taxoid, 19-acetoxytaxagifine, from *Taxus chinensis*. J Nat Prod, 1999, 62: 140-142.

[22] Wang X X, Shigemori H, Kobayashi J. Taxuspines Q, R, S, and T, new taxoids from Japanese yew *Taxus cuspidata*. Tetrahedron, 1996, 52: 12159-12164.

[23] Zhang Z P, Jia Z J, Taxanes from *Taxus yunnanensis*. Phytochemistry, 1990, 29: 3673-3675.

[24] Barboni L, Gariboldi P, Torregiani E, Appendino G, Gabetta B, Zini G, Bombardelli E. Taxane from the needles of *Taxus wallichiana*. Phytochemistry, 1993, 33: 145-150.

[25] Zamir L O, Nedea M E, Belair S, Sauriol F, Mamer O, Jacqmain E, Jean F I, Garneau F X, Taxane isolated from *Taxus canadensis*. Tetrahedron Lett, 1992, 36: 5173-5176.

[26] Hosoyama H, Shigemori H, In Y, Ishida T, Kobayashi J. Stereoselective epoxidation of 4 (20)-exomethylene in taxinine derivatives and assignment of the epoxide orientation by NMR. Tetrahedron, 1998, 54: 2521-2528.

[27] Shen Y C, Ko C L, Cheng Y B, Chiang M Y, Khalil A T. New Regio- and Stereoselective O-Deacetylated and Epoxy Products of Taxanes Isolated from *Taxus mairei*. J Nat Prod, 2004, 67: 2136-2140.

[28] Yue Q, Fang Q C, Liang X T. A taxane-11,12-oxide from *Taxus yunnanensis*. Phytochemistry, 1996, 43: 639-642.

[29] Viterbo D, Milanesio M, Appendino G, Chattopadhyay S K, Saha G C. 1-hydroxybaccatin I, $C_{32}H_{44}O_{14}$, and 2-deacetoxydecinnamoyltaxinine J, $C_{28}H_{40}O_9$. Acta Cryst, 1997, C-53: 1687-1690.

[30] Chu A, Davin L B, Zajicek J, Lewis N G, Croteau R. Intramolecular acyl migrations in taxanes from *Taxus brevifolia*. Phytochemistry, 1993, 34: 473-476.

[31] Barboni L, Lambertucci C, Gariboldi P, Appendino G. A taxane epoxide from *Taxus wallichiana*. Phytochemistry, 1997, 46: 179-180.

[32] Murakami R, Shi Q W, Oritani T. A taxoid from the needles of the Japanese yew, *Taxus cuspidata*. Phytochemistry, 1999, 52: 1577-1580.

[33] Appendino G, Barboni L, Gariboldi P, Bombardelli E, Gabetta B, Viterbo D. Revised structures of brevfoliol and some baccatin Ⅵ derivatives. J Chem Soc, Chem Commun, 1993: 1587-1589.

[34] Barboni L, Gariboldi P, Torregiani E, Appendino G, Cravotto G, Bombardelli E, Gabetta B, Viterbo D. Chemistry and occurence of taxane derivatives. Part 16. Rearranget taxoids from *Taxus*×*medis* Rehd. Cv *Hicksii*. X-ray molecular structure of 9-O-benzoyl-9,10-dide-O-acetyl-11 (15→1) abeo-baccatin Ⅵ. J Chem Soc, Perkin Trans Ⅰ, 1993: 1563-1566.

[35] Li B, Tanaka K, Fuji K, Sun H, Taga T. Three new diterpenoids from *Taxus chinensis*. Chem Pharm Bull, 1993, 41: 1672-1673.

[36] Guo Y W, Diallo B, Jaziri M, Vanhaelen-Fastre R, Vanhaelen M. Immunological detection and isolation of a new taxoids from the stem bark of *Taxus baccata*. J Nat Prod, 1996, 59: 169-172.

[37] Fuji K, Tanaka K, Li B, Shingu T, Yokoi T, Sun H D, Taga T. Structures of nine newditerpenoids from *Taxus chinensis*. Tetrahedron, 1995, 51: 10175-10188.

[38] Shi Q W, Oritani T, Sugiyama T. Three new rearranged taxane diterpenoids from the bark of *Taxus chinensis* var. *mairei* and the needles of *Taxus cuspidata*. Heterocycles, 1999, 51: 841-850.

[39] Zamir L O, Zhou Z H, Caron G, Nedea M E, Sauriol F, Mamer O. Isolation of a putative biogenetic taxane precursor from *Taxus canadensis* needles. J Chem Soc, Chem Commun, 1995: 529-530.

[40] Fang W S, Fang Q C, Liang X T, Lu Y, Zheng Q T, Taxachintrienes A and B, two newbicyclic taxane diterpenoids from *Taxus chinensis*. Tetrahedron, 1995, 51: 8483-8491.

[41] Baloglu E, Kingston D G I, The taxane diterpenoids. J Nat Prod, 1999, 62: 1448-1472.

[42] Parmar V S, Jha A, Bisht K S, Taneja P, Singh S K, Kumar A, Poonam Jain R, Olsen C E. Constituents of yew trees. Phytochemistry, 1999, 50: 1267-1304.

[43] Shi Q W, Kiyota K. New natural taxane diterpenoids from *Taxus species* since 1999. Chem Biodiv, 2005, 2: 1597-1623.

[44] Shi Q W, Oritani T, Sugiyama T. Two bicyclic taxane diterpenoids from the needles of *Taxus mairei*. Phytochemistry, 1999, 50: 633-636.

[45] Shi Q W, Nikolakakis A, Sauriol F, Mamer O, Zamir L. New canadensene analogs. Can J Chem, 2003, 90: 406-411.

[46] Shi Q W, Oritani T, Sugiyama T, Yamada T. Two novel bicyclic 3,8-secotaxoids from the neddles of *Taxus mairei*. Nat Prod Lett, 1999, 13: 171-178.

[47] Shi Q W, Oritani T, Horigucg T, Sugiyama T, Yamada T. Isolation and structural determination of a novel bicyclic taxane diterpene from the needles of the Chinese yew, *Taxus mairei*. Biosci Biotechnol Biochem (Bioscience biotechnology and biochemistry), 1999, 63: 756-759.

[48] Shi Q W, Oritani T, Sugiyama T, Murakami R, Horiguchi T. Three new bicyclic taxane diterpenoids from the needles of Japanese yew, *Taxus cuspidata* Sieb. et Zucc. J Asia Nat Prod Res, 1999, 2: 63-70.

[49] Shi Q W, Oritani T, Sugiyama T. Bicyclic taxane with a verticillene skeleton from the needles of Chinese yew. *Taxus mairei*. Nat Prod Lett, 1999, 13: 81-88.

[50] Shi Q W, Oritani T, Sugiyama T. Three novel bicyclic taxane diterpenoids with verticillene skeleton from the needles of Chinese yew, *Taxus chinensis* var. *mairei*. Planta Medica, 1999, 65: 356-359.

[51] Shi Q W, Oritani T, Sugiyama T, Kiyota K. Three novel bicyclic 3,8-secotaxane diterpenoids from the needles of the Chinese yew, *Taxus chinensis* var. *mairei*. J Nat Prod, 1998, 61: 1437-1440.

[52] Graf E, Kirfel A, Wolff G J, Breitmaier E. A alkaloid taxin A from *Taxus baccata*. Liebigs Ann Chem (Liebigs Annalen der Chemie), 1982: 376-381.

[53] Shi Q W, Oritani T, Zhao D, Murakami R, Oritani T, Three new taxoids from the seeds of Japanese yew, *Taxus cuspidata*. Planta Med, 2000, 66: 294-299.

[54] Shi Q W, Oritani T, Sugiyama T, Horiguchi T, Murakami R, Zhao D, Oritani T. Three new taxane diterpenoids from the seeds of *Taxus yunnanensis* Cheng et L. K. Fu and *T. cuspidata* Sieb et Zucc. Tetrahedron, 1999, 55: 8365-8376.

[55] Shi Q W, Oritani T, Horiguchi T, Sugiyama T. A newly rearranged 2 (3→20) abeotaxane yew, *Taxus mairei*. Biosci Biotechnol Biochem, 1998, 62: 2263-2266.

[56] Shi Q W, Oritani T, Kiyota H, Zhao D. Taxane diterpenoids from *Taxus yunnanensis* and *Taxus cuspidata*. Phytochemistry, 2000, 54: 829-834.

[57] Shi Q W, Sauriol F, Mamer O, Zamir L. New minor taxanes analogues from the needles of *Taxus canadensis*. Bioorg Med Chem, 2003, 11: 293-303.

[58] Vander Velde D G, Georg G I, Gollapudi S R, Jampani H B, Liang X Z, Mitscher L A, Ye Q M. Wallifoliol, a taxol congener with a novel carbon skeleton, from Himalayan yew *Taxus wallichiana*. J Nat Prod, 1994, 57: 862-867.

[59] 李力更, 涂光忠, 金怡珠, 曹聪梅, 张嫚丽, 史清文. 东北红豆杉针叶中两个双重排紫杉烷内酯化合物的结构鉴定. 中草药, 2006, 37: 1454-1458.

[60] Kiyota H, Shi Q W, Oritani T, Li L G. New 11 (15→1) abeotaxane, 11 (15→1), 1 (10→9) bisabeotaxane and 3,11-cyclotaxanes from *Taxus yunnanensis*. Biosci Biotechnol Biochem, 2001, 65: 35-40.

[61] Shi Q W, Sauriol F, Mamer O, Zamir L. A novel minor metabolite (taxane?) from the *Taxus canadensis* needles. Tetrahedron Lett, 2002, 43: 6869-6873.

[62] Shi Q W, Sauriol F, Mamer O, Zamir L. First example of a taxane-derived dipropellane from the needles of *Taxus canadensis*. J Chem Soc Chem Commun, 2003: 68-69.

[63] Shi Q W, Sauriol F, Mamer O, Zamir L. First three example of taxane-derived di-propellane from the needles of *Taxus canadensis*. J Chem Soc Chem Commun, 2004: 544-545.

[64] Shi Q W, Oritani T, Meng Q Z, Gu J S, Liu R L. Four novel pseudoalkaloid taxanes from the seeds of the Chinese yew, *Taxus chinensis* var. *mairei*. Tohoku J Agr Res, 1999, 50: 33-46.

[65] Shi Q W, Oritani T, Zhao D, Murakami R, Oritani T. Three new taxoids from the seeds of Japanese yew, *Taxus cuspidata*. Planta Med, 2000, 66: 294-299.

[66] Morita H Machida I, Hirasawa Y, Kobayashi J. Taxezopidines M and N, taxoids from the Japanese yew, *Taxus*

cuspidata. J Nat Prod，2005，68：935-937.

[67] Kumar Prasain J K，Stefanowicz P，Kiyota T，Habeichi F，Konishi Y. Taxines from the needles of *Taxus wallichiana*. Phytochemistry，2001，58：1167-1170.

[68] 李力更，涂光忠，金怡珠，张嫚丽，顾玉诚，史清文. 加拿大红豆杉扦插苗中的化学成分研究. 天然产物研究与开发，2007，19：211-215.

[69] Shi Q W，Sauriol F，Mamer O，Zamir L. Taxanes in rooted cuttings versus mature Japanese yew. J Can Chem，2003，90：64-74.

[70] Shi Q W. Ji X H，Lesimple A，Sauriol F，Zamir L. Taxanes with C-5-amino-side chains from the needles of *Taxus canadensis*. Phytochemistry，2004，65：3097-3016.

[71] Shi Q W，Oritani T Sugiyama T，Yamada T. Two novel pseudoalkaloid taxanes from the Chinese yew，*Taxus chinensis* var. *mairei*. Phytochemistry，1999，52：1571-1575.

[72] Shi Q W，Sauriol F，Mamer O，Zamir L. New minor taxane derivatives from the needles of *Taxus canadensis*. J Nat Prod，2003，66：1480-1486.

[73] Wang C L，Zhang M L，Cao C M，Shi Q W. First example of 11，12-epoxytane-glycoside from the needles of *Taxus cuspidata*. Hetero. Commun，2005，11：211-214.

[74] Li S H，Zhang H J，Niu X M，Yao P，Sun H D，Fong H H S. Novel taxoids from the Chinese yew *Taxus yunnanensis*. Tetrahedron，2003，59：37-45.

[75] Rojas A C. ^{13}C-NMR spectra of taxane type diterpenes：oxiranes and axetenes. Org Magn Res，1983，21：259-266.

[76] Appendino G. The structural elucidation of taxoids. in "The Chemistry and Pharmacology of Taxol and Its Derivatives". Eds. By Farina V Elsevier. Amsterdam，1995，22：55-101.

[77] Bao G H. Liang J Y，Lin Y X. The ^{13}C-NMR studies on the compounds of nature taxane diterpenes. Strait Pharm J，1998，10：3-8.

[78] 周金云，陈未名，方起程. 天然紫杉烷类二萜化合物的核磁共振碳谱规律的探讨. 植物学报，2000，42：1-9.

|附录1|
常见紫杉烷类化合物的核磁共振波谱图

编号	化合物结构	化合物名称
核磁共振氢谱(¹H NMR)		
1		Taxuspine G
2		Taxinine A
3		Taxinine H
4		Taxezopidine F
5		9-Deacetyltaxinine
6		2,9-Dideacetyltaxinine
7		Taxinine
8		1-Hydroxyltaxinine

编号	化合物结构	化合物名称
	核磁共振氢谱(¹H NMR)	
9		Taxinine B
10		2-Dehydroxytaxezopidine G
11		Taxezopidine G
12		Taxinine J
13		7-Deacetoxytaxinine J
14		7-Deacetoxytaxezopidine H
15		Taxine Ⅱ
16		7β-acetoxy-2′-Hydroxytaxine Ⅱ
17		2′-Hydroxytaxine Ⅱ

续表

编号	化合物结构	化合物名称
核磁共振氢谱(^{1}H NMR)		
18		2-Dehydroxytaxuspine Z
19		Taxuspine Z
20		2-Acetyltaxuspine Z
21		2-Acetyltaxezopidine O
22		Taxadiene
23		9-Acetoxytaxuyunnanine C
24		Taxumairol R
25		5α-Decinnamoyltaxagifine
26		Taxacin

续表

编号	化合物结构	化合物名称
核磁共振氢谱(¹H NMR)		
27		Taxezopidine A
28		Taxuspine P
29		9α-Acetoxy-2α,20-dihydroxytaxa-4,11-dien-13-one
30		1-Hydroxybaccatin Ⅰ
31		10-Deacetylbaccatin Ⅲ
32		Baccatin Ⅲ
33		1-Dehydroxybaccatin Ⅳ
34		Baccatin Ⅳ
35		1β-Dehydroxybaccatin Ⅵ

编号	化合物结构	化合物名称
核磁共振氢谱(¹H NMR)		
36		Baccatin Ⅵ
37		Taxacustone
38		10-Deacetyltaxuyannanine A
39		Cephalomannine
40		Taxol
41		7-*Epi*-10-deacetyltaxol
42		7-Deacetoxytaxuspine J
43		7-Deacetoxy-10-deacetyltaxuspine J
44		7-Deacetoxy-10-benzyltaxuspine M

续表

编号	化合物结构	化合物名称
核磁共振氢谱(¹H NMR)		
45		5-Decinnamoxy-7-deacetoxytaxuspine M
46		$9\alpha,13\alpha$-Diacetoxy-10β-benzoyloxy-5α-(R)-$3'$-dimethylamino-$3'$-phenylpropanoyloxy-$11(15{\rightarrow}11)$-$abeo$taxa-$4(20),11$-dien-15-ol
47		9-Deacetyl-9-benzoyl-10-debenzoyl-brevifoliol
48		13-Acetylbrevifoliol
49		Taxchinin D
50		Taxuspinanane F
51		Taxchinin B
52		5,9,10,13-Tetradeacetyl-9-benzyltaxuchin A
53		$2'$-Dehydroxy-7-O-acetyltaxine A-10-one

编号	化合物结构	化合物名称
核磁共振氢谱(¹H NMR)		
54		2′-Dehydroxy-7-O-acetyltaxine A
55 上		7-O-acetyltaxine A
55 下		2′-Dehydroxy-7-O-acetyltaxine A
56		2,10-Dideacetyltaxin B
57		2α,10β,13α-Triacetoxy-2(3→20)-abeotaxa-4(20),5,11-diene-7,9-dione
58		2-Deacetyl-5-cinnamyltaxin B
59		Taxuspine W
60		Taxin B
61		1β-Hydroxytaxuspine C

续表

编号	化合物结构	化合物名称
核磁共振氢谱(¹H NMR)		
62		9,10-Dideacetyltaxinine K
63		2′-Acetoxytaxuspine X
64		5-*Epi*-canadensene
65		Taxachitriene A
66		Taxachitriene B
67 上		Taxuspine X
67 下		2,20-Dideacetyltaxuspine X
68		(3E,7E)-2α,5α,10β,13α,20-pentaacetoxy-3,8-*seco*-taxa-3,7,11-trien-9-one
69		(3E,7E)-2α,10β,13α,20-tetraacetoxy-5α-hydroxy-3,8-*seco*-taxa-3,7,11-trien-9-one

续表

编号	化合物结构	化合物名称
核磁共振氢谱(¹H NMR)		
70		5-Acetyltaxachitriene A
核磁共振碳谱(¹³C NMR)		
71		2-Acetyltaxuspine Z
72		Taxinine M
73		9α，13α-Diacetoxy-10β-benzoyloxy-5α-(R)-3′-dimethylamino-3′-phenylpropanoyloxy-11(15→11)-*abeo*taxa-4(20),11-dien-15-ol
74		2α,10β,13α-Triacetoxy-2(3→20)-*abeo*taxa-4(20),5,11-diene-7,9-dione
75		10-Deacetyl-13-oxobaccatin Ⅲ
核磁共振氢-氢相关谱(¹H-¹H COSY)		
76		Taxuspine G
77		5-Cinnamoyl-9,10-diacetyltaxicin I

续表

编号	化合物结构	化合物名称
核磁共振氢-氢相关谱(¹H-¹H COSY)		
78		2-Acetyltaxuspine Z
79		2-Acetyltaxezopidine O
80		Taxumairol R
81		Taxinine M
82		5-Decinnamoyltaxuspine D
83		1β-Hydroxy-7,9-deacetylbaccatin I
84		1-Dehydroxybaccatin IV
85		13-Oxobaccatin III

编号	化合物结构	化合物名称
核磁共振氢-氢相关谱（^{1}H-^{1}H COSY）		
86		10-Deacetyl-7-*epi*-taxol
87		7-E*pi*-taxol
88		9α，13α-diacetoxy-10β-benzoyloxy-5α-cinnamoyloxy-11（15→1）-*abeo*-taxa-4（20），11-dien-15-ol
89		2α，13α-Diacetoxy-10β-hydroxy-2（3→20）-*abeo*taxa-4（20），11-diene-7，9-dione
90		2′-Acetoxytaxuspine X
91		Canadensene
92		（3E，7E）-2α，10β，13α，20-tetraacetoxy-5α-hydroxy-3，8-secotaxa-3，7，11-trien-9-one
93		（3E，7E）-2α，5α，10β，13α-tetraacetoxy-20-hydroxy-3，8-secotaxa-3，7，11-trien-9-one

续表

编号	化合物结构	化合物名称
碳-氢远程相关谱（HMBC）		
94		7-Deacetoxytaxezopidine H
95		2-Acetyltaxezopidine O
96		10-Deacetyl-7-*epi*-taxol
97		Taxchinin B
碳-氢直接相关谱（HSQC）		
98		Taxachitriene A
DEPT		
99		(3*E*,7*E*)-2α,5α,10β,13α,20-pentaacetoxy-3,8-*seco*taxa-3,7,11-trien-9-one
ROESY		
100		Taxachitriene A

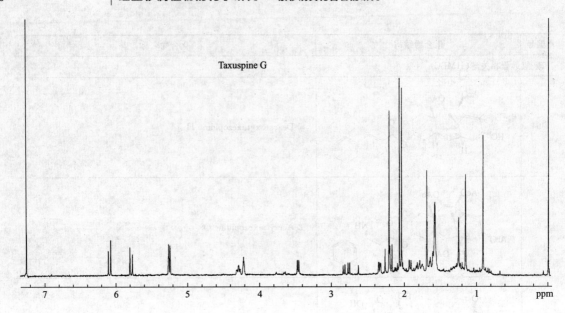

Taxuspine G

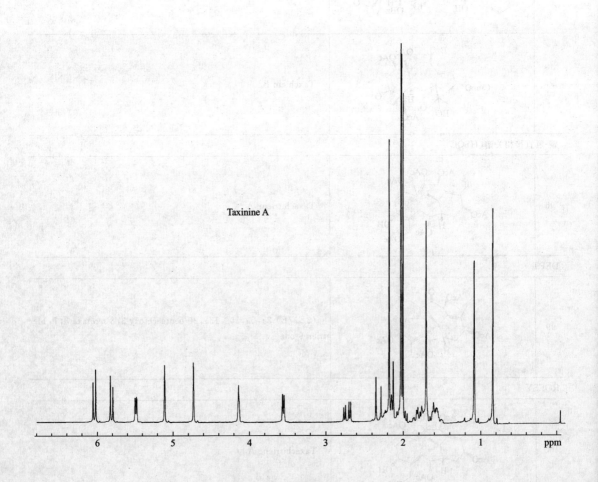

Taxinine A

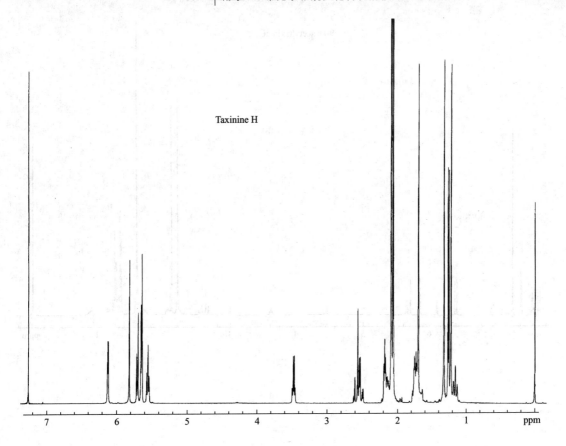

Taxinine H

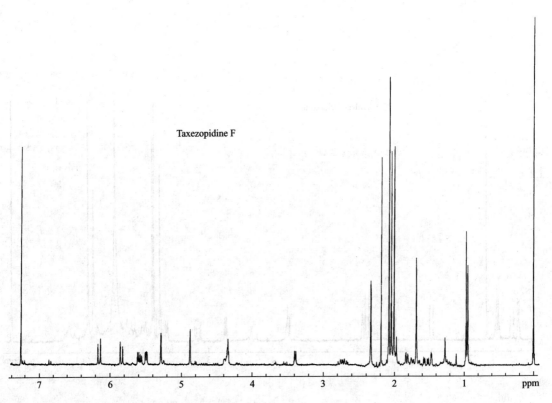

Taxezopidine F

9-Deacetyltaxinine

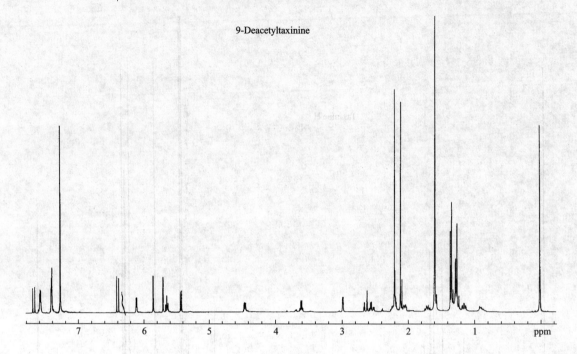

2, 9-Dideacetyltaxinine

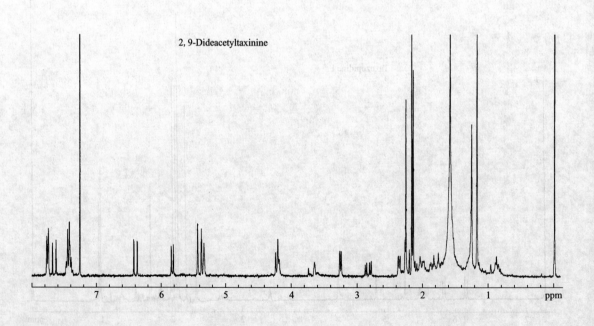

Taxinine

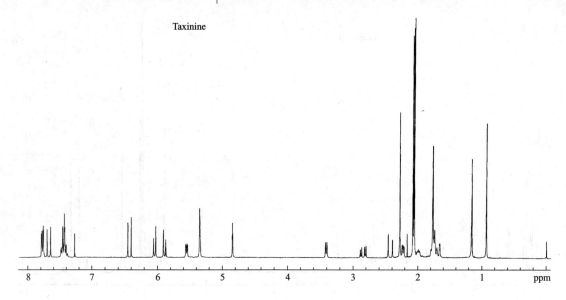

1-hydroxyltaxinine

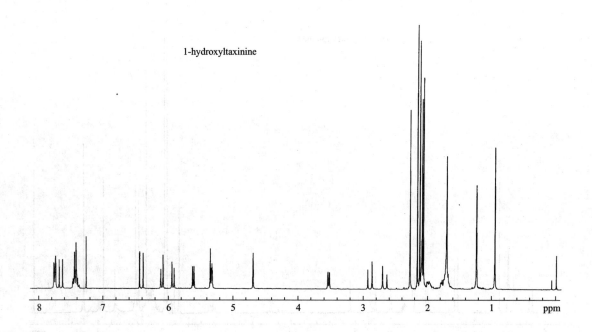

Taxinine B

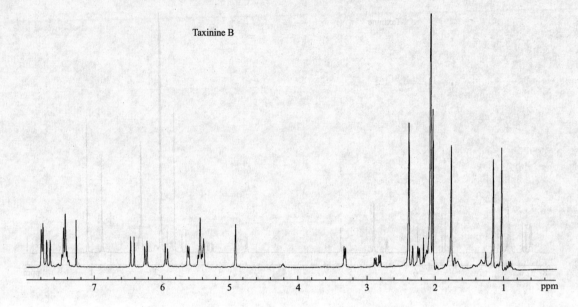

2-Dehydroxytaxezopidine G

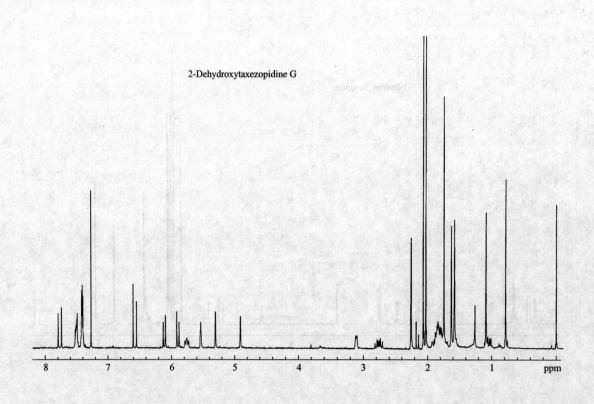

Taxezopidine G

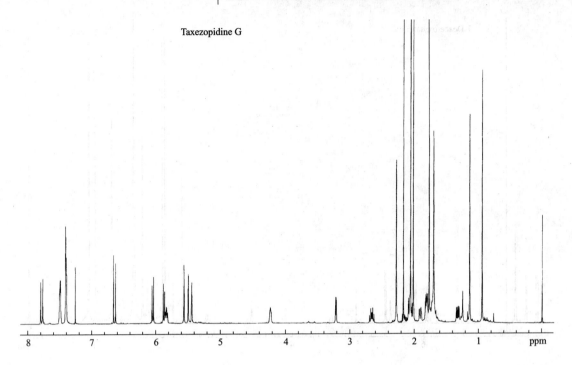

Taxinine J

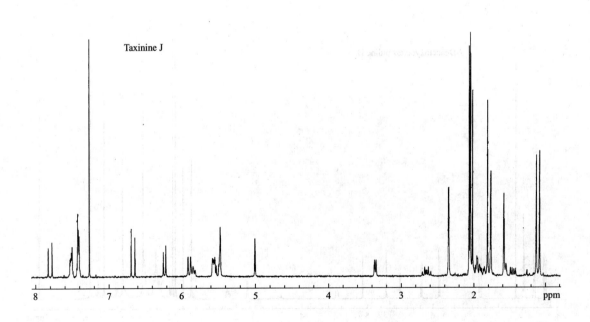

7-Deacetoxytaxinine J

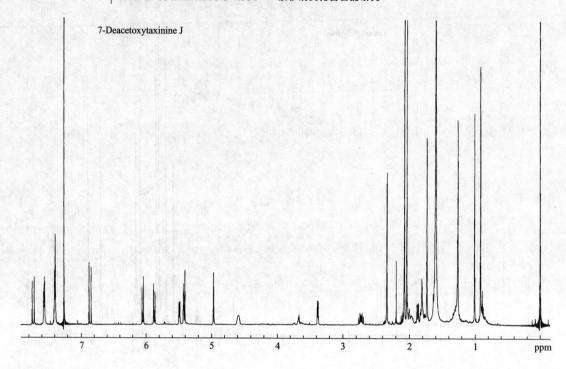

7-Deacetoxytaxezopidine H

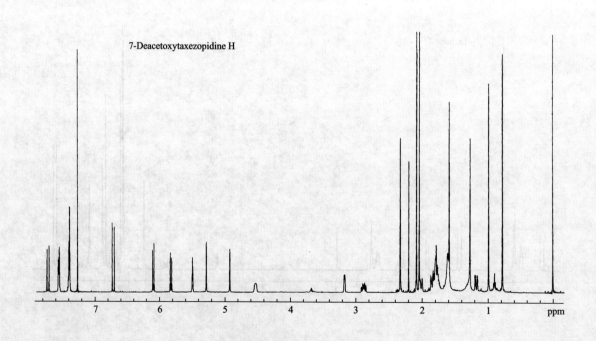

Taxine Ⅱ

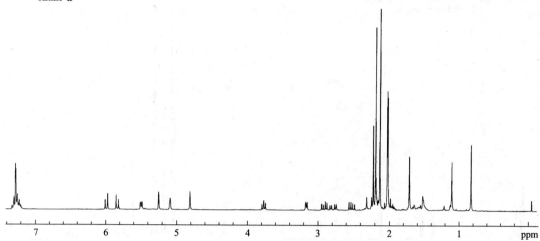

7β-acetoxy-2′-Hydroxytaxine Ⅱ

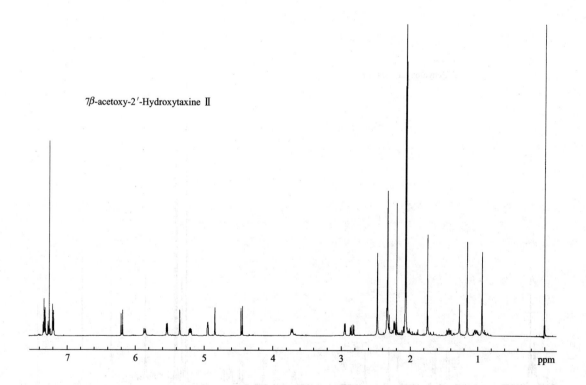

2′-Hydroxytaxine Ⅱ

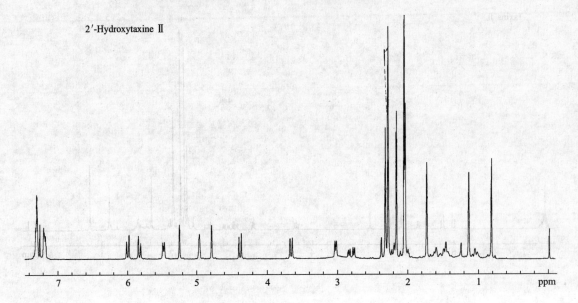

2-Dehydroxytaxuspine Z

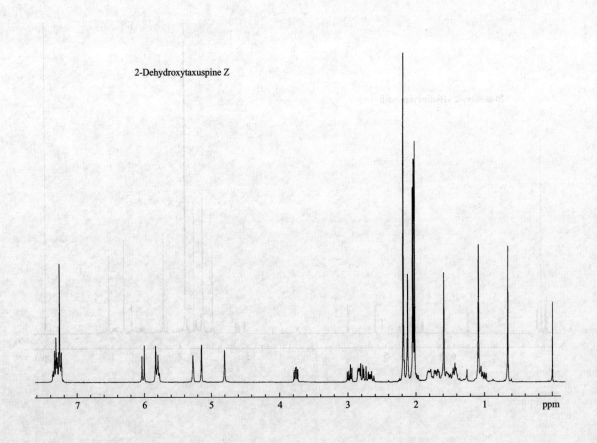

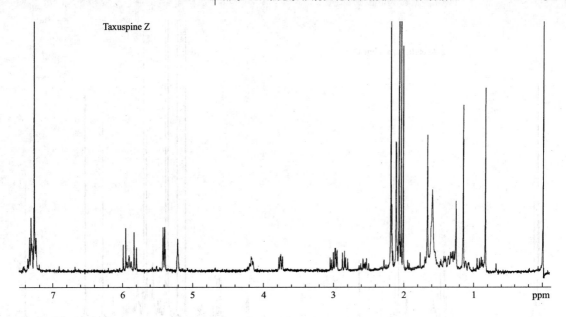

Taxuspine Z

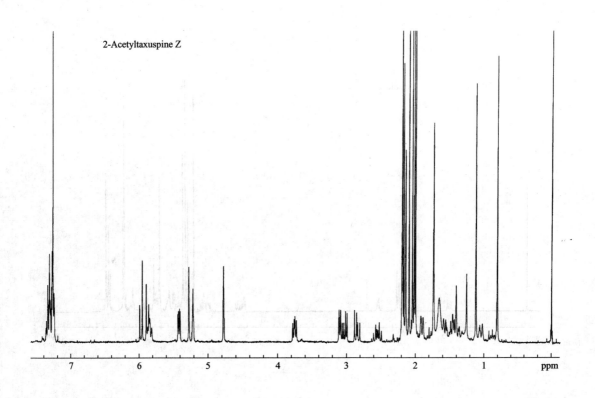

2-Acetyltaxuspine Z

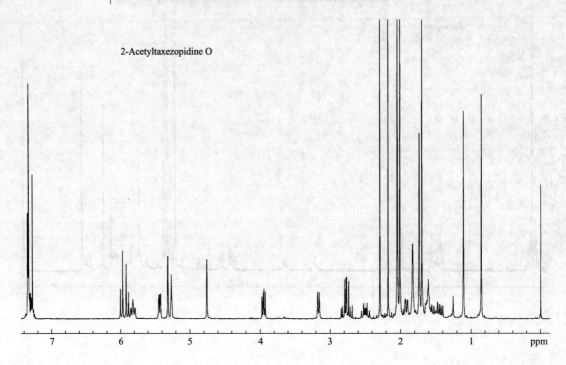

2-Acetyltaxezopidine O

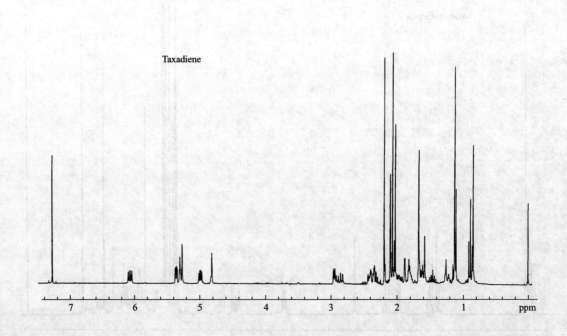

Taxadiene

9-Acetoxytaxuyunnanine C

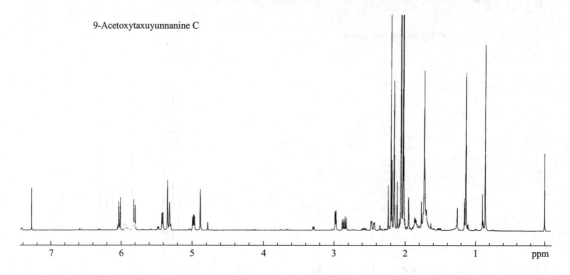

Taxumairol R

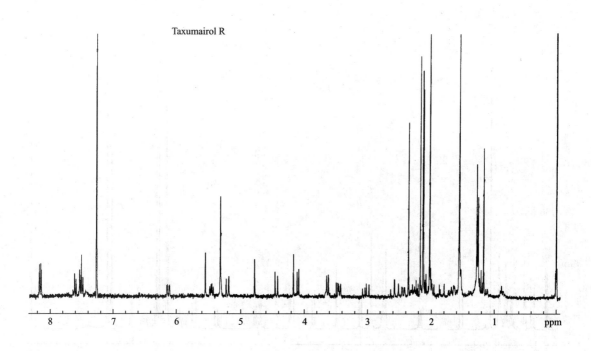

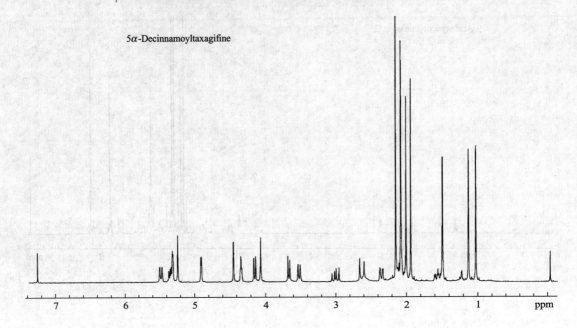

5α-Decinnamoyltaxagifine

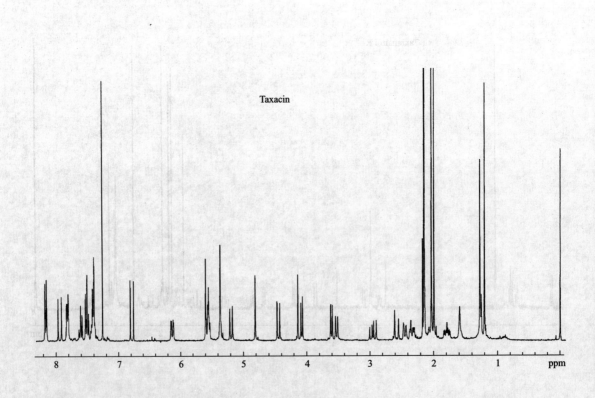

Taxacin

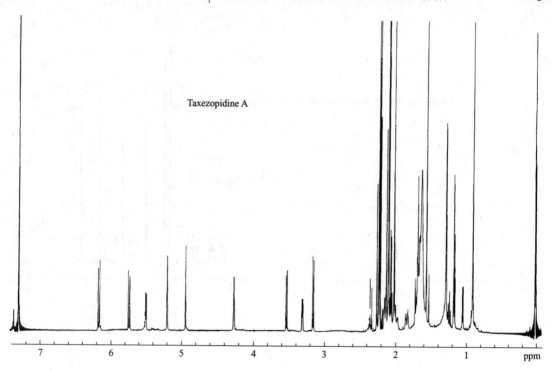

Taxezopidine A

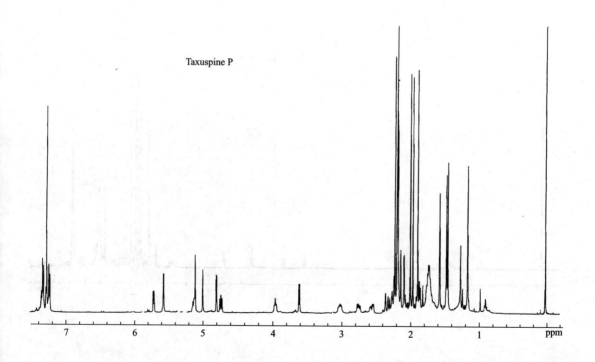

Taxuspine P

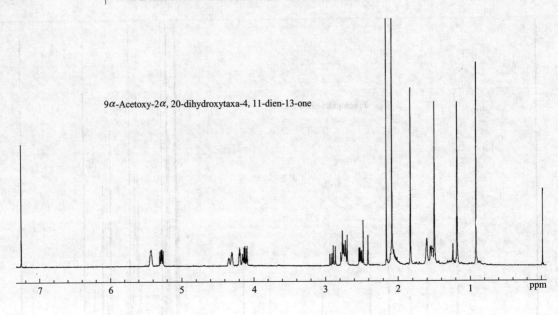

9α-Acetoxy-2α, 20-dihydroxytaxa-4, 11-dien-13-one

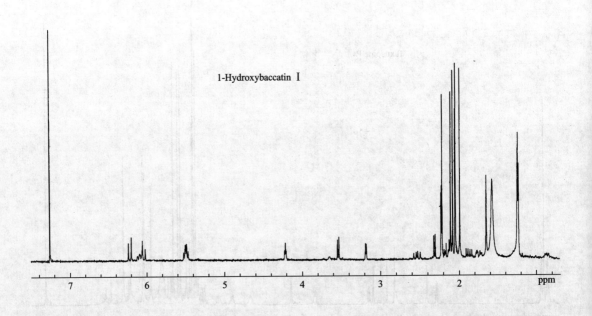

1-Hydroxybaccatin I

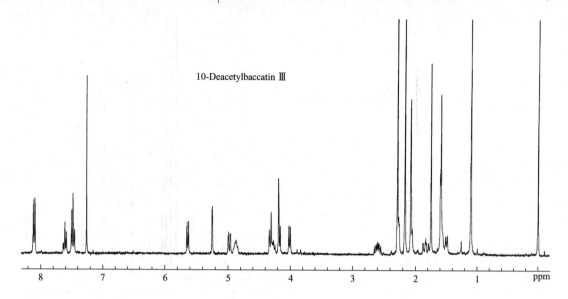

10-Deacetylbaccatin Ⅲ

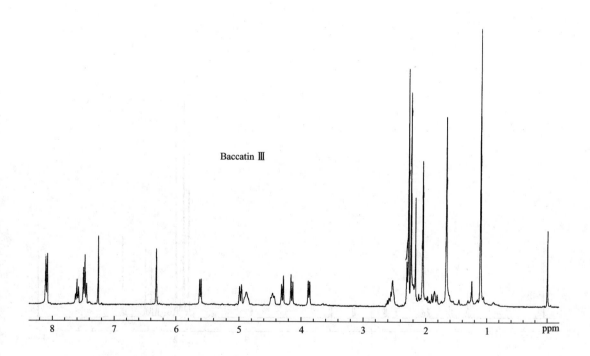

Baccatin Ⅲ

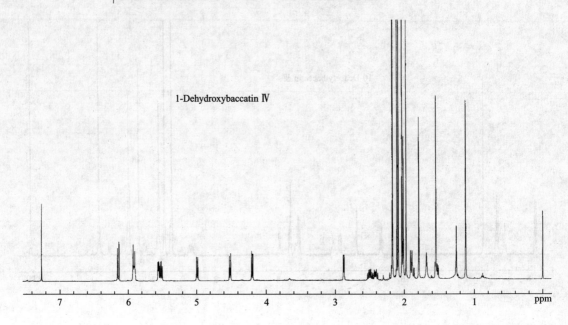

1-Dehydroxybaccatin IV

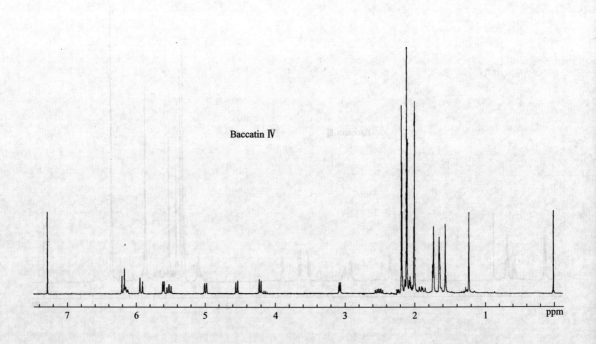

Baccatin IV

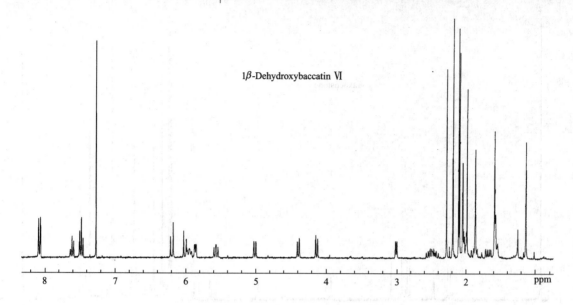

1β-Dehydroxybaccatin VI

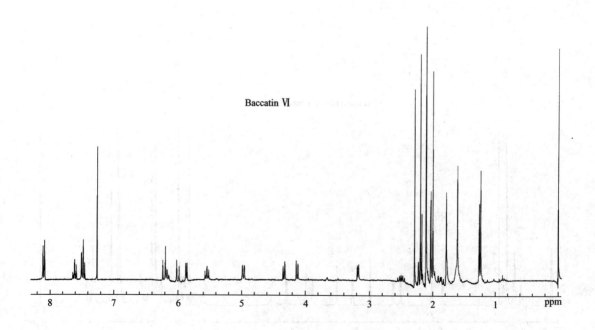

Baccatin VI

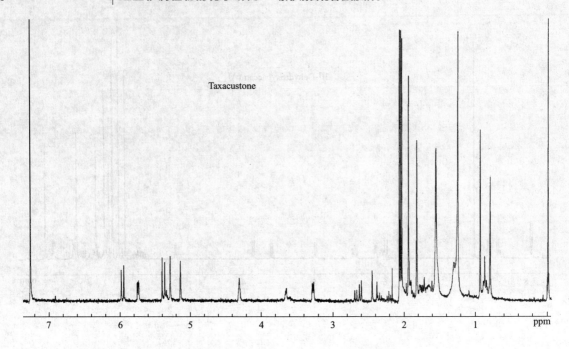

Taxacustone

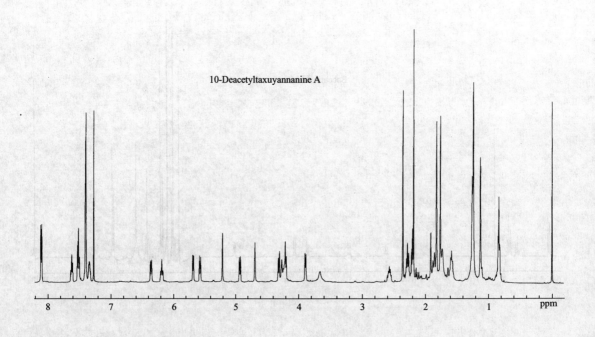

10-Deacetyltaxuyannanine A

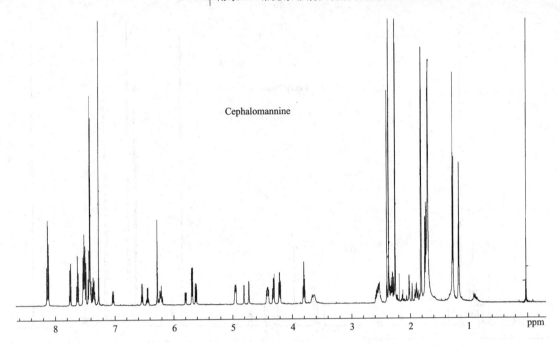

Cephalomannine

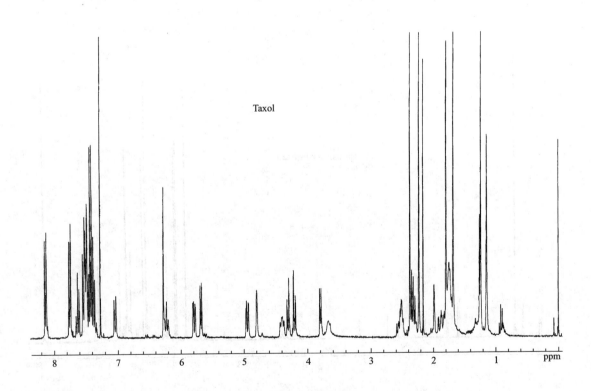

Taxol

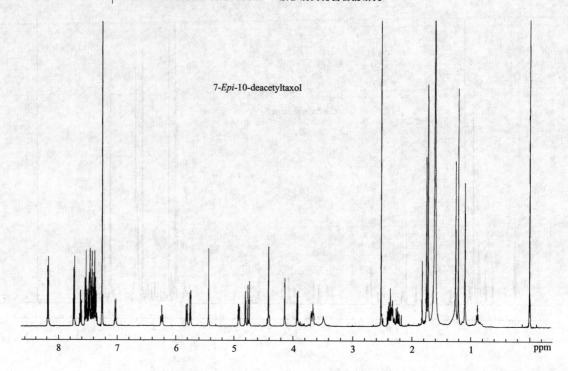

7-*Epi*-10-deacetyltaxol

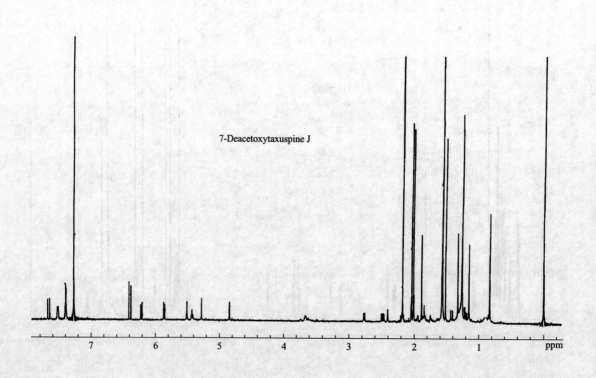

7-Deacetoxytaxuspine J

7-Deacetoxy-10-deacetyltaxuspine J

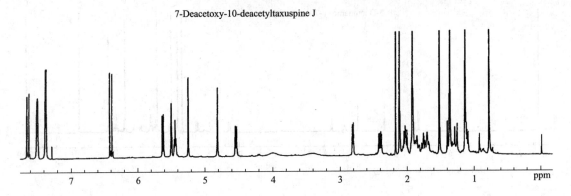

7-Deacetoxy-10-benzyltaxuspine M

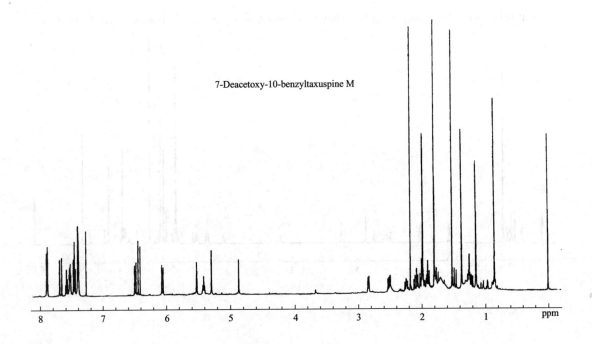

5-Decinnamoxy-7-deacetoxytaxuspine M

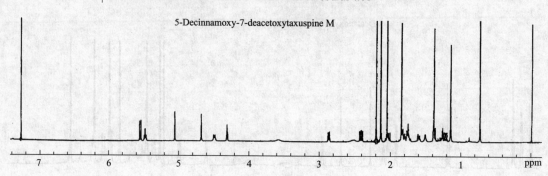

$9\alpha,13\alpha$-Diacetoxy-10β-benzoyloxy-5α-(R)-$3'$-dimethylamino-$3'$-phenylpropanoyloxy-$11(15\rightarrow11)$-*abeo*taxa-4(20),11-dien-15-ol

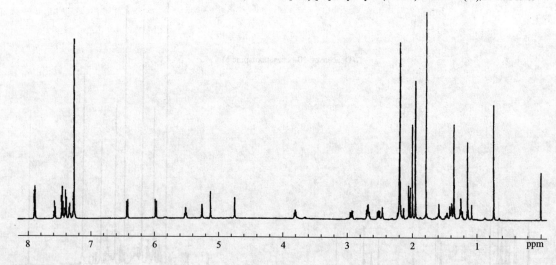

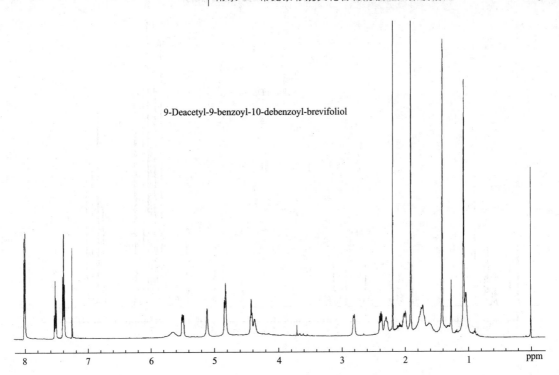

9-Deacetyl-9-benzoyl-10-debenzoyl-brevifoliol

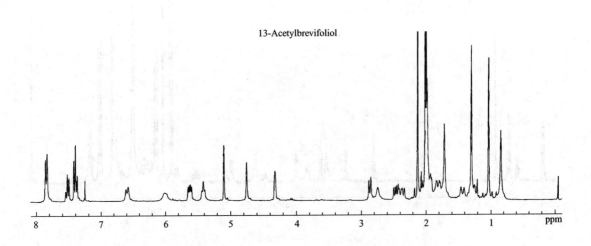

13-Acetylbrevifoliol

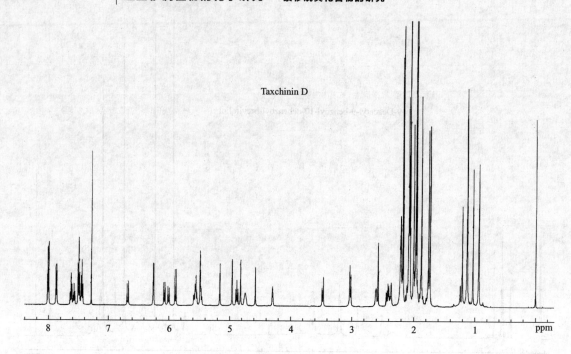

Taxchinin D

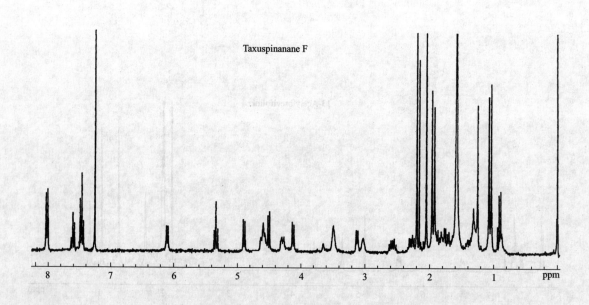

Taxuspinanane F

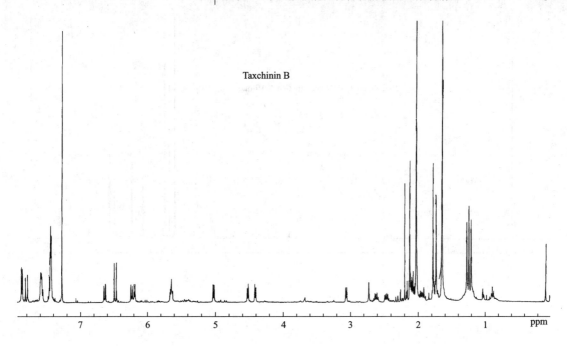

Taxchinin B

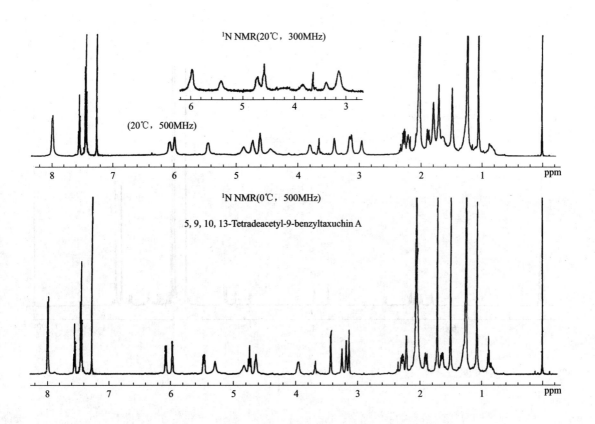

^{1}N NMR(20℃，300MHz)

(20℃，500MHz)

^{1}N NMR(0℃，500MHz)

5, 9, 10, 13-Tetradeacetyl-9-benzyltaxuchin A

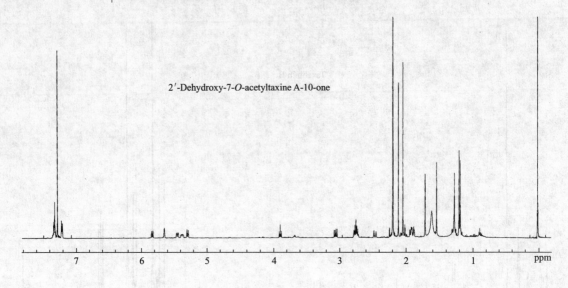

2′-Dehydroxy-7-O-acetyltaxine A-10-one

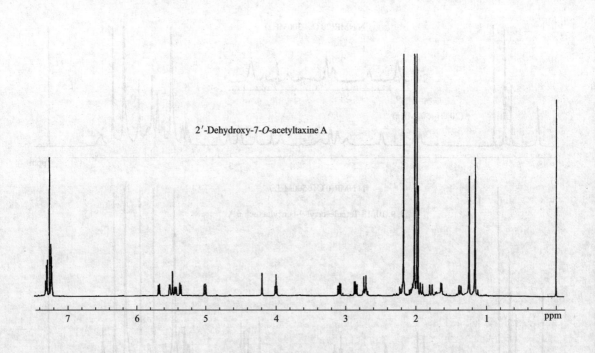

2′-Dehydroxy-7-O-acetyltaxine A

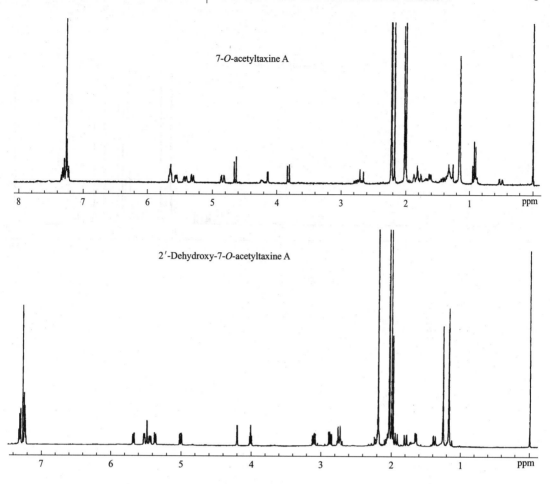

7-*O*-acetyltaxine A

2′-Dehydroxy-7-*O*-acetyltaxine A

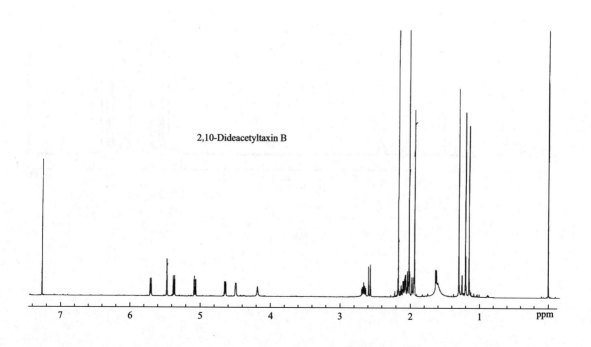

2,10-Dideacetyltaxin B

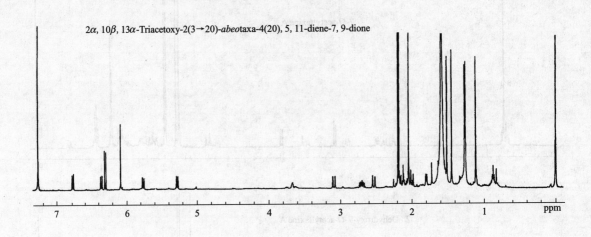

2α, 10β, 13α-Triacetoxy-2(3→20)-*abeo*taxa-4(20), 5, 11-diene-7, 9-dione

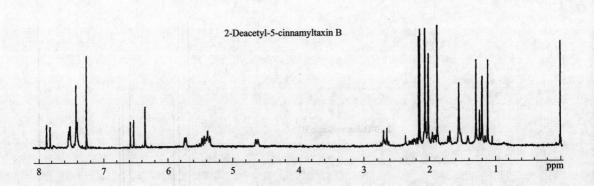

2-Deacetyl-5-cinnamyltaxin B

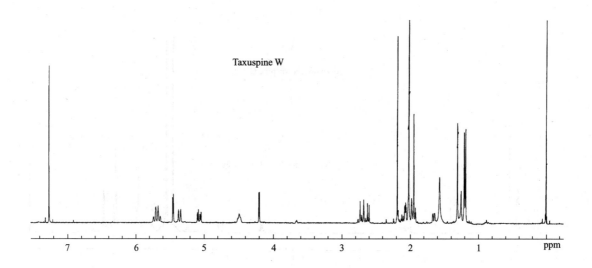

Taxuspine W

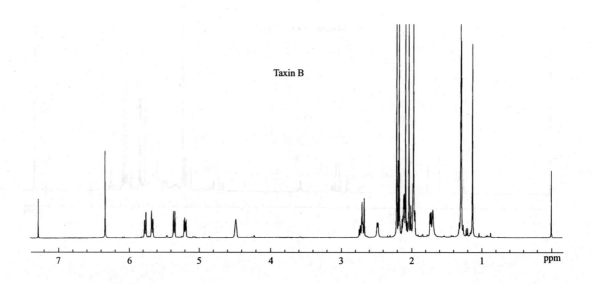

Taxin B

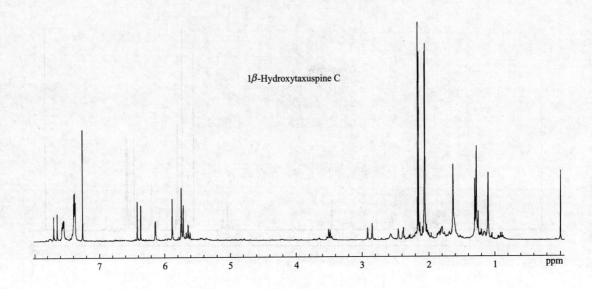

1β-Hydroxytaxuspine C

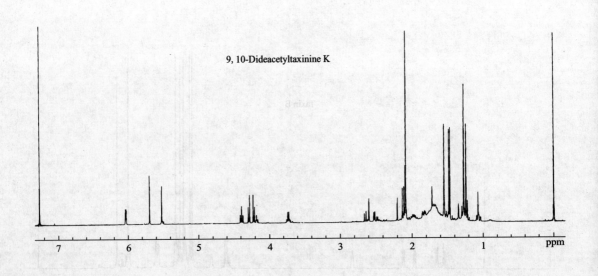

9, 10-Dideacetyltaxinine K

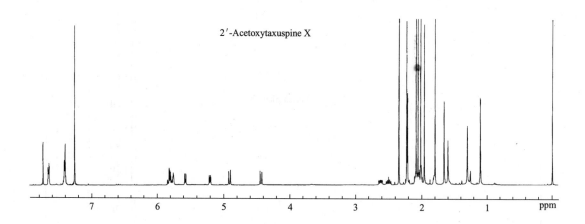

2′-Acetoxytaxuspine X

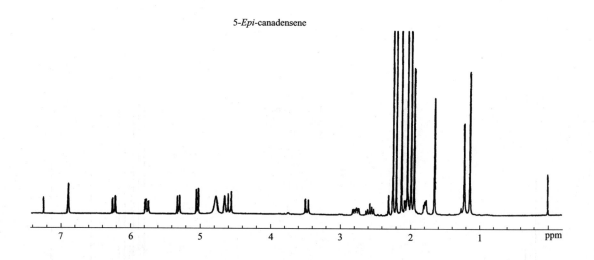

5-*Epi*-canadensene

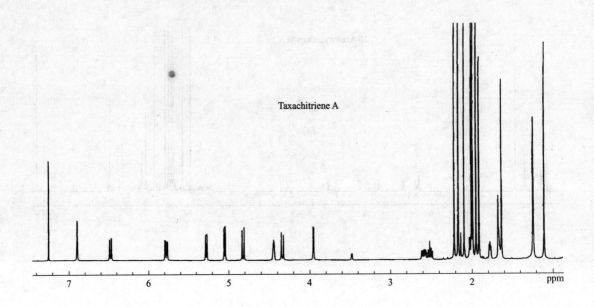

Taxachitriene A

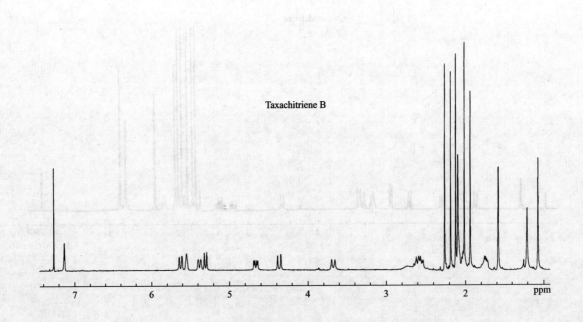

Taxachitriene B

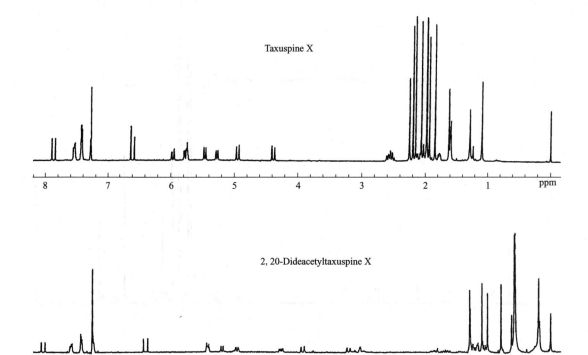

Taxuspine X

2, 20-Dideacetyltaxuspine X

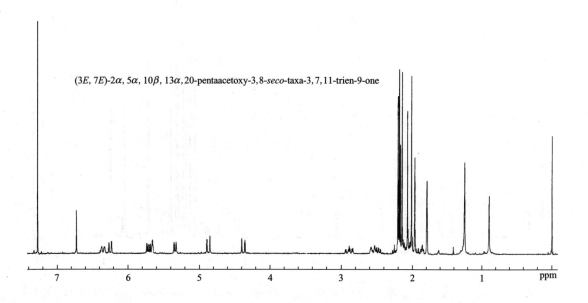

(3E, 7E)-2α, 5α, 10β, 13α, 20-pentaacetoxy-3,8-seco-taxa-3, 7, 11-trien-9-one

(3*E*, 7*E*)-2α, 10β, 13α, 20-tetraacetoxy-5α-hydroxy-3, 8-*seco*-taxa-3, 7, 11-trien-9-one

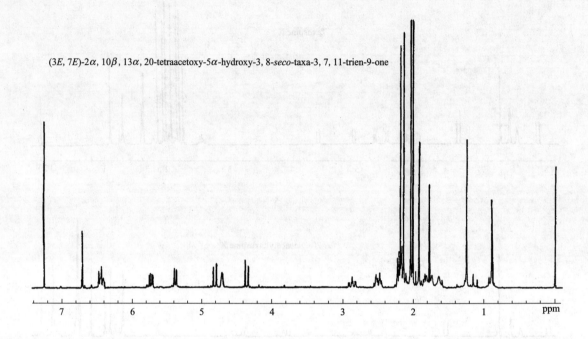

5-Acetyltaxachitriene A

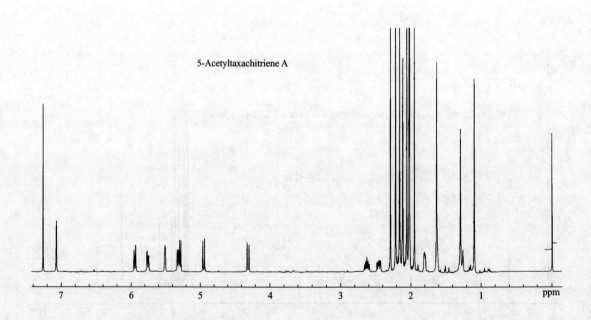

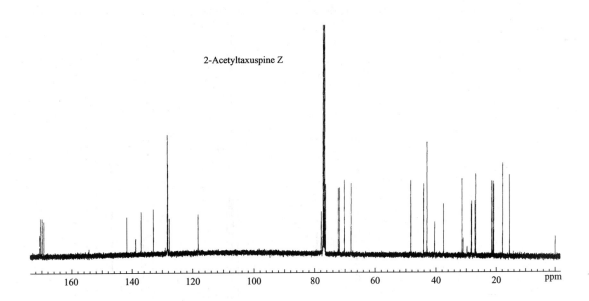

2-Acetyltaxuspine Z

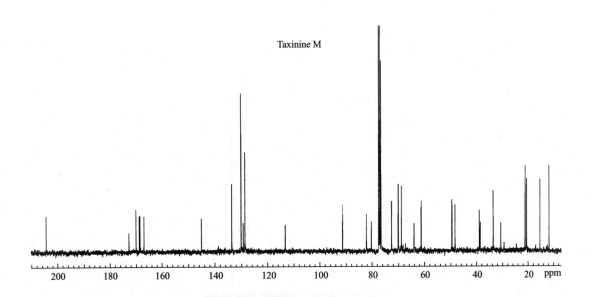

Taxinine M

9α, 13α-Diacetoxy-10β-benzoyloxy-5α-(R)-3′-dimethylamino-3′-phenylpropanoy loxy-11(15→11)-*abeo*taxa-4(20), 11-dien-15-ol

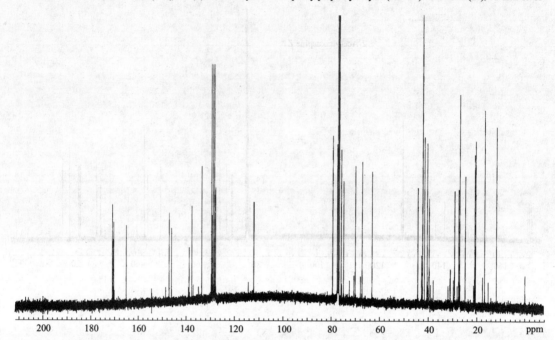

2α, 10β, 13α-Triacetoxy-2(3→20)-*abeo*taxa-4(20), 5, 11-diene-7, 9-dione

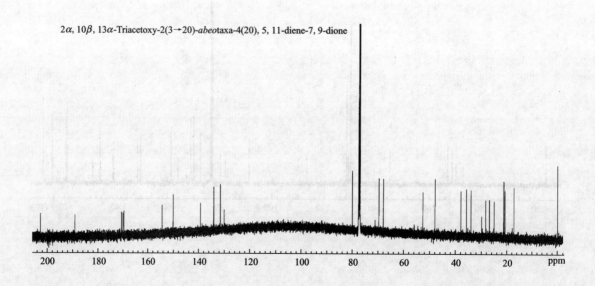

10-Deacetyl-13-oxobaccatin Ⅲ

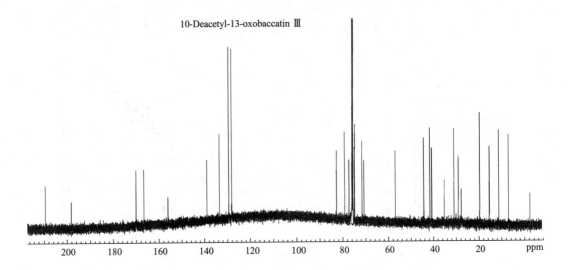

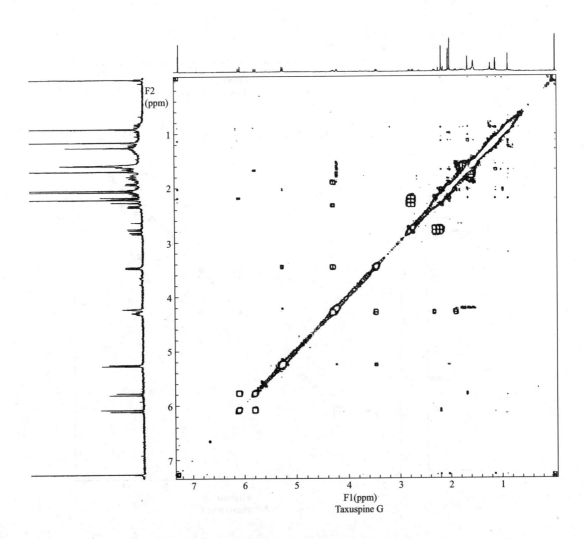

Taxuspine G

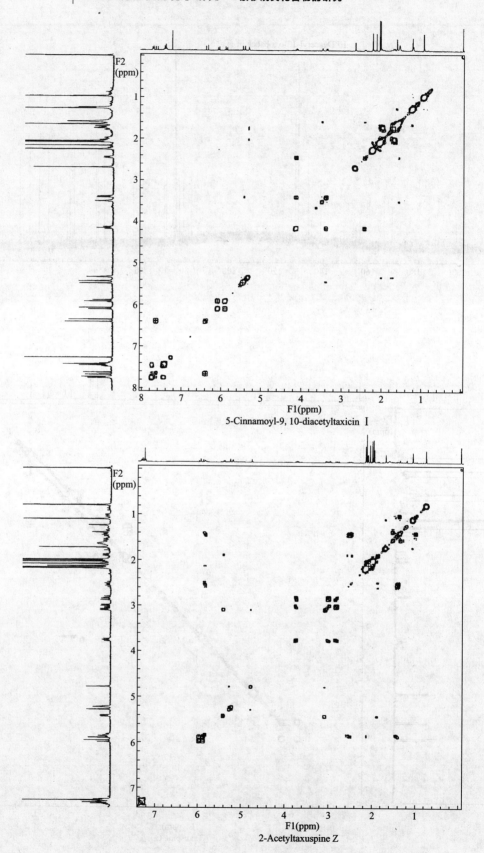

5-Cinnamoyl-9, 10-diacetyltaxicin Ⅰ

2-Acetyltaxuspine Z

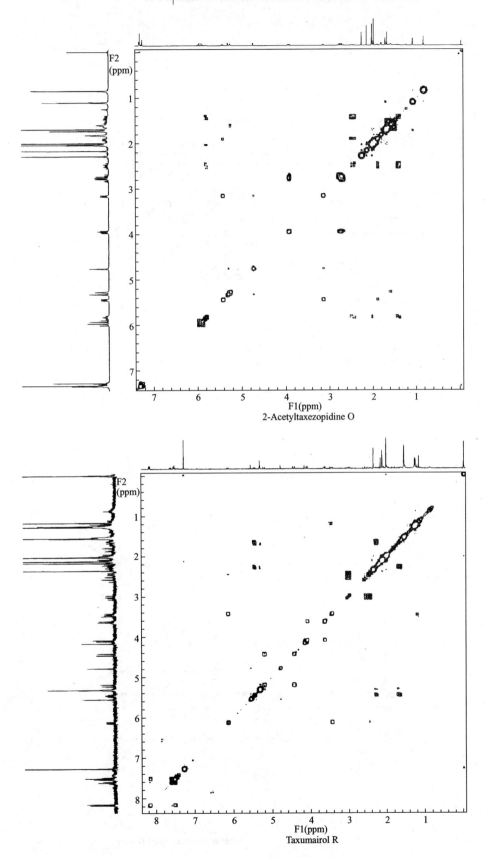

2-Acetyltaxezopidine O

Taxumairol R

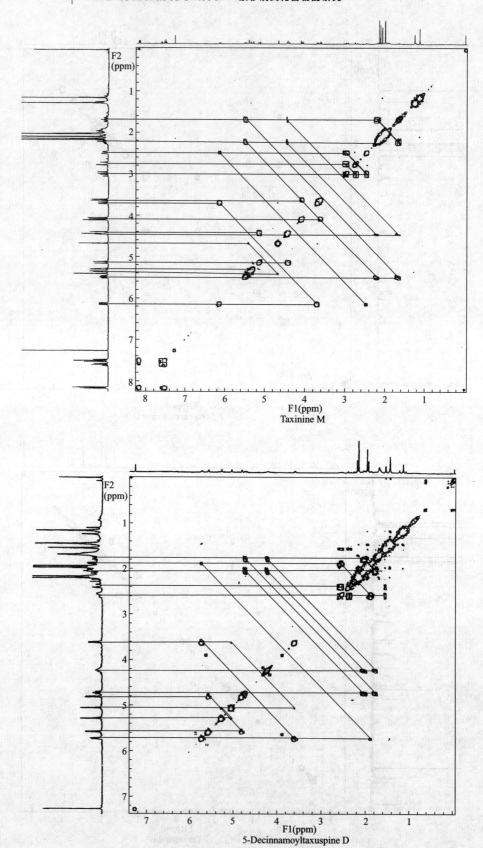

Taxinine M

5-Decinnamoyltaxuspine D

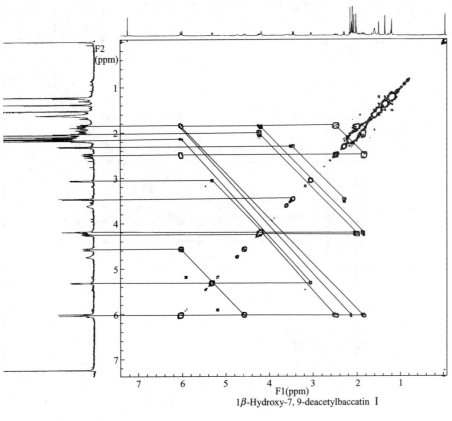

1β-Hydroxy-7, 9-deacetylbaccatin Ⅰ

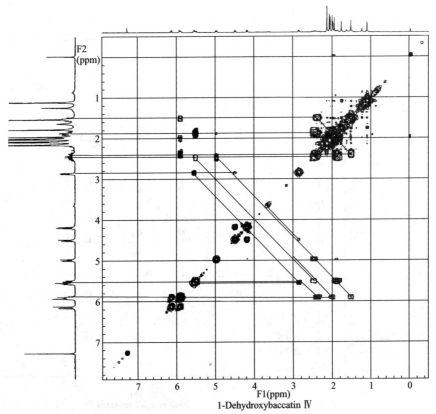

1-Dehydroxybaccatin Ⅳ

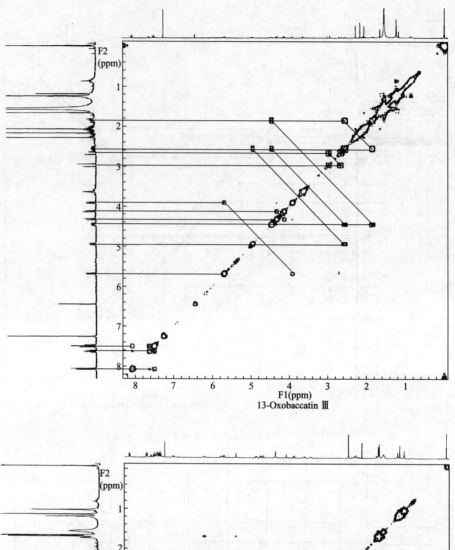

13-Oxobaccatin Ⅲ

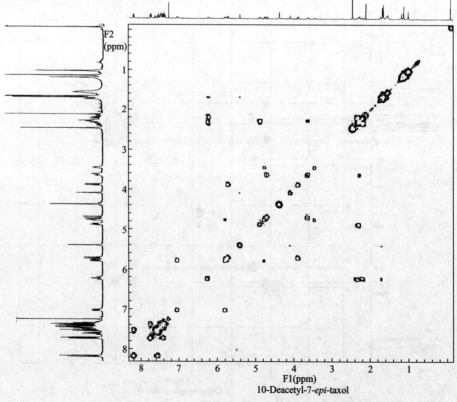

10-Deacetyl-7-*epi*-taxol

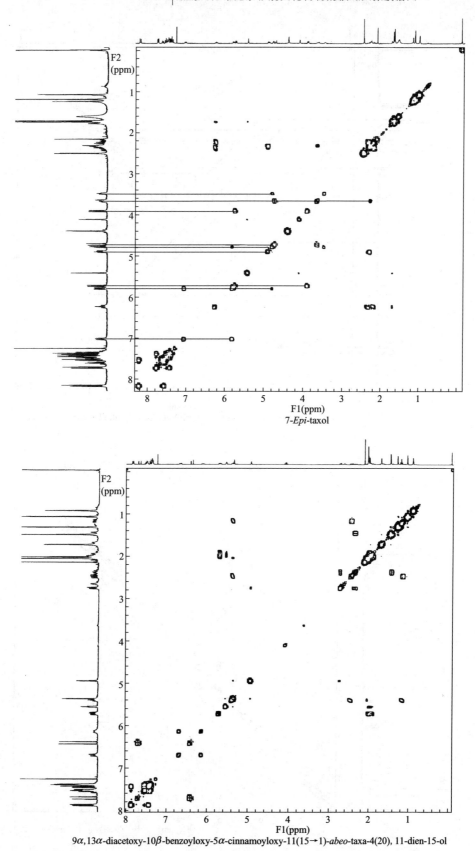

7-*Epi*-taxol

9α,13α-diacetoxy-10β-benzoyloxy-5α-cinnamoyloxy-11(15→1)-*abeo*-taxa-4(20), 11-dien-15-ol

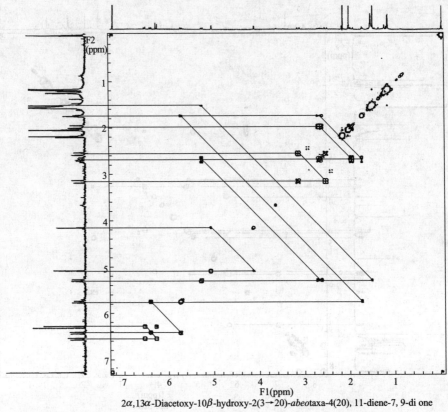

2α,13α-Diacetoxy-10β-hydroxy-2(3→20)-*abeo*taxa-4(20), 11-diene-7, 9-di one

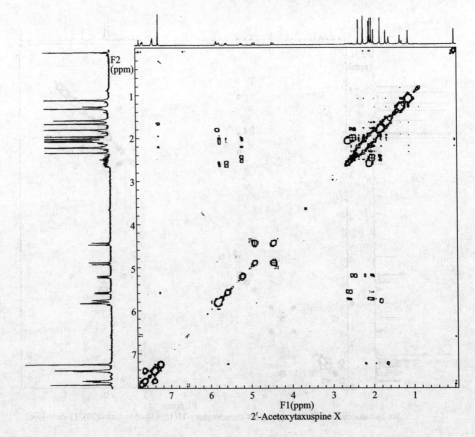

2′-Acetoxytaxuspine X

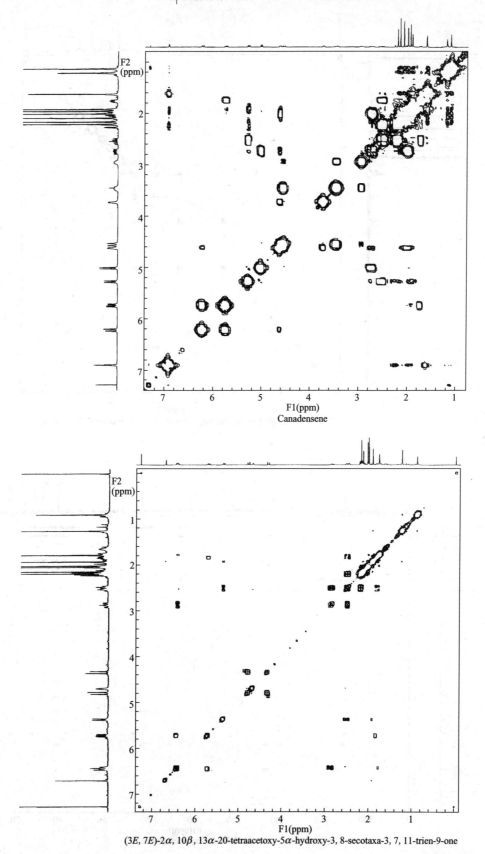

Canadensene

(3E, 7E)-2α, 10β, 13α-20-tetraacetoxy-5α-hydroxy-3, 8-secotaxa-3, 7, 11-trien-9-one

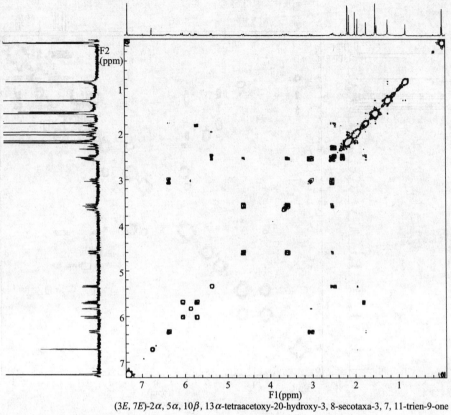

(3*E*, 7*E*)-2α, 5α, 10β, 13α-tetraacetoxy-20-hydroxy-3, 8-secotaxa-3, 7, 11-trien-9-one

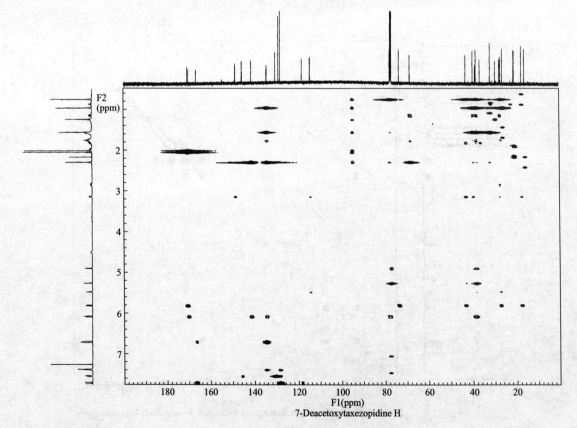

7-Deacetoxytaxezopidine H

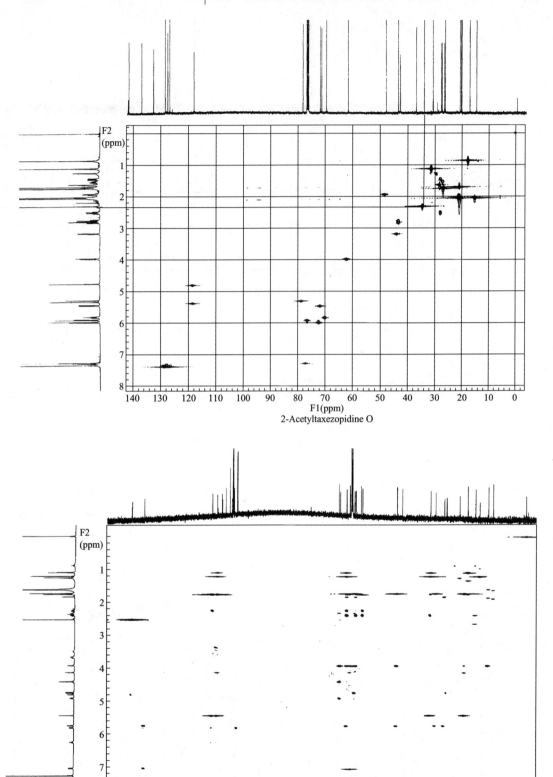

2-Acetyltaxezopidine O

10-Deacetyl-7-*epi*-taxol

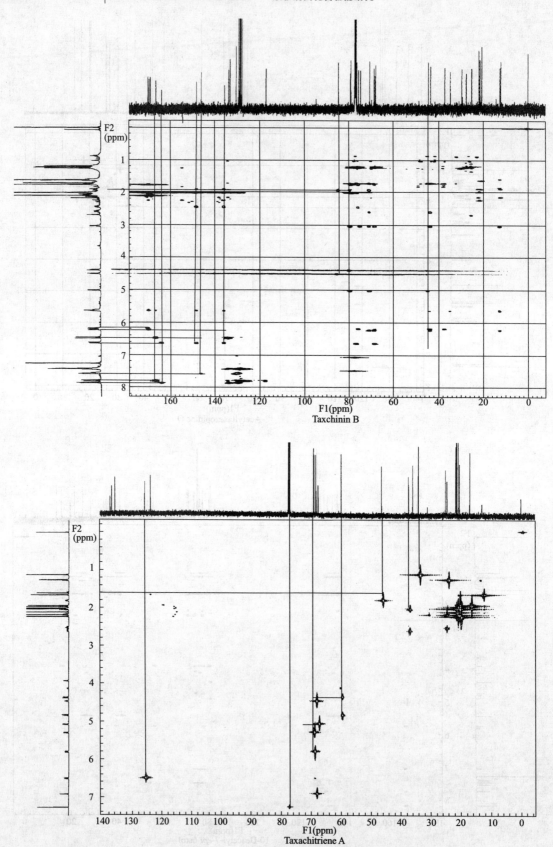

Taxchinin B

Taxachitriene A

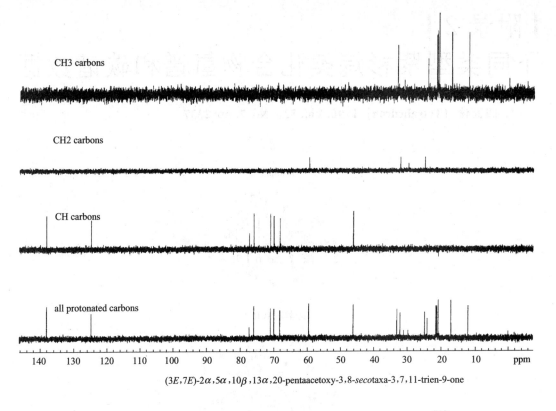

CH3 carbons

CH2 carbons

CH carbons

all protonated carbons

(3*E*,7*E*)-2α,5α,10β,13α,20-pentaacetoxy-3,8-*seco*taxa-3,7,11-trien-9-one

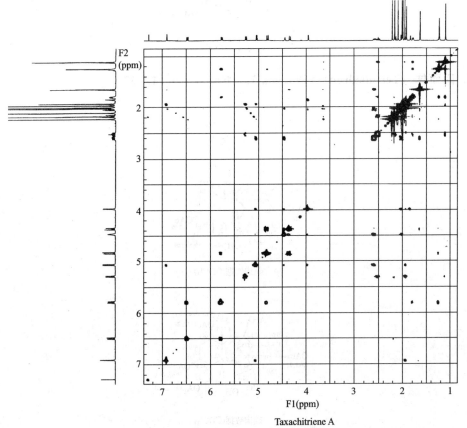

Taxachitriene A

附录 2
不同类型紫杉烷类化合物氢谱和碳谱数据

1. 四面体（Tetrahedron）1996. Vol. 52，No. 7. pp. 2337

Taxuspine L

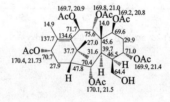

氢谱数据(CDCl₃)

碳谱数据(CDCl₃)

2. 四面体（Tetrahedron）1996. vol. 52，No. 37，pp. 12159

Taxuspine R

氢谱数据(CDCl₃)

碳谱数据(CDCl₃)

3. 化学药学通讯（Chem. Pharm. Bull.）2002.50（6）781-787

Taxumairol L

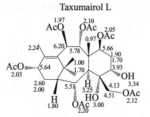

氢谱数据(CDCl₃，300MHz)

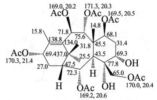

碳谱数据(CDCl₃，75MHz)

4. 利比希化学（Liebigs Ann.）1995，345

Triacetyl-5-decinnamoyltaxicin Ⅰ

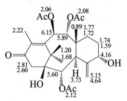

氢谱数据(CDCl₃，300MHz)

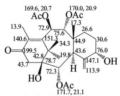

碳谱数据(CDCl₃，75MHz)

5. 利比希化学（Liebigs Ann.）1995，345

2-Deacetyldecinnamoyltaxinine E

氢谱数据(CDCl₃，300MHz)

碳谱数据(CDCl₃，75MHz)

6. 利比希化学（Liebigs Ann.）1995，345

2α-Acetoxy-2′-deacetyl-1-hydroxyaustrospicatine

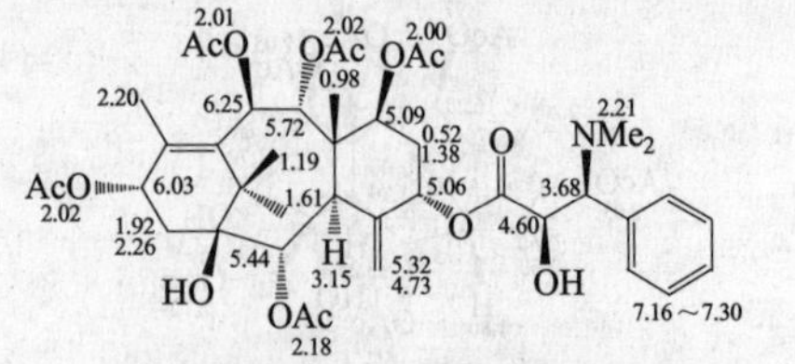

氢谱数据(CDCl₃，300MHz)

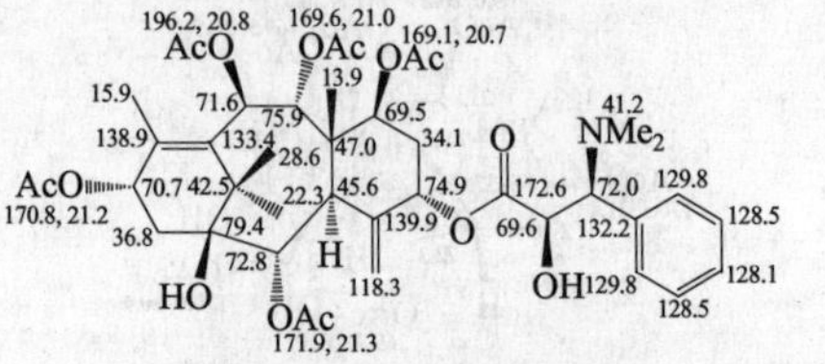

碳谱数据(CDCl₃，75MHz)

7. 植物化学（Phytochemistry）1993. Vol. 33. No. 6，pp. 1521

13-Deoxo-13α-acetyloxy-1-deoxytaxine B

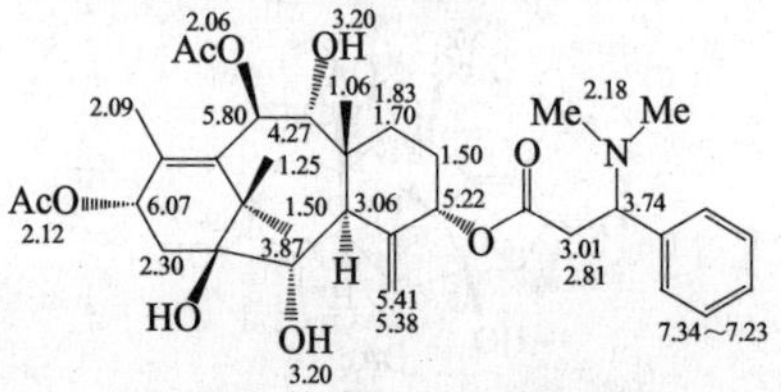

氢谱数据(CDCl₃，300MHz)

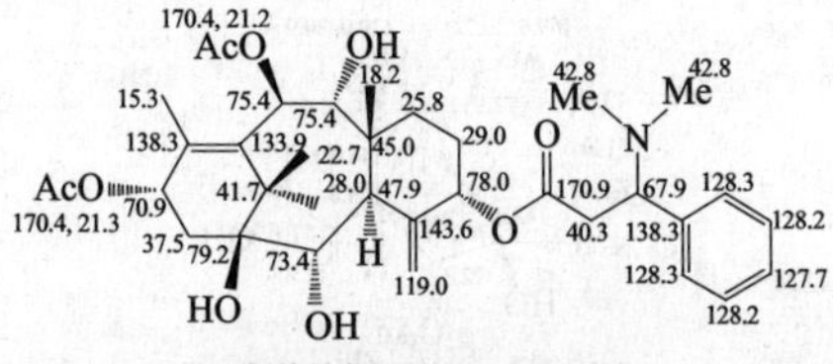

碳谱数据(CDCl₃，75MHz)

8. 天然产物杂志（J. Nat. Prod.）1997，60，1130

(+)-2α-Acetoxy-2′，7-dideacetoxy-1-hydroxyaustrospicatine

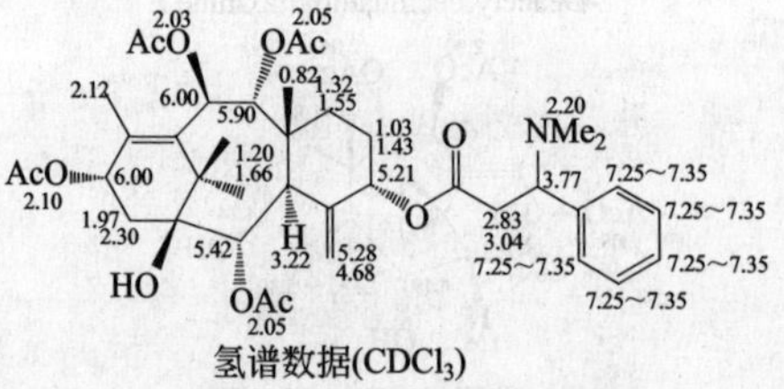

氢谱数据(CDCl₃)

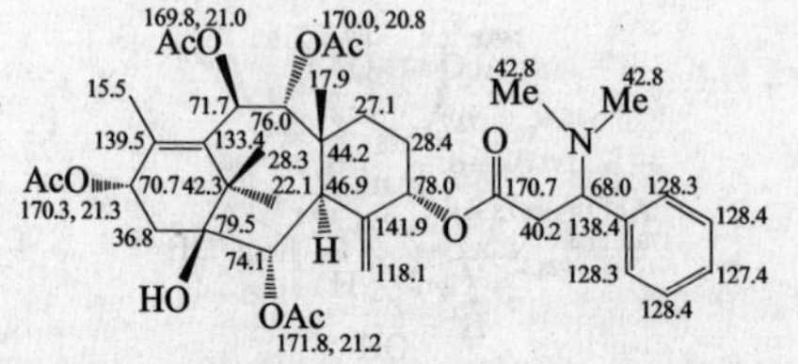

碳谱数据(CDCl₃)

9. 植物化学（Phytochemistry）1995. Vol. 40，No. 6，pp. 1825

10-Deacetylyunnanaxane

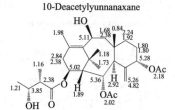

氢谱数据(CDCl₃，300MHz)

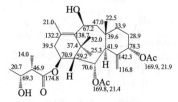

碳谱数据(CDCl₃，75MHz)

10. 生物科学生物技术生物化学（Biosci. Biotech. Biochem.）1994. 58（10），1923

2α, 5α, 10β-Triacetoxy-14β-(2′-methyl)butyryloxytaxa-4(20),11-diene

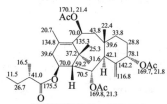

氢谱数据(CDCl₃，400MHz)

碳谱数据(CDCl₃，100MHz)

11. 植物化学（Phytochemistry）1999，52.1577

Taxinine A 11，12-epoxide

氢谱数据(CDCl₃，500MHz)

碳谱数据(CDCl₃，125MHz)

12. 天然产物杂志 （J. Nat. Prod.） 1996，59，117

2-Deacetoxy-9-acetoxytaxine B

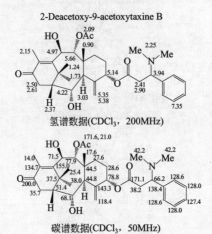

氢谱数据(CDCl₃，200MHz)

碳谱数据(CDCl₃，50MHz)

13. 天然产物杂志 （J. Nat. Prod.） 1996，59，117

O-cinnamoyltaxicin- I

氢谱数据(CDCl₃，400MHz)

碳谱数据(CDCl₃，50MHz)

14. 天然产物杂志 （J. Nat. Prod.） 1997，60.499-501

2′-hydroxytaxine Ⅱ

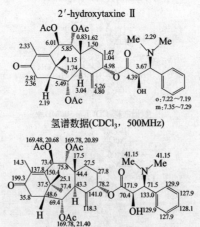

氢谱数据(CDCl₃，500MHz)

碳谱数据(CDCl₃，125MHz)

15. 实验（Experiential）1995，51，592

Taxuspine D

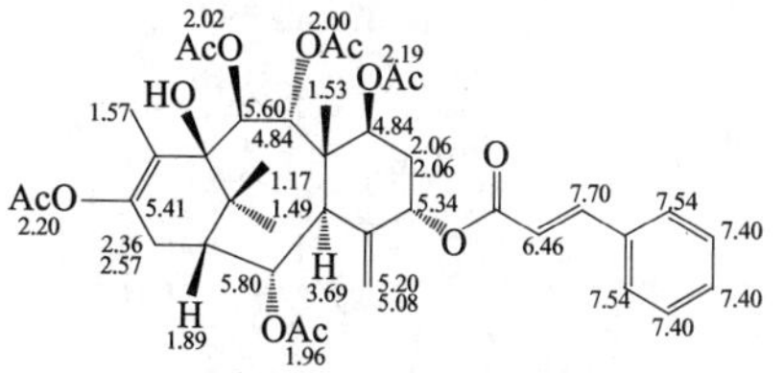

氢谱数据(CDCl₃，500MHz)

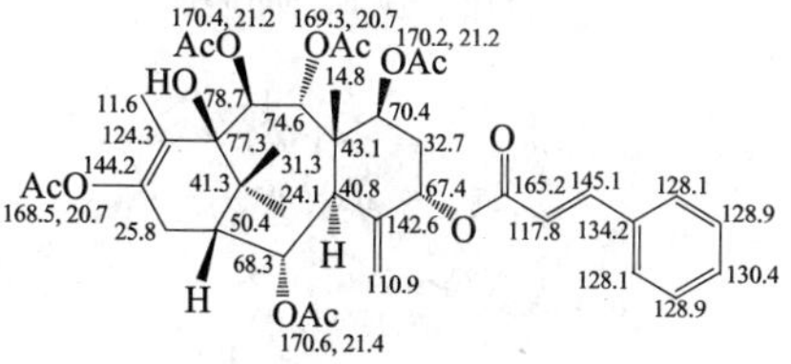

碳谱数据(CDCl₃，125MHz)

16. 四面体（Tetrahedron）1996. Vol. 52，No. 15，pp. 5391

Taxuspine P

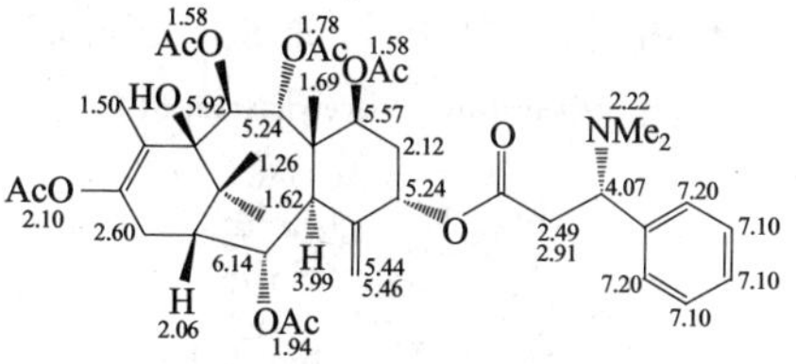

氢谱数据(CDCl₃)

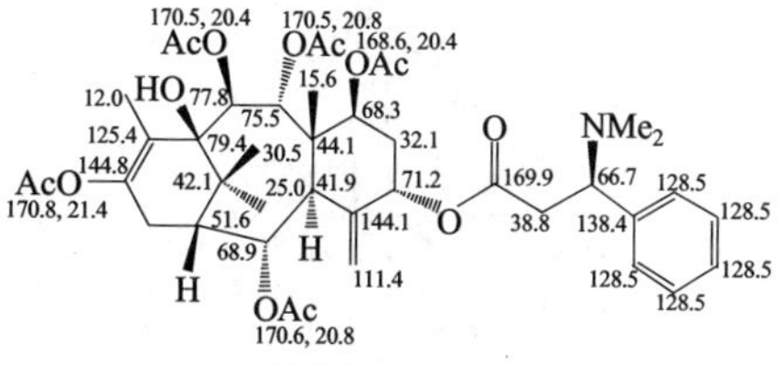

碳谱数据(CDCl₃)

17. 四面体（Tetrahedron）1999 55，2553

Taxezopidine J

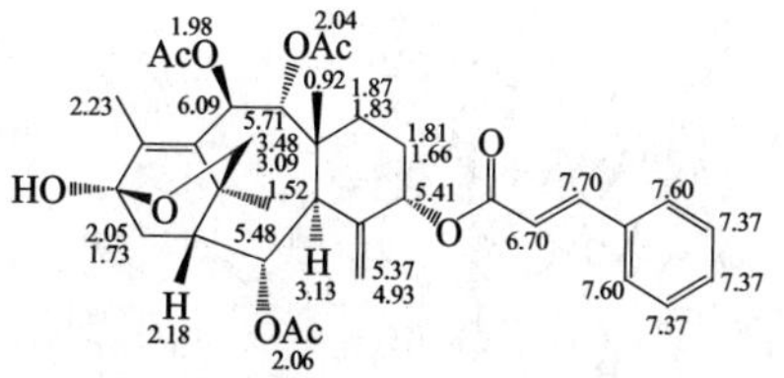

氢谱数据(CDCl₃)

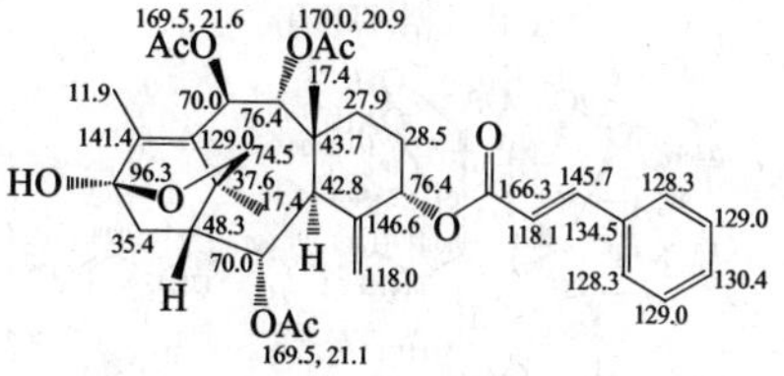

碳谱数据(CDCl₃)

18. 四面体（Tetrahedron）2005，61，1345

Tasumatrol L

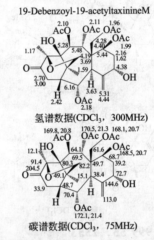

氢谱数据(CDCl₃，500MHz)

碳谱数据(CDCl₃，125MHz)

19. 天然产物杂志（J. Nat. Prod.）1995. Vol. 58，No. 6，pp. 934

19-Debenzoyl-19-acetyltaxinineM

氢谱数据(CDCl₃，300MHz)

碳谱数据(CDCl₃，75MHz)

20. 四面体（Tetrahedron）1996. vol. 52，No. 37，pp. 12159

Taxuspine S

氢谱数据(CDCl₃)

碳谱数据(CDCl₃)

21. 天然产物杂志（J. Nat. Prod.）1999. 62. 140

19-Acetoxytaxagifine(Taxezopidine L)

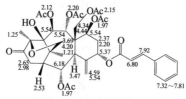

氢谱数据(CDCl₃，400MHz)

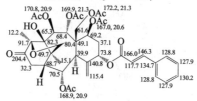

碳谱数据(CDCl₃，100MHz)

22. 天然产物杂志（J. Nat. Prod.）2004. 67，2136

9α,10β-Diacetoxy-2α,5α,14β-trihydroxy-4,20-epoxy,11(12)-taxene

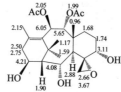

氢谱数据(CDCl₃，300MHz)

碳谱数据(CDCl₃，75MHz)

23. 天然产物杂志（J. Nat. Prod.）2004. 67，2136

9α,10β-Diacetoxy-2α,5α,14β-trihydroxy-4,20:11,12-diepoxytaxane

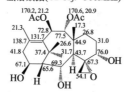

氢谱数据(CDCl₃，300MHz)

碳谱数据(CDCl₃，75MHz)

24. 植物化学（Phytochemistry）1997 Vol. 46，No. 1，pp. 179

5-Deacetyl-1-hydroxybaccatin Ⅰ

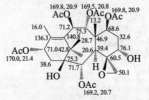

氢谱数据(CDCl₃，300MHz)

碳谱数据(CDCl₃，75MHz)

25. 天然产物杂志（J. Nat. Prod.）2004. 67，2136

9α, 10β-Diacetoxy-5α, 13α-dihydroxy-4, 20-epoxy,11(12)-taxene

氢谱数据(CDCl₃，300MHz)

碳谱数据(CDCl₃，75MHz)

26. 四面体（Tetrahedron）1996. Vol. 52，No. 7. pp. 2337

Taxuspine K

氢谱数据(CDCl₃)

碳谱数据(CDCl₃)

27. 植物化学（Phytochemistry）1995. Vol. 40，No. 6，pp. 1825

10-Deacetyl-10-dehydro-7-acetyltaxol A

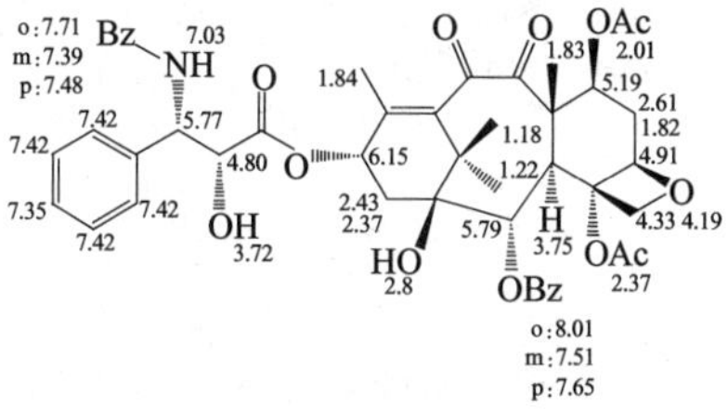

氢谱数据(CDCl₃，300MHz)

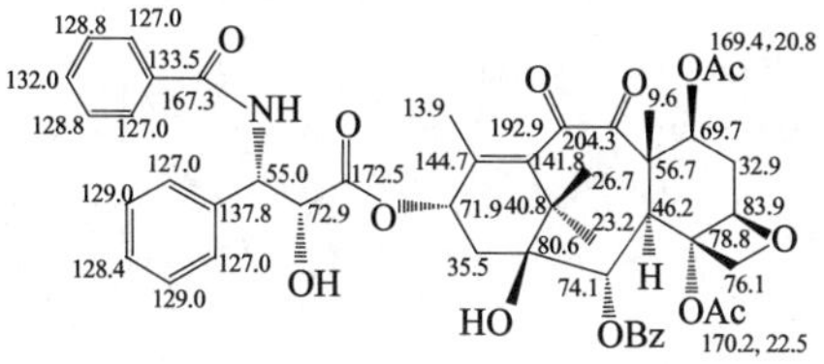

碳谱数据(CDCl₃，75MHz)

28. 四面体（Tetrahedron）1996. Vol. 52，No. 15，pp. 5391

Taxuspine N

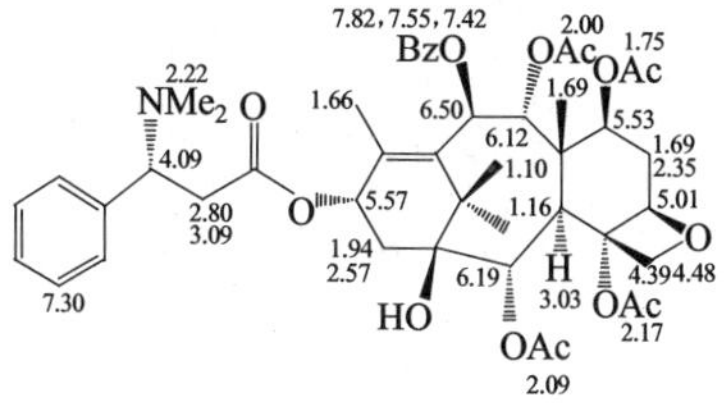

氢谱数据(CDCl₃)

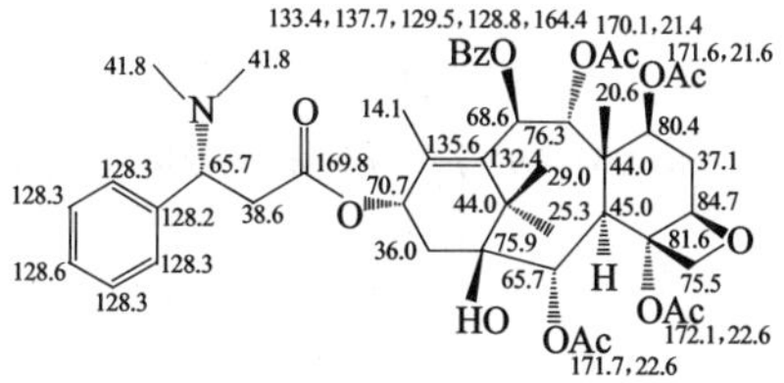

碳谱数据(CDCl₃)

29. 杂环（Heterocycles）1994. Vol. 38，No. 5，975

7-*Epi*-taxuyunnanine A

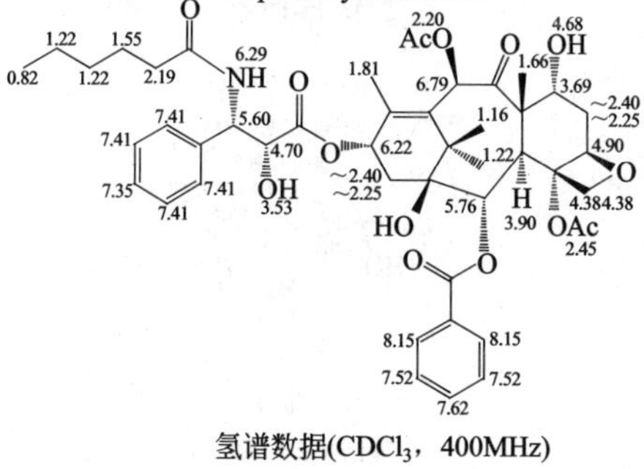

氢谱数据(CDCl₃，400MHz)

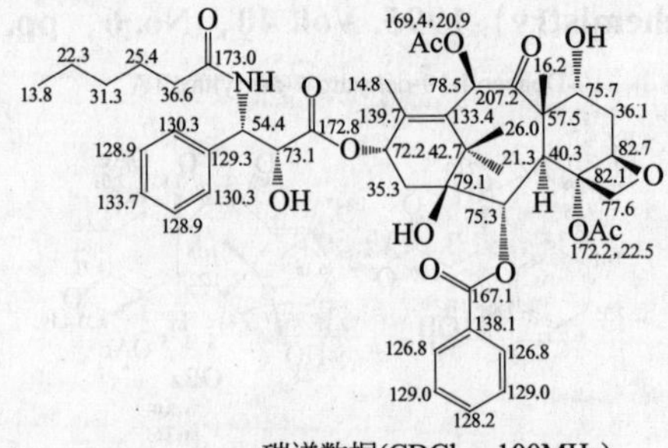

碳谱数据(CDCl₃，100MHz)

30. 杂环 (Heterocycles) 1994. Vol. 38，No. 5，975

10-Deacetyl-10-oxo-7-*epi*-taxuyunnanine A

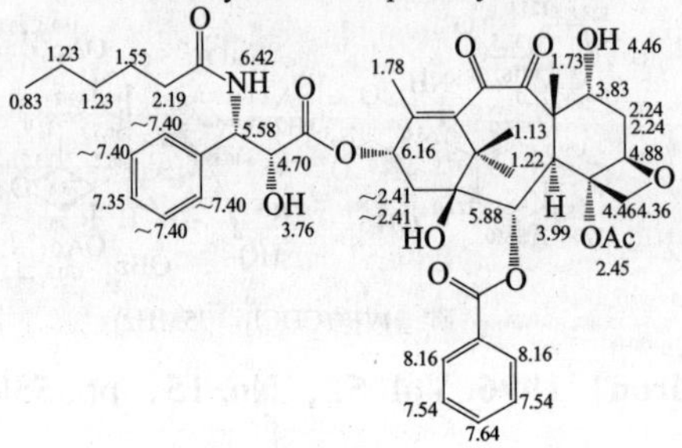

氢谱数据(CDCl₃，400MHz)

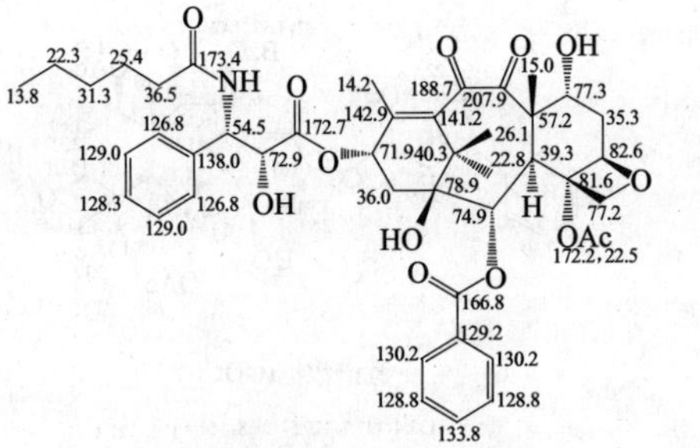

碳谱数据(CDCl₃，100MHz)

31. 植物化学 (Phytochemistry) 1997. Vol. 46，No. 3. pp. 583

Taxuspinanane C

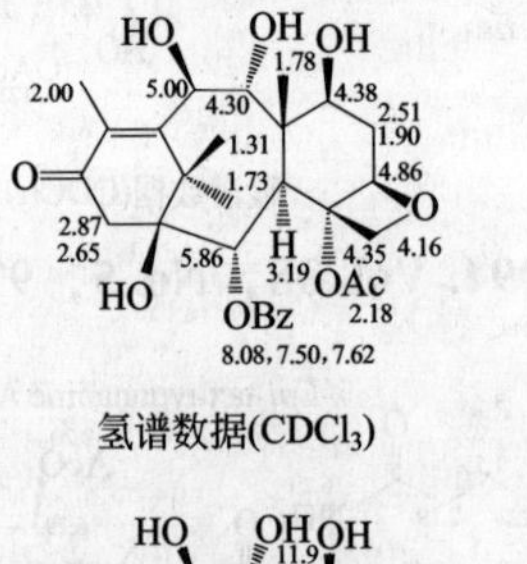

氢谱数据(CDCl₃)

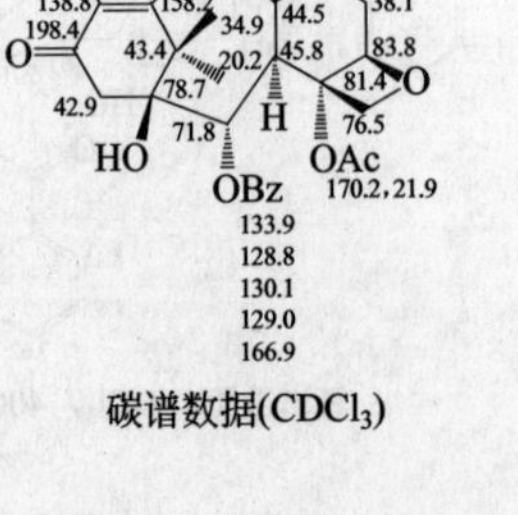

碳谱数据(CDCl₃)

32. 四面体（Tetrahedron）1996 Vol. 52，No. 15，pp. 5391

Taxuspine O

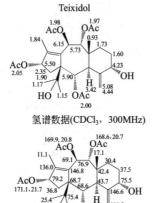

氢谱数据(CDCl₃)

碳谱数据(CDCl₃)

33. 植物化学（Phytochemistry）1996 Vol. 43，No. 1，pp. 313

Teixidol

氢谱数据(CDCl₃，300MHz)

碳谱数据(CDCl₃，75MHz)

34. 天然产物杂志（J. Nat. Prod.）1997. 60，1130

(–)-2α-Acetoxy-2′, 7-dideacetoxy-1-hydroxy-11(15→1)-*abeo*austrospicatine

氢谱数据(CDCl₃)

碳谱数据(CDCl₃)

35. Tetrahedronol 1996 Vol. 52, No. 7, pp. 2337

Taxuspine M

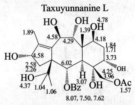

氢谱数据(CDCl₃)

碳谱数据(CDCl₃)

36. 天然产物杂志（J. Nat. Prod.）2000. 63. 1488

Taxuyunnanine L

氢谱数据(actone-d₆，400MHz)

碳谱数据(actone-d₆，100MHz)

37. 天然产物杂志（J. Nat. Prod.）2000. 63，1488

Taxuyunnanine O

氢谱数据(actone，400MHz)

碳谱数据(actone, 100MHz)

38. 化学药学通讯（Chem. Pharm. Bull.）2002. 50（6），781

Taxumairol G

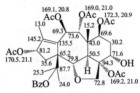

氢谱数据(CDCl$_3$，300MHz)

碳谱数据(CDCl$_3$，75MHz)

39. 化学药学通讯（Chem. Pharm. Bull.）2002. 50（6），781

Taxumairol J

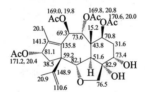

氢谱数据(CDCl$_3$, 300MHz)

碳谱数据(CDCl$_3$, 75MHz)

40. 天然产物杂志（J. Nat. Prod.）2000，63. 1488

Taxuyunnanine M

氢谱数据(pyridine-d_5，500MHz)

碳谱数据(pyridine-d_5，125MHz)

41. 化学药学通讯（Chem. Pharm. Bull.）2005. 53（7），808

Tasumatrol O

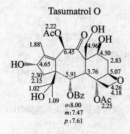

氢谱数据(CDCl₃，300MHz)

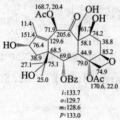

碳谱数据(CDCl₃，75MHz)

42. 植物化学（Phytochemistry）1995. Vol. 38，No. 3，pp. 671

13-Acetyl-13-decinnamoyltaxchinin B

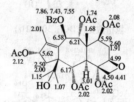

氢谱数据(CDCl₃，400MHz)

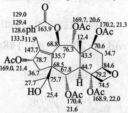

碳谱数据(CDCl₃，100MHz)

43. 四面体（Tetrahedron）1996 Vol. 52，No. 37，pp. 12159

Taxuspine Q

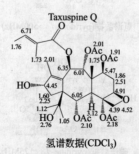

氢谱数据(CDCl₃)

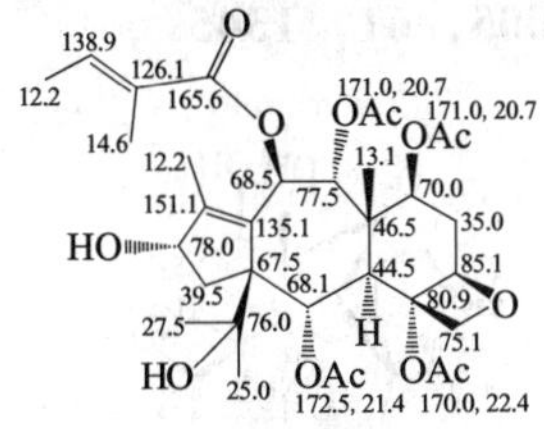

碳谱数据(CDCl₃)

44. 杂环（Heterocycles）2005 Vol. 65，No. 6，1403

5-*O*-acetyl-20-*O*-deacetyl-4，20-*p*-hydroxylbenzylidenedioxytaxuyunnanine L

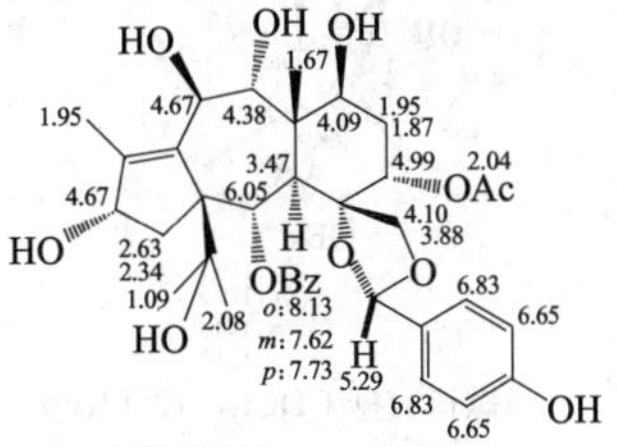

氢谱数据(acetone-*d*₆)

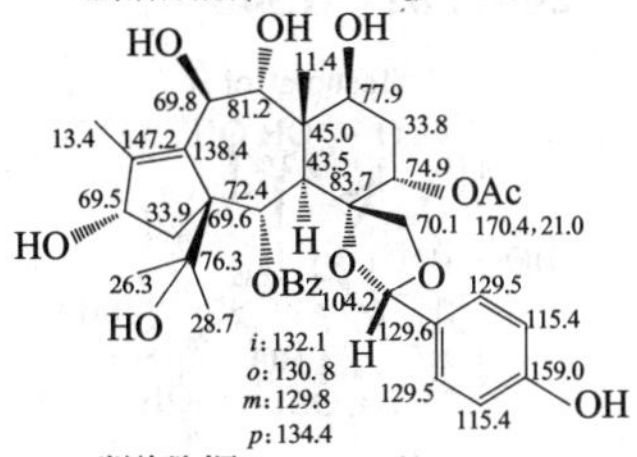

碳谱数据(acetone-*d*₆)

45. 天然产物杂志（J. Nat. Prod.）1995 Vol. 58，No. 2，pp. 233

5α-*O*-(β-D-glucopyranosyl)-10β-benzoyltaxacustone

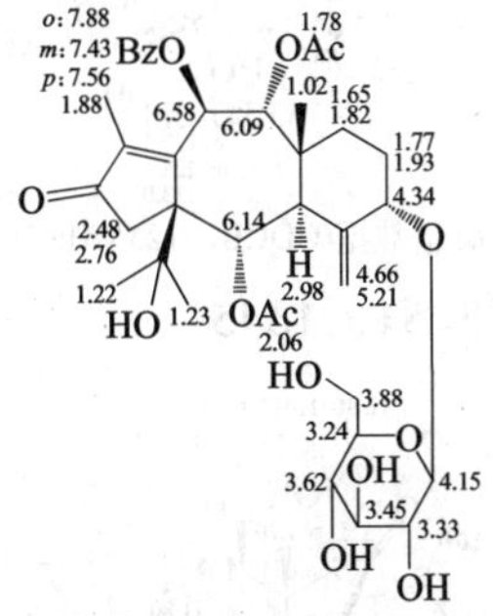

氢谱数据(CDCl₃，500MHz)

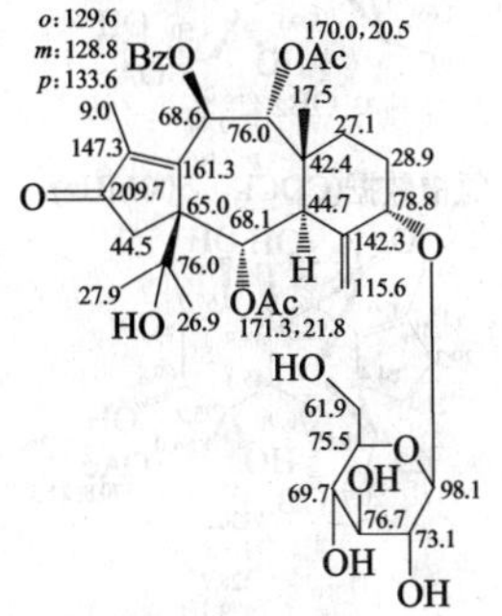

碳谱数据(CDCl₃，125MHz)

46. 四面体（Tetrahedron）2005，61，1345

Tasumatrol J

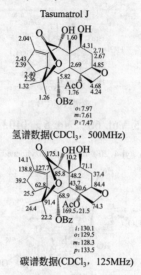

氢谱数据(CDCl₃，500MHz)

碳谱数据(CDCl₃，125MHz)

47. 四面体（Tetrahedron）2005. 61，1345

Tasumatrol H

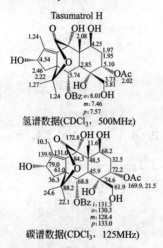

氢谱数据(CDCl₃，500MHz)

碳谱数据(CDCl₃，125MHz)

48. 四面体（Tetrahedron）2005. 61，1345

Tasumatrol I

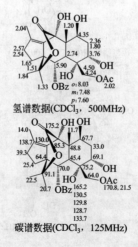

氢谱数据(CDCl₃，500MHz)

碳谱数据(CDCl₃，125MHz)

49. 植物药（Planta Med.）2000.66，294

2α,7β,13α-Triacetoxy-5α(2′R,3′S)-N,N-dimethyl-3′-
phenylisoseryloxy-2(3→20)abeotaxa-4(20),11-diene-9,10-dione

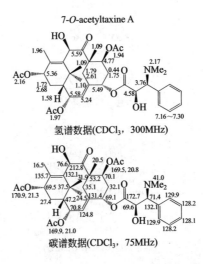

氢谱数据(CDCl₃，300MHz)

碳谱数据(CDCl₃，125MHz)

50. 天然产物杂志（J. Nat. Prod.）1994 Vol. 57，No. 10，pp. 1468

2-Deacetyltaxine A(Taxine C)

氢谱数据(CDCl₃，300MHz)

碳谱数据(CDCl₃，75MHz)

51. 利比希化学（Liebigs Ann.）1995，345

7-O-acetyltaxine A

氢谱数据(CDCl₃，300MHz)

碳谱数据(CDCl₃，75MHz)

52. 天然产物杂志（J. Nat. Prod.）2001. 64，1073

Dantaxusin A

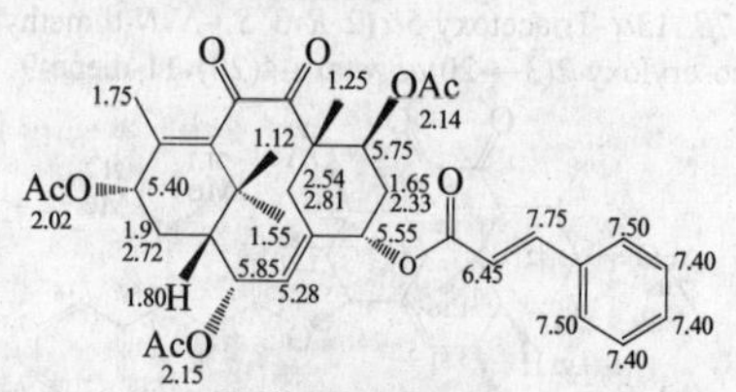

氢谱数据(CDCl₃)

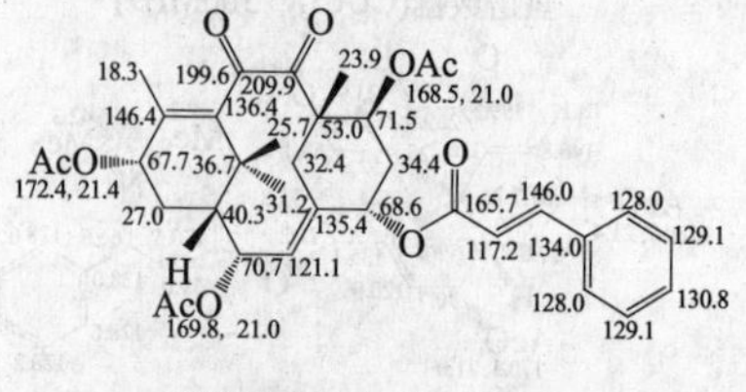

碳谱数据(CDCl₃)

53. 化学药学通讯（Chem. Pharm. Bull.）1997. 45（7），1205

Taxuspine X

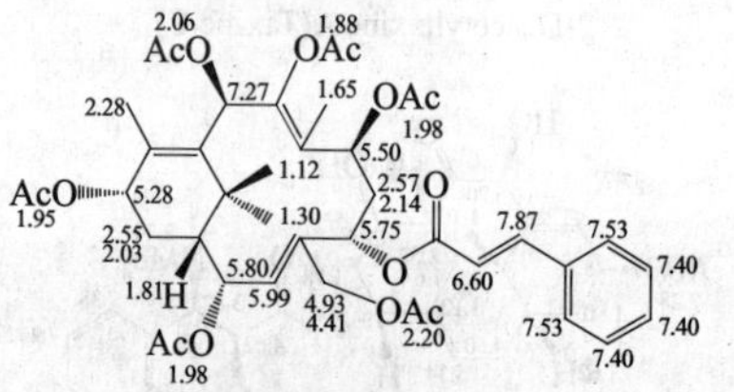

氢谱数据(CDCl₃)

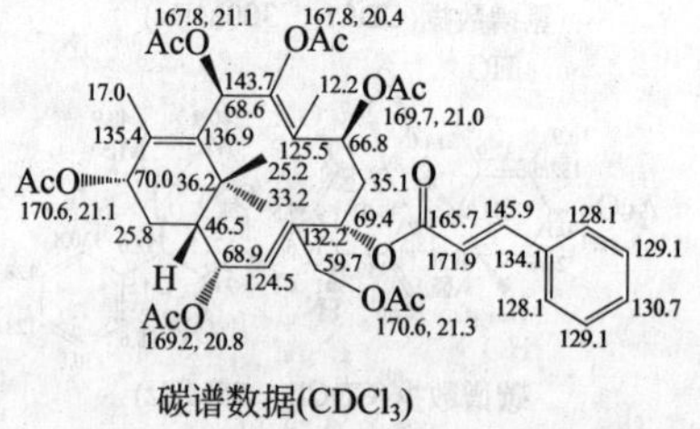

碳谱数据(CDCl₃)

54. 化学药学通讯（Chem. Pharm. Bull.）2005. 53（7），808

Tasumatrol M

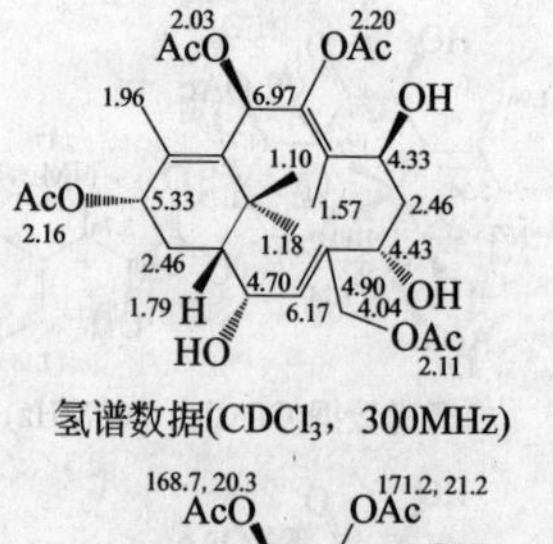

氢谱数据(CDCl₃，300MHz)

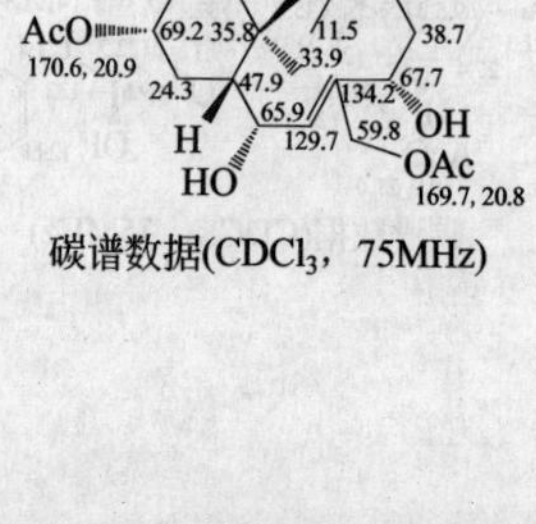

碳谱数据(CDCl₃，75MHz)

55. 化学药学通讯（Chem. Pharm. Bull.）2005. 53（7），808

Tasumatrol N

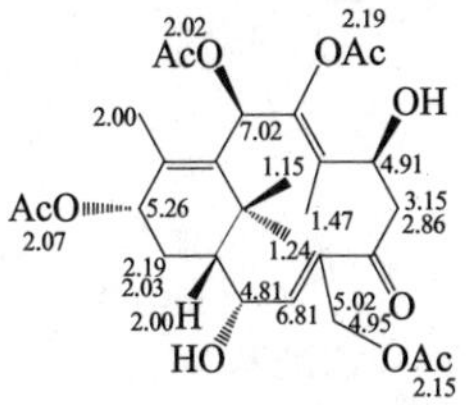

氢谱数据(CDCl₃，300MHz)

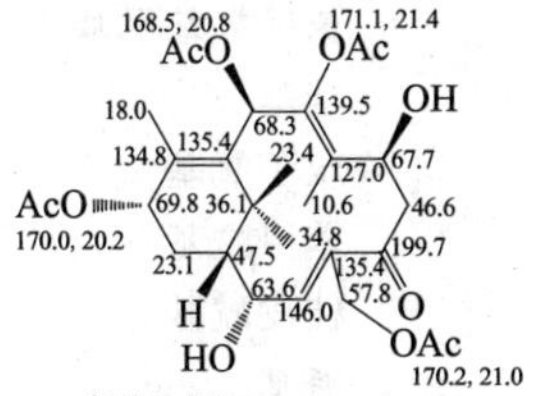

碳谱数据(CDCl₃，75MHz)

56. 植物药（Planta Med.）1996. 62，567

5-*Epi*-canadensene

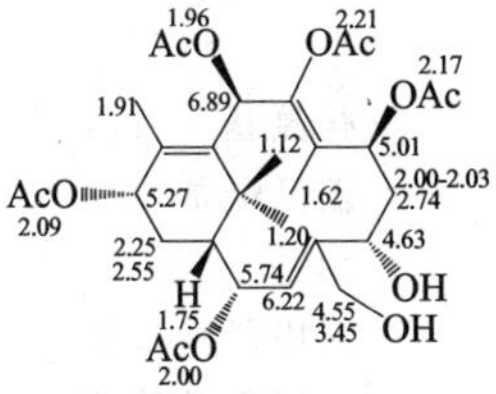

氢谱数据(CDCl₃，500MHz)

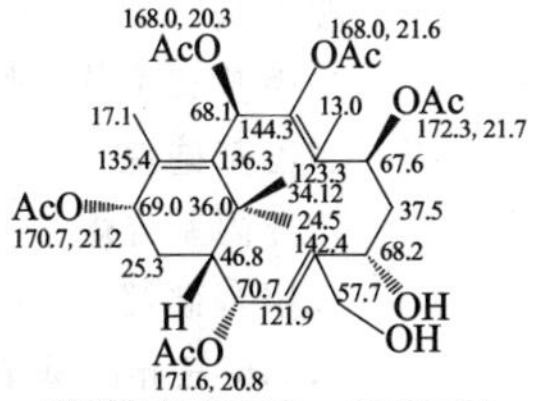

碳谱数据(CDCl₃，125MHz)

57. 植物化学（Phytochemistry）1992 Vol. 31，No. 12，pp. 4259

5-Cinnamoyl-10-acetylphototaxicin I

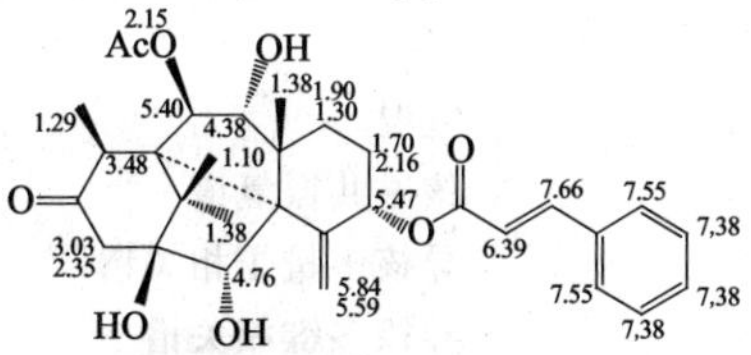

氢谱数据(CDCl₃，300MHz)

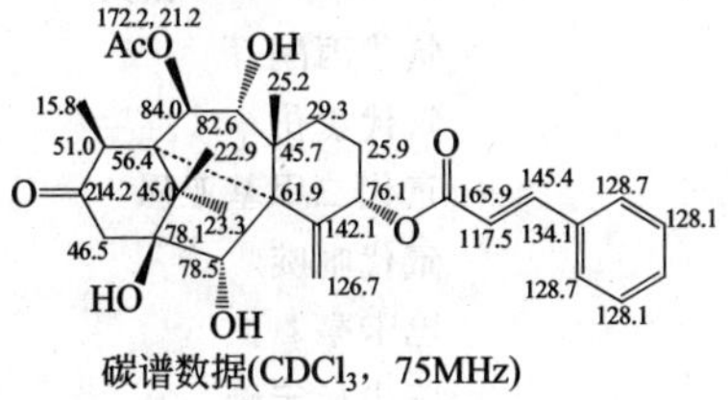

碳谱数据(CDCl₃，75MHz)

缩写表

Ac	乙酰基
Boc	叔丁氧酰基
BOM	苯甲氧基甲基
Bn	苄基
Bu^{t}O	叔丁氧基
Bz	苯甲酰基
Cinn	桂皮酰基
CN	氰基
EE	乙氧基乙基
Et	乙基
i-But	异丁酰基
Me	甲基
N$_3$	叠氮基
n-Hex	正己酰基
Ph	苯基
PMB	对甲氧基苄基
PMP	对甲氧基苯基
t-Bu	叔丁基
TBS	二甲基叔丁基硅烷
TES	三乙基硅烷
TIPS	三异丙基硅烷
TMS	三甲基硅烷
TPS	2,4,6-三异丙基苯磺酰
Troc	三氯乙氧基甲酰基
o-	邻-
m-	间-
p-	对-
rt	室温
^{1}H NMR	核磁共振氢谱
gs-HMQC	异核多量子相关谱
gs-HMBC	异核多键相关谱
NOESY、t-ROESY	H-H 间 NOE 相关
acetone-D$_6$	氘代丙酮
CDCl$_3$	氘代氯仿
DMSO-D$_6$	氘代二甲基亚砜
pyridine-*d*$_5$	氘代吡啶
baccatin	巴卡亭
cephalomannine（taxol B）	三尖杉宁碱
taxinine	紫杉宁
10-deacetylbaccatin Ⅲ（10-DAB）	10-去乙酰基巴卡亭-Ⅲ,10-浆果赤霉碱